"十三五"国家重点图书出版规划项目

智能制造
系|列|丛|书

绿色制造理论方法及应用

刘志峰　黄海鸿　李新宇　宋守许　张雷　柯庆镝　编著

METHOD AND APPLICATION
OF GREEN MANUFACTURING

清華大學出版社
北京

图书在版编目(CIP)数据

绿色制造理论方法及应用/刘志峰等编著. —北京：清华大学出版社，2021.5(2023.7 重印)
(智能制造系列丛书)
ISBN 978-7-302-55955-9

Ⅰ.①绿… Ⅱ.①刘… Ⅲ.①智能制造系统—无污染技术—研究 Ⅳ.①TH166

中国版本图书馆 CIP 数据核字(2020)第 120445 号

责任编辑：许 龙
封面设计：李召霞
责任校对：赵丽敏
责任印制：丛怀宇

出版发行：清华大学出版社
网 址：http://www.tup.com.cn，http://www.wqbook.com
地 址：北京清华大学学研大厦 A 座 **邮 编**：100084
社 总 机：010-83470000 **邮 购**：010-62786544
投稿与读者服务：010-62776969，c-service@tup.tsinghua.edu.cn
质量反馈：010-62772015，zhiliang@tup.tsinghua.edu.cn
印 装 者：涿州市般润文化传播有限公司
经 销：全国新华书店
开 本：170mm×240mm **印 张**：22 **字 数**：442 千字
版 次：2021 年 5 月第 1 版 **印 次**：2023 年 7 月第 4 次印刷
定 价：79.00 元

产品编号：078613-01

智能制造系列丛书编委会名单

丛书编委会办公室

Foreword | 丛书序 1

制造业是国民经济的主体，是立国之本、兴国之器、强国之基。习近平总书记在党的十九大报告中号召："加快建设制造强国，加快发展先进制造业。"他指出："要以智能制造为主攻方向推动产业技术变革和优化升级，推动制造业产业模式和企业形态根本性转变，以'鼎新'带动'革故'，以增量带动存量，促进我国产业迈向全球价值链中高端。"

智能制造——制造业数字化、网络化、智能化，是我国制造业创新发展的主要抓手，是我国制造业转型升级的主要路径，是加快建设制造强国的主攻方向。

当前，新一轮工业革命方兴未艾，其根本动力在于新一轮科技革命。21 世纪以来，互联网、云计算、大数据等新一代信息技术飞速发展。这些历史性的技术进步，集中汇聚在新一代人工智能技术的战略性突破，新一代人工智能已经成为新一轮科技革命的核心技术。

新一代人工智能技术与先进制造技术的深度融合，形成了新一代智能制造技术，成为新一轮工业革命的核心驱动力。新一代智能制造的突破和广泛应用将重塑制造业的技术体系、生产模式、产业形态，实现第四次工业革命。

新一轮科技革命和产业变革与我国加快转变经济发展方式形成历史性交汇，智能制造是一个关键的交汇点。中国制造业要抓住这个历史机遇，创新引领高质量发展，实现向世界产业链中高端的跨越发展。

智能制造是一个"大系统"，贯穿于产品、制造、服务全生命周期的各个环节，由智能产品、智能生产及智能服务三大功能系统以及工业智联网和智能制造云两大支撑系统集合而成。其中，智能产品是主体，智能生产是主线，以智能服务为中心的产业模式变革是主题，工业智联网和智能制造云是支撑，系统集成将智能制造各功能系统和支撑系统集成为新一代智能制造系统。

智能制造是一个"大概念"，是信息技术与制造技术的深度融合。从 20 世纪中叶到 90 年代中期，以计算、感知、通信和控制为主要特征的信息化催生了数字化制造；从 90 年代中期开始，以互联网为主要特征的信息化催生了"互联网＋制造"；当前，以新一代人工智能为主要特征的信息化开创了新一代智能制造的新阶段。

这就形成了智能制造的三种基本范式，即：数字化制造(digital manufacturing)——第一代智能制造；数字化网络化制造(smart manufacturing)——“互联网+制造”或第二代智能制造，本质上是“互联网+数字化制造”；数字化网络化智能化制造(intelligent manufacturing)——新一代智能制造，本质上是“智能+互联网+数字化制造”。这三个基本范式次第展开又相互交织，体现了智能制造的“大概念”特征。

对中国而言，不必走西方发达国家顺序发展的老路，应发挥后发优势，采取三个基本范式“并行推进、融合发展”的技术路线。一方面，我们必须实事求是，因企制宜、循序渐进地推进企业的技术改造、智能升级，我国制造企业特别是广大中小企业还远远没有实现“数字化制造”，必须扎扎实实完成数字化“补课”，打好数字化基础；另一方面，我们必须坚持“创新引领”，可直接利用互联网、大数据、人工智能等先进技术，“以高打低”，走出一条并行推进智能制造的新路。企业是推进智能制造的主体，每个企业要根据自身实际，总体规划、分步实施、重点突破、全面推进，产学研协调创新，实现企业的技术改造、智能升级。

未来20年，我国智能制造的发展总体将分成两个阶段。第一阶段：到2025年，“互联网+制造”——数字化网络化制造在全国得到大规模推广应用；同时，新一代智能制造试点示范取得显著成果。第二阶段：到2035年，新一代智能制造在全国制造业实现大规模推广应用，实现中国制造业的智能升级。

推进智能制造，最根本的要靠“人”，动员千军万马、组织精兵强将，必须以人为本。智能制造技术的教育和培训，已经成为推进智能制造的当务之急，也是实现智能制造的最重要的保证。

为推动我国智能制造人才培养，中国机械工程学会和清华大学出版社组织国内知名专家，经过三年的扎实工作，编著了“智能制造系列丛书”。这套丛书是编著者多年研究成果与工作经验的总结，具有很高的学术前瞻性与工程实践性。丛书主要面向从事智能制造的工程技术人员，亦可作为研究生或本科生的教材。

在智能制造急需人才的关键时刻，及时出版这样一套丛书具有重要意义，为推动我国智能制造发展作出了突出贡献。我们衷心感谢各位作者付出的心血和劳动，感谢编委会全体同志的不懈努力，感谢中国机械工程学会与清华大学出版社的精心策划和鼎力投入。

衷心希望这套丛书在工程实践中不断进步、更精更好，衷心希望广大读者喜欢这套丛书、支持这套丛书。

让我们大家共同努力，为实现建设制造强国的中国梦而奋斗。

周济

2019年3月

Foreword | 丛书序 2

技术进展之快，市场竞争之烈，大国较劲之剧，在今天这个时代体现得淋漓尽致。

世界各国都在积极采取行动，美国的“先进制造伙伴计划”、德国的“工业 4.0 战略计划”、英国的“工业 2050 战略”、法国的“新工业法国计划”、日本的“超智能社会 5.0 战略”、韩国的“制造业创新 3.0 计划”，都将发展智能制造作为本国构建制造业竞争优势的关键举措。

中国自然不能成为这个时代的旁观者，我们无意较劲，只想通过合作竞争实现国家崛起。大国崛起离不开制造业的强大，所以中国希望建成制造强国、以制造而强国，实乃情理之中。制造强国战略之主攻方向和关键举措是智能制造，这一点已经成为中国政府、工业界和学术界的共识。

制造企业普遍面临着提高质量、增加效率、降低成本和敏捷适应广大用户不断增长的个性化消费需求，同时还需要应对进一步加大的资源、能源和环境等约束之挑战。然而，现有制造体系和制造水平已经难以满足高端化、个性化、智能化产品与服务的需求，制造业进一步发展所面临的瓶颈和困难迫切需要制造业的技术创新和智能升级。

作为先进信息技术与先进制造技术的深度融合，智能制造的理念和技术贯穿于产品设计、制造、服务等全生命周期的各个环节及相应系统，旨在不断提升企业的产品质量、效益、服务水平，减少资源消耗，推动制造业创新、绿色、协调、开放、共享发展。总之，面临新一轮工业革命，中国要以信息技术与制造业深度融合为主线，以智能制造为主攻方向，推进制造业的高质量发展。

尽管智能制造的大潮在中国滚滚而来，尽管政府、工业界和学术界都认识到智能制造的重要性，但是不得不承认，关注智能制造的大多数人（本人自然也在其中）对智能制造的认识还是片面的、肤浅的。政府勾画的蓝图虽气势磅礴、宏伟壮观，但仍有很多实施者感到无从下手；学者们高谈阔论的宏观理念或基本概念虽至关重要，但如何见诸实践，许多人依然不得要领；企业的实践者们侃侃而谈的多是当年制造业信息化时代的陈年酒酿，尽管依旧散发清香，却还是少了一点智能制造的气息。有些人看到“百万工业企业上云，实施百万工业APP培育工程”时劲头十足，可真准备大干一场的时候，又仿佛云里雾里。常常听学者们言，CPS(cyber-physical systems，信息-物理系统)是工业4.0和智能制造的核心要素，CPS万不能离开数字孪生体(digital twin)。可数字孪生体到底如何构建？学者也好，工程师也好，少有人能够清晰道来。又如，大数据之重要性日渐为人们所知，可有了数据后，又如何分析？如何从中提炼知识？企业人士鲜有知其个中究竟的。至于关键词“智能”，什么样的制造真正是“智能”制造？未来制造将“智能”到何种程度？解读纷纷，莫衷一是。我的一位老师，也是真正的智者，他说：“智能制造有几分能说清楚？还有几分是糊里又糊涂。”

所以，今天中国散见的学者高论和专家见解还远不能满足智能制造相关的研究者和实践者们之所需。人们既需要微观的深刻认识，也需要宏观的系统把握；既需要实实在在的智能传感器、控制器，也需要看起来虚无缥缈的“云”；既需要对理念和本质的体悟，也需要对可操作性的明晰；既需要互联的快捷，也需要互联的标准；既需要数据的通达，也需要数据的安全；既需要对未来的前瞻和追求，也需要对当下的实事求是……如此等等。满足多方位的需求，从多视角看智能制造，正是这套丛书的初衷。

为助力中国制造业高质量发展，推动我国走向新一代智能制造，中国机械工程学会和清华大学出版社组织国内知名的院士和专家编写了“智能制造系列丛书”。本丛书以智能制造为主线，考虑智能制造“新四基”[即“一硬”(自动控制和感知硬件)、“一软”(工业核心软件)、“一网”(工业互联网)、“一台”(工业云和智能服务平台)]的要求，由30个分册组成。除《智能制造：技术前沿与探索应用》《智能制造标准化》《智能制造实践指南》3个分册外，其余包含了以下五大板块：智能制造模式、智能设计、智能传感与装备、智能制造使能技术以及智能制造管理技术。

本丛书编写者包括高校、工业界拔尖的带头人和奋战在一线的科研人员，有着丰富的智能制造相关技术的科研和实践经验。虽然每一位作者未必对智能制造有全面认识，但这个作者群体的知识对于试图全面认识智能制造或深刻理解某方面技术的人而言，无疑能有莫大的帮助。丛书面向从事智能制造工作的工程师、科研人员、教师和研究生，兼顾学术前瞻性和对企业的指导意义，既有对理论和方法的描述，也有实际应用案例。编写者经过反复研讨、修订和论证，终于完成了本丛书的编写工作。必须指出，这套丛书肯定不是完美的，或许完美本身就不存在，更何况智能制造大潮中学界和业界的急迫需求也不能等待对完美的寻求。当然，这也不能成为掩盖丛书存在缺陷的理由。我们深知，疏漏和错误在所难免，在这里也希望同行专家和读者对本丛书批评指正，不吝赐教。

在“智能制造系列丛书”编写的基础上，我们还开发了智能制造资源库及知识服务平台，该平台以用户需求为中心，以专业知识内容和互联网信息搜索查询为基础，为用户提供有用的信息和知识，打造智能制造领域“共创、共享、共赢”的学术生态圈和教育教学系统。

我非常荣幸为本丛书写序，更乐意向全国广大读者推荐这套丛书。相信这套丛书的出版能够促进中国制造业高质量发展，对中国的制造强国战略能有特别的意义。丛书编写过程中，我有幸认识了很多朋友，向他们学到很多东西，在此向他们表示衷心感谢。

需要特别指出，智能制造技术是不断发展的。因此，“智能制造系列丛书”今后还需要不断更新。衷心希望，此丛书的作者们及其他的智能制造研究者和实践者们贡献他们的才智，不断丰富这套丛书的内容，使其始终贴近智能制造实践的需求，始终跟随智能制造的发展趋势。

2019年3月

Preface | # 前言

资源枯竭和环境污染已经成为制约经济社会发展的重要问题。过去几十年,我国制造业的高速发展主要是以资源、环境、低人力成本等要素投入为代价,这种粗放式的发展模式也造成能源浪费、资源大量消耗、生态环境不断恶化的后果,如雾霾、黑臭水体、气候异常等,严重制约了经济社会的健康发展和人们生活质量的持续提升。

近年来,随着一系列法规政策的陆续出台以及人们绿色环保意识的不断增强,新发展理念已经逐渐深入人心。制造业的绿色转型升级已经刻不容缓,这不仅仅要求充分展开环境污染的末端治理,通过先进的水处理技术、大气治理技术、再资源化技术减少废水、废气、固废的直接排放,更重要的是通过应用绿色制造技术,在产品全生命周期的各个阶段减少资源、能源的消耗及废弃物的产生与排放。

绿色制造也称为环境意识制造(environmentally conscious manufacturing)、面向环境的制造(manufacturing for environment)等,是一个综合考虑环境影响和资源效益的现代化制造模式,其目标是通过绿色制造的理论、方法及技术,使产品在设计、制造、包装、运输、使用、废弃处理的全生命周期中提高资源能源利用效率,减少环境负荷,实现经济效益、社会效益和环境效益的协调优化,促进制造业持续健康发展。绿色制造也是实现"两个一百年"重要战略目标的关键支撑技术。

本书在总结作者团队 20 多年从事绿色制造领域研究成果的基础上,结合国内外同行的研究积累撰写而成。全书分为 7 章,第 1 章分析绿色制造产生的背景、绿色制造的概念及国内外研究动态;第 2 章介绍工业生态学理论、可持续发展理论、循环经济理论、清洁生产理论及绿色制造体系;第 3 章探讨绿色设计的概念及理论方法,并对其关键技术进行了分析;第 4 章介绍产品生命周期评价与评估方法,并列举了一些应用案例;第 5 章介绍干切削、增材制造等绿色制造工艺,并给出相关案例;第 6 章介绍产品的绿色包装与运输;第 7 章介绍绿色工厂的概念及实践。

本书由刘志峰教授编写大纲、撰写初稿并完成了第 1 章的修改,黄海鸿教授完成第 2 章的撰写,李新宇副教授参与第 3~7 章的撰写并完成统稿工作;宋守许教授、张雷教授、柯庆镝副教授分别参与了第 1 章、第 3 章、第 5 章的撰写工作;南京工程学院的成焕波博士也参与了部分章节的修改完善工作。李磊博士、朱利斌博士、张城博士在前期文献资料的准备中做了大量工作。

本书既包含对绿色制造理论、方法与技术的探讨，也在相关章节给出部分应用案例，力求做到有一定的专业深度，同时兼顾相关人员的阅读参考。本书可作为高等学校机械工程、车辆工程、环境工程等相关专业本科生和研究生的教材或课外读物，也可作为制造企业的管理人员或工程技术人员了解和学习绿色制造的参考资料。

本书在撰写过程中参考了大量的文献资料，由于精力所限，不能保证这些参考文献都是所引内容的原始出处，若有不妥之处，敬请原作者及读者谅解。

本书的完成得益于国家出版基金资助，以及团队多年来承担或参与的多项国家自然科学基金项目、“973”项目、“863”项目、国家重点研发计划项目的资助，特此表示感谢！

虽然绿色制造的概念从提出至今取得了长足发展，但仍然处在不断发展之中，其内涵也远不止书中所述。本书以团队前期研究及所涉及研究领域为基础，难免存在对绿色制造的领域覆盖不全，甚至存在一些错误或争议之处，恳请各位读者予以批评指正。

作　者

2020 年 3 月

Contents | 目录

第1章

概 述

20 世纪以来，随着工业化进程的不断加快，制造业规模不断扩大，制造技术水平得到了快速提升。制造业的快速发展，一方面创造了前所未有的巨大财富，满足和丰富了人类与日俱增的物质文化与生活需求，推进了人类文明的进一步发展；另一方面，制造业的发展也伴随着资源、能源的大量消耗和生态环境的急剧恶化，以至于人与自然的关系达到了空前紧张的程度。如何在有限的资源、能源以及环境承载能力的约束下，探索一条制造业持续健康发展道路就成为全球共同关注的焦点。绿色制造是一种资源节约和环境友好型制造模式，也自然成为制造业持续发展方式的必然选择。

1.1 制造业与资源、环境

制造业是立国之本、兴国之器、强国之基，是一国国民经济的主体，也是提升综合国力、保障国家安全、建设世界强国的保障，是创造人类财富的重要产业。制造业从环境中将可用资源(包括能源)通过制造过程转化为可供人们使用和利用的工业品或生活消费品。制造业的发展有力地促进了社会经济的快速发展，极大地丰富了人类的物质文明。改革开放初期，我国制造业发展相对滞后，物质产品不仅种类少，而且产量不足，各类产品特别是日用消费品供不应求。中华人民共和国成立后，经过 70 多年的发展，尤其是改革开放以来，我国制造业持续快速发展，工业增加值从 1952 年的 120 亿元增加到 2018 年的 305 160 亿元，按不变价格计算增长了约 1000 倍，年均增长 11%。

随着我国经济水平的不断提升，国内生产总值(GDP)呈现出强有力的增长趋势。1978 年，我国 GDP 总量仅为 3600 多亿元，改革开放后不断增加，2017 年 GDP 总量首次超过 80 万亿元，2018 年超过 90 万亿元，2019 年则达到约 100 万亿元。按照年平均汇率折算，2019 年中国 GDP 总量超过 14 万亿美元，稳居世界第二。根据比较计算，这与 2018 年世界排名第三、第四、第五、第六位的日本、德国、英国、法国 4 个主要发达国家 2018 年国内生产总值之和大体相当。其中，制造业占总产值较大比例，是国民经济的重要组成部分，如图 1-1 所示[1]。

目前我国已经拥有 41 个工业大类、207 个工业中类、666 个工业小类，形成了

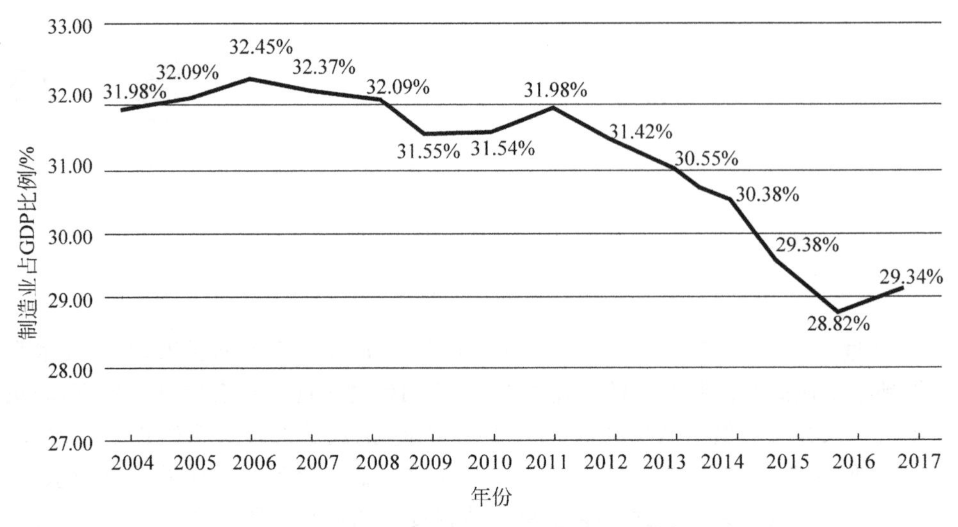

图 1-1 制造业占 GDP 比例变化趋势[1]

独立完整的现代工业体系,是全世界唯一拥有联合国产业分类当中全部工业门类的国家。2018 年,我国制造业增加值占全世界的份额达到了 28%以上,成为驱动全球工业增长的重要引擎。在世界 500 多种主要工业产品当中,有 220 多种工业产品中国的产量占据全球第一。

制造业的快速发展,极大丰富了产品的品种和数量,不仅满足了国内消费市场的需求,而且许多产品远销国际市场,中国制造已经逐渐成为全球公认的品牌。由此可见,良好的人居环境,充分的能源供给,便捷的交通和通信设施,丰富多彩的印刷出版、广播影视和网络媒体,优良的教育及医疗保健手段,可靠的国家和社区安全以及抵抗自然灾害的能力等,均离不开强大制造业的支持。

然而,随着全球经济飞速发展,制造业对资源、能源的需求量也在快速增长,制造过程中产生的各种排放对环境造成了不同程度的影响,生产过程中的边角料和残次品、使用过程中破损的结构件以及生命周期末端的退役产品,由于利用效率不高造成了大量资源浪费。按照目前的粗放型发展模式,可用资源的自然增长和环境容量已经远不能满足经济持续发展的需求,因而,需要人们正视制造业与资源、环境的关系。

1.1.1 制造、制造业与制造技术

制造已具有 200 多年的发展史,但迄今为止人们对制造的含义尚有各种不同的认识。按照传统的理解,制造是产品的机械工艺过程或机械加工过程。例如,百度百科对制造的定义是:把原材料加工成适用的产品制作,或将原材料加工成器物。Longman 词典对制造(manufacturing)的解释为“通过机器进行(产品)制作或生产,特别是适用于大批量”。

国际生产工程协会(The International Academy for Production Engineering, CIRP)对制造的定义是：制造是人类按照所需目的、运用主观掌握的知识和技能，借助于手工或可以利用的客观物质工具，采用有效的方法，将原材料转化为最终物质产品，并投放市场的全过程。

目前对制造主要有两种理解：一是指从原材料到产品的制作过程，可以看成是狭义制造的概念；二是广义制造概念，其在范围和过程两个方面都得到了极大的拓展。在范围方面，制造涉及的工业领域不仅仅局限于机械制造，还包括电子、化工、轻工、食品、军工等国民经济的众多行业；在过程方面，制造不仅是指具体的工艺过程，而且包括市场分析、产品设计、生产工艺过程、装配检验、销售服务、回收处理等组成的产品全生命周期过程。绿色制造中的制造主要是指广义制造。

制造业是将制造资源通过制造过程转化为社会所需产品的行业。制造业是国民经济的支柱产业，它一方面创造价值，生产物质财富和新的知识；另一方面，为国民经济各部门包括国防和科学技术的进步与发展提供先进的手段和装备。综观世界各国，如果一个国家的制造业发达，它的经济就必然强大。大多数国家和地区的经济腾飞，制造业功不可没，如德国、美国、日本、韩国等。我国改革开放带来的巨大发展成就也充分证明了制造业的重要性。

制造技术是完成制造活动所需的一切手段总和。健康发达的高质量制造业必然有先进的制造技术作为后盾。制造技术是制造业的技术支柱，是一个国家科学技术水平的综合体现。制造技术的发展是一个国家持续发展的动力。为了赢得激烈的市场竞争，在世界经济中占有一席之地，就必须对制造技术进行研究，不断用新技术、新方法充实并改造制造业，使所制造的产品达到功能(function)先进、交货期(time to market)短、质量(quality)好、成本(cost)低、服务(service)优良，同时具有良好的环境友好性(eco-friendliness)。

1.1.2 资源与环境

1. 资源、再生资源与非再生资源

资源是指一国或一地区内拥有的物力、财力、人力等各种物质要素的总称。资源可划分为自然资源和社会资源两大类。社会资源主要包括人力资源、信息资源以及经过劳动创造的各种物质财富等。这里主要讨论自然资源。

自然环境中与人类社会发展有关的、能被利用来产生使用价值并影响劳动生产率的自然诸要素，通常被称为自然资源。联合国环境规划署(UNEP)将自然资源定义为：在一定时间和一定条件下，能产生经济效益，以提高人类当前和未来福利的自然因素和条件。

自然资源可分为有形的自然资源(如土地、水体、动植物、矿产等)和无形的自然资源(如光资源、热资源等)。自然资源具有可用性、整体性、变化性、空间分布不均匀性和区域性等特点。根据自然资源所处的领域不同，自然资源还可分为生物

资源、农业资源、森林资源、国土资源、矿产资源、海洋资源、气候气象、水资源等类型。

再生资源与非再生资源都是以自然资源为前提。再生资源是指能够通过自然力以某一增长率保持或增加蕴藏量的自然资源。对于再生资源来说,主要是通过合理调控资源使用率,实现资源的持续利用。再生资源的持续利用主要受自然增长规律的制约[2]。一般再生资源是指那些经过使用、消耗、加工、燃烧、废弃等程序后,仍能在一定周期(可预见)内重复形成且具有自我更新、自我复原的特性,并且可持续被利用的一类自然资源或非自然资源。再生资源应该是在社会经济发展中加强建设、推广使用的绿色资源,如土壤、太阳能、风能、水能、植物、动物、微生物、地热、潮汐能、沼气等和各种自然生物群落、森林、湿地、草原、水生生物等。再生资源的主要来源渠道包括:

- 生产过程中产生的各种废弃物,如机械加工过程中的切屑、冶金过程中的炉渣等。
- 生产过程中的剩余物,如机械加工过程中产生的边角余料和残次品,炼钢过程中的冒口、切头等。
- 使用过程中失效的各种零部件,如金属材质的零部件、复合材料制品等。
- 产品生命周期末端形成的淘汰废弃产品,如机械设备、运输工具、各种电子电器产品等。
- 日常生活中产生的废弃物,如废旧橡胶、塑料、包装容器等。

非再生资源即不可更新资源,是指人类开发利用后,在现阶段不可能再生的自然资源。非再生资源主要指经过漫长的地质年代形成的矿产资源,包括金属矿产和非金属矿产。矿产资源由于人类持续大量地开采,储量逐渐减少,有的已接近枯竭。矿产资源形成的速度根本无法同人类开发的速度相比,因而矿产资源被认为是不可再生资源。矿产资源的大量开发和利用,除了造成短缺外,还会污染生态环境,改变地球环境的基本结构和改变区域的自然环境条件。例如,对土壤不合理开发和利用,会造成土壤资源损失,尤其是土壤会被污染,造成土壤成分、结构、性质和功能的变化,如失去肥力和净化能力,或发生沙漠化。这些变化在短期内都无法恢复。

能源属于自然资源,可以分为一次能源和二次能源。一次能源又称为原生能源,是指在自然界中以现存形式存在的能源,包括可再生能源和不可再生能源。需要利用其他能源制取的能源称为二次能源,如电、石油、酒精等。在一次能源中,不会因利用而减少,能够不断得到补充的能源称为可再生能源,如风、流水、潮汐、太阳辐射能、地热等。需经地质年代才能形成而短期内无法再生的一次能源称为不可再生能源。能源的分类如图1-2所示。

2. 环境、生态环境与社会环境

环境是一个相对概念,一般是指围绕某个中心事物的外部世界。中心事物不

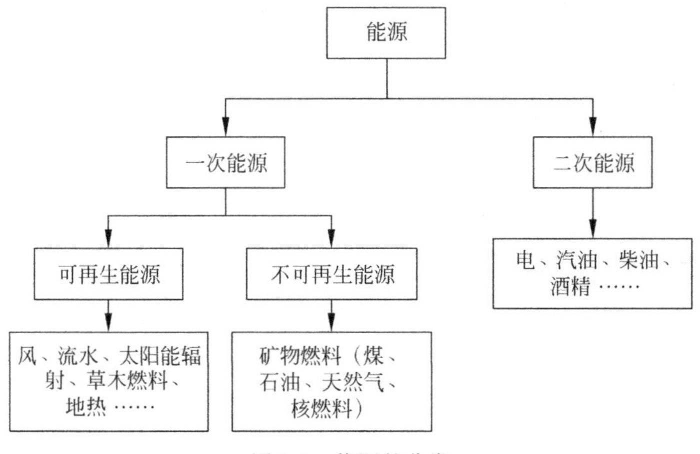

图1-2 能源的分类

同,环境的含义也随之不同。《中华人民共和国环境保护法》第2条规定：本法所称的环境,是指影响人类生存和发展的各种天然的和经过人工改造的自然因素的总体,包括大气、水、海洋、土地、矿藏、森林、草原、湿地、野生生物、自然遗迹、人文遗迹、自然保护区、风景名胜区、城市和乡村等。环境按属性一般又分为自然环境和人工环境。自然环境是指未经过人的加工改造而天然存在的环境,是客观存在的各种自然因素的总和,如大气圈、水圈、土圈、岩石圈和生物圈。人工环境是指人类创造的物质的、非物质的成果的总和,如人工建筑物、人工产品和能量、语言文字、文化艺术、政治体制、宗教信仰等。

自然环境是人类赖以生存的基础,它提供了阳光、空气、水、土壤等人类生存的基本元素及人类从事生产的自然资源。一旦受到影响或污染,环境将会对与它赖以生存的事物造成影响,如水、大气、土壤等,一旦污染超标,将会破坏生态系统平衡,最终威胁到人类的生存与发展。

环境对人类活动一般有三个作用：第一,为人类生存、生活、生产提供基本条件和物质基础；第二,环境对人类活动产生的废弃物进行消纳、转化,保证人类生产和生活过程的延续；第三,为人类生产和生活提供舒适性精神享受。

生态环境(ecological environment)是“由生态关系组成的环境”的简称,是指与人类密切相关、影响人类生活和生产活动的各种自然(包括人工干预下形成的第二自然)力量(物质和能量)或作用的总和。生态环境主要包括影响人类生存与发展的水资源、土地资源、生物资源以及气候资源数量与质量的总称,是关系到社会和经济持续发展的复合生态系统。生态环境问题是指人类为其自身生存和发展,在利用和改造自然的过程中,对自然环境破坏和污染所产生的危害人类生存的各种负反馈效应。

所谓社会环境,就是对人们所处的社会政治环境、经济环境、法制环境、科技环境、文化环境等宏观因素的综合。社会环境对人们的职业生涯乃至人生发展都有重大影响。狭义的社会环境仅指人类生活的直接环境，如家庭、劳动组织、学习条件和其他集体性社团等。社会环境对人的形成和发展进化起着重要作用，同时人类活动给予社会环境以深刻的影响，而人类本身在适应改造社会环境的过程中也在不断变化。

1.1.3 制造业与资源、能源、环境的关系

1. 制造业与资源和能源的关系

制造业的发展离不开资源和能源的支撑，我国自改革开放以来，制造业经历了史无前例的快速发展，也付出了极大的资源和能源消耗代价。

近年来，资源能源的有限性与快速发展的制造业之间的供需矛盾不断凸显。根据对154个国家主要矿产资源的探测，43种重要的非能源矿产资源统计中，静态储量50年内枯竭的有6种，其中包括锰、铜、锌、金、银、石墨等。另外，总体来看，我国现有资源的利用率不高，矿产资源的开发总回收率只有30%～50%，比发达国家低20%左右。每万元国民收入的能耗为20.5t标准煤，为发达国家的10倍，“高投入、低效率、高污染”的问题仍然存在。再加上淘汰废弃产品的回收方式仍然比较粗放，回收利用率不高，往往还会产生二次污染。所有这些资源的不合理开发和利用，最终均会导致环境日益恶化、越来越多的物种濒临灭绝、淡水资源不足、森林资源面积锐减、矿物储量急剧下降、水土流失加剧等，严重制约社会经济的持续健康发展。

据统计[3]，按照目前世界年耗油量30亿t推算，石油资源可用130年左右。天然气储量约1800亿～4000亿t。全世界天然气的可采储量为70多亿立方米。目前全世界可开采的天然气总储量高达281亿m^3，也只能满足170年的需求。煤炭目前已证实的储量为14 000亿t。按目前全世界的耗煤量计算，可用500年。根据国家统计局发布的数据，2008—2015年，我国能源消费总量从32.06亿t标准煤增长至42.99亿t标准煤，工业能源消费总量从20.93亿t标准煤增长至29.23亿t标准煤，制造业能源消费总量从17.21亿t标准煤增长至24.29亿t标准煤，如图1-3所示。其中2008年制造业能源消费总量占能源消费总量的53.7%，2015年制造业能源消费总量占能源消费总量的56.5%，且呈逐年上涨趋势。

2018年我国制造业劳动生产率为27 382.27美元/人，而美国、日本、德国和韩国的这一数据分别是我国的5.85倍、3.62倍、3.39倍和3.17倍。2017年，我国制造业单位能源利用效率分别仅相当于美国、日本和德国的68%、50%和48%，制造业的平均产能利用率只有60%左右，而世界产能利用率平均为71.6%，美国为78.9%。制造业能源利用效率并未形成全球竞争优势，粗放的能源消耗方式不仅使制造业体系长期处于“高耗能、高污染、高排放”的低效运转模式，也拉低了制造业企业的效益水平，降低了产品的国际竞争力，严重限制了企业转型发展的能力。

随着人们能源节约与环境保护意识的逐步提高，能源消耗结构正在产生积极

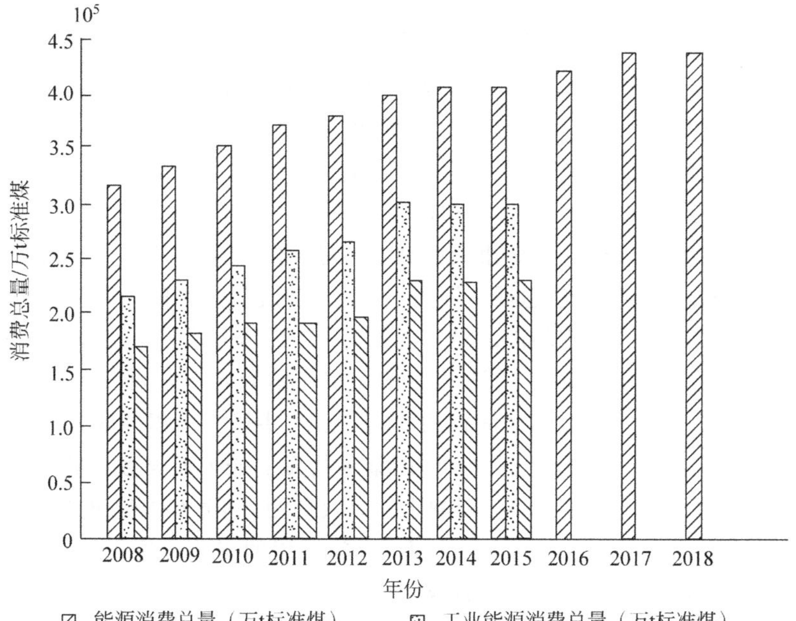

图 1-3　全国能源消费总量及工业能源消费总量变化趋势

的变化，优质、高效、洁净的能源（如天然气、风能、太阳能）得到了长足发展和利用，提高能源利用率的各项技术也不断涌现并得到推广应用。

2. 制造业与环境的关系

制造业是资源消耗和污染物排放的主要贡献者之一，“高投入、高消耗、高排放和低利用”发展模式使得生态环境不断恶化，许多自然资源濒临枯竭，在严重影响了国民生活环境的同时也阻碍了经济的发展。制造业对环境的影响主要可以分为两类：一类是环境污染；一类是资源、能源枯竭。

人类生活及生产活动对全球环境变化有着重要影响，尤其是工业革命以后，其影响主要表现在 4 个方面，即气候变化、臭氧层破坏、海洋污染及生物多样性锐减。制造业对环境的污染主要体现在大气污染、水体污染、土壤污染和固体废物及化学品危害等方面[4]。

(1) 大气污染。大气污染的程度主要是由人类生产活动和社会活动所产生的大气污染物的浓度决定的。大气污染物是指对人和环境产生有害影响的物质。大气污染物按其存在状态可分为两类：一类为颗粒物；另一类为气态污染物。颗粒物可以根据其化学成分或颗粒大小加以描述，这两方面的性质在确定其对大气性质和人体健康的影响时都很重要。制造业主要的大气排放物是 SO_2 等含硫的化合物、NO 等含氮的化合物、CO 等含碳的氧化物等。其中 SO_2 是造成大气污染的主要物质，所形成的酸雨对人体健康和农业生产均会造成严重危害。

大气污染对人体健康会产生严重影响。CO 能参与多种化学反应，形成烟雾，导致城市能见度降低和降水规律变化。从 2013 年 1 月开始，我国雾霾现象大面积频发，华北、华东等人口集聚区域情况尤为严重。根据生态环境部 2018 年发布的《中国生态环境状况公报》，全国 338 个地级及以上城市中，只有 121 个城市环境空气质量达标，占全部城市数的 35.8%，比 2017 年上升 6.5 个百分点；217 个城市环境空气质量超标，占 64.2%。而在 2014 年和 2013 年，情况更为严重：2014 年，中国 74 个主要城市中只有 8 个城市能够通过国家清洁控制标准；2013 年只有 3 个城市（海口、舟山、拉萨）能够达标。同时，在 463 个监测降水的城市（区、县）中，酸雨频率平均为 10.8%，出现酸雨的城市比例为 36.1%，酸雨频率在 25% 以上的城市比例为 16.8%，酸雨频率在 50% 以上的城市比例为 8.0%，酸雨频率在 75%以上的城市比例为 2.8%。酸雨区面积约 62 万 km^2，占国土面积的 6.5%。

(2) 水体污染。水体污染是指水体因某种物质的介入而导致其物理、化学、生物或者放射性等方面特性的改变，影响水的有效利用，危害人体健康或破坏生态环境，造成水质恶化的现象。制造业的行业不同，采用的工艺方法不同，引起水污染的类型也有差别，主要有以下几种类型。

① 需氧型污染。废水中的有机物被微生物吸收利用时，消耗水中的各种溶解氧，影响水的质量。

② 毒物型污染。各种有毒物质排入水体后，导致水生物中毒，并通过食物链危害人体健康，重金属引起的毒物性污染属于这一类。

③ 富营养型污染。氮、磷含量较高的废水排入水中，会滋生藻类及其他水生植物，恶化水质。

④ 其他类型的污染。包括生物污染、酸碱盐污染、油类污染、热污染等。

水污染造成的水质恶化，对生态环境影响十分严重，往往会造成严重的经济损失。根据我国生态环境部 2017 年发布的《中国生态环境状况公报》，全国地表水 1940 个水质断面（点位）中，Ⅰ～Ⅲ类水质断面（点位）1317 个，占 67.9%；Ⅳ和Ⅴ类 462 个，占 23.8%；劣Ⅴ类 161 个，占 8.3%，如图 1-4 所示。对以潜水为主的浅层地下水和承压水为主的中深层地下水为监测对象，5100 个监测点的地下水质监测结果显示：水质为优良级、良好级、较好级、较差级和极差级的监测点分别占 8.8%、23.1%、1.5%、51.8%和 14.8%，如图 1-5 所示。

(3) 土壤污染。土壤污染物大致可分为无机污染物和有机污染物两大类。无机污染物主要包括酸，碱，重金属，盐类，放射性元素铯、锶的化合物，含砷、硒、氟的化合物等。有机污染物主要包括有机农药、酚类、氰化物、石油、合成洗涤剂以及由城市污水、污泥及厩肥带来的有害微生物等。当土壤中含有有害物质过多，超过土壤的自净能力时，就会引起土壤的组成、结构和功能发生变化，微生物活动受到抑制，有害物质或其分解产物在土壤中逐渐积累，通过“土壤→植物→人体”或通过“土壤→水→人体”间接被人体吸收，对人体健康造成危害，此即土壤污染。

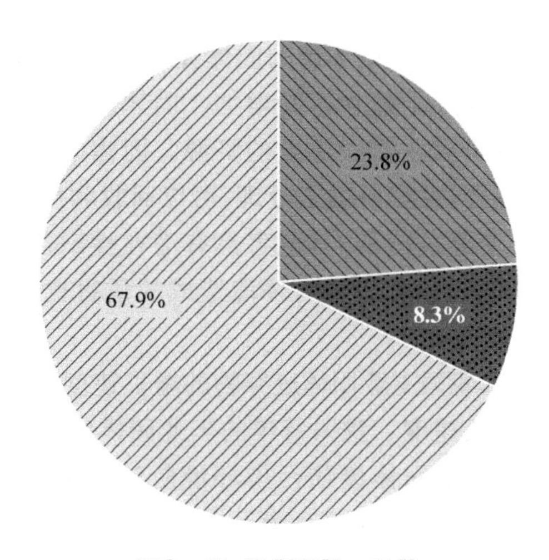

图 1-4　全国地表水污染情况

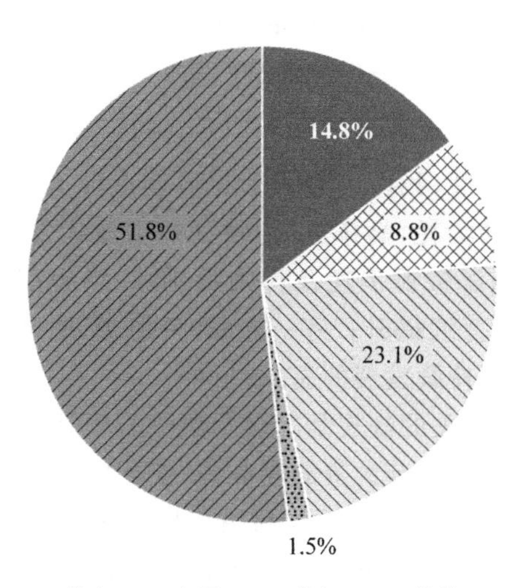

图 1-5　全国地下水污染情况

近年来，随着工业化进程的不断加快，矿产资源的不合理开采及冶炼排放、长期对土壤进行污水灌溉和污泥使用、人为活动引起的大气沉降、化肥和农药的施用等原因，造成了土壤污染。

根据 2014 年《全国土壤污染状况调查公报》显示，全国土壤环境状况总体不容乐观，部分地区土壤污染较重，耕地土壤环境质量堪忧，工矿企业废弃地土壤环境突出。全国土壤总的超标率为 16.1%，其中轻微、轻度、中度和重度污染点位比例分别为 11.2%、2.3%、1.5%和 1.1%。污染类型以无机型为主，有机型次之，无机污染物超标点位数占全部超标点位数的 82.8%。

(4) 固体废物及化学品危害。固体废物是指在一系列活动中产生，在一定时间和地点无法利用而被丢弃的污染环境的固体废弃物资。伴随着工业化和城市化进程的加快,固体废弃物的产生量在不断增加。固体废物具有鲜明的时间和空间特性,被认为是在错误时间放在错误地点的资源。固体废物一般具有某些工业原料所具有的化学、物理特性,且容易加工处理、可以回收利用,固体废物对环境的影响主要是通过水、气、土壤等进行的,其危害具有潜在性、长期性和灾难性,从某种程度上说,固体废物,特别是有害废物对环境造成的危害比水、气造成的危害严重得多[5]。

20世纪80年代以来,我国工业固体废弃物的增长速度相当迅速,预计未来几年可能维持在8%左右的增长速度。我国每年的工业固体废弃物产生量约达33亿t。根据《2017年全国大、中城市固体废物污染环境防治年报》给出的数据,2017年,202个大、中城市一般工业固体废物产生量达13.1亿t,综合利用量7.7亿t,处置量3.1亿t,储存量7.3亿t,倾倒丢弃量9万t[6]。随着城市数量的增加,人口增多,城市垃圾的数量迅速增加,特别是随着包装工业的发展及便利性消费需求的增加,商品过度包装问题日趋严重,一次性产品应用越来越广泛,城市垃圾中的金属、纸类、塑料大部分来自包装材料和一次性消费产品。

3. 资源、能源、环境对制造业的约束

得益于制造业的快速发展,我国已经成为世界制造业大国,但长期以来,我国制造业形成了以"高投入、高消耗、高排放"为特征的粗放式发展模式,在其快速发展的同时,带来了巨大的能源资源消耗及污染物排放,一方面制约了经济社会发展,影响了人类生活质量的持续提升;另一方面,资源短缺、环境污染和生态破坏已经成为制约我国制造业可持续发展的瓶颈。

近年来,国家通过制定相关的法规制度以及严格的环保督查,倒逼制造业通过技术创新、管理创新、模式创新等节约资源与能源,使环境质量得到明显改善,但一些地区和领域仍然存在以能源资源的粗放利用和环境污染为代价换取经济发展,环境质量恶化的趋势仍未得到根本扭转。世界自然基金会发布的《气候变化解决方案——WWF2050展望》(中文版)报告称,目前中国的能源利用率仅为33%左右,相当于发达国家20年前的水平。因此,制造业的发展必须走资源节约型、环境友好型的绿色发展道路,开发利用各种新技术,实现持续健康高质量发展。

联合国可持续发展峰会于2015年9月25日通过了《变革我们的世界——2030年可持续发展议程》,即2015年后可持续发展议程。该议程提出了17项可持续发展目标(SDGs)、169个指标,并提出了实现可持续发展目标的6个基本要素,即尊严、以人为本、繁荣、地球、公正和伙伴关系。强调应通过发展筹资、科学技术创新、加强机构能力等方式确保2015年可持续发展后议程的推进落实。该议程的核心思想是:建立可持续发展目标是为全人类建设更加美好的未来,人类福祉、经济繁荣、健康环境三者之间应保持密切联系,经济发展与保护环境必须协调推进。

实际上,制造业的持续发展和资源能源的有效利用、环境保护是相互依存、相互促进的关系。一方面，丰富的自然资源持续生产和供给是制造业健康发展的基本保障；另一方面，制造业创新能力和发展水平提高了又会显著节约资源能源、改善生态环境质量。对企业来说，必须高度重视资源、能源、环境与发展的关系，加强技术创新、优化产业结构、推进升级转型，采用先进环保技术与装备，积极开发满足市场需求的绿色产品，否则就会被竞争激烈的市场所淘汰。因此，制造业企业必须将经济、社会和环境三者协调发展作为关注的重点，不仅要创造良好的经济效益，更要承担充分的社会责任，努力实现经济效益、社会效益与环境需要的协调优化，如图 1-6 所示。

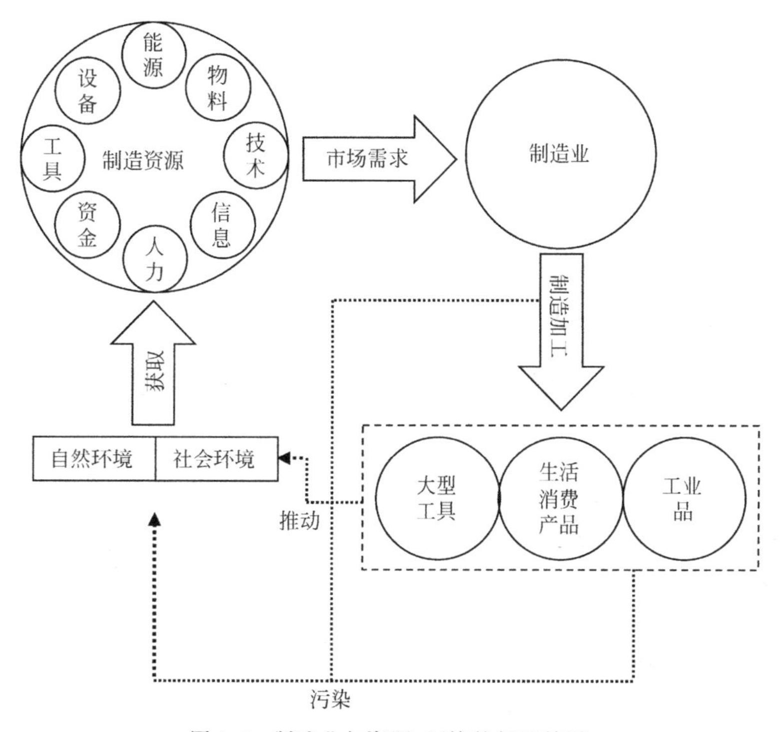

图 1-6 制造业与资源、环境的相互关系

1.2 绿色制造是制造业可持续发展的必由之路

生产系统从生态系统中获取有限资源生产出供生活系统消费的产品，同时也将生产过程产生的污染物排放到生态系统中，而生活系统将消费过程产生的废弃物也排放到生态系统中，如图 1-7 所示。这种生产系统与生活系统的污染叠加会使生态系统的负担不断加重。为了实现制造业健康持续与绿色发展，不同国家和地区制定了一系列法律法规约束企业的生产经营行为。同时作为生产系统的实施主体，企业也有责任降低生产制造过程中的环境影响。此外，随着绿色消费意识的不断提升，绿色消费市场逐步形成，消费者对绿色产品的需求也越来越强烈。在这

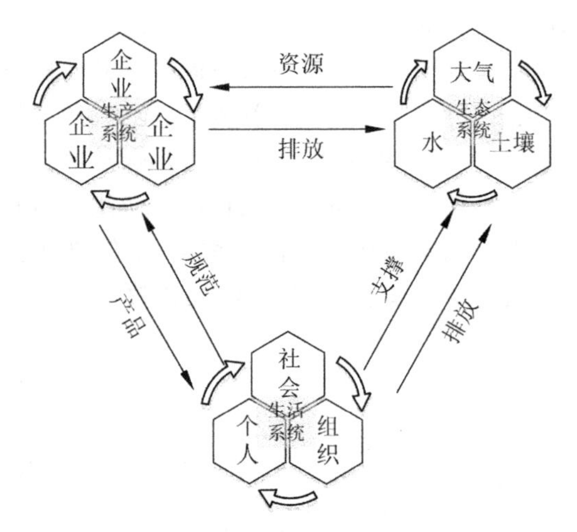

图 1-7　生产系统、生活系统和生态系统之间的相互关系

样的背景下，企业必须选择一条环境成本低的绿色可持续发展道路。由此可见，实施绿色制造是经济社会持续健康发展的必然要求，是绿色消费的生产需求，是企业提升其市场竞争力的根本所在。

1.2.1　越来越严格的法律法规引导促进了绿色制造发展

绿色制造的实施从理论上讲是企业的一种自觉自愿行为，企业应该积极采用绿色技术，开发绿色产品，引导市场绿色消费。但是，由于企业的逐利特性，不少企业往往对绿色技术采取观望及跟随方式，处于被动状态。在这种情况下，出台相关的引导政策和法律法规以规范企业的市场经营行为，对制造业的绿色健康发展具有重要意义。

1. 法律法规约束

为了改善环境质量，防止环境污染的进一步产生，世界各国特别是工业发达国家和地区的政府部门及一些国际性组织制定了相关的法律法规、标准规范来约束产品的制造过程及相关活动，而且要求有越来越严格的趋势。

(1) 美国。美国作为制造业大国，从 20 世纪 80 年代开始推进绿色制造，并最早将推进绿色制造和低碳经济写入法律文本。2007 年，美国参议院提出《低碳经济法案》，该法案设计了减少温室气体排放的战略目标，建议到 2020 年将美国的碳排放量减至 2006 年的水平，到 2030 年减至 1990 年的水平[7]。2009 年 6 月 25 日表决通过的《美国清洁能源与安全法案》旨在改变传统高碳排放的制造业，推动发展新能源产业，实现"美国复兴和再投资计划"的绿色产业发展目标。《美国清洁能源与安全法案》要求，投资 1900 亿美元用于新能源技术和能源效率技术的研究与开发，推进能源产业技术创新，加大清洁能源研发投入和碳回收技术研发，实现二氧化碳排放量到 2020 年相对于 2005 年减少排放 20%，相当于在 1990 年的基础上减少排放 12%；2030 年在 2005 年的基础上减少排放 42%，相当于在 1990 年的基础上减少排放 33%；2050 年相对于 2005 年减少排放 83%，相当于在 1990 年的基础上减少排放 80%目标，如图 1-8 所示[8]。

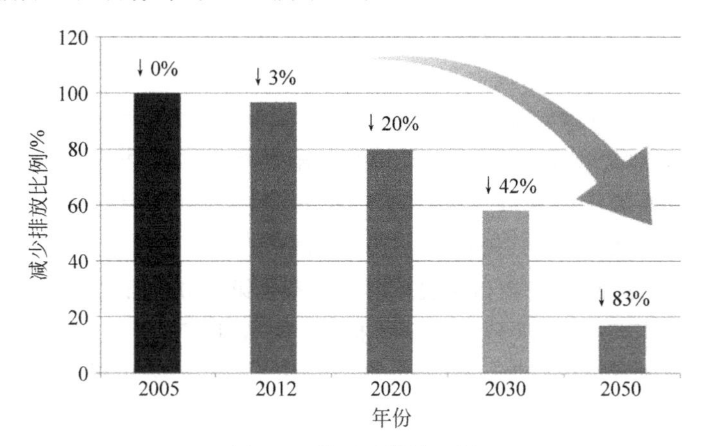

图 1-8 美国碳排放目标

2012 年 2 月，美国国家科学技术委员会（National Science and Technology Council，NSTC）发布了《先进制造业国家战略计划》（*A National Strategic Plan for Advanced Manufacturing*，2012），试图复兴制造业，使制造业成为美国经济发展的重要基石，加大对绿色产业的支持力度，尤其是以能源、智能机器人、先进材料、3D 打印、纳米生物技术、精密仪器等为代表的高端制造业和新兴行业[9]。由先进制造伙伴 2.0（Advanced Manufacturing Partnership 2.0）指导委员会完成的《振兴美国先进制造业》（*Accelerating U. S. Advanced Manufacturing*，AMP2.0）报告，于 2014 年 10 月由美国总统执行办公室和美国总统科技顾问委员会（PCAST）联合对外发布，是由美国联邦政府主导的国家级制造业发展战略。在"先进制造伙伴计划 2.0"中，将"可持续制造"（Sustainable Manufacturing）列为 11 项振兴制造业的关键技术，通过利用技术优势谋求绿色发展新模式[10]。

2017 年 7 月，美国加州州议会通过了大会法案（AB）398，重新授权并延长到 2030 年，重申了该州的全球温室气体（GHG）减排计划。该法案设定了一个新的温室气体排放目标，到 2030 年至少比 1990 年的排放量低 40%[11]。

在引导和推进企业的绿色生产方面，美国政府采取多种财政税收和支持政策发展绿色经济。财政税收政策包括消费税、开采税、化学品税、环境税等税种；财政支持政策是扶持绿色经济发展的具体措施，包括财政投入、发展风险投资等财政补贴政策。财政税收政策重点鼓励提高能源利用效率，研究开发清洁能源，推动绿色产业发展。为鼓励政府实施绿色采购，支持绿色产业发展，美国先后颁布了《小企业法》《联邦政府采购条例》《武装部队采购条例》《购买美国产品法》等一系列法律法规。美国已经建立了一个庞大的联邦环境法规体系。截至 2009 年 6 月，美国有 20 个州颁布了电子废弃物回收的法案/法律，主要针对电视机、笔记本电脑、台式计算机、计算机显示器等视频显示设备，有些也包括其他音视频产品以及计算机外围设备[12]。

(2) 欧盟。2008 年 12 月，欧洲议会全体会议批准了欧盟能源气候一揽子计划。该计划内容包括欧盟排放权交易机制修正案、欧盟成员国配套措施任务分配的决定、碳捕获和储存的法律框架、可再生能源指令、汽车二氧化碳排放法规和燃料质量指令等 6 项内容。该计划制定了欧盟在气候与能源领域的三大目标，欧盟到 2020 年将温室气体排放量在 1990 年的基础上至少减少 20%，将可再生清洁能源占总能源消耗的比例提高到 20%，将煤、石油、天然气等化石能源的消费量在 1990 年的基础上减少 20%，简称“20-20-20 目标”[13]。

2009 年 10 月，欧洲议会和欧盟理事会颁布了第 2009/125/EC 号《为规定能源相关产品的生态设计要求建立框架》指令，简称 ErP 指令，即“Energy-related Products(能源相关产品)”。于 2009 年 11 月 10 日开始生效。它是耗能产品(Energy-using Products，EuP)指令的升级和延续。ErP 的核心内容为要求产品在设计初期应考虑产品生命周期中各个阶段对环境因素的影响(即产品的生态设计)。ErP 指令与 EuP 指令相比，最主要的变化就是将原 EuP 指令中的耗能产品扩展为能源相关产品，扩大了 EuP 指令的范围[14]。

2010 年 3 月，欧盟委员会在例行工作会议上公布了未来十年经济发展战略，简称“欧盟 2020 战略”。其中一个重要内容就是以提高能源利用率、提倡“绿色”、强化竞争力为内容的“可持续增长”(Sustainable Growth)。为应对全球气候与能源安全问题，提出“能效欧洲”计划(Resource Efficient Europe)，通过倡导低碳经济，增加可再生能源利用率，促进运输部门的现代化以及改善能源利用率等。为具体落实“欧盟 2020 战略”目标，占领绿色技术的制高点，保持绿色创新的世界领先水平，以及提升绿色工业全球竞争力，欧盟委员会于 2011 年 12 月 15 日通过决议，决定推出一项新的绿色创新行动计划(The Eco-innovation Action Plan，EcoAP)(2014—2020 年)。EcoAP 在原有环境技术行动计划(the Environmental Technologies Action Plan，ETAP)基础上，总结成功经验与教训并广泛采纳成员国及相关各方建议，主要强化了 5 个方面的行动措施，即改善绿色创新法律环境、清除绿色创新各种障碍、增加绿色创新研发投入、扩大绿色创新市场需求、强化绿色创新薄弱环节[11,15-17]。

2012 年 8 月欧盟新版《报废的电子电气设备指令》(Waste Electrical and Electronic Equipment Directive，简称 WEEE 指令)正式生效实施。相比于 2003 年发布的旧版 WEEE 指令，新指令将适用范围扩大至所有电子电气设备，而且对不同产品范围的实施时间、回收目标等方面做了详细规定，不同类别产品回收率也不相同。此外，指令将回收目标分成 3 个时间段，即 2012 年 8 月 13 日—2015 年 8 月 14、2015 年 8 月 15 日—2018 年 8 月 14 日及 2018 年 8 月 15 日以后。回收目标较原 WEEE 指令有了明显提高。所有会员国必须确保其生产者负起收集废旧电子电气设备的责任，自 2016 年起，每年至少需要达成 45%收集率的目标。而自 2019 年起，所有会员国每年废旧电子电气设备收集率至少需要达成 65%的目标，或达该国产生废旧电子电气设备总量的 85%[18]。

2018 年 6 月，欧盟确定 2030 年能效目标为无约束力的 32.5%，新修订目标高于欧盟理事会最初提交的《欧盟能源效率指令修订草案》中提出的 30%[19]。

在欧盟指令的基础上，各个成员国也相应制定了本国的法律法规和战略计划，以应对快速发展的绿色经济和低碳经济。德国在 2009 年 6 月召开的名为“绿色复兴——增长、就业和可持续发展新政策”会议上明确强调，绿色经济不仅要刺激经济景气和建立新的行业，而且要谋求整体经济的现代化，即现存的工业核心要向资源有效利用方向转变，要努力实现经济长远、低碳型、资源节约和绿色制造型发展[20]。

2016 年 7 月，德国联邦议会通过了对 2014 年版《可再生能源法》的修订草案，新版《可再生能源法》(简称 EEG—2017)于 2017 年 1 月 1 日实施。德国政府拟通过《可再生能源法》修订更好地实现可再生能源发展目标，同时降低电力成本。德国政府提出，2025 年可再生能源发电量须占总用电量 40%～45%；2035 年进一步提高至 55%～60%。德国将维持 2022 年全面废除核电的目标，以及 2020 年碳排放量较 1990 年减少 40%的减排承诺[21]。

(3) 英国。2003 年，英国发表了《我们未来的能源——创建低碳经济》的白皮书，首次提出了低碳经济的概念，也提出了英国的碳减排目标：2010 年，二氧化碳排放量在 1990 年的水平上减少 20%，到 2050 年减少 60%，建立低碳经济社会。2007 年，英国发布了《新能源白皮书》，公布了《气候变化法案的草案》以及《英国气候变化战略框架》，提出了具有法律约束力的减排目标，即 2020 年在 1990 年的基础上减少温室气体排放 26%以上，2050 年在 1990 年的基础上减少温室气体排放 80%以上。2009 年英国发布《英国低碳转型计划》，以及配套的《英国可再生能源战略》《英国低碳工业战略》《低碳交通战略》等文件，提出了 2020 年将碳排放量在 1990 年的基础上减少 34%的具体目标。2010 年发布了《海洋能源行动计划》等文件。2012 年 11 月，英国政府公布新能源法案，对其电力市场进行彻底改革，支持低碳能源基础设施建设，建立低碳制造业供应链，使现在以化石能源为主的能源结构转变为多元化的低碳能源结构[22]。

(4) 日本。日本早在 1991 年就推出了“绿色行业计划”，致力于资源保护、减少能源和材料消耗、减少固体废物和温室气体排放，通过公共教育、环境先导、节能建筑、生命周期评价(life cycle assessment，LCA)、环境化设计(design for environment，DFE)和 ISO 14000 认证系统实现绿色制造以提升企业竞争力。日本较早就制定了一系列相关的法律法规，形成了较为完善的循环型社会的法律保障体系。主要法规包括：①2000 年制定的《循环型社会基本法》，提出了建立循环型经济社会的基本原则；②固体废弃物管理法，在一定程度上执行了“污染者付费原则(PPP)”；③促进资源有效利用法，要求行业主体将3R原则(减量化、再利用和再循环)从产品的生产至回收处理贯穿始终；④家用电器回收法；⑤绿色采购法；⑥J-MOSS法规。

2007年6月，日本经济财政咨询会议审议通过并颁发了《21世纪环境立国战略》，环境立国的目标是：创造性地建立可持续发展的社会，即建立一个“低碳化社会”“循环型社会”“与自然共存的社会”。2008年7月，日本政府公布了为实现低碳社会而制订的行动计划草案。

2008年7月，日本全球变暖对策推进本部第21次会议通过了《构建低碳社会行动计划》。该计划从政府角度再次确认了构建低碳社会的发展目标，规划了发展低碳经济的技术路径和制度框架[23]。

2009年4月，环境大臣齐藤铁夫签署了《绿色经济与社会变革》政策草案，提出了构建低碳社会、实现与自然和谐共生的社会等中长期方针，强调了发展绿色社会资本、绿色消费、绿色投资、绿色技术创新等多方面的重要意义。同年9月，自民党向国会提交了《推进低碳社会建设基本法案》。

2010年5月，日本参议院通过了《低碳投资促进法》。该法对开发、制造适合能源环境制品的企业筹集必要的资金以及开拓适合能源环境制品市场提供了强大的支持，从而引导资本向绿色产业倾斜，促进绿色经济发展[24]。

2018年7月，日本内阁会议通过修正能源基本计划，将2030年可再生能源发电目标提升至22%～24%，并希望在2050年让清洁能源成为主流[25]。

(5) 韩国。2010年4月，韩国政府公布了《低碳绿色增长基本法》施行令，依法全面推行绿色增长计划。该法内容包括制定绿色增长国家战略、绿色经济产业、气候变化、能源等项目以及各机构和各单位具体的实施计划。此外，还包括实行气候变化和能源目标管理制度、设定温室气体中长期减排目标、构筑温室气体综合信息管理体制以及建立低碳交通体系等内容。此次韩国推行低碳绿色增长计划的预算总额仅次于中国和美国，达310亿美元[26]。

2012年5月，韩国国会通过了《全国碳交易体系法案》，于2015年1月生效。韩国碳交易体系法案采用95%免费分配排放指标、5%需要购买的强制措施。根据该法案，企业可以买卖碳排许可或者购买联合国清洁机制框架下的碳汇，以满足自身的排放要求。这对于韩国经济来说，加快了工业生产领域的绿色节能技术的发展步伐[27]。

2018年11月，韩国政府出台了高强度的治霾举措。首先，政府部门和公共机关以后不再购买柴油车，目前使用的柴油车报废后，则全部转换为环保汽车，并到2030年实现“零柴油车”。此前，韩国国会已通过了“有关降低雾霾管理举措的特别法”[28]。

(6) 中国。中国政府在推动绿色制造与可持续发展方面也做了很多工作，并通过相关立法以保障绿色制造和绿色经济的发展与进步。

2005年,《国务院关于加快发展循环经济的若干意见》(国发〔2005〕22号)提出了我国推动循环经济发展的指导思想、基本原则、主要目标、重点工作和政策机制等,这是我国循环经济发展史上第一个纲领性文件,具有里程碑意义。“十一五”和“十二五”规划将发展循环经济作为建设资源节约型、环境友好型社会的重大任务。党的十七大将循环经济形成较大规模作为全面建设小康社会的新要求。党的十八大将发展循环经济的地位和作用提到新的战略高度,把资源循环利用体系初步建立作为2020年全面建成小康社会目标之一,要求经济发展方式转变更多依靠节约资源和循环经济推动,要求着力推进绿色发展、循环发展、低碳发展,加快建设生态文明。中共中央、国务院印发《关于加快推进生态文明建设的意见》,进一步明确“坚持把绿色发展、循环发展、低碳发展作为基本途径”,将发展循环经济提到了前所未有的战略高度。

2008年,中国政府制定并通过了《中华人民共和国循环经济促进法》(以下简称《循环经济促进法》),并于2009年1月1日起施行。该法确立了循环经济减量化、再利用、资源化,减量化优先的原则,并作出一系列的制度安排,标志着中国经济增长方式的重大改变[29]。

2009年,国务院发布了《废弃电器电子产品回收处理管理条例》,这是《循环经济促进法》实施后出台的第一个行政法规,在废弃电器电子产品领域建立了生产者责任延伸制度,先后发布了两批实施目录,共计14种产品。有关部门还先后出台了《再生资源回收利用管理办法》,修订了粉煤灰、煤矸石综合利用管理办法等,一些地方发布了循环经济促进条例,初步形成了由国家法律、行政法规、部门规章和地方法规构成的循环经济法律法规体系。

2012年国务院印发了《循环经济发展战略及近期行动计划》,这是我国循环经济领域第一个国家级的专项规划,明确了“十二五”发展循环经济的总体思路、主要目标、重点任务和保障措施。

新版《中华人民共和国环境保护法》(以下简称《环境保护法》)于2014年修订并表决通过,新版《环境保护法》加大了对污染环境行为的惩治力度,同时,对于采用绿色制造的企业和组织制定了相应的激励措施,比如在税收上有所倾斜等,引导并推动企业逐渐将传统的生产制造模式转变为可持续的绿色制造模式,促使经济社会发展与保护环境相互协调[30]。

《中华人民共和国大气污染防治法》(以下简称《大气污染防治法》)于2015年8月29日第十二届全国人大常委会第十六次会议第二次修订,于2016年1月1日起施行,是新《环境保护法》通过后修改的第一部单项法。新修订的《大气污染防治法》加大了行政处罚力度,同时,明确了坚持源头治理、规划先行、优化产业结构和调整能源结构等大气污染防治原则,规定了加强对燃煤、工业、机动车船、扬尘、农业等大气污染的综合防治,推行区域大气污染联合防治,对颗粒物、二氧化硫、氮氧化物、挥发性有机物、氨等大气污染物和温室气体实施协同控制等大气污染防治措施[31]。

2017 年 9 月 27 日，中华人民共和国工业和信息化部(简称工信部)等 5 部门联合发布的《乘用车企业平均燃料消耗量与新能源汽车积分并行管理办法》，又称"双积分政策"，设立了企业平均燃料消耗量与新能源汽车两种积分，建立了积分交易机制，由企业自主确定负积分抵偿方式，实现节能降耗和促进新能源汽车发展两个目标。"双积分政策"是建立节能与新能源汽车市场化发展长效机制的具体举措，对我国实现节能降耗减排、引导绿色发展具有里程碑意义。

此外，国家标准化委员会及其各专业委员会针对家用电器产品、日用消费品、建材、家具等行业，制定了若干与绿色制造相关的国家、行业标准，对绿色制造的实施提供了有效指导。

2. 制造业绿色发展的战略要求

为了支持绿色制造和制造业的可持续发展，各国政府在制定与制造业有关的法律规定和标准规范的同时，也出台了相关的战略规划与支持政策，鼓励研发机构、高校和企业等积极研发和采用绿色制造技术，鼓励企业向绿色化、智能化制造模式转型。

2009 年，美国推出《美国复兴与再投资计划》，提出了总额为 7800 亿美元的经济刺激方案，将发展清洁能源作为重要战略方向；2011—2012 年先后发表《保障美国在先进制造业的领导地位》《获取先进制造业国内竞争优势》鼓励对先进制造业的投资；2014 年 10 月发布《提速美国先进制造业》，在"先进制造伙伴计划 2.0"中，将"可持续制造"列为 11 项振兴制造业的关键技术，利用技术优势谋求绿色发展新模式[32]。

2013 年 9 月，法国政府正式推出"新工业法国"战略计划。该计划为法国工业设定了三大优先发展方向，即能源与生态转型、数字化、新技术与社会，并要求把能源与生态转型摆在发展首位。2015 年 5 月 18 日，法国经济、工业与就业部发布"未来工业"计划，作为"新工业法国"二期计划的核心内容，主要目标是建立更具竞争力的法国工业。该计划包括一个核心思想，九大重点领域。一个核心思想，就是未来工业目的是实现工业生产向数字化、智慧化转型，以生产工具的转型升级带动商业模式转型。九大重点领域，包括智慧物流、新资源开发、永续城市、未来交通、未来医药、数据经济、智能设备、数位安全和智慧饮食。"未来工业"计划提倡在一些优先领域发展工业模式，例如新资源、可持续发展城市、未来医药、数据经济、智能物体、数字安全和智能电网等[33]。

2011 年，英国财政大臣奥斯本在春季预算报告中提出，制造业是英国经济复苏的核心，英国需要"英国制造、英国创造、英国发明、英国设计"，需要"制造者的前进来带动英国发展"。这一背景催生了"英国工业 2050 战略"，提出全球资源匮乏、气候变化、环保管理完善、消费者消费理念变化等因素将使可持续的制造业获得青睐，使循环经济成为关注的重点[34]。2017 年 7 月，英国国家能源监管机构 Ofgem

和英国商业能源和工业战略部(BEIS)研究并制定了英国智能灵活能源系统发展战略(Upgrading Our Energy System: Smart Systems and Flexibility Plan),计划通过29项行动方案,从三个方面推动英国构建智能灵活能源系统,即消除包括储能在内的智慧能源的发展障碍、构建智能家庭和商业、建立灵活的电力市场机制[35]。

2013年4月德国工业4.0工作组发表了名为《保障德国制造业的未来:关于实施工业4.0战略的建议》的报告,工业4.0被列为德国政府《德国2020高技术战略》中所提出的十大未来项目之一。工业4.0也被人们称为以智能制造为主导的"第四次工业革命",在生产系统及过程中形成智能工厂,在生产物流管理上实现智能生产,整合物流资源上实现智能物流。随着工厂的智能化,不仅能够大幅提升生产效率,还能解决能源消耗等社会问题。制造业生产过程中采用了大量的大功率用电设备,由于生产设计能力与实际能力、工艺及生产管理之间往往存在一定的变化,所以部分设备运行效率低下,存在巨大的节能空间。工业4.0中运用互联网、物联网等信息技术手段,从收集和分析能耗信息,到识别和解决能耗问题,实现了能耗的智能化管理。德国工业4.0的目标是革新传统制造业,推动绿色制造和智能制造,解决能源消费等社会问题[36]。

2012年7月,日本召开国家发展战略大会,会议通过并发布了《绿色发展战略总体规划》,将新型装备制造、机械加工等作为发展重点,围绕制造过程中可再生能源的应用和能源利用效率提升,实施战略规划。计划通过5～10年的努力,将节能环保汽车、大型蓄电池、海洋风力发电培育和发展成为落实绿色发展战略的三大支柱性产业[37]。

2009年7月,韩国政府公布了《绿色增长国家战略》和《绿色增长5年计划(2009—2013)》,决定在未来5年累计投资107万亿韩元(约合900亿美元)发展绿色经济,通过提高能效,减少韩国对化石燃料的依赖并促进经济增长。

2013年,中国政府公布《循环经济发展战略及近期行动计划》,强调了再制造和旧件逆向回收体系的重要性,要求抓好重点产品再制造,推动再制造产业化发展,支持建设再制造产业示范基地,促进产业集聚发展[38]。

2015年,中国提出的《中国制造2025》指出,在中国未来的十年发展过程中,要全面推行绿色制造,加大先进节能环保技术、工艺和装备的研发力度,加快制造业绿色改造升级;积极推行低碳化、循环化和集约化,提高制造业资源利用效率;强化产品全生命周期绿色管理,努力构建高效、清洁、低碳、循环的绿色制造体系[39]。

2015年3月24日,中共中央政治局召开会议,审议通过《关于加快推进生态文明建设的意见》。2015年5月5日中共中央、国务院正式发布《关于加快推进生态文明建设的意见》,首次以党中央、国务院名义对生态文明建设进行专题部署,强调把绿色发展转化成为新的综合国力和国际竞争新优势,实施绿色制造工程是我国制造业实现"绿色化"发展的关键举措。党的十八届五中全会通过的《中共中央关于制定国民经济和社会发展第十三个五年规划的建议》明确指出，加快建设制造强国，实施《中国制造 2025》。实施建设制造强国重大战略，必须牢固树立创新、协调、绿色、开放、共享的发展理念。

为了践行绿色发展理念，落实绿色制造工程，2016 年 4 月工信部印发了《绿色制造 2016 专项行动实施方案》，以制造业绿色改造升级为重点，加快关键技术研发与产业化，强化试点示范和绿色监管，积极构建绿色制造体系，力争在重点区域、重点流域绿色制造上取得突破，引领和带动制造业高效清洁低碳循环和可持续发展[40]。2016 年 7 月工信部印发了《工业绿色发展规划(2016—2020 年)》，主要任务包括：大力推进能效提升，加快实现节约发展；扎实推进清洁生产，大幅减少污染排放；加强资源综合利用，持续推动循环发展；削减温室气体排放，积极促进低碳转型；提升科技支撑能力，促进绿色创新发展；加快构建绿色制造体系，发展壮大绿色制造产业；充分发挥区域比较优势，推进工业绿色协调发展；实施绿色制造+互联网，提升工业绿色智能水平；着力强化标准引领约束，提高绿色发展基础能力；积极开展国际交流合作，促进工业绿色开放发展。2016 年 11 月，工信部和财政部联合发布了《两部门关于开展 2016 年绿色制造系统集成工作的通知》，重点支持绿色设计平台建设、绿色关键工艺突破和绿色供应链系统构建，实现制造技术与制造过程绿色化率提升以及绿色制造资源环境影响度下降，以促进制造业绿色升级。2017 年 5 月，工信部发布了《工业节能与绿色标准化行动计划(2017—2019年)》，重点任务包括加强工业节能与绿色标准制修订、强化工业节能与绿色标准实施和提升工业节能与绿色标准基础能力。

在党的十九大报告中，习近平总书记指出，我们要建设的现代化是人与自然和谐共生的现代化，既要创造更多物质财富和精神财富以满足人民日益增长的美好生活需要，也要提供更多优质生态产品以满足人民日益增长的优美生态环境需要。必须坚持节约优先、保护优先、自然恢复为主的方针，形成节约资源和保护环境的空间格局、产业结构、生产方式、生活方式，还自然以宁静、和谐、美丽。

党的十九届四中全会通过的《中共中央关于坚持和完善中国特色社会主义制度、推进国家治理体系和治理能力现代化若干重大问题的决定》(以下简称《决定》)，为新时代坚持和完善中国特色社会主义制度、推进国家治理体系和治理能力现代化指明了前进方向、提供了根本遵循。《决定》提出，坚持和完善生态文明制度体系，促进人与自然和谐共生。生态文明建设是关系中华民族永续发展的千年大计。必须践行绿水青山就是金山银山的理念，坚持节约资源和保护环境的基本国策，坚持节约优先、保护优先、自然恢复为主的方针，坚定走生产发展、生活富裕、生态良好的文明发展道路，建设美丽中国。要实行最严格的生态环境保护制度，全面建立资源高效利用制度，健全生态保护和修复制度，严明生态环境保护责任制度。

3. 绿色贸易壁垒

绿色贸易壁垒简称绿色壁垒，也叫环境壁垒，产生于 20 世纪 80 年代后期，

90年代开始兴起于世界各国，主要是针对外国商品进口采取的准入限制或禁止措施。例如，美国拒绝进口委内瑞拉的汽油，因为含铅(Pb)量超过了美国的规定。欧盟禁止进口加拿大的皮革制品，因为加拿大猎人使用捕猎器捕获了大量野生动物。20世纪90年代初，欧洲国家严禁进口含氟利昂物质的电冰箱，导致我国冰箱出口额大幅下降。这些都是由于绿色壁垒而产生的一系列贸易纠纷。

绿色壁垒是指在国际贸易活动中，进口国以保护自然资源、生态环境和人类健康为由而制定的一系列限制进口的行为或措施。我国的国际贸易问题专家认为[41]："绿色壁垒是指那些为了保护环境而直接或间接采取的限制甚至禁止贸易的措施，主要包括国际和区域性的环保公约、国别环保法规和标准、ISO14000环境管理体系和环境标志等自愿性措施、生产和加工方法及环境成本内在化要求等分系统。"

2003年2月13日，欧洲议会和欧盟部长理事会共同批准《报废的电子电气设备指令》(WEEE指令)和《关于在电子电气设备中禁止使用某些有害物质指令》(RoHS指令)。2005年7月6日，正式公布了《用能产品生态设计指令》(EuP指令)。2009年10月21日，正式发布《耗能产品生态化设计指令》(ErP指令)替换EuP指令。据我国电子进出口总公司的统计，2002年电子产品对欧盟出口额为1.3亿美元，属于WEEE指令和RoHS指令两项指令范围内的产品占出口额的70%。2004年其出口额达1.5亿美元，而两项指令的实施使其对欧盟的出口减少了30%～50%[42]。

2008年和2009年我国每年都有近80亿美元的出口商品受到绿色壁垒的限制，而且这一数字还在继续上升，绿色壁垒涉及领域也越来越广泛。一方面，绿色壁垒本身也随着社会经济发展的需要在不断调整和补充，出现了层出不穷、变化多端的绿色贸易措施，涉及包括环境保护、人类健康、生物多样性、动植物安全等多个领域；另一方面，绿色壁垒所管辖的对象范围越来越广泛，它不仅对产品本身提出了绿色环保要求，还对产品的设计开发、原料投入、生产方式、包装材料、运输、销售、售后服务，甚至工厂的厂房、后勤设施、操作人员医疗卫生条件等整个周期的各个环节提出了绿色环保的要求。这些绿色保护措施对发展中国家的对外贸易与经济发展具有极大的挑战性。

2008年金融危机之后，欧美贸易保护主义抬头，各种绿色贸易壁垒接踵出台。欧盟颁布的环境足迹产品指导目录(Product Environmental Footprint，PEF)在评估方法和标识认证上全面统一欧盟现有的各种绿色贸易壁垒，从产品生产的各个环节进行评价，只有评价结果达到要求的产品才有资格进入欧盟市场。欧盟委员会早在2011年就编制了PEF指南草案，通过一年试点后，对PEF指南草案进行了修改。2013年，欧盟委员会发布了《产品和组织环境绩效信息》建议案，同时发布了评估绿色产品和绿色企业的方法指南，分别为产品环境足迹评价方法(PEF)和组织环境足迹评价方法(OEF)。美国众议院于2009年6月通过了《限量及交易法案》和《清洁能源安全法案》,授权美国政府可以对包括中国在内的不实施碳减排限额的发展中国家的进口产品征收关税,并且将于2020年开始实施。

近年来,绿色贸易壁垒被频繁使用,在全球4917种商品中,受绿色壁垒影响商品达3746种,贸易金额达47 320亿美元,每年还在以20%～30%的速度增长。随着经济全球化,绿色产品的市场竞争将在全球范围展开。如今世界各国已经出台了一系列法律法规要求对进口产品进行绿色认证,制定了苛刻的产品环境指标来限制国外产品进入本国市场。据统计,我国每年因不符合环境标准要求而造成的出口损失高达40亿美元。因此,实施绿色制造是打破绿色贸易壁垒的有效手段。

绿色制造可为企业提供绿色技术的系统解决方案,为企业消除国际贸易壁垒进入国际市场提供有力支撑。我国作为制造业大国,发展绿色制造,研发绿色技术,制定一系列与绿色制造有关的法律法规、标准规范和认证体系势在必行。通过制度和技术的结合,改变传统制造的思维理念,实施绿色制造,我国产品出口才能最大限度地消除绿色壁垒的不良影响,构筑自身的产品优势和竞争力[43]。

1.2.2 绿色消费需求助推了绿色制造发展

自工业革命以来,随着世界经济的快速发展,一方面,在消费领域人们开始享受生活,并过分追求、崇尚高消费,进一步加速了产品的淘汰废弃速度,加剧了生态环境的恶化;另一方面,随着物质生活水平的逐步提高,人们对优质生存环境的需求也日益增加,因此,要想获得优良的生态环境,实现人与自然和谐相处,就必须改变原有的大量生产、大量消费的模式。美国盖洛普民意测验中心调查结果显示,绝大多数人认为环境保护比经济增长更具有战略意义,这直接导致人们消费观念的变化,绿色消费逐渐成为消费领域的主流。

1994年,联合国环境规划署《可持续消费的政策因素》报告中将绿色消费定义为:提供服务以及相关产品以满足人类基本需求,提高生活质量,同时减少自然资源和有毒材料的使用量,使服务或产品生命周期中所产生的废物和污染物最少,从而不危及后代的需求。

绿色消费,又称为可持续消费,广义的绿色消费含义至少包括4个层次:①经济消费,即人们的消费行为和过程对资源和能源的消费量最少;②清洁消费,即消费者在消费过程中产生的废弃物和污染物(量和危害)最小;③安全消费,即消费结果使本人和其他人的健康及环境所遭受的危害最小;④可持续消费,即消费结果对人类包括后代人的需求所产生的危害最小。绿色消费以绿色、自然、和谐、健康为宗旨,有利于人类健康和环境保护[44]。

绿色消费的基本特征包括:①绿色消费是一种节约型消费。绿色消费主张适度消费,反对铺张浪费,合理适度的消费是在基本上不降低消费本身的质量和数量的同时,排除非经济因素造成的冗余的、不当的消费。②绿色消费是共同富裕性的消费。从整个社会层面看,贫富差距的缩小是此种消费方式的追求目标。在避免奢侈消费的同时兼顾大众化的多层次消费。绿色消费实现共同富裕的这一特性不仅能够在实现资源有效利用的同时创造更多的社会总福利，并能促进广大社会成员的全面发展。③绿色消费体现了文明化、科学化。绿色消费要求逐步消除传统的过度性消费以及由此产生的人类精神世界空虚、生态环境的污染与破坏。绿色消费要求人们开展情感高雅的消费活动，同时也要求人们用科学的知识来指导和规范自身的消费活动。这不仅符合节约能源和环境保护的要求，还可以使人们在消费中得到德智体全面发展。

根据 TUV 南德意志集团(TUV SUD)亚太有限公司的一项独立调查，中国消费者对“绿色”产品和服务的需求量超过供应量，而企业明显低估了消费者对“绿色”问题的认知度和关注度。这项名为“2010 TUV SUD 绿色指标”(TUV SUD Green Gauge 2010)的调查，在中国、印度和新加坡三个国家同时进行，访问了家用电器、食品饮料和服装鞋类行业企业的 460 多名管理层人员，并对这些国家中总共超过 2600 位城市消费者(他们的年龄在 18～50 岁，是家庭中此类产品和服务的主要购买决策者)进行了问卷调查，调查于 2010 年 11—12 月开展。被调查的中国城市消费者中，绝大多数(94%)受访者表示，愿意为明确证明是绿色的产品和服务支付高昂的额外费用(平均需多支付 45%的费用)；83%的被调查者表示需要购买此类产品或服务。与印度和新加坡相比，中国消费者对绿色产品的关注度和需求都是最高的。然而，仅有 60%的中国企业认为消费者愿意为绿色认证支付更多费用，他们预期消费者愿意多支付的额度仅为 13%。尽管在被调查的行业(家用电器、食品饮料和服装鞋类)中，中国已有 59%的企业生产或经营“绿色”产品，但调查结果显示，他们仍然未能正确评估城市消费者此类需求的迫切性。因此，多数企业(平均 61%)没有为尽量减小对环境的影响制定相应政策或准则，或者没有明确地传达他们制定了此类规范，企业明显低估了消费者对绿色产品需求的热情。

蓝色天使(Blue Angel)是世界范围内有关环境和消费者保护的第一个标志体系，1971 年联邦德国国家环境计划就提出了对消费者使用的产品实行环境标志计划的概念，该标志计划于 1978 年发布，目标在于：通过技术革新，在引导消费者选择方面提供准确信息，并为生产有利于保护环境的产品提供经济鼓励等手段，减少环境污染。目前包括中国环境标志认证(简称十环认证)在内，已有很多国家与地区发布了自己的绿色标志。环境标志或绿色标志的出现进一步规范了绿色消费市场，促进了产品的绿色消费。

绿色消费正在快速成为 21 世纪的一种主流消费模式。目前，都市中越来越多的消费者喜欢使用安全、健康、污染小的绿色家电产品。随着传统家用电器工艺的成熟，质量、价格的差异越来越小。众多生产厂家开始利用高科技手段，引进和开发绿色家用电器。从不带氟利昂的绿色电冰箱、绿色空调，低噪声、节能省电的绿色洗衣机，不含汞的绿色电池，副作用少、高效节能、易回收的绿色计算机等开始，逐步向健康型家用电器发展。如海尔集团以注射式立体抗菌技术为核心开发的

"海尔抗菌冰箱",克服了传统冰箱不可避免的冰箱综合征,满足了消费者对健康洁净的饮食生活的需求,成为国内外的畅销产品,产品一上市就供不应求。美国著名家电经销商麦考于1999年1月首次购进8000台,在美国市场上很快销售一空,他决定买断该冰箱1999年4月全月的产量,并亲赴青岛去实现他的买断计划。然而由于该产品在国内和欧洲、中东等地的销售同样看好,"绝不对市场说不"的海尔集团在想方设法进行协调的情况下,也只能满足麦考先生1/3的需求。海信是国内较早关注绿色减排的企业,2005年海信推出绿色设计标准,在电视机生产领域,海信一直在努力降低电视机的待机功耗和运行功耗。因此,绿色产品的市场需求是被看好的,绿色健康的产品能受到消费者的青睐。

近年来,城市空气污染越来越严重,尾气排放导致了温室效应加重,以电动汽车为代表的新能源汽车,引起了全球汽车生产商和消费者对汽车消费观念的转变。2014年全球市场共销售353 522辆电动汽车,同比增长56.78%;其中,电动乘用车323 864辆,占比91.61%(电动乘用车指"双80"车,即最高时速80km/h以上,同时一次充电续航里程80km以上);电动客车及电动专用车29 658辆,占比8.39%。在国家相关政策大力支持下,我国新能源汽车产业发展迅猛,2017年销量达到77.7万辆,同比增长53.25%,其中乘用车成为推广主力,销量达55.64万辆,占比达71.61%。2018年,我国新能源汽车销售125.6万辆,同比增长61.7%。据EV Sales数据显示,2019年全球销售新能源汽车约221万辆,同比增长10%。而据中国汽车工业协会统计,2019年我国新能源汽车销量共计120.6万辆。从车型类别看,纯电动汽车依然是全球新能源汽车的主流。2019年,纯电动汽车在全球新能源汽车销量中占比为74%,比上年提高5个百分点;在我国新能源汽车销量中占比更达81%,比上年提高3个百分点。自2015年以来,我国已连续5年成为全球最大的新能源汽车产销国。

全球的绿色消费需要,引起了世界各生产企业管理者观念的更新,生产者可以不理会环境的时代已经过去,但为了满足消费者的绿色消费需要,企业必须开发新的绿色产品;为了创造一流新产品,必须改变传统生产模式,实现清洁生产;为了赢得消费者青睐,必须树立环保新形象。于是,绿色产业迅速崛起,绿色制造理念风靡全球,在未来的国际市场上,严重污染环境、破坏生态平衡的产品将受到限制和禁止,将被不污染环境或有利于环保的绿色产品所取代。目前,国际市场上形形色色的绿色产品层出不穷,从"绿色食品"到"绿色产品",从"绿色汽车"到"绿色住宅"等,无所不包,无所不有,绿色制造观念正激发起世界各国许多有远见的制造业企业的创造热情。为了保证绿色产品生产和绿色营销开展,生产者在生产和经营过程中,必将产生并促进对绿色原材料和其他与生产有关的绿色产品和技术需求。

1.2.3 企业是实施绿色制造的主体

企业作为生产制造的主体,在制造与环境的关系中扮演着重要地位。一方面,企业从环境中获取生产所需要的能源、资源，并向环境中排放废弃物；另一方面，企业制造产品、提供给消费者，并且接受消费者的需求反馈和国家或组织的监督和规范，具有实施绿色制造的义务和责任。此外，从企业自身的发展和提升企业自身市场竞争能力的角度来看，随着消费者绿色消费意识的逐步增强，更多的消费者愿意选择绿色性能较好的产品，因此，实施绿色制造有利于企业实现长远和进一步的发展。

(1) 企业实施绿色制造有利于加强国际交流与合作，扩大出口贸易额。工业发达国家企业的环境意识相对较强，而且拥有先进的环保技术，许多企业出于自身经济利益需要和维护市场良好形象的考虑，纷纷向其供应商提出了绿色环保需求。如索尼(Sony)公司欧洲绿色设计中心在2002年提出了"2005绿色管理方案"，2004年4月在全球推动"Green Partner"(绿色伙伴)采购制度。索尼只向符合索尼认证的绿色伙伴采购零组件与材料，而且所有想要成为索尼供应商或持续供应商的合作伙伴，都必须通过此项认证。供应商与合作伙伴每两年就要更新绿色环保认证，以确保所生产的产品不会对环境造成影响与伤害。

由此可见，我国的制造业企业一方面必须遵从有关国际环保协议和规定；另一方面，必须树立绿色观念，积极开发绿色技术，实施绿色制造，这样才能与国外公司进行正常的贸易交流和合作，才能赢得国际市场竞争，从而不断提高产品出口贸易额，在国际市场竞争中取得应有的利益和地位。如海信2010年正式发布了《海信绿色发展纲要》，目标是要将海信建设成为一个符合绿色减排发展的企业，海信全系列产品都要向着绿色低碳的目标发展。

(2) 企业实施绿色制造有利于打破绿色壁垒，提高企业国际竞争力。绿色壁垒的本质是借环境保护之名，行贸易保护之实。绿色壁垒包括绿色关税、绿色技术标准、绿色环境标准、绿色包装、绿色卫生检疫制度、绿色补贴等。绿色壁垒对发展中国家的国际贸易形成了一道屏障。只有实施绿色制造，开发生产满足市场需要的绿色产品，取得贸易国相关的绿色认证标志，才能打破绿色壁垒，提高企业的国际竞争力。

(3) 企业实施绿色制造有利于提高企业的经济效益。绿色产品因其具有绿色环保的特性而备受消费者青睐，其售价一般要比普通商品高20%～50%，产品价格差额会给企业带来超额利润。企业开发绿色产品还可获得政府提供的各项优惠条件，无疑会给企业带来良好的经济效益。

1.3 绿色制造的发展及现状分析

绿色制造也称为环境意识制造(environmentally conscious manufacturing)、面向环境的制造(manufacturing for environment)、环境友好制造(environmentally benign manufacturing)、低碳制造(low carbon manufacturing)等，是一个综合考虑环境影

响和资源效益的现代化制造模式。其目标是使产品从设计、加工、包装、运输、使用到报废处理的整个产品全寿命周期中，对环境的影响(负作用)最小，资源能源利用率最高，并使企业经济效益、社会效益和环境效益实现协调优化。绿色制造采用了广义制造的概念。

虽然从绿色制造概念提出至今，历经了30多年的发展，人们对绿色制造的定义从不同层面有不同见解和认识，但对绿色制造内涵的认识基本是一致的，即绿色制造的目标是充分利用各种新材料、新技术、新方法，实现制造业的节材、节能，减少各类不利于生态环境的排放，最终实现经济社会的绿色持续发展。绿色制造既是发展理念，更是发展行动，必须结合产业行业特点，通过主动创新转型、提质增效，使绿色制造达到预期目标。

绿色制造已经在全球范围内引起了各国学术界、企业界和政府的广泛和高度关注。发展绿色制造已经成为全世界的普遍共识，成为引领全球制造业转型升级的重要驱动力。

1.3.1 绿色制造的发展历程

绿色设计思想是美国设计理论家威克多·巴巴纳克(Victor Papanek)于20世纪60年代在他出版的《为真实世界而设计》(*Design for the Real World*)一书中提出的，他强调设计应该认真考虑有限的地球资源，为保护地球环境而服务。此种观点当时还引起了人们的很大争议。后来，随着科学技术发展以及人类物质文明和精神文明的不断提高，人类意识到生存环境日益恶化，可利用资源日趋枯竭，经济进一步发展受到了严重制约，这些问题直接影响到人类文明的繁衍，从而提出了可持续发展战略。20世纪80年代末，首先在美国掀起了"绿色消费"浪潮，继而席卷了全球。绿色冰箱、环保彩电、绿色计算机、绿色建筑、绿色服装等冠以绿色的产品不断涌现，广大消费者也越来越崇尚绿色产品。1996年，美国制造工程师协会(Society of Manufacturing Engineering, SME)发表了蓝皮书 *Green Manufacturing*(《绿色制造》)，首次比较系统地提出了绿色制造的概念。1996年，国际标准化组织(ISO)颁布了环境管理14000系列标准，大大推动了绿色制造研究的发展。1998年，SME又在互联网上发表了"绿色制造的发展趋势"的研究报告，对绿色制造的重要性和有关问题做了进一步强调和介绍。

近年来，绿色制造发展迅速。美国加州大学伯克利分校不仅设立了关于环境意识设计和制造的研究机构，而且还在互联网上建立了可系统查询的绿色制造专门网页 Greenmfg；麻省理工学院、斯坦福大学等高等院校设立了专门的绿色设计与制造研究机构。美国 AT&T 公司和许多企业也开展了绿色制造研究。加拿大、德国等一些发达国家对绿色制造及相关问题也进行了大量研究。国际生产工程学会(CIRP)组织了多次关于绿色制造、可持续制造(sustainable manufacturing)、生命周期工程(life cycle engineering, LCE)等为主题的国际会议，在其专刊上发表了多篇绿色制造领域的研究论文。

绿色制造的研究虽然已在迅速开展，但是由于绿色制造本身的提出和研究历史较短，现有的研究大多停留在概念研究、认识研究、谈论观点和方法的阶段，许多问题还需要结合产业与行业特点开展深入研究，特别是需要从系统角度、集成角度考虑和解决绿色制造的有关问题。

1.3.2 绿色制造的研究现状

1. 绿色制造的主要研究内容

绿色制造的研究内容十分广泛，涉及产品全生命周期的各个阶段。从产品全生命周期的角度看，绿色制造的主要研究内容涉及绿色材料、绿色设计、绿色制造工艺、绿色供应链、再制造和再资源化等方面的研究[45,46]。具体研究内容如图 1-9 所示。

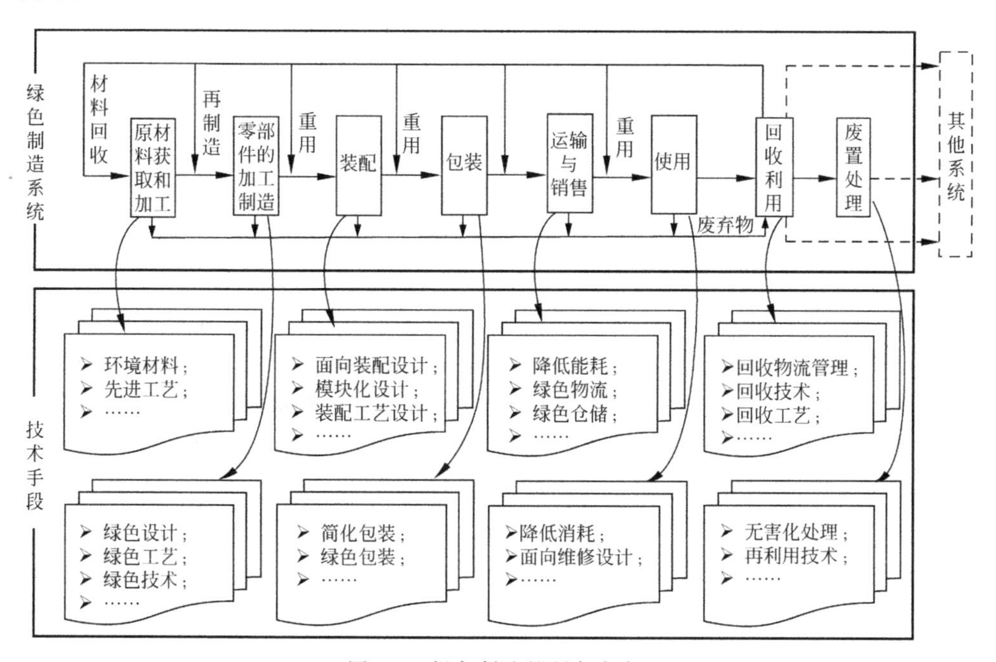

图 1-9 绿色制造的研究内容

1) 绿色材料

绿色材料也称生态材料、环境材料或环境意识材料。1990 年日本的山本良一教授提出了环境意识材料(environmental conscious materials)的概念，认为 21 世纪材料应具有综合性能，即人类活动领域的可扩展性、环境协调性、舒适性。1993 年日本科技管理部门组织了历时 5 年的材料生态化研究发展计划。同时，美国和欧洲学者也提出绿色材料(green materials)、生态友好材料(eco-friendly materials)等概念。

绿色材料是指在原料提取、产品制造、使用或者再循环以及废弃处理等环节中与生态环境和谐共存并有利于人类健康的材料。根据这一定义,绿色材料不仅是指在使用中对环境没有危害、对人类健康没有影响的材料,而且也包括在原料采集、制备生产、使用、循环利用、资源再生等整个生命周期过程有利于环境的材料。

绿色材料主要包括循环材料、生物降解材料、净化材料、绿色能源、绿色建材等。循环材料是指在生命周期中可以回收再利用的材料,如再生塑料;生物降解材料是指能够被环境微生物分解的材料,如淀粉基热塑材料;净化材料是指能分离、分解或者能吸收废气、废液的材料,如各类废水净化材料;绿色能源是指在使用过程中不会产生污染的洁净能源,如太阳能、潮汐能;绿色建材是指有利于环境保护的建筑材料,如远红外陶瓷内墙板。

近年来,绿色材料作为绿色产品基体的构成要素,引起了人们的广泛关注,许多材料科学工作者在净化环境、减少有害物质和废弃物、材料的资源化等方面开展了大量研究工作,并已取得了许多重要进展。目前绿色材料的开发和利用主要集中在一是为现有材料寻找新的更新途径和再生利用方法,二是开发具有特殊功能的新型绿色材料等。如 2018 年,Dumbrava 等[47]通过在海藻提取液中沉淀的碳酸钙上沉积氧化锌,制备了一种新型绿色合成复合材料。Spiridon 等[48]提出利用农业废料作为生物可降解材料的组成部分,将一些农业副产品转变成新的生物可降解的复合材料来扩大其使用的可能性,从而对环境和经济都有很大好处。

2) 绿色设计

绿色设计(green design)也称生态设计(ecological design)、环境设计(design for environment)、环境意识设计(environment conscious design)等。绿色设计是在传统设计基础上发展形成的一种解决产品资源环境问题的设计理论与方法。绿色设计要求在充分考虑产品的功能、质量、开发周期和成本的同时,优化产品的环境性能,使产品在其生命周期全过程对环境的负面影响减到最小,产品的各项指标符合绿色环保要求[49]。

由于绿色设计能够从设计源头考虑产品生命周期的绿色性能,因而绿色设计是绿色制造的研究热点和重要内容之一,特别是在美国、欧洲、日本等一些发达国家和地区研究更是十分活跃。绿色设计研究主要集中在设计理论与方法、企业应用实践、教育推广、基础数据库建立和支持工具的开发等方面。产品绿色设计方法和技术主要包括生命周期设计方法、面向拆卸与回收的设计方法、绿色质量功能展开(QFD for environment,QFDE)、基于 TRIZ 的绿色设计、并行工程方法和模块化设计方法等。

绿色质量功能展开由传统的 QFD 的方法发展而来,它继承了 QFD 面向顾客需求进行设计的优点,将 QFD 方法与生命周期设计相结合,将客户的功能需求、质量需求和环境需求利用质量功能展开配置方法,并依据其生命周期设计的生产、制造、使用及废弃等各个阶段特性,分别转化为工程技术特性,以满足消费者和自然环境的双重需求[50-54]。

生命周期评价(life cycle assessment,LCA)是一种从原材料开采到产品制造、运输、使用、回收和最终处置的全生命周期过程量化产品、工艺、服务或活动的环境影响的方法。LCA克服了传统方法仅从产品、工艺技术或活动的生命周期某个环节或某个阶段的末端影响进行环境评估的片面性和局限性。2010年,Jeswani等[55]提出了改进的评价方法,主要是提高其在不同情境下的可用性和可靠性,例如考虑时间和空间变化的动态性,将这种动态变化指标也考虑在评价过程中。同时,为了加强LCA作为决策支持工具的有效性,通过将LCA与其他方法相结合,拓展和加深了LCA的目标和范围,例如将LCA与程序性方法、分析方法、经济方法和社会方法等相结合,可以取得更好效果。2011年,Guinee等[56]将未来10年看成是LCA快速发展的10年,在这段时间内有望形成一个既考虑环境、社会、经济3个层面的因素,又能够解决产品、部门以及整个经济层面等不同水平问题的LCSA框架,并制定一套更为完整的机制。近年来,随着工业4.0、大数据、物联网等新技术的发展,国内外专家学者更加重视LCA清单数据的收集、管理和使用,并开展了产品全生命周期数据收集和数据挖掘及分析研究,这些技术进一步促成了绿色制造和智能制造的融合。如2017年,Su等[57]针对传统生命周期评价(LCA)方法用于建筑环境影响评价(EIA)时,很少考虑时间变化影响和居住行为变化等因素,提出了一种基于LCA原理的动态评估框架,确定了4个动态建筑属性(即技术进步、占用行为变化、动态特征因子和动态权重因子),并在相应评估步骤中考虑了这些属性,以实现实时环境影响评价。2018年,Bueno等[58]研究了将LCA方法工具集成在BIM平台中,利用BIM插件中的墙壁系统模拟来简化LCA的数据和评价过程,采用Gabi 6软件,将评价结果的一致性与仅采用LCA方法的评价结果进行比较,显示了集成方法的有效性和简易性。

TRIZ原为俄文“теории решения изобретательских задач”的英文标音“Teoriya Resheniyal Izobretatelskikh Zadatch”首字母的缩写,英文译为“Theory of Inventive Problem Solving(TIPS)”,意为发明创造问题的解决理论,起源于苏联。TRIZ理论通过一系列解决问题的流程,帮助研发人员得到最有效的解决方案。利用TRIZ理论进行绿色设计也得到了广泛关注。2011年,Trappey等[59]描述了一个集成和智能的生态和新产品设计方法,以支持环保绿色产品开发。该方法采用诸如生命周期评价(LCA)、绿色质量功能展开(QFDE)、创造性问题解决理论(TRIZ)和反向传播网络(BPN)等方法来实现生态和设计目标。2014年,Chen等[60]运用了TRIZ理论方法提出了一种生态创新设计方法,该方法将产品特征与TRIZ准则相结合,采用基于案例方法与低碳评估,提出了一种生态租赁服务(an eco-leasing service)的高效率评估方法。2015年,Vidal等[61]提出了可以帮助设计者预测诸多环境友好型技术创新的方法论,这个创新方法论运用模糊认知图(fuzzy cognitive maps,FCMS)分析方法,找出生态设计与TRIZ演变(进化)之间的关系,此方法已经应用到了西班牙的陶瓷产业。同年,Vidal 等[62]还提出了基于模糊认知图与 TRIZ 结合的生态设计方法,利用模糊认知图分析生态设计策略与 TRIZ 进化论之间的关系,帮助设计者预测技术进化方向,实现绿色设计。2015 年,Cherifi 等[63]利用定性评价矩阵,帮助设计师作出决策,提出了一种自适应 TRIZ 方法,矩阵可帮助设计师减少创造性调查范围,提高设计效率。2016 年,Fayemi 等[64]提出在生态设计过程中,基于 TRIZ 完整表述评估某种工具相关性的方法。该方法运用 TRIZ 工具,让项目团队可以考虑所有确定的限制因素,形成的解决方案能够满足设计要求,且设计过程大大简化。TRIZ 理论可以为绿色设计提供更多的创新解决方案,其在绿色概念设计阶段的作用更为显著。基于 TRIZ 的绿色设计方法呈现出与其他设计方法相融合的趋势,相应的绿色设计支持系统也将在实践中不断完善。

3) 绿色制造工艺

绿色制造工艺是指在产品制造过程中尽可能节约资源和能源、减少污染的工艺技术。其主要研究内容包括绿色工艺决策模型研究、干式和亚干式切削技术、加工过程废弃物再利用、增材制造等[65,66]。

绿色制造工艺可以分为三种类型:资源节约型工艺技术、降低能耗型工艺技术、环境保护型工艺技术。资源节约型工艺技术是指生产过程中简化工艺系统组成、节省原材料消耗的技术。降低能耗型工艺技术是指生产中降低能量损耗的技术。环境保护型工艺技术是指通过一定的工艺技术,使生产过程中产生的废液、废气、废渣、噪声等对环境及操作者的影响降至最低或者完全消除[67]。

近年来,围绕绿色制造工艺方法、工艺路线规划、绿色加工装备与工具、绿色复合加工、绿色工艺技术标准规范、基础数据和评价工具等开展广泛研究,许多研究成果已经在生产实际中得到了有效应用。

美国加州大学伯克利分校的 Sheng 等[68]提出了一种环境友好型零部件工艺规划方法,该方法分为两个层次:基于单个特征的微规划,包括环境微规划和制造微规划;基于零部件的宏规划,包括环境宏规划和制造宏规划。应用基于互联网的平台对从零部件设计到生成工艺文件中的规划问题进行集成。在这种工艺规划方法中,对环境规划模块和传统的制造模块进行同等考虑,通过两者之间的平衡协调,得出优化的加工参数。Sheng 等[69]还提出了一种切削加工过程环境影响评价方法,评价内容包括工件材料消耗、能量消耗、刀具消耗、切削液消耗、切削液耗散和毒性等,并给出了各项指标与切削参数相关的量化分析方法。A. C. K. Choi 等[70]提出了一种制造工艺环境影响建模方法,该方法采用输入-过程-输出(input-process-output,IPO)图对工艺过程的资源消耗和环境排放进行描述,为制造工艺过程的环境影响描述提供了一种较好的方法。

2018 年,Parent 等[71]开发试制了一台自由挤压成形(extrusion freeform fabrication)设备,可以挤压金属或陶瓷原料,该设备可以生产由绿色材料制成的半成品，再将此半成品脱黏(debinding)、烧结，最终生产出所需零部件。Singh 等[72]用数学方法描述单元生产过程中各工艺参数与能源消耗、减少废物和生产环境之间的关系，采用人工蚁群算法对磨削、钻孔、铣削、微电火花加工 4 种工艺方法进行建模，并对其工艺参数进行优化，以提高加工过程的“绿色度”。

20 世纪 90 年代中期，干切削加工受到欧洲等工业发达国家的高度重视，并开展相关研究及应用。目前，德国、日本在干切削加工领域一直处于领先地位。干式切削技术已经成功应用于车削、铣削、滚齿等加工过程。Diniz 等[73]对干式精车削进行了实验分析研究，指出为了保证不影响刀具寿命和加工效率，减少加工能耗，并能获得所要求的表面粗糙度，可以采取增加进给速度和刀尖半径、降低切削速度的方法。日本坚藤铁工所开发的 KC250H 型干式滚齿机和硬质合金滚刀，在冷风冷却、微量润滑条件下进行高速滚齿加工，与传统的湿式滚齿机(KA220 型)和高速钢滚刀加工相比，加工速度提高了 2.3 倍，加工齿轮精度也得到明显提高[74]。北京理工大学的王西彬团队[75]研究了绿色切削加工机理及关键技术，其中包括低温风冷却切削、绿色刀具的表面摩擦学设计和切削几何特性的设计技术等。Xie 等[76]对干式切削刀具结构进行了研究，发现具有倾斜微沟槽结构前刀面的车刀在以大切除率进行硬质合金材料和钛合金材料干切削时，可以降低切削温度和切削力，提高干式切削过程中的能量利用效率，减少因发热而产生的能量损失。

准干式切削技术的工作机理是既能保持切削工作最佳状态(即不缩短刀具寿命，不降低加工表面质量等)，又能使切削液的用量最少和最有效。美国林肯大学的 Z. Y. Wang[77]采用 H13A 硬质合金刀具，结合液氮循环冷却刀具对钛合金进行低温准干式切削加工实验。实验结果表明，与传统切削方法相比，刀具磨损明显减少，切削温度降低 30%，工件表面加工质量得到很大改善。Li 等[78]提出了干切削稳定状态下刀具与切屑在接触面温度相等的假设，从而避免了对热分配系数的复杂计算。针对微量润滑条件下中碳钢 AISI 1045 的切削过程，建立了刀具与切屑接触面切削温度预测模型，模型中加入了后刀面热量散失参数以计算冷却效果，结果与实验数据吻合度较好，建立了微量润滑条件下准干式切削的能量模型。在德国，近几年微量润滑装置每年有 15 000 套的市场，而且还将进一步增加[79]。微量润滑技术与新型刀具结合使用方兴未艾。预计在未来，德国制造的加工中心中将有 5%用微量润滑与润滑性涂层刀具相结合取代浇注式冷却。这种润滑方式应用在准干式切削加工过程，能够有效地减少切削能耗[80]。

3D 打印或称“增材制造”(additive manufacturing)作为一种新的制造模式，是借助三维数字化设计模型，利用激光烧结、材料喷射等各种立体打印技术，实现原料逐层沉积叠加，最终形成所需产品的一种制造方式。由于 3D 打印过程具有不需要制作模具、能最大程度减少切削加工等优点，因此在小批量、结构复杂、个性化定制等领域具有良好的应用前景。目前，3D 打印技术已经在医疗行业、航天航空、消费电子、汽车行业得到成功应用。3D 打印不需要任何刀具、模具及工装夹具的情况下，快速、准确、直接地制造任意复杂形状的三维实体零部件，既节约资源、降低制造成本，又能减少加工废弃物对环境的影响，同时也能大大提高新产品样件的制造速度，因此，是很有发展前途的绿色制造技术。

4）绿色供应链

绿色供应链的概念起源于 Webb 提出的绿色采购概念。Webb 于 1994 年开始关注产品对环境的影响，建议通过环境准则来选择合适的原材料，同时注重再生利用，并提出了绿色采购的概念。以 Webb 提出的绿色采购概念为先导，美国国家科学基金会（NSF）资助 40 万美元在密歇根州立大学制造研究协会（MRC）进行了一项“环境负责制造”（Environmentally Responsible Manufacturing，ERM）的研究，在此研究中首次提出了绿色供应链的概念。绿色供应链又称环境意识供应链（environmentally conscious supply chain）或环境供应链（environmentally supply chain），并认为绿色供应链要将环境因素整合到供应链中产品设计、采购、制造、组装、包装、物流和分配等各个环节。

绿色供应链的内容涉及供应链的各个环节，主要包括绿色采购、绿色生产、绿色销售、绿色消费、绿色回收等。绿色采购是指根据绿色制造需求，一方面生产企业应能够选择提供环境友好原材料的供应商，以获得环保的材料作为原料；另一方面，企业在采购行为中应充分考虑环境因素，实现资源循环利用，尽量降低原材料使用和减少废弃物产生，实现采购过程绿色化。绿色生产是指与常规生产方法相比能够显著节约能源和资源，同时，在生产过程中，最大限度地避免或减少对人体伤害和环境污染。绿色销售是指企业在销售过程中充分满足消费需求、争取适度利润和发展水平的同时，能够确保消费者的安全和健康，遵循在商品的售前、售中、售后服务过程中注重环境保护、资源节约的原则。绿色消费主要有三层含义：一是倡导消费者在消费时选择未被污染或有助于公众健康的绿色产品；二是在消费过程中注重对垃圾的处置，避免环境污染；三是引导消费者转变消费观念，崇尚自然、追求健康，在追求生活舒适的同时，节约资源和能源，实现可持续消费。绿色回收就是考虑产品、零部件及包装等的回收处理成本与回收价值，通过分析和评价，确定最佳回收处理方案。

20 世纪 70 年代，绿色供应链管理的研究在美国受到关注，主要是在物流管理的研究中增加环境因素。巴里·康门勒教授认为“技术说”和“利润说”是产生环境问题的主要原因[81]。1970 年 4 月 22 日是全球设立的第一次地球日，美国各地的环保协会组织了规模宏大的活动，大学生和社会各界广泛参与，通过此次活动，极大地推动了环境保护运动的发展。

20 世纪 70—90 年代，美国各界高度重视环境问题，同时也是供应链概念提出和发展时期，借助环境保护运动和资源整合发展趋势，为绿色供应链的产生提供了基础。

目前的绿色供应链主要是指进入 21 世纪后，以欧盟为主所倡导的绿色产品而形成的供应链效应。欧盟等工业发达国家看准供应链间环环相扣的利益关系，积极将一些环保诉求跳过道德劝说层面而开始立法，并且明确具体执行时间，希望以欧盟庞大的商业市场为后盾，带领全世界制造业进入一个对环境更友善的新纪元。

20 世纪 90 年代绿色供应链成为研究的热点之一。1997 年，Min 等[82]讨论了选择供应商时如何考虑环境保护因素，以及绿色采购在减少废弃物中的作用。随着美国环保主义的深化、英国“经济与社会研究理事会（Economic and Social Research Council，ESRC）全球环境变化”项目的研究、国际 ISO14000 系列标准的推出以及制造类企业在绿色供应链管理方面的实践，世界各地的专家学者对绿色供应链的研究更加活跃。1998 年，美国出版了《环境绿色供应链管理》一书，主要介绍了有关分析工具和案例。1999 年，Beamon [83]将环境因素引入供应链中，提出了更广泛的供应链设计方式，Hock 则研究了供应链实际运作过程中保持生态平衡的问题。另外，绿色供应链管理在企业绩效提升、节省资金和资源、企业品牌树立等方面具有重要的支撑作用，能减少产品生产过程中对社会资源的消费和对环境的影响。

21 世纪以来，国内外学者对绿色供应链的研究在深度和广度方面都取得了重要进展。Zsidisin 等[84]认为，绿色供应链管理的主要内容是以环境友好型进行规划设计、采购、生产、分销以及使用和再利用，以及企业内部供应链的管理决策、行动及形成的合作关系。2002 年，国际期刊 *Greener Management International* 出版了专刊 *Greening Supply Chain Management*，为绿色供应链的研究提供了交流平台。2003 年，Sonesson 等[85]利用生命周期评价方法，分析了牛奶生产的各个环节以及供应链对环境的影响因素，建立了食品生产过程与运输分析系统。2005 年，Rao 等[86]认为，绿色供应链的实施涉及整个供应链条的绿色化问题，而不单单是某一个环节，通过改善环境因素可以提高供应链上每个企业的绩效与竞争力。2006 年，Vachon 等[87]对供应链各环节的环境问题进行了研究，并定义了绿色供应链实践(GSCP)的概念。2008 年，Walker 等[88]研究了企业实施绿色供应链的动力，分析了绿色供应链运营过程中存在的障碍因素，认为障碍因素的力量小于动力。2009 年，Lai 等[89]认为，企业在生产过程中注意环境保护，减少废物的排放量，从根本上说是为了获得更多的经济利益，而不是出于环境保护的社会责任。2010 年，Shang 等[90]认为，绿色供应链的竞争价值体现在下游制造商对顾客的绿色营销能力和绿色消费市场，而不是体现在上游供应商的努力程度。2011 年，Abdallah 等[91]运用整数规划模型，研究了碳供应链与环境之间的关系，并提出了降低碳供应链对环境不利影响的措施。2012 年，Giovanni 等[92]通过相关研究得出，在企业内部实施绿色化管理能够促进绿色供应链管理更好发挥作用，从而更好改善环境。2018 年，Zaid 等[93]研究了绿色人力资源管理组合实务与绿色供应链管理(即外部与内部实务)之间的联系，以及它们对可持续性绩效三重底线(即环境、社会、经济)的影响。Foo 等[94]采用 PLS-ANN 方法对采集于获得 ISO 14001

认证的178家马来西亚大型制造商的数据进行分析,研究表明绿色供应链管理是实现可持续性绩效的重要因素。

5) 再制造

再制造(remanufacture)是让旧的机器设备或零部件重新焕发生命活力的过程。再制造以废旧产品的零部件为毛坯,采用先进的表面工程技术为修复手段(即在损伤的零部件表面制备一薄层耐磨、耐蚀、抗疲劳的表面涂层),在原有制造的基础上进行一次新的制造,使产品的性能再次达到甚至超过新产品的性能。因此,无论是毛坯来源还是再制造过程,对能源和资源的需求、废弃物的排放均非常少,具有很高的绿色度。

再制造和新品制造最大的区别是加工对象不同。新品制造的毛坯规格性能统一,而再制造毛坯是回收回来的淘汰废弃产品,质量和性能变化参差不齐。但是由于此时的原料是报废产品,因此再制造较好地保留了制造过程中的附加值,所以再制造是废旧产品资源化的最佳途径之一。实践表明,再制造后的产品质量和性能均可与原品相媲美,同时成本只有原品的50%,而且可节能60%、节材70%[95]。

尽管再制造产品的种类不同、目的不同,其加工工艺过程也不尽相同,但是通常再制造都包括拆解、清洗、检测、加工、零部件测试、装配、整机测试、包装等内容,如图1-10所示。

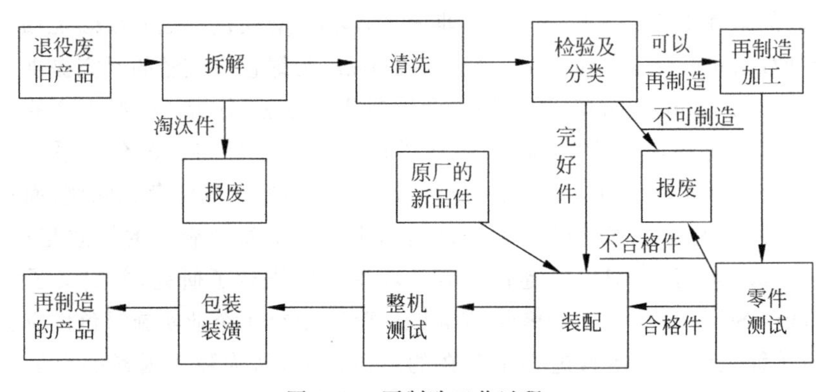

图1-10 再制造工艺过程

(1) 再制造拆解技术。按拆解方法可分为破坏性拆解、部分破坏性拆解和非破坏性拆解。再制造拆解的基本要求是采用非破坏性拆解方式,以便最大化利用废旧产品的附加值。再制造拆解是再制造工艺过程的主要内容,直接影响再制造产品的质量、周期和再制造费用。

(2) 再制造清洗技术。再制造清洗的目的是去除再制造毛坯基体表面的油污、脂垢、积碳、油漆、有机涂层、水垢、锈蚀等,常用的再制造清洗技术主要包括热能清洗技术、流液清洗技术、压力清洗技术、摩擦与研磨清洗技术、超声波清洗技术、电解清洗技术、化学清洗技术。

(3) 零部件再制造加工技术。产品在服役过程中,一些零部件因磨损、变形、破损、断裂、腐蚀和其他损伤而改变了零部件原有的几何形状和尺寸，从而破坏了零部件间的配合特性和工作性能，使部件、总成甚至整机的正常工作受到影响。再制造加工的目标就是恢复有再制造价值的损伤或失效零部件的尺寸、几何形状和力学性能等。常用的零部件再制造加工技术有激光再制造、电刷镀、纳米电刷镀、超声速电弧喷涂等技术。

(4) 再制造检测技术。再制造毛坯检测的内容包括几何精度、表面质量、理化性能、潜在缺陷、材料性质、磨损程度以及表层材料与基体的结合强度等。针对这些内容常用的再制造检测方法包括零部件几何量检测技术、力学性能检测技术、零部件缺陷检测技术等。其中零部件缺陷检测技术是其中的重点和难点。目前常用的零部件缺陷技术主要包括超声波检测、渗透检测、磁粉检测、涡流检测、射线检测等。

20 世纪 50 年代，欧美一些企业开始对废旧产品进行回收再利用，再制造行业开始萌芽。目前再制造在欧美已经形成规模化产业，其中美国再制造产业发展最快。以 2012 年数据为例，美国再制造出口总额为 430 亿美元，提供了 18 万个就业岗位，其中工业装备、航天和国防领域再制造产业规模最大，进口额达 103 亿美元[96]。世界工程机械著名企业卡特彼勒公司已先后在中国、欧洲和北美等 8 个国家建立了 160 条生产线，19 个再制造工厂，再制造装备年销售额突破 23 亿美元，再制造型产品为卡特彼勒贡献多达 20%的总产值[97]。

欧美的许多大学在教学内容中也有再制造方面的课程安排，一些高校开设了与再制造技术相关的工业设计课程，同时在再制造研究方面也做了大量工作。美国 Rochester 学院成立了全国再制造和资源恢复中心，从事再制造工程研究。相应地，很多与再制造相关的组织和研究机构也相继成立，如 World Engine Remanufacturers Council(国际发动机再制造协会)、NC3R(美国国家再制造和资源恢复中心)、FIRM(欧洲的发动机再制造/维修组织)等。

在我国，再制造概念是 1999 年在先进制造技术国际会议上由徐滨士院士首次提出的。我国再制造发展大致分为三个阶段[98]：第一阶段为 1999—2004 年。1999 年，徐滨士院士在西安召开的“先进制造技术”国际会议上首次提出再制造概念，同年 12 月在广州召开的国家自然科学基金委员会机械学科前沿及优先领域研讨会上，徐滨士院士所作的“现代制造科学之 21 世纪的再制造工程技术及理论研究”报告引起了国家自然科学基金委员会的高度重视，并将“再制造工程技术及理论研究”列为国家自然科学基金机械学科发展前沿与优先发展领域。第二阶段为 2004—2008 年。2005 年国务院颁发的 21 号文件《国务院关于做好建设节约型社会近期重点工作的通知》、22 号文件《国务院关于加快发展循环经济的若干意见》均明确指出国家“支持废旧机电产品再制造”，并组织相关绿色再制造技术及其创新能力的研发[99]。2006 年 2 月国家科学技术部(简称科技部)发布《国家中长期科学和技术发展规划纲要(2006—2020 年)》中将再制造作为制造领域优先发展的关键技术之一。同年 11 月国家发改委等 6 部委联合颁布了《关于组织开展循环经济试点(第一批)工作通知》,其中,再制造被列为4个重点领域之一[100]。2008年,国家发改委组织了全国汽车零部件再制造产业试点实施方案评审会,其后一汽、东风、上汽、重汽、奇瑞等整车制造企业和潍柴、玉柴等发动机制造企业纷纷开始实施再制造项目。至此中国再制造产业发展模式已经基本确立[101]。第三阶段即2009年至今。2009年1月1日实施的《循环经济促进法》,增补、修订的再制造条款已在该法第四十条中明确提出:国家支持企业开展机动车零部件、工程机械、机床等产品的再制造和轮胎翻新。销售的再制造产品和翻新产品的质量必须符合国家规定的标准,并在显著位置标识为再制造产品或者翻新产品。第五十六条:违反本法规定,有下列行为之一的,由地方人民政府工商行政管理部门责令限期改正,可以处五千元以上五万元以下的罚款;逾期不改正的,依法吊销营业执照;造成损失的,依法承担赔偿责任:(一)销售没有再利用产品标识的再利用电器电子产品的;(二)销售没有再制造或者翻新产品标识的再制造或者翻新产品的。这些条款为推进再制造产业发展提供了法律依据。此外,国家先后出台了许多相关法规,如《循环经济促进法》《关于推进再制造产业发展的意见》《国务院关于加快培育和发展战略性新兴产业的决定》等,这些法规有力促进了再制造产业的发展[101]。2010年国务院32号文件《国务院关于加快培育和发展战略性新兴产业的决定》中指出:加快资源循环利用关键共性技术研发和产业化示范,提高资源综合利用水平和再制造产业化水平。2014年,国家发改委等部委颁布《再制造产品“以旧换再”推广试点企业评审、管理、核查工作办法》,规范了再制造的具体办法。2015年5月国务院颁布的《中国制造2025》指出,要大力发展再制造产业,实施高端再制造、智能再制造、在役再制造,推进产品认定,促进再制造产业持续健康发展。2017年11月工信部印发了《高端智能再制造行动计划(2018—2020年)》,主要任务包括加强高端智能再制造关键技术创新与产业化应用、推动智能化再制造装备研发与产业化应用、实施高端智能再制造示范工程、培育高端智能再制造产业协同体系、加快高端智能再制造标准研制、探索高端智能再制造产品推广应用新机制、建设高端智能再制造产业公共信息服务平台和构建高端智能再制造金融服务新模式。

6) 再资源化

再资源化(reresource)是指在规范的市场环境下,通过绿色高效的工艺技术,最大限度地开发利用生产过程中的边角余料和残次品、使用过程中破损的结构件和淘汰废弃产品中能再利用的材料,使其成为有较高品位、可重复使用的资源。

再资源化过程:首先对废旧产品进行智能、高效拆解与破碎,然后对破碎后的混合材料进行分离和归类,以得到较纯净的再资源化材料,对得到的材料进行提炼并合理保存,最后根据需要用于新产品制造,从而最大限度地实现废旧产品的再资源化。

目前,再资源化领域研究及应用比较关注的产品及典型零部件主要包括废旧家用电器、废旧汽车、废旧工程机械、废旧办公设备及废旧线路板、高性能纤维树脂基复合材料及其制品、液晶显示面板、废旧电池、发动机、变速箱等。

废线路板由玻璃纤维强化树脂与多种金属混合制成,其中金属和非金属结合非常紧密,难以分离,在电子废弃物处理中难度最大,也最为复杂。其含有的重金属物质(如铅、镉、锡、汞等)以及氟氯乙烯、阻燃剂等物质,如果不进行处理或处理不当,将会污染空气、水源、土壤等,危害动植物及生态系统,最终对人类身体健康和生命造成威胁,对废旧线路板进行资源化既具有重要的环保意义,也蕴含巨大的经济价值[102,103]。2007年,Li等[104]提出了一种工艺,即将废弃印刷电路板经两步机械破碎、筛分和干燥后,采用电晕静电分离技术分离其中的金属和非金属。2009年,Yoo等[105]使用破碎机磨碎废弃线路板,再进行粒度分级、重力分选和两步磁选富集其中的有价金属。2010年,Zhou等[106]采用离心分离+真空热解技术处理废弃线路板。2012年,Flandinet等[107]提出一种从印刷线路板中回收金属的新工艺,利用KOH和NaOH (59% KOH-41%NaOH,质量分数)的共熔物溶解玻璃体、氧化物以及拆解塑料,从而得到不熔渣并从其中回收贵金属。2013年,Xiu等[108]利用超临界流体的特殊性质,研究了回收电路板中金属的工艺方法,回收率达100%。

碳纤维增强热固性复合材料,其树脂基体固化后形成三维交联网状结构,常规条件下不溶于溶剂,也不熔融,无法自然降解,如果不进行回收处理,将会造成环境污染和资源浪费。对其进行回收再利用,一方面可以减少生产新碳纤维所需要的能源消耗;另一方面,回收之后的碳纤维仍有优异的力学性能和利用价值,可以用于要求相对较低的零部件制造。2010年,位于美国北卡罗来纳州罗利的火鸟先进材料公司(Firebird Advanced Materials Inc)利用其开发的回收装置演示了世界首条碳纤维复合材料连续微波回收处理工艺,并开始实现其商用计划[109]。2014年,英国利兹大学Yildirir等[110]研究了乙二醇以及乙二醇水溶液对树脂的分解能力,研究表明,纯的乙二醇溶液在400℃条件下最高可以分解92.1%的树脂;将水加入乙二醇可以提高树脂分解比例,当乙二醇与水比例达到5∶1时,400℃下树脂分解率达到97.6%,而其强度与初始纤维仅有细微差别。剩下的树脂降解溶液,分别采用NaOH和Ru/Al_2O_3作为催化剂在500℃和24MPa条件下超临界水汽化,NaOH作为催化剂时可以产出60mol% H_2,Ru/Al_2O_3作为催化剂时可以产出53.7mol% CH_4。目前裂解法是比较可行的碳纤维增强热固性复合材料废弃物工业化回收技术,世界上仅有的三家工业化生产企业,即英国ELG Carbon Fibre Ltd (2000t/a)、日本碳纤维回收工业公司(1000t/a)和美国MIT-RCF公司(500t/a),均采用的是裂解回收技术。国内的上海交通大学也开发了拥有自主知识产权的碳纤维复合材料废弃物裂解回收技术,并且建成了年产200t的中试生产线。

废旧LCD面板中含有金属铟,且含量可与铟矿媲美。安全有效地从废旧LCD面板中回收铟将成为铟的重要来源和发展循环经济的重要手段。2011年,Terakado等[111]采用NH_4Cl与液晶玻璃粉末混合并加入少许活性炭的工艺方法来回收液晶面板中的材料。该方法首先在673K下进行铟的氯化，氯化反应结束后，再进入蒸发回收铟阶段，控制蒸发温度回收氯化物。同年，Satoshi等[112]在高温条件下，利用还原剂CO反应，之后继续升温，然后抽至真空，利用铟、锡饱和蒸气压的差异，从铟锡合金中蒸发出金属铟，得到金属铟的冷凝物。

2. 绿色制造的国内外主要研究机构

随着国际、地区、国家等不同层面的绿色制造政策、法律法规、标准规范等的陆续出台，绿色制造研究越来越引起了学术界的广泛关注。国内外许多知名高校和研究机构都成立了专门组织，开展绿色制造的系统深入研究。

1）国外主要研究机构

美国加州大学伯克利分校于1993年成立绿色设计与制造联盟(Consortium on Green Design and Manufacturing)，也是绿色制造领域权威的学术研究机构之一[113]。该联盟自成立以来，开展了环境意识制造(Environmentally-Conscious Manufacturing)、电子行业的绿色设计(Environmental Value Systems Analysis (EnV-S)：Design for Environment in Semiconductor Manufacturing)、电子产品回收和生命周期管理(Electronics Recycling and End-of-Life Management)、绿色供应链管理(Environmental Supply Chain Management)、生命周期评价(Life Cycle Assessment)等项目研究。

麻省理工学院以Timothy Gutowski教授为学术带头人，成立了环境友好制造研究小组(Environmentally Benign Manufacturing，EBM)，主要开展基于热力动力学的制造系统熵焓平衡理论、典型制造工艺比能、电子产品资源化再利用、汽车装配厂能源利用与碳排放、增材制造能量利用追踪新技术等的研究[114]。2001年，在美国自然基金和能源部的资助下，世界技术评估中心(World Technology Evaluation Center，WTEC)组织了一批美国绿色制造方面的专家，对美国、欧洲、日本共50多家企业的金属和塑料加工过程、汽车和电子产品进行了调研。Timothy Gutowski教授作为专家组组长参与了这一调研，对绿色制造的需求、研究、应用现状进行了全面调研分析，并完成了“环境友好制造最终报告”(Environmentally Benign Manufacturing)，指出材料与制造业的环境友好性迫切需要改善。

卡内基梅隆大学绿色设计研究所(Green Design Institute)主要研究环境、经济、政策等学科交叉问题，目的是通过绿色设计来降低环境危害，如减少不可再生资源的使用、降低有毒物质排放等[115]。主要研究内容包括可持续建筑(sustainable infrastructure)、能源和环境(energy and environment)、生命周期评价(life cycle assessment，LCA)、环境管理(environmental management)等。其中，在生命周期评价方面开发了一套基于网络的LCA软件(EIO-LCA)，并且成立了企业联盟，鼓励企业参与到绿色设计的研究和应用中来，目前参加的企业有AT&T、GE Plastics、IBM、Lucent Technologies、Daimler-Chrysler、Ford、General Motors、XEROX等。

密歇根理工大学可持续发展研究所(Sustainable Future Institute)以及环境负责设计与制造研究小组(Environmentally Responsible Design and Manufacturing (ERDM) Research Group)致力于减少产品设计和制造过程对环境的影响,通过调查和了解导致环境退化的潜在机制,实现在产品和制造系统设计过程中的环境性决策,在可持续能源、干式切削(dry machining)、切削液评价和选择软件开发(development of software for cutting fluid evaluation and selection)、切削液循环系统优化控制动态建模(dynamic modeling of cutting fluid recycling systems for optimized control)等研究领域取得了一定成果[116]。

耶鲁大学工业生态研究中心(Center for Industrial Ecology,CIE)成立于1998年,主要研究产业生态学,即研究现代社会与环境相互作用的理论框架,包括开展产业生态系统材料流研究,开发用于产品、过程、服务业以及城市基础设施的环境特性评价工具等[117]。其中最具影响力的 Thomas Graedel 教授,与 AT&T 公司 Allenby 合著的专著《产业生态学》是该领域的第一部著作。此后还出版了《面向环境的设计》《简化生命周期评价》《绿色工厂》等著作。2002年 Thomas Graedel 教授因其对产业生态学理论和实践的杰出贡献而被选为美国工程院院士。此外,该中心还主办了《工业生态学杂志》(*Journal of Industrial Ecology*)。

加拿大温莎大学的环境意识设计和制造实验室(ECDM lab)对绿色产品设计(green product design)、生命周期评价和应用(life cycle analysis and applications)、环境意识制造(environmentally conscious manufacturing)等进行了系统研究,建立了基于 WWW 的网上信息库,出版发行了《环境意识设计与制造国际学报》(*International Journal of Environmentally Conscious Design and Manufacturing*)[118]。

德国开姆尼茨的 Fraunhofer 机床与成形技术研究所(IWU)致力于新型绿色工艺技术研发,在绿色车身工艺、齿轮冷轧成形工艺、内高压液力成形工艺以及轻量化泡沫金属等方面取得了重要进展,其中 IWU 与大众汽车等企业联合成立了绿色车身制造技术创新联盟(InnoCaT),共涉及60多家汽车制造商、装备制造商、钢材供应商,通过全产业链合作、全工艺链的技术创新和系统优化,旨在实现车身制造节能50%的总体目标。

丹麦技术大学制造技术研究所长期从事生命周期评价、绿色制造工艺、可持续生产、微纳制造等方面的研究。自1995年开始,Leo Alting 教授等先后开展了生命周期评价、敏捷制造系统、微纳制造、可持续制造等相关研究。

此外,日本大阪大学的梅田研究室一直致力于面向生命周期的绿色设计研究,内容包括产品报废原因分析、基于物理和价值的产品生命周期评估、生命周期模式描述支持工具、产品重用性评价等。

2) 国内主要研究机构

在我国政府及相关机构的大力支持下,很多大学及研究机构开展了绿色制造研究。主要研究单位包括合肥工业大学、大连理工大学、清华大学、重庆大学、上海交通大学、山东大学、湖南大学、华中科技大学、华中理工大学、同济大学、武汉科技大学、装甲兵工程学院、机械科学研究总院等。科技部通过国家重点基础研究发展计划（“973”计划）、国家高技术研究发展计划（“863”计划）等项目，国家自然科学基金委员会通过不同层次的基金项目，国家发改委、工信部、国家质量监督检验检疫总局等以不同形式支持了大量与绿色制造有关的课题，有力地推动了绿色制造基础理论和方法研究、支持工具开发与工程应用工作。经过多年的支持与发展，目前已形成了一批专门从事绿色制造研究的科研团队，发表了大量研究论文，出版了多部绿色制造方面的著作。

重庆大学制造工程研究所较早地开展了绿色制造研究工作，在绿色制造工艺方法领域做了大量研究工作[119]。该研究所一直从事机械加工能量特性、制造系统资源节约等方面研究。20世纪初期，在国家“863”计划/CIMS等项目资助下，对铸造、压力加工、焊接、切削加工、特种加工、热处理、覆盖层、装配和包装等9个工艺大类中的若干典型工艺的资源环境特性进行了研究，初步建立了绿色制造工艺数据库/知识库的原型系统。同时对面向绿色制造的工艺规划中的工艺种类选择、工艺参数优化、单工件多机床的节能调度等进行了研究。2006—2015年，在“绿色制造关键技术与装备”国家科技支撑计划重大项目、“国家绿色制造科技重点专项”的支持下，开展了机床再制造、高速干切工艺及装备、制造系统能效方面的研究工作。

合肥工业大学绿色设计与制造工程研究所从1994年起开始绿色设计与制造领域的研究工作，是国内从事此领域研究的最早单位之一[120]。该研究所以家电产品（空调、电冰箱、电视机、洗衣机、洗碗机等）、汽车、工程机械等为对象，主要开展了产品绿色设计理论方法与工具、废旧产品再资源化工艺与装备、汽车关键零部件再制造设计与工艺方法及逆向物流建模与分析等的研究。该研究所于1997年在国内首次得到国家自然科学基金项目资助，从事机电产品拆卸设计理论与方法的研究。先后承担了“863”计划、“973”计划、国家自然科学基金、国家科技支撑计划等多个研究项目，出版了绿色制造领域的多部著作。开发的家电产品绿色设计软件系统，已在4家主流家电生产企业得到了示范应用，取得了良好的效果。研发的废旧线路板元器件脱焊设备、基板粗碎设备、基板破碎与分选系统也成功应用于企业。研发的制冷器具用压缩机开盖设备，已批量提供给企业使用。开发的汽车绿色设计、汽车材料可回收分析系统已经成功应用于吉利汽车、奇瑞汽车等汽车产品的设计开发中。

清华大学绿色制造研发中心科研团队在分析了产品制造工艺特性的基础上提出了绿色工艺评价的3条准则，并通过实例阐述了如何应用公理性设计对制造工艺中有关技术经济和环境协调性等方面的信息进行处理，并作出最终设计决策[121]。清华大学已与美国得克萨斯理工大学先进制造实验室建立了关于绿色设计技术研究的国际合作关系，对全生命周期建模等绿色设计理论和方法进行系统研究。上海交通大学开展了基于汽车可回收性的绿色设计技术研究，与法国柏林产业大学IWF研究所和Ford公司合作，开展汽车产品的回收与再利用研究。

1.3.3 绿色制造的企业应用

经过多年的发展，绿色制造不仅在学术研究上取得了进展，而且在企业的实际应用也取得了显著成效。

美国卡特彼勒(Caterpillar)公司面对日益个性化的消费者需求、愈加严格的环保法案以及世界经济的周期性波动，通过商业模式创新，实现了利润增长与可持续发展的双赢[122]。2004年以来，卡特彼勒在环保及社会责任方面投入巨资进行研发，成功推出一系列新型环保产品与新业务，获得了多项低碳技术专利和绿色建筑认证，并在2008年获得EPA清洁空气卓越成就奖。2008年，推出D7E新型推土机，可实现减少20%～30%的燃料消耗；2011年9月，又推出兼顾环保性能和生产效率的两款液压挖掘机。在低碳认证方面，2010年，卡特彼勒位于新加坡的再制造机构获得新加坡政府Green-mark Gold Plus认证，另有4个机构获得美国绿色建筑能源和环保设计(Leadership in Energy and Environmental Design，LEED)金牌认证。此外，卡特彼勒在发布可持续发展报告时，咨询了多位外部顾问，包括各高校的可持续发展与环境资源中心专家、战略研究组成员和一些非营利组织中的专家学者，向外界充分宣传自身节能环保的立场和举措。2018年，卡特彼勒回收了超过68 039t废旧零部件用于再制造，使不可再生资源实现了多次生命周期循环。

欧洲空中客车公司拥有35年设计和建造飞机的历史，空客A380是欧洲空中客车公司设计生产的运输力最大的民用飞机，将整体制造工艺向前推进了一大步，全机最高载客量为840人，面积多出40%以上，机身质量减轻18%，成本下降21.4%～24.3%。空客A380之所以能大大减轻飞机质量，减少油耗排放，降低营运成本的主要原因就是将激光焊接技术应用于飞机机身、机翼的内隔板与加强筋的连接，取代了原有的铆接工艺，被德国宇航界称为航空制造业中的一大技术革命[123]。

英国电信集团(BT)为英国和世界上170多个国家的顾客提供服务，拥有约9万名员工。BT的供应链反映了其64%的端到端的碳排放，因此，BT正在鼓励其供应商在减少排放的同时创造出在整个生命周期中使用较少能耗并且碳足迹更低的产品。BT在引导创建绿色供应链方面已形成一套方法，具体包括以下几个方面：设计有关环境影响、产品管理和气候变化的标准问卷；随访有中度或者重大环境风险的供应商；实地探访和指导供应商工作；对供应商工作进行现场评估；对一级供应商进行企业社会责任评估；召开供应商大会，并进行优秀供应商的创新奖励；组织相关调查研究。此外，BT还帮助供应商应对环境风险，提供相关培训。

同时，充分利用网络资源，减少碳排放以及召开供应商最佳实践推广研讨会。BT认为，减少能源的使用也意味着节省大量成本，有可能直接将成本降到底线。BT在其建立的“更好的未来”供应商论坛中提出，未来的货物供应将顺应社会的环保要求，供应商将不仅被要求提供环保的产品和改进生产流程，也需要将可持续发展政策拓展到其自身的供应链上[124]。

日本复印机企业富士施乐开展了复印机再制造技术的研究及应用，近20年来的实践表明，该公司从再制造业务中不仅获得了可观的利润，而且在保护环境、节约资源、节省能源方面做出了巨大贡献[125]。富士施乐公司从1960年开始尝试恢复使用过的设备，至20世纪80年代后期和90年代初期，发展成为正式的再制造系统，施乐为使用过的复印机、打印机和墨盒建立了再制造程序。富士施乐公司的复印机再制造工厂遍布美国、英国、荷兰、澳大利亚、墨西哥、巴西和日本等地，通过再制造使用过的复印机，节省了数百万美元的原材料费用和废物处理费用。再制造还帮助富士施乐公司提升了其对环境友好的公司形象。设在澳大利亚的富士施乐复印机再制造工厂还获得了ISO 9001质量认证，该认证通常只授予新品。富士施乐公司通过对复印机电子元件、激光排版装置、机械部件、喂料筒的翻新与再加工，重新利用了复印机中60%以上的部件，对无法实施再制造的零部件，也尽可能采取资源化策略，回收利用其中的原材料，如对复印机中的塑料尽可能全部回收，剩下很少的一部分进入废弃填埋物流。

1.4 绿色制造在我国的发展状况

从20世纪90年代初期，绿色制造在我国得到关注。几经起伏，绿色制造目前已经成为各个层面关注的热点，也呈现出了快速发展的势头。

1.4.1 政策引导支持

制造业作为国民经济的主体，一方面会产生巨大的经济财富，同时又是资源能源的最大消费者和污染物的主要排放者。在资源能源不断消耗、污染物排放量不断增加、全球气候加速变暖的背景下，发展绿色经济、实现绿色发展已成为全球关注的焦点。我国也明确将发展绿色低碳经济列为国家战略，实施绿色增长、绿色发展成为共识，政府部门分别出台了鼓励与促进绿色制造发展的相关政策。

1. 支持绿色制造的相关政策

我国很早就开始通过加强规划引导，完善扶持政策，将绿色经济、低碳经济发展理念和相关发展目标纳入各个“五年”规划和相关产业发展规划中。例如通过制定《节能环保产业发展规划》《新兴能源产业发展规划》《发展低碳经济指导意见》《加快推行合同能源管理促进节能服务业发展的意见》等，制定促进绿色经济、低碳经济发展的财税、金融、价格等激励政策。

2005 年 7 月 2 日，国务院在《关于加快发展循环经济的若干意见》中明确提出支持发展再制造[126]。2005 年 10 月，经国务院批准，国家第一批循环经济试点将再制造作为重点领域。

2006 年 2 月 7 日，国务院发布《国家中长期科学和技术发展规划纲要(2006—2020 年)》，明确将"积极发展绿色制造"列为制造业发展的三大思路之一，"使我国制造业资源消耗、环境负荷水平进入国际先进行列"[127]。

2009 年，《中华人民共和国循环经济促进法》颁布，确定"国家支持企业开展机动车零部件、工程机械、机床等产品的再制造"[128]。

2011 年 3 月，国务院发布《中华人民共和国国民经济和社会发展第十二个五年(2011—2015 年)规划纲要》，明确把"节能环保产业"列入战略性新兴产业，重点发展高效节能、先进环保、资源循环利用关键技术装备、产品和服务[129]。

2011 年 7 月，科技部发布《国家"十二五"科学和技术发展规划》，明确将"绿色制造"列为"高端装备制造"领域六大科技产业化工程之一，提出"重点发展先进绿色制造技术与产品，……培育装备再制造……新兴产业"[130]。

2012 年 4 月 1 日，科技部印发《绿色制造科技发展"十二五"专项规划》，对建设资源节约型、环境友好型社会，促进产业结构调整和发展方式转变等发挥重要支撑作用[131]。

2013 年 7 月 4 日，为全面贯彻落实《循环经济促进法》，培育新的经济增长点，促进我国循环经济尽快形成较大规模，建设资源节约型、环境友好型社会，推进我国再制造产业发展，国家发改委与财政部、工信部、商务部、国家质检总局等联合开展了再制造产品"以旧换再"试点工作[132]。

2013 年 9 月 7 日，习近平总书记在哈萨克斯坦纳扎尔巴耶夫大学发表演讲并回答学生们提出的问题，在谈到环境保护问题时他指出："我们既要绿水青山，也要金山银山。宁要绿水青山，不要金山银山，而且绿水青山就是金山银山。"这生动形象表达了党和政府大力推进生态文明建设的鲜明态度和坚定决心。要按照尊重自然、顺应自然、保护自然的理念，贯彻节约资源和保护环境的基本国策，把生态文明建设融入经济建设、政治建设、文化建设、社会建设各方面和全过程，建设美丽中国，努力走向社会主义生态文明新时代。

2014 年 7 月 2 日，为贯彻落实《国务院关于加强环境保护重点工作的意见》，按照《工业和信息化部 发展改革委 环境保护部关于开展工业产品生态设计的指导意见》要求，工信部决定组织开展工业产品生态设计示范企业创建工作，并研究制定了《生态设计示范企业创建工作方案》。方案计划到 2017 年，创建百家生态设计示范企业。试点企业通过 2～3 年的努力，在绿色发展意识、生态设计能力、管理制度建设、清洁生产水平、产品开发和品牌影响等方面都达到行业先进水平，成为引领行业绿色发展的典范，成为生态设计示范企业[133]。从 2017 年到 2019 年，工信部共发布了四批绿色制造体系建设示范名单,其中绿色工厂1422家企业,绿色设计产品328种,绿色园区120家,绿色供应链管理示范企业90家。

2015年5月8日,国务院发布《中国制造2025》作为我国实施制造强国战略第一个十年的行动纲领。目前我国仍处于工业化进程中,与先进国家相比还有较大差距,我国关键核心技术与高端装备对外依存度较高,以企业为主体的制造业创新体系不完善,而且最为关键的是资源能源利用效率低,环境污染问题较为突出。因此,对绿色制造的关注度不言而喻。规划提出要坚持把可持续发展作为建设制造强国的重要着力点,加强节能环保技术、工艺、装备推广应用,全面推行清洁生产,要发展循环经济,提高资源回收利用效率,构建绿色制造体系,走生态文明的发展道路。规划明确提出了"创新驱动、质量为先、绿色发展、结构优化、人才为本"的基本方针,强调坚持把可持续发展作为建设制造强国的重要着力点,走生态文明的发展道路。同时把"绿色制造工程"作为重点实施的五大工程之一,部署全面推行绿色制造,努力构建高效、清洁、低碳、循环的绿色制造体系[134]。

2015年9月,国务院印发了《生态文明体制改革总体方案》,提出"建立统一的绿色产品体系。将目前分头设立的环保、节能、节水、循环、低碳、再生、有机等产品统一整合为绿色产品,建立统一的绿色产品标准、认证、标识等体系"的工作任务[135]。

2016年7月21日,国家质检总局召开全面深化改革领导小组第七次全体会议,审议《绿色产品标准、认证、标识整合方案》等内容。会议指出,绿色产品标准、认证、标识整合,强制性产品认证目录改革任务,检验检疫目录管理改革,国际贸易单一窗口建设是供给侧改革的要求,是改善产品供给、提高产品品质、提升消费信心、满足人民群众消费需求的重要举措,是质检改革的重中之重。要通过改革,主动适应和引领经济发展新常态,适应经济结构调整和产品更新换代,促进贸易便利化,实现对进出口商品的有效监管[136]。

2016年9月20日,工信部为贯彻落实《中国制造2025》、《绿色制造工程实施指南(2016—2020年)》,加快推进绿色制造,开展了绿色制造体系建设。其具体目标是:到2020年,绿色制造水平明显提升,绿色制造体系初步建立。企业和各级政府的绿色发展理念显著增强,与2015年相比,传统制造业物耗、能耗、水耗、污染物和碳排放强度显著下降,重点行业主要污染物排放强度下降20%,工业固体废物综合利用率达到73%,部分重化工业资源消耗和排放达到峰值。规模以上单位工业增加值能耗下降18%,吨钢综合能耗降到0.57t标准煤,吨氧化铝综合能耗降到0.38t标准煤,吨合成氨综合能耗降到1300kg标准煤,吨水泥综合能耗降到85kg标准煤,电机、锅炉系统运行效率提高5个百分点,高效配电变压器在网运行比例提高20%。单位工业增加值二氧化碳排放量、用水量分别下降22%、23%。节能环保产业大幅增长,初步形成经济增长新引擎和国民经济新支柱。绿色制造能力稳步提高,一大批绿色制造关键共性技术实现产业化应用,形成一批具有核心竞争力的骨干企业,初步建成较为完善的绿色制造相关评价标准体系和认证机制,创建百家绿色工业园区、千家绿色示范工厂，推广万种绿色产品，绿色制造市场化推进机制基本形成。制造业发展对资源环境的影响初步缓解[137]。

2017年10月18日，中国共产党第十九次全国代表大会在北京召开。在党的十九大报告中，习近平总书记指出，要加快建立绿色生产和消费的法律制度和政策导向，建立健全绿色低碳循环发展的经济体系。构建市场导向的绿色技术创新体系，发展绿色金融，壮大节能环保产业、清洁生产产业、清洁能源产业。推进能源生产和消费革命，构建清洁低碳、安全高效的能源体系。推进资源全面节约和循环利用，实施国家节水行动，降低能耗、物耗，实现生产系统和生活系统循环链接[138]。

2018年11月28日，工信部和中国农业银行发布了《关于推进金融支持县域工业绿色发展工作的通知》，指出了支持县域工业绿色发展的重点领域，支持各地区加强金融创新支持县域工业绿色发展，并提出了县域工业绿色发展的保障措施。

2018年12月29日，国务院办公厅发布了《“无废城市”建设试点工作方案》。该方案指出，“无废城市”是以创新、协调、绿色、开放、共享的新发展理念为引领，通过推动形成绿色发展方式和生活方式，持续推进固体废物源头减量和资源化利用，最大限度减少填埋量，将固体废物环境影响降至最低的城市发展模式，也是一种先进的城市管理理念。按照既定的时间表，到2020年将在全国形成一批可复制、可推广的示范模式，为全方位推动“无废城市”建设奠定坚实基础。“无废城市”并不是指没有废物产生，而是一种新的社会发展理念。以改变传统的“大量生产、大量消耗、大量排放”的生产模式和消费模式，使资源、生产、消费等要素相匹配、相适应，以实现固体废物污染防治3R原则（减量化、资源化、无害化）及循环经济的3R原则（减量化、循环化、再利用）的目标。“无废城市”建设的发展离不开全社会的共同参与和努力。对于生产型企业，应主动承担资源综合利用的责任和义务，在设计产品时考虑将来易于循环利用，降低处理难度，减少过度包装；对于公众，应倡导绿色低碳生活方式，推动生活垃圾源头减量和垃圾分类；对于政府，应倡导绿色发展的理念，带头并率先使用再生产品，发挥其表率作用。

2019年1月23日，中央全面深化改革委员会第六次会议审议通过了《关于构建市场导向的绿色技术创新体系的指导意见》。5月14日，国家发改委、科技部联合发布了《关于构建市场导向的绿色技术创新体系的指导意见》（以下简称《意见》）。《意见》中的绿色技术是指降低消耗、减少污染、改善生态，促进生态文明建设、实现人与自然和谐共生的新兴技术，包括节能环保、清洁生产、清洁能源、生态保护与修复、城乡绿色基础设施、生态农业等领域，涵盖产品设计、生产、消费、回收利用等环节的技术。《意见》指出，当前，绿色技术创新正成为全球新一轮工业革命和科技竞争的重要新兴领域。伴随我国绿色低碳循环发展经济体系的建立健全，绿色技术创新日益成为绿色发展的重要动力，成为打好污染防治攻坚战、推进生态文明建设、推动高质量发展的重要支撑。《意见》要求，强化企业的绿色技术创新主体地位。研究制定绿色技术创新企业认定标准规范，开展绿色技术创新企业认定。

开展绿色技术创新“十百千”行动，培育10个年产值超过500亿元的绿色技术创新龙头企业，支持100家企业创建国家绿色企业技术中心，认定1000家绿色技术创新企业。《意见》提出，到2022年，将基本建成市场导向的绿色技术创新体系。企业绿色技术创新主体地位得到强化，出现一批龙头骨干企业，“产学研金介”深度融合、协同高效；绿色技术创新引导机制更加完善，绿色技术市场繁荣，人才、资金、知识等各类要素资源向绿色技术创新领域有效集聚，高效利用，要素价值得到充分体现；绿色技术创新综合示范区、绿色技术工程研究中心、创新中心等形成系统布局，高效运行，创新成果不断涌现并充分转化应用；绿色技术创新的法治、政策、融资环境充分优化，国际合作务实深入，创新基础能力显著增强。

2. 绿色制造标准体系建设

绿色制造标准是转化绿色制造研究成果的基础，重点领域标准制定和成套绿色制造标准化体系工作推进，能够为绿色制造体系建设提供导向引领作用，保障了绿色制造体系建设的规范化、科学化和统一化。

2016年9月15日，工信部联合国家标准化管理委员会发布了《绿色制造标准体系建设指南》(以下简称《指南》)，《指南》分析了国内外绿色制造政策规划要求、产业发展需求和标准化工作基础，将标准化理论与绿色制造目标相结合，构建了绿色制造标准体系模型(图1-11)，提出了绿色制造标准体系框架(图1-12)，梳理了各行业绿色制造重点领域和重点标准，为成套成体系地推进绿色制造标准化工作奠

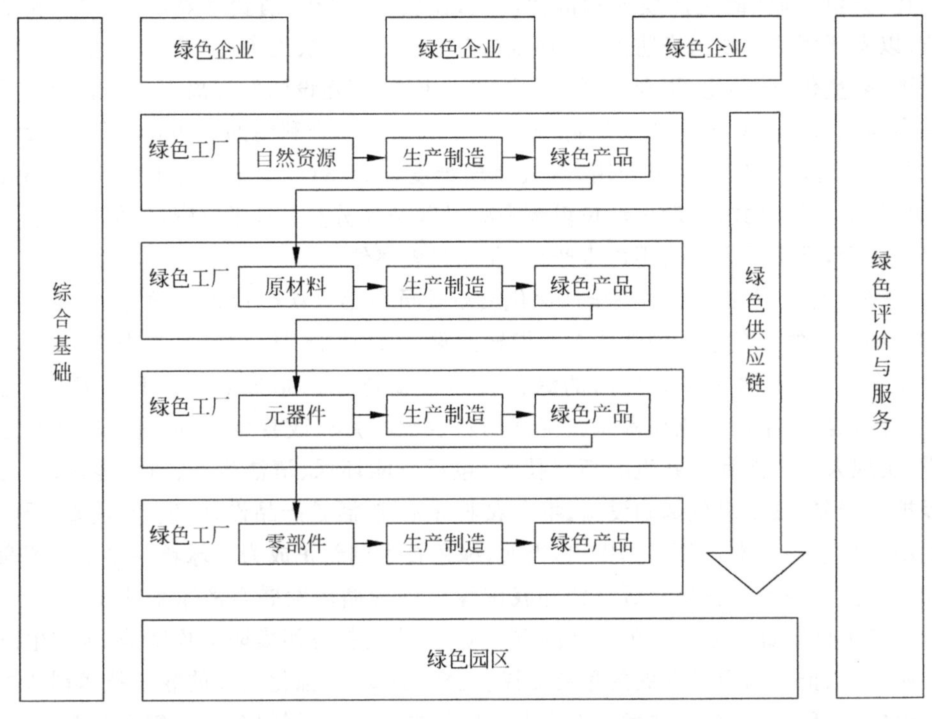

图1-11 绿色制造标准体系构建模型

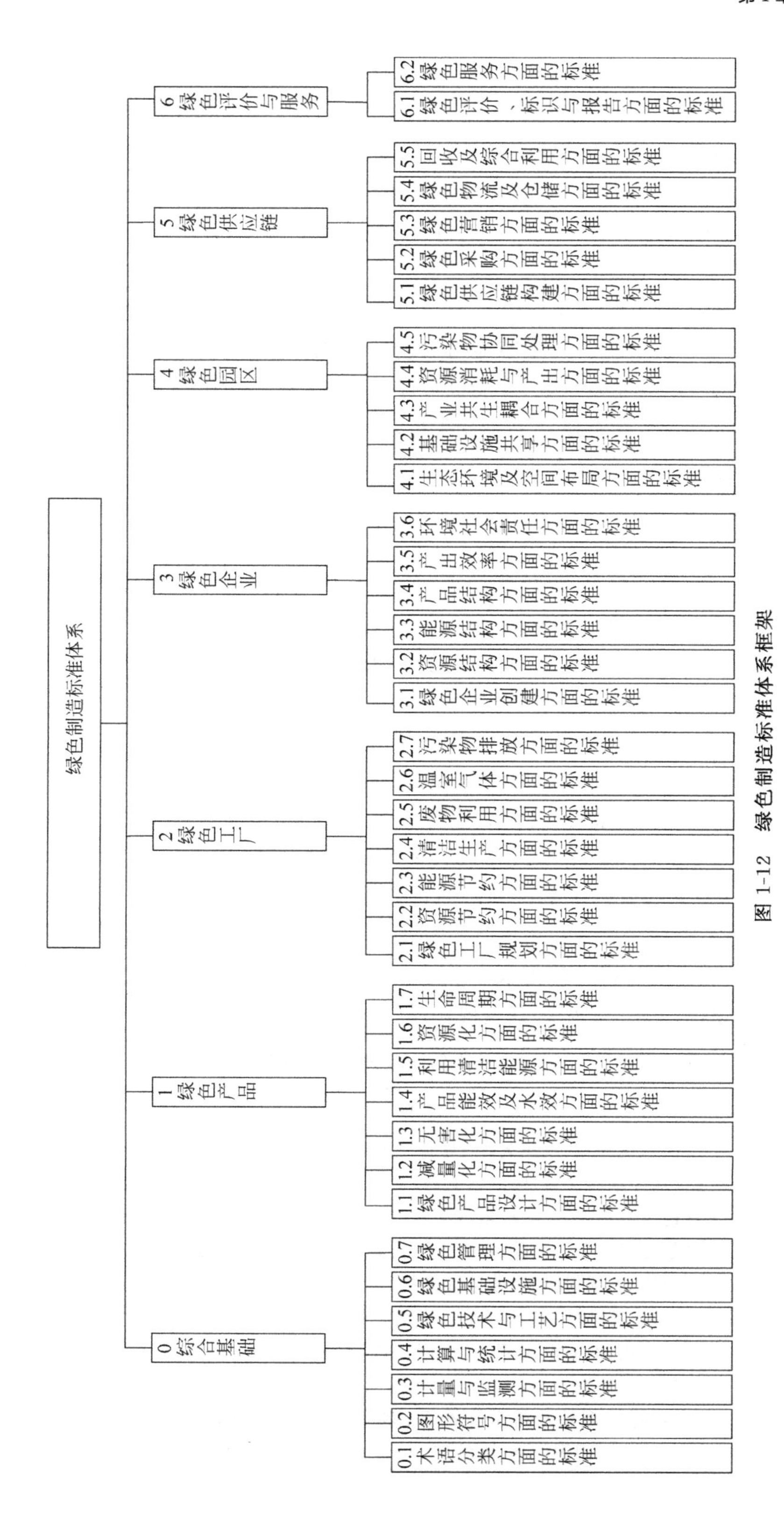

图 1-12 绿色制造标准体系框架

定了基础。绿色制造标准体系由综合基础、绿色产品、绿色工厂、绿色企业、绿色园区、绿色供应链和绿色评价与服务7部分构成。综合基础是绿色制造实施的基础与保障，产品是绿色制造的成果输出，工厂是绿色制造的实施主体和最小单元，企业是绿色制造的顶层设计主体，供应链是绿色制造各环节的链接，园区是绿色制造的综合体，评价与服务是绿色制造的持续改进手段。

2017年5月25日，工信部发布了《工业节能与绿色标准化行动计划(2017—2019年)》，该计划的重点任务包括加强工业节能与绿色标准制修订、强化工业节能与绿色标准实施和提升工业节能与绿色标准基础能力。到2020年，在单位产品能耗水耗限额、产品能效水效、节能节水评价、再生资源利用、绿色制造等领域制修订300项重点标准，基本建立工业节能与绿色标准体系；强化标准实施监督，完善节能监察、对标达标、阶梯电价政策；加强基础能力建设，组织工业节能管理人员和节能监察人员贯标培训2000人次；培育一批节能与绿色标准化支撑机构和评价机构。

近几年，在工信部的大力推动下，特别是《工业节能与绿色标准行动计划(2017—2019年)》的推出和实施，催生了一大批绿色设计产品标准。截至2020年3月，纳入工信部《绿色设计产品标准清单》的标准总计129项，涵盖石化、钢铁、有色、建材、机械、轻工、纺织、电子、通信及其他等10个行业，其中国家标准5项，团体标准124项。国家标准由中国标准化研究院组织制定，团体标准由有关行业协会组织制定和发布。绿色设计产品评价团体标准基于产品生命周期评价方法学，评价指标主要包括资源属性指标、能源属性指标、环境属性指标和品质属性指标4类，目标是遴选出行业领先的前20%的产品。129项标准中，产品评价标准127项，表1-1为绿色设计产品标准涉及的行业及产品类型。由表1-1可以看出，轻工行业和机械行业两个行业出台的评价标准最多，占全部产品评价标准的43%。具体的绿色设计产品标准清单如表1-2所示。这些标准规范的出台对规范绿色产品设计、促进绿色产品的发展起到重要作用。

表1-1 绿色设计产品标准涉及的行业及产品类型

行　业	产品类别	标准数量
石化行业	水性建筑涂料、汽车轮胎、复合肥料、鞋和箱包胶黏剂、聚氯乙烯树脂、水性木器涂料、喷滴灌肥料、二硫化碳、氯化聚氯乙烯树脂、金属氧化物混相颜料、阴极电泳涂料、1,4-丁二醇、聚四亚甲基醚二醇、聚对苯二甲酸丁二醇酯(PBT)树脂、聚对苯二甲酸乙二醇酯(PET)树脂、聚苯乙烯树脂、液体分散染料	17
钢铁行业	稀土钢、铁精矿(露天开采)、烧结钕铁硼永磁材料、钢塑复合管、五氧化二钒、取向电工钢、管线钢、新能源汽车用无取向电工钢、厨房厨具用不锈钢	9
有色行业	锑锭、稀土湿法冶炼分离产品、多晶硅、气相二氧化碳、阴极铜 T CNIA、电工用铜线坯、铜精矿	7

续表

行　业	产 品 类 别	标准数量
建材行业	无机轻质板材、卫生陶瓷、木塑型材、砌块、陶瓷砖	5
机械行业	金属切削机床、装载机、内燃机、汽车产品 M1 类传统能源车、叉车、水轮机用不锈钢叶片铸件、中低速发动机用机体铸铁件、铸造用消失模涂料、柴油发动机、直驱永磁风力发电机组、齿轮传动风力发电机组、再制造冶金机械零部件、铅酸蓄电池、核电用不锈钢仪表管、盘管蒸汽发生器、真空热水机组、片式电子元器件用纸带、滚筒洗衣机用无刷直流电动机、锂离子电池、电动工具、家用及类似场所用过电流保护断路器、塑料外壳式断路器、家用和类似用途插头插座、家用和类似用途固定式电气装置的开关、家用和类似用途器具耦合器、小功率电动机、交流电动机	27
轻工行业	家用洗涤剂、可降解塑料、房间空气调节器、电动洗衣机、家用电冰箱、吸油烟机、家用电磁灶、电饭锅、储水式电热水器、空气净化器、纯净水处理器、商用电磁灶、商用厨房冰箱、商用电热开水器、生活用纸、标牌、电水壶、扫地机器人、新风系统、智能马桶盖、室内加热器、水性和无溶剂人造革合成革、服装用皮革、氨基酸、甘蔗糖制品、甜菜糖制品、包装用纸和纸板	27
纺织行业	丝绸(蚕丝)制品、涤纶磨毛印染布、户外多用途面料、聚酯涤纶、巾被织物、皮服、羊绒产品、毛精纺产品、针织印染布、布艺类产品、色纺纱、再生涤纶	12
电子行业	打印机及多功能一体机、电视机、微型计算机、智能终端-平板电脑、金属化薄膜电容器、投影机、监视器、智能终端-头戴式设备、印制电路板、基础机电继电器、鼓粉盒、光导鼓、光伏硅片	13
通信行业	光网络终端,以太网交换机,移动通信终端,可穿戴无线通信设备,腕戴式,服务器,视频会议设备,通信电缆,光缆	9
其他	智能坐便器	1
合　计		127

表 1-2　绿色设计产品标准清单(2020 年 3 月更新)

序号	标 准 名 称	标 准 编 号
1	《生态设计产品评价通则》	GB/T 32161—2015
2	《生态设计产品标识》	GB/T 32162—2015
	石 化 行 业	
3	《绿色设计产品评价技术规范 水性建筑涂料》	T/CPCIF 0001—2017
4	《绿色设计产品评价技术规范 汽车轮胎》	T/CPCIF 0011—2018 T/CRIA 11001—2018
5	《绿色设计产品评价技术规范 复合肥料》	T/CPCIF 0012—2018
6	《绿色设计产品评价技术规范 鞋和箱包胶黏剂》	T/CPCIF 0027—2019
7	《绿色设计产品评价技术规范 聚氯乙烯树脂》	T/CPCIF 0028—2019

续表

序号	标准名称	标准编号
	石化行业	
8	《绿色设计产品评价技术规范 水性木器涂料》	T/CPCIF 0029—2019
9	《绿色设计产品评价技术规范 喷滴灌肥料》	T/CPCIF 0030—2019
10	《绿色设计产品评价技术规范 二硫化碳》	T/CPCIF 0031—2019
11	《绿色设计产品评价规范 氯化聚氯乙烯树脂》	T/CPCIF 0032—2019
12	《绿色设计产品评价技术规范 金属氧化物混相颜料》	T/CPCIF 0033—2019
13	《绿色设计产品评价技术规范 阴极电泳涂料》	T/CPCIF 0034—2019
14	《绿色设计产品评价技术规范 1,4-丁二醇》	T/CPCIF 0035—2019
15	《绿色设计产品评价技术规范 聚四亚甲基醚二醇》	T/CPCIF 0036—2019
16	《绿色设计产品评价技术规范 聚对苯二甲酸丁二醇酯(PBT)树脂》	T/CPCIF 0037—2019
17	《绿色设计产品评价技术规范 聚对苯二甲酸乙二醇酯(PET)树脂》	T/CPCIF 0038—2019
18	《绿色设计产品评价技术规范 聚苯乙烯树脂》	T/CPCIF 0039—2019
19	《绿色设计产品评价技术规范 液体分散染料》	T/CPCIF 0040—2019
	钢铁行业	
20	《绿色设计产品评价技术规范 稀土钢》	T/CAGP 0026—2018 T/CAB 0026—2018
21	《绿色设计产品评价技术规范 铁精矿(露天开采)》	T/CAGP 0027—2018 T/CAB 0027—2018
22	《绿色设计产品评价技术规范 烧结钕铁硼永磁材料》	T/CAGP 0028—2018 T/CAB 0028—2018
23	《绿色设计产品评价技术规范 钢塑复合管》	T/CISA 104—2018
24	《绿色设计产品评价技术规范 五氧化二钒》	T/CISA 105—2018
25	《绿色设计产品评价技术规范 取向电工钢》	YB/T 4767—2019
26	《绿色设计产品评价技术规范 管线钢》	YB/T 4768—2019
27	《绿色设计产品评价技术规范 新能源汽车用无取向电工钢》	YB/T 4769—2019
28	《绿色设计产品评价技术规范 厨房厨具用不锈钢》	YB/T 4770—2019
	有色行业	
29	《绿色设计产品评价技术规范 锑锭》	T/CNIA 0004—2018
30	《绿色设计产品评价技术规范 稀土湿法冶炼分离产品》	T/CNIA 0005—2018
31	《绿色设计产品评价技术规范 多晶硅》	T/CNIA 0021—2019
32	《绿色设计产品评价技术规范 气相二氧化硅》	T/CNIA 0022—2019
33	《绿色设计产品评价技术规范 阴极铜 T CNIA》	T/CNIA 0033—2019
34	《绿色设计产品评价技术规范 电工用铜线坯》	T/CNIA 0034—2019
35	《绿色设计产品评价技术规范 铜精矿》	T/CNIA 0035—2019
	建材行业	
36	《生态设计产品评价规范第 4 部分：无机轻质板材》	GB/T 32163.4—2015
37	《绿色设计产品评价技术规范 卫生陶瓷》	T/CAGP 0010—2016 T/CAB 0010—2016

续表

序号	标准名称	标准编号
	建材行业	
38	《绿色设计产品评价技术规范 木塑型材》	T/CAGP 0011—2016 T/CAB 0011—2016
39	《绿色设计产品评价技术规范 砌块》	T/CAGP 0012—2016 T/CAB 0012—2016
40	《绿色设计产品评价技术规范 陶瓷砖》	T/CAGP 0013—2016 T/CAB 0013—2016
	机械行业	
41	《绿色设计产品评价技术规范 金属切削机床》	T/CMIF 14—2017
42	《绿色设计产品评价技术规范 装载机》	T/CMIF 15—2017
43	《绿色设计产品评价技术规范 内燃机》	T/CMIF 16—2017
44	《绿色设计产品评价技术规范 汽车产品 M1 类传统能源车》	T/CMIF 17—2017
45	《绿色设计产品评价技术规范 叉车》	T/CMIF 48—2019
46	《绿色设计产品评价技术规范 水轮机用不锈钢叶片铸件》	T/CMIF 49—2019
47	《绿色设计产品评价技术规范 中低速发动机用机体铸铁件》	T/CMIF 50—2019
48	《绿色设计产品评价技术规范 铸造用消失模涂料》	T/CMIF 51—2019
49	《绿色设计产品评价技术规范 柴油发动机》	T/CMIF 52—2019
50	《绿色设计产品评价技术规范 直驱永磁风力发电机组》	T/CMIF 57—2019 T/CEEIA 387—2019
51	《绿色设计产品评价技术规范 齿轮传动风力发电机组》	T/CMIF 58—2019
52	《绿色设计产品评价技术规范 再制造冶金机械零部件》	T/CMIF 59—2019
53	《绿色设计产品评价技术规范 铅酸蓄电池》	T/CAGP 0022—2017 T/CAB 0022—2017
54	《绿色设计产品评价技术规范 核电用不锈钢仪表管》	T/CAGP 0031—2018 T/CAB 0031—2018
55	《绿色设计产品评价技术规范 盘管蒸汽发生器》	T/CAGP 0032—2018 T/CAB 0032—2018
56	《绿色设计产品评价技术规范 真空热水机组》	T/CAGP 0033—2018 T/CAB 0033—2018
57	《绿色设计产品评价技术规范 片式电子元器件用纸带》	T/CAGP 0041—2018 T/CAB 0041—2018
58	《绿色设计产品评价技术规范 滚筒洗衣机用无刷直流电动机》	T/CAGP 0042—2018 T/CAB 0042—2018
59	《绿色设计产品评价技术规范 锂离子电池》	T/CEEIA 280—2017
60	《绿色设计产品评价技术规范 电动工具》	T/CEEIA 296—2017
61	《绿色设计产品评价技术规范 家用及类似场所用过电流保护断路器》	T/CEEIA 334—2018
62	《绿色设计产品评价技术规范 塑料外壳式断路器》	T/CEEIA 335—2018
63	《绿色设计产品评价技术规范 家用和类似用途插头插座》	T/CEEIA 374—2019

续表

序号	标准名称	标准编号
	机械行业	
64	《绿色设计产品评价技术规范 家用和类似用途固定式电气装置的开关》	T/CEEIA 375—2019
65	《绿色设计产品评价技术规范 家用和类似用途器具耦合器》	T/CEEIA 376—2019
66	《绿色设计产品评价技术规范 小功率电动机》	T/CEEIA 380—2019
67	《绿色设计产品评价技术规范 交流电动机》	T/CEEIA 410—2019
	轻工行业	
68	《生态设计产品评价规范 第1部分：家用洗涤剂》	GB/T 32163.1—2015
69	《生态设计产品评价规范 第2部分：可降解塑料》	GB/T 32163.2—2015
70	《绿色设计产品评价技术规范 房间空气调节器》	T/CAGP 0001—2016 T/CAB 0001—2016
71	《绿色设计产品评价技术规范 电动洗衣机》	T/CAGP 0002—2016 T/CAB 0002—2016
72	《绿色设计产品评价技术规范 家用电冰箱》	T/CAGP 0003—2016 T/CAB 0003—2016
73	《绿色设计产品评价技术规范 吸油烟机》	T/CAGP 0004—2016 T/CAB 0004—2016
74	《绿色设计产品评价技术规范 家用电磁灶》	T/CAGP 0005—2016 T/CAB 0005—2016
75	《绿色设计产品评价技术规范 电饭锅》	T/CAGP 0006—2016 T/CAB 0006—2016
76	《绿色设计产品评价技术规范 储水式电热水器》	T/CAGP 0007—2016 T/CAB 0007—2016
77	《绿色设计产品评价技术规范 空气净化器》	T/CAGP 0008—2016 T/CAB 0008—2016
78	《绿色设计产品评价技术规范 纯净水处理器》	T/CAGP 0009—2016 T/CAB 0009—2016
79	《绿色设计产品评价技术规范 商用电磁灶》	T/CAGP 0017—2017 T/CAB 0017—2017
80	《绿色设计产品评价技术规范 商用厨房冰箱》	T/CAGP 0018—2017 T/CAB 0018—2017
81	《绿色设计产品评价技术规范 商用电热开水器》	T/CAGP 0019—2017 T/CAB 0019—2017
82	《绿色设计产品评价技术规范 生活用纸》	T/CAGP 0020—2017 T/CAB 0020—2017
83	《绿色设计产品评价技术规范 标牌》	T/CAGP 0023—2017 T/CAB 0023—2017
84	《绿色设计产品评价技术规范 电水壶》	T/CEEIA 275—2017
85	《绿色设计产品评价技术规范 扫地机器人》	T/CEEIA 276—2017
86	《绿色设计产品评价技术规范 新风系统》	T/CEEIA 277—2017

续表

序号	标准名称	标准编号
	轻工行业	
87	《绿色设计产品评价技术规范 智能马桶盖》	T/CEEIA 278—2017
88	《绿色设计产品评价技术规范 室内加热器》	T/CEEIA 279—2017
89	《绿色设计产品评价技术规范 水性和无溶剂人造革合成革》	T/CNLIC 0002—2019
90	《绿色设计产品评价技术规范 服装用皮革》	T/CNLIC 0005—2019
91	《绿色设计产品评价技术规范 氨基酸》	T/CNLIC 0006—2019 T/CBFIA 04002—2019
92	《绿色设计产品评价规范 甘蔗糖制品》	T/CNLIC 0007—2019
93	《绿色设计产品评价规范 甜菜糖制品》	T/CNLIC 0008—2019
94	《绿色设计产品评价技术规范 包装用纸和纸板》	T/CNLIC 0010—2019
	纺织行业	
95	《绿色设计产品评价技术规范 丝绸(蚕丝)制品》	T/CAGP 0024—2017 T/CAB 0024—2017
96	《绿色设计产品评价技术规范 涤纶磨毛印染布》	T/CAGP 0030—2018 T/CAB 0030—2018
97	《绿色设计产品评价技术规范 户外多用途面料》	T/CAGP 0034—2018 T/CAB 0034—2018
98	《绿色设计产品评价技术规范 聚酯涤纶》	T/CNTAC 33—2019
99	《绿色设计产品评价技术规范 巾被织物》	T/CNTAC 34—2019
100	《绿色设计产品评价技术规范 皮服》	T/CNTAC 35—2019
101	《绿色设计产品评价技术规范 羊绒产品》	T/CNTAC 38—2019
102	《绿色设计产品评价技术规范 毛精纺产品》	T/CNTAC 39—2019
103	《绿色设计产品评价技术规范 针织印染布》	T/CNTAC 40—2019
104	《绿色设计产品评价技术规范 布艺类产品》	T/CNTAC 41—2019
105	《绿色设计产品评价技术规范 色纺纱》	T/CNTAC 51—2020
106	《绿色设计产品评价技术规范 再生涤纶》	T/CNTAC 52—2020
	电子行业	
107	《绿色设计产品评价技术规范 打印机及多功能一体机》	T/CESA 1017—2018
108	《绿色设计产品评价技术规范 电视机》	T/CESA 1018—2018
109	《绿色设计产品评价技术规范 微型计算机》	T/CESA 1019—2018
110	《绿色设计产品评价技术规范 智能终端 平板电脑》	T/CESA 1020—2018
111	《绿色设计产品评价技术规范 金属化薄膜电容器》	T/CESA 1032—2019
112	《绿色设计产品评价技术规范 投影机》	T/CESA 1033—2019
113	《绿色设计产品评价技术规范 监视器》	T/CESA 1068—2020
114	《绿色设计产品评价技术规范 智能终端 头戴式设备》	T/CESA 1069—2020
115	《绿色设计产品评价技术规范 印制电路板》	T/CESA 1070—2020
116	《绿色设计产品评价技术规范 基础机电继电器》	T/CESA 1071—2020
117	《绿色设计产品评价技术规范 鼓粉盒》	T/CESA 1072—2020
118	《绿色设计产品评价技术规范 光导鼓》	T/CESA 1073—2020

续表

序号	标准名称	标准编号
	电子行业	
119	《绿色设计产品评价技术规范 光伏硅片》	T/CESA 1074—2020 T/CPIA 0021—2020
	通信行业	
120	《绿色设计产品评价技术规范 光网络终端》	YDB 192—2017
121	《绿色设计产品评价技术规范 以太网交换机》	YDB 193—2017
122	《绿色设计产品评价技术规范 移动通信终端》	YDB 194—2017
123	《绿色设计产品评价技术规范 可穿戴无线通信设备 腕戴式》	T/CCSA 251—2019
124	《绿色设计产品评价技术规范 可穿戴无线通信设备 头戴、近眼显示设备》	T/CCSA 252—2019
125	《绿色设计产品评价技术规范 服务器》	T/CCSA 253—2019
126	《绿色设计产品评价技术规范 视频会议设备》	T/CCSA 254—2019
127	《绿色设计产品评价技术规范 光缆》	T/CCSA 255—2019
128	《绿色设计产品评价技术规范 通信电缆》	T/CCSA 256—2019
	其他	
129	《绿色设计产品评价技术规范 智能坐便器》	T/CAGP 0021—2017 T/CAB 0021—2017

1.4.2 绿色制造的研究与实践

在国家政策的引导下，科技部、国家发改委、工信部、教育部、国家自然科学基金委等部门对绿色制造的研究给予了大力支持，国家“863”计划、国家科技支撑计划、国家自然科学基金、国家重大研发计划等资助了不少与绿色制造有关的研究课题。

2006—2010年，科技部在国家科技支撑计划中设立“绿色制造关键技术与装备”“重点节能低耗机电产品与装置关键技术研究”“工业电机及典型泵阀节能关键技术研究”等项目，投入研发经费7亿元人民币，其中中央财政资助2亿元人民币，完成了一批产品和装备的开发，取得了近百项技术创新成果。2011—2015年，科技部在国家重点基础研究发展计划（“973”计划）、国家“863”计划和国家科技支撑计划中统筹安排了20个项目，约100项课题，投入研究经费近12亿元人民币，其中专项经费8亿元人民币，支持绿色制造技术的研究和应用。国家自然科学基金委从1997年开始支持绿色制造的研究，此后每年均安排不同类型的多个研究项目。

项目的支持不仅培养了一大批从事绿色制造的各类人才，而且在绿色制造的研究及应用方面也取得了显著效果。总体来说，我国在绿色制造领域的整体水平与国际基本保持同步。

在前述部分已经涉及了我国在绿色制造领域的政策、研究等内容，为了对我国绿色制造现状有一个更加系统的了解，在此部分主要围绕绿色材料、绿色设计、绿色工艺、绿色供应链、再制造、再资源化及其应用实践等进行分析。

1. 在绿色材料领域

绿色材料概念一经提出，就引起了我国研究人员及相关企业的高度重视，并积极投入研究与开发。2006—2008年，华南理工大学唐爱民开展了基于天然纤维模板特性的磁性纳米复合材料制备机理及结构调控的研究。纤维素是地球上最为丰富的可再生生物质资源，是一种对环境友好的绿色材料。该项目以各种纤维素纤维为基材，利用其丰富的纳米级孔道为模板，采用原位复合方法制备了结构可控的新型纤维素/磁性纳米复合材料；探讨了纤维素介观微孔的活化、打开及结构调控的有效方法及规律，系统研究了模板活化、复合反应条件与纳米粒子的初级结构及次级结构、复合材料结构与性质之间的相互关系和作用机理；提出了通过模板结构调控、复合反应条件优化及磁性粒子结构调控，解决磁性纳米复合材料制备中的结构可控性科学问题的新思路，为复合材料实现从分子到纳米到宏观材料的层层有序结构的精确控制，获得新型磁性纳米复合材料提供了理论依据。制备的纤维素/磁性纳米复合材料具有超顺磁性，磁性粒子的晶粒类型为 g-Fe_2O_3，粒径可控制在20～100nm，同时获得了兼具铁磁性与超顺磁性的纤维素/磁性纳米复合纤维，并用于特种防伪纸制备。该复合材料在磁记录、防伪、电磁屏蔽、生物技术、分离纯化等领域具有广阔的应用前景，项目获得的理论成果及规律性总结对采用天然纤维为基材与其他具有特殊功能的无机纳米粒子复合制备新型的功能材料、开拓天然纤维素资源的应用领域具有重要意义[139-141]。

2008—2010年，四川大学张晟对新型可降解超分子形状记忆材料进行了研究。该研究首先以聚乙二醇(PEG)为水溶性聚合物的代表，通过PEG与α-环糊精(α-CD)之间的主客体识别作用，研究制备了一种新型的超分子形状记忆材料。其次，利用PEG与γ-CD之间的主客体识别作用，制备了一种具有“互锁结构”的超分子协助记忆材料。与靠化学合成手段制备的形状记忆材料不同，聚乙二醇-环糊精类形状记忆材料在水体系中通过分子自聚集完成，制备非常简便。最后，以聚己内酯(PCL)为油溶性聚合物的代表，通过PCL与α-CD之间的主客体识别，研究制备了一种新型可降解的超分子形状记忆材料。最后，通过对环糊精与聚合物主客体包结的具体行为和影响因素进行深入探讨和研究，并推测构建了这类材料自组装及功能化的机理。该项目研究制备的三类形状记忆材料形变恢复率高，形变恢复温度均不高于65℃且具有优异的生物相容性，是环境友好的“绿色材料”[142-145]。

2009—2011年，青岛科技大学陈学玺开展了磷石膏晶须生长机理及资源化研究。通过组织模板化合物的方法，探讨在磷矿浸取阶段控制石膏结晶定向生长，使生成磷石膏的化学物质直接生成晶须或高强α-石膏等有用材料，以此推动传统行业的技术进步和绿色材料的推广。计划设计和制造有合适基团种类、数量和空间分布的高分子线性模板化合物与晶体材料表面裸露的结构单元相结合，定位镶嵌于晶体表面，调节线性化合物长度，实现定向生长控制；关联晶体与线性高分子化合物的结构参数，获得目的产物与模板化合物的配合规律。重点研究以聚乙烯醇、聚氨酯等廉价原料构成的自组装化学反应体系在石膏晶须表面形成的柔性外壳，通过显微、光谱等分析手段，分析在无机物表面上和高分子化合物之间的键合作用，借以改造传统的无机材料，为廉价制造绿色环保复合材料奠定基础[146]。

2014—2016 年，北京大学邹如强教授开展了新型多孔质结构绿色能源材料研究。项目围绕多孔限域体系的高密度凝聚态分子压缩特性和微结构表面吸脱附机制，开展新型多尺度孔结构绿色能源材料的复合设计与应用研究。提出了针对 CO_2 分子吸附分离与催化转化的多尺度孔结构设计的新思路，设计制备出系列功能基修饰的新型微-介孔骨架材料，实现了 CO_2 低能耗吸附分离与高效催化转化应用。基于金属有机骨架模板法，原位制备出系列具有高比表面积和分级孔结构的新型非贵金属纳米复合结构，展示优异的燃料电池还原活性和电化学储锂性能。灵活运用纳米多孔限域效应，基于高孔隙多孔复合结构，制备出负载率优于已有文献报道的中低温智能控热相变复合材料。所研发的相变储能技术实现每条生产线年产 600t 工业化生产，开发的相变储能砖、供热系统成功应用于建筑节能、温室大棚、城市电力调峰及住房冬季煤改电锅炉工程[147]。

2. 在绿色设计领域

在绿色设计方面，许多学者在绿色设计理论与方法、支持工具开发和实践运用等方面开展了深入的研究。2006 年，合肥工业大学黄海鸿等[148]以成本和环境影响作为绿色设计中材料选择的重要决策因素，分析了绿色设计中材料选择问题的决策目标与约束条件，建立了以生产成本与产品生命周期环境影响为目标变量，以定量的物理性能属性、回收性能及定性属性为约束条件的多目标决策模型，为产品的绿色性能评价奠定了基础。2011 年，刘芳等[149]论述了将空间位置数据引入 LCA 的必要性与可能性，提出了全新的产品材料管理信息系统功能结构与数据库框架，对产品材料数据库进行了完善，对 LCA 方法进行了改进；2012 年，江擒虎等[150]提出了 AHP-QFD 综合设计方法，将层次分析法（AHP）引入 QFD 应用过程中以弥补 QFD 方法需求变换中的主观片面性，对需求进行分析并得到不同需求的重要度，进而进行优化设计。2016 年，刘江南等[151]提出了一种面向产品创新及生态性改进的设计方法，提高了创新设计的效率，改善了产品的生态性能。2017 年，张城等[152]基于模糊评价、模糊集合等相关理论，建立了绿色设计的零部件可优化集，并进一步采用模糊聚类的方法，研究了可优化集合中零部件间的环境相似关系，实现了环境性能优化潜力相似零部件子集的快速提取，设计研发人员可以对零部件子集内的环境相关零部件进行统一的绿色设计优化，从而有效缩短绿色产品的研发周期，提高产品绿色设计的成功率。

在绿色设计支持工具方面，2012 年，刘志峰等[153]提出了一种基于 TRIZ 与实例推理的绿色创新方法，构建了绿色设计实例库，实现了案例检索，提高了绿色产品创新效率。2012 年,刘征等[154]提出了一种集成 TRIZ 与案例库和专利库的生态设计方法,建立生态效率要素与 TRIZ 的工程参数关联表,提高了绿色创新效率。

在绿色设计的实践运用方面,2011 年,姚亚平等[155]针对加工工艺参数及工艺输出指标因素间的关联性,建立机电产品在 LCA 下工艺参数化模型和量化方法,用 GBP 算法遴选优化方案,实现绿色加工工艺过程,从集成角度深入分析了系统功能之间的联系以及工艺过程参数的多目标性进而开发了原型系统。2012 年,林晓华等[156]将 QFD 引入项目网络规划中产品开发方案的时间、成本、质量的不确定优化问题,通过构建基于关键路线的项目周期优化模型、基于资源使用的项目周期-成本优化模型和基于质量功能展开(QFD)的产品周期-质量优化模型,建立了项目周期-成本-质量多目标优化模型,采用模糊模拟技术处理,得到适应度函数后用离散微粒群求解。2015 年,陈效儒等[157]采用本土化环境评价指标,提出了以零部件生命周期评价为技术主线的绿色制造模式,并以汽车座椅轻量化为例,从原材料获取、制造装配、使用维护直到废弃再生的各个生命周期阶段加以说明,指导产品绿色制造和生态设计。2017 年王宇等[158]从环境影响、航空公司运营、乘客体验多个角度,基于多学科分析框架,提出综合研究机翼参数和飞行条件对进场噪声、起降循环期间污染气体排放量、温室气体总排放量、直接运营成本和航时等性能的影响。

在绿色设计实践中,由于我国企业技术水平和发展阶段的限制,绿色设计的大规模运用还没有出现。目前,绿色设计只是在一些大型制造企业中得到了一定的运用,中小型企业的绿色设计基本上还是空白。

3. 在绿色工艺领域

我国的绿色工艺研究与应用起步相对较晚,但近几年发展比较快,特别是通过国家"十一五"科技计划项目的支持,在绿色工艺和绿色装备研究领域取得了显著的进步,而且在模具制造、汽车工业、航空航天等领域应用效果明显。2005 年,合肥工业大学刘志峰等编著的《干切削加工技术及应用》一书中全系统论述了干切削加工的实施条件、刀具材料及涂层选择、刀具结构设计、干切削加工机床及工艺装备等,并给出了干切削技术的许多典型应用案例[159]。

2007 年,何彦等[160]对面向绿色制造的机械加工系统任务优化调度问题进行研究,构建了其框图模型及数学模型,对调度问题的整个优化调度过程及所涉及的各种要素之间关系进行描述。结合机械加工系统的资源消耗和环境影响特性,建立了模型的目标体系,该体系包括优化调度问题所涉及的各个子目标,并对子目标的内容进行了描述。2009 年,李先广等[161]通过分析传统齿轮加工机床技术特征及其资源环境影响状况,提出了齿轮加工机床的绿色设计和制造技术框架,对干式切削技术、少无切屑加工技术、数控化技术、模块化及结构优化设计技术、再制造重用等技术及策略进行了详细论述分析,指出齿轮高速干式切削技术及成套装备的开发是未来绿色齿轮加工机床发展的重点领域及主要趋势。

2013年,伍晓榕等[162]通过构建绿色制造过程灰色模型,将工艺参数优化过程转化为多属性目标决策过程。运用模糊集理论对绿色制造评估专家不确定、不准确的模糊知识进行处理,提出了采用决策试验与评价实验方法建立绿色工艺评估指标的直接影响关联矩阵和综合影响矩阵,进而分析绿色工艺评估指标间的关联性,并依据影响程度进行权重大小分配,确定最优绿色工艺参数的调控优先次序。2015年,王自立等[163]为了进一步提高产品加工过程的绿色工艺性能,提出了一种基于耦合推广正交算法的工艺参数优选方法。利用正交实验在解决单目标优化问题中的优势,提出基于工艺参数耦合强度关系的推广正交算法,以实现多绿色性能指标优化。将该方法运用到注塑加工工艺参数设计中,选择面向绿色性能指标的注塑加工工艺参数,建立注塑加工绿色工艺模型。

2014年,路少磊等[164]以汽车门铰链冲压模具为研究对象,阐述了在汽车门铰链模具的模具设计、加工工艺、运输包装、回收与处理4个方面,冲压模具CAD/CAM绿色制造技术相较于传统模具设计与制造技术所具有的特点与优势。汽车门铰链模具CAD/CAM绿色制造技术以汽车门铰链模具结构标准化方式实现汽车门铰链模具的绿色设计,以CAD/CAM一体化制造技术完成汽车门铰链模具零部件的绿色加工,以分类拆卸、二次利用的方式实现汽车门铰链模具的回收与处理,最终实现冲压模具的绿色设计与制造工艺过程。

国际汽车涂装研讨会(SURCAR)每两年举办一次,在其2016年度举行的行业创新表彰大会上,奇瑞汽车凭借先进的"涂装高固工艺"改造项目从众多提案中脱颖而出,获得了国际汽车涂装研讨会"Environmental Footprint"(环境足迹)奖。高固工艺综合改造项目对奇瑞和整个涂装行业是一个极大的挑战,奇瑞"3C2B高固工艺"改造的成功,不但在行业内掀起了巨大的波澜,还得到环保部、财政部和工信部的关注[165]。

2016年10月,上海森林工业企业UPM芬欧汇川集团(UPM-Kymmene Corporation)出席了在常熟举办的中国版协出版材料工作委员会年会,会议上展示了其国际先进的可持续发展理念、环保生产工艺以及优质的造纸设备。UPM坚持采取负责任的采购方式及可持续的森林管理方式,所采用的原材料全部来自可持续发展的森林,应用高效的生产技术和工艺,不仅生产的纸张品质稳定,更在产品生命周期内使各个运营环节对生态环境的影响最小,包括在过去十年间已实现每吨纸的水耗降低60%,能耗降低25%,废弃物填埋降低60%,废水中排放的化学需氧量(COD)降低75%,二氧化硫排放降低90%的优秀成绩[166]。

2018年,石博等[167]对家电制造业绿色工艺创新发展现状进行了分析,构建了家电制造业绿色工艺创新生态位态势评价指标体系。通过构建创新路径选择矩阵模型,确定了家电制造业绿色工艺创新的路径。

4. 在绿色供应链领域

我国对绿色供应链管理的研究起步于2000年前后。绿色供应链是一种在整个供应链中综合考虑环境影响和资源效率的现代管理模式，它以绿色制造理论和供应链管理技术为基础，涉及供应商、生产厂、销售商和用户，其目的是使产品从物料获取、加工、包装、仓储、运输、使用到报废处理的整个过程中对环境的影响（负作用）最小，资源效率最高[168]。绿色供应链的内容涉及供应链的各个环节，其主要内容有绿色采购、绿色生产、绿色销售、绿色消费、绿色回收等。

关于绿色供应链的研究大多集中于绿色供应链理论的发展、内涵、特征、战略模式和结构体系等方面。2003年，汪应络等[169]认为，绿色供应链管理就是从系统的观点与集成的思想出发，解决制造业与环境之间的冲突。2004年，王淑旺等[170]基于生命周期理论和移动Agent的思想，在网络平台上构建绿色供应链，并分析了绿色供应链的运作过程。2006年，王能民[171]研究了绿色供应链的合作机制，认为绿色供应链运作的基础是各成员之间的合作，并从三个层次分析了绿色供应链各成员之间的协调机制。2007年，刘志峰等[172]利用模糊综合评价法结合层次分析法，建立了一套由业绩评价、产品和服务评价、环境指标三个一级指标构成的绿色供应商评价体系。2009年，岳文辉等[173]建立了面向绿色制造工艺种类选择的多目标决策数学模型，并应用模糊加权方法对模型进行求解。2012年，周荣喜等[174]基于绿色供应链理念，提出了化工行业绿色供应商选择的特色指标，构建了化工行业绿色供应商选择的ANP-RBF神经网络模型。2013年，颜波等[175]运用DEA方法的C2R模型以及在C2R模型基础上改进建立起来的超效率DEA模型，对绿色供应链环境下的供应商进行客观的定量评价。2015年，郭彬等[176]应用ANP-TOPSIS方法，同时借助Super Decision软件以及MATLAB软件进行计算，评选出合适的供应商，为绿色供应链视角下核心企业供应商的选择提供了一种科学有效的方法。2016年，张娟[177]基于模糊数学方法对网络DEA模型进行改进，能够规避传统DEA模型中双重角色因素的影响及不同投入指标必须无量纲化的问题，从而提高了绿色供应链评价结果的准确性及便捷性。2018年，温兴琦等[178]考虑消费者绿色偏好，构建了基于3种政府补贴策略的绿色供应链成员之间Stackelberg博弈模型，通过理论证明和数值仿真，比较分析了在相同的政府补贴支出条件下不同补贴策略的补贴效果。

5. 在再制造领域

目前，国内对再制造的研究方向集中在以下几个方面：

(1) 再制造机械装备可靠性研究。机械装备可靠性是指机械装备在规定的条件下和规定的时间内，完成规定功能的能力。再制造机械装备由再制造件和新件组成，因此其可靠性涉及再设计、再制造、再装配、调试与试验等多个环节。再制造机械装备可靠性研究包括机械装备失效分析及可靠性设计、机械装备再制造过程可靠性、再制造机械装备服役可靠性三个方面[179]。

(2) 再制造零部件质量保证技术体系研究。再制造产品不是新品，但也不属于二手产品，再制造产品的质量和性能达到甚至超过新品零部件，这是对再制造零部件质量的根本要求。为保证再制造零部件质量,需要重点关注包括再制造毛坯质量评价、再制造生产过程监测、再制造零部件/涂层质量检验等。再制造零部件质量保证技术体系包括两个部分:再制造质量保证技术手段和再制造标准[180]。

(3) 高端机械装备再制造无损检测研究。根据检测方式可分为表面检测、表面/近表面检测、表面/内部检测、内部检测。表面/近表面检测包括磁粉检测、涡流检测、红外检测。表面/内部检测主要包括声发射检测、射线检测。目前无损检测研究热点集中在非线性超声检测、远场涡流、激光超声、金属磁记忆检测[181]。

(4) 再制造成形技术研究。再制造成形技术是以废旧机械零部件为对象,恢复废旧零部件原始尺寸且恢复甚至提升其服役性能的材料成形技术手段的统称,这也是再制造工程的核心。废旧零部件再制造成形主要包含两方面内容:恢复废旧零部件失效部位的原始尺寸和恢复甚至提升废旧零部件的性能。再制造成形技术途径包括尺寸恢复法再制造成形技术、尺寸恢复与机械加工融合的再制造成形技术。其中在尺寸恢复法再制造成形技术领域包括三维体积损伤机械零部件的再制造成形技术,自动化/智能化再制造成形技术,再制造成形新材料、现场快速再制造成形技术[182]。

随着新一代人工智能技术的发展及广泛应用,再制造逐渐向高端化、智能化方向发展。2017 年,工信部印发的《高端智能再制造行动计划(2018—2020 年)》指出,要加快发展高端再制造、智能再制造,进一步提升机电产品再制造技术管理水平和产业发展质量,推动形成绿色发展方式,实现绿色增长。2018 年 10 月,徐滨士院士在《中国表面工程》期刊上发表了题为《中国智能再制造的现状与发展》的学术文章,文章以我国再制造发展过程的自动化产业升级为原点,从再制造产业体系及行业关键技术体系相结合的角度,系统阐述了发展智能再制造的必要性、必然性和紧迫性,梳理了智能再制造的实现方式、技术体系以及发展目标,总结了智能再制造的总体框架和技术路线,提出了目前智能再制造发展所需解决的关键问题,并对智能再制造体系的建立及未来总体技术发展提出了展望[183]。

6. 在再资源化领域

2005—2006 年,清华大学制造技术研究所的段广洪等提出了我国废弃电子产品拆卸和再资源化的策略,针对废弃电子产品拆卸过程规划问题,研究了拆卸序列规划的数学模型定义及其建模方法,选择带元器件的电路板作为研究对象,建立了贴装元器件和插装元器件的分解力学模型,通过对带元器件电路板的拆卸工艺进行比较,提出了拆卸工艺流程和工艺模块,在此基础上,分析了废弃电路板再资源化技术,并改进了粉碎和分离过程,回收的电路板非金属粉末可以重复利用,提高了再资源化率。他们还设计制作了用于拆卸工艺试验的实验设备,进行了电子元器件拆卸工艺的试验研究,从技术、经济和环境等角度分析比较了两种不同的加热方式,并进行了工艺方案的改进和优化[184-188]。

2006—2008 年,合肥工业大学刘志峰等在总结废弃印刷电路板回收工艺及方法的基础上，提出了一种环境友好的超临界流体技术回收废弃印刷电路板的工艺及方法，并对反应过程的基本原理、回收工艺过程模型建立及参数优化、回收工艺综合性能评价等进行了系统研究和深入分析[189-195]。

2008—2010年，上海大学陈晋阳等选取尼龙6、PET以及环氧树脂作为研究对象，进行了高温水热条件下的降解与再资源化研究。采用热液对顶砧压腔装置，原位观测了尼龙6和PET水热条件下相变过程，它们随着温度的升高，先熔化后逐渐溶解分散于高温高压水中，随后发生降解反应。为改善降解反应，引入环境友好的磷钨杂多酸作为催化剂，采用水热高压釜研究了水热降解的影响因素，得出了优化的水热降解参数[196-199]。

2010—2012年，合肥工业大学刘志峰等分析了废旧热固性塑料的机械物理法粉碎、再生、混合和成形的回收全过程，研究了在机械力和热综合作用下的再生机理及机械力化学效应，从能量转换和机械力活化角度，建立了机械物理法再生过程的理论模型。通过理论分析与试验相结合，提出了优化的再生方法和再资源化工艺流程，讨论了再资源化试验系统的组成及功能要求，设计和制造了专用的热固性塑料再生试验设备，通过对机械结构的计算机数值模拟与分析，优化了工艺参数及再生效果[200-206]。

2014—2016年，合肥工业大学黄海鸿等研究了超临界流体回收高性能纤维增强树脂基复合材料的技术、工艺与装备，探讨了树脂基体材料在超临界流体中的分解、溶解与扩散规律，建立了纤维性能变化、树脂基体溶解及分解过程与工艺参数间的量化关系，并开展了高性能纤维与树脂基体材料的再资源化研究，建立了复合材料高价值再利用综合回收体系[207,208]。

我国企业在绿色制造技术研发、绿色产品开发等方面也做了大量工作，特别是一些外向型企业、大型企业起到了表率作用。海尔以“绿色生活”为理念，致力于打造“绿色生活圈”，全面实施“绿色产品、绿色企业、绿色文化”的可持续发展战略，将绿色理念深入到企业发展战略和企业文化中，为全球消费者提供领先的绿色智能生活解决方案。此外，通过“绿色设计，绿色制造，绿色经营，绿色回收”，绿色4G发展战略创造性地将产品的设计、制造、经营、回收结合成为完整的循环产业链，每个运营环节都始终贯彻低碳节能原则，不断促进社会的可持续发展。2006年，海尔在国内大企业中率先发布了《2005年海尔环境报告书》，详细公布了海尔的环境信息，将企业在生产办公过程中固态废弃物排放量、有毒有害化学物质使用量等环境信息，系统、透明、真实地传达给公众。海尔对所有家电产品进行全生命周期中的绿色特性分析，重点研发产品的模块化、可拆解，材料的可循环利用及节能、降噪等绿色设计中的关键技术，使海尔产品生命周期的绿色管理达到国际先进水平。依托海尔集团的国家级静脉产业类生态工业园，完善回收体系，多渠道回收废弃家电，以手工拆卸与机械分选相结合的废旧家电处理体系，实现产品的绿色回收，材料的资源化再利用。严格按照国家相关环保法律法规的要求开展生产、经营活动；

坚持绿色和环保的经营理念，并将其融入产品的市场调研、设计、制造、消费、回收及资源化利用过程的每一个环节。

美菱作为中国重要的家电制造商之一，始终坚持让顾客满意，重视劳动安全，保护人类环境的创新持续发展的管理方针。30 多年来，美菱将节能环保理念渗透到了每个企业员工的心中和产品制造的整个过程中。在节能环保领域，美菱已获得包括“2014 年度环境保护工作先进单位”等多项荣誉。此外，美菱连续多年入围中国家电“能效之星”榜单，产品在能效水平、节能经济、环境友好等方面受到了广大群众的高度认可。

长安汽车建成了涵盖振动噪声、碰撞安全、制动性能、底盘试验、驱动系统等 16 个领域的国际先进实验室，其中汽车噪声振动和安全技术实验室为国家重点实验室。对汽车整车某产品的碳足迹研究后发现，汽车在使用过程中碳排放量最大；而在制造过程中，原材料生产过程的碳足迹最多，冲压、焊接和注塑等生产过程的能源消耗次之。长安汽车据此推出了降低碳排放、实现产品全生命周期生态设计的诸多措施，包括降低产品油耗，结构拓扑优化，减少产品的原材料使用(包括选择更低碳的生产材料)，优化制造过程中冲压、焊接和注塑等工艺流程，以达到节约生产能耗的目的。

联想的环保意识产品计划，规定在可行情况下必须使用环保材料，最大限度地减少产品对环境的影响，要求供应商遵循设计要求，借以减少或消除潜在的健康危害。联想在高效节能产品、环保材料应用和绿色包装方面居于行业领先地位。联想提供了多种创新工具，可用于控制计算机功耗、测算能源节约量和报告建筑设备及 IT 设备的节能性能。

徐工集团“绿色环保”产品设计理念贯穿于整个产品研发过程。在产品研发之初，就充分考虑产品质量、寿命和功能以及环境的关系，在设计过程中改进产品功能，实现优化设计。不断创新绿色再制造技术，以优质、高效、节能、节材、环保为目标，用先进再制造技术和产业化生产来修复、改造即将淘汰的产品。徐工研究院以集团发展理念为导向，充分聚焦节能、资源利用最大化、环保的再制造技术，不断开拓集先进高能束技术、先进数控和计算机技术、先进材料技术为一体的综合性技术，建立工程机械再制造体系。

东风汽车公司是国内最早涉足新能源汽车领域的企业，在“九五”时期便成为行业先行者，并于 1999 年研发出国内第一台纯电动轿车，2001 年建立国内第一家电动车公司，生产出第一台燃料电池中巴。作为中央骨干企业之一，东风高度重视履行社会责任，积极寻求降低工厂碳排放、创新实现碳平衡的路径。一方面，通过提升技术水平和能效管理水平来降低能耗和减少碳排放；另一方面，通过种植固碳生态林和碳平衡基地，植树固碳冲抵工厂碳排放，实现碳平衡。目前，东风公司已策划编制“绿色东风 2020”行动方案，在准确把握东风公司内外部环境的基础上，充分利用内外部资源，构建“1＋3”绿色管理体系，即“绿色价值链架构”和“绿色产品、绿色供应链和绿色工厂方案”，形成了具有竞争力的全价值链“绿色东风2020”行动方案，对东风公司节能环保“十三五”规划形成强力支撑的同时，为东风公司推动绿色持续发展奠定基础。

参考文献

[1] 华经情报网. 2019年中国制造业行业运行报告及前景分析[EB/OL]. https://www.huaon.com/story/497440.

[2] 吕贻峰. 国土资源学[M]. 武汉：中国地质大学出版社，2001.

[3] 逄珊. 几种能源的可采储量[J]. 世界知识，1980(19)：19.

[4] 陶莉莉. 中国制造业的绿色供应链管理研究[D]. 北京：对外经济贸易大学，2006.

[5] 王静，宾鸿赞. 加工过程的废弃物危害性分析及对策[J]. 机械工程师，2000，8：5-7.

[6] 2017年中国工业固体废物行业发展概况分析[EB/OL]. http://huanbao.bjx.com.cn/news/20180124/876257.shtml.

[7] 骆华，费方域. 英国和美国发展低碳经济的策略及其启示[J]. 软科学，2011，25(11)：85-88.

[8] WAXMAN R H A，MARKEY R E J. American clean energy and security act of 2009[J]. Washington：US House of Representatives，2009.

[9] HOLDREN J，POWER T，TASSEY G，et al. A National strategic plan for advanced manufacturing [R]. US National Science and Technology Council，Washington，DC，2012.

[10] S. C. of the A. M. P. 2.0. (AMP2.0). Report to the president：accelerating U. S. advanced manufacturing[R]. 2014.

[11] 美国加州2050年温室气体排放将比1990年降低80%[EB/OL]. http://www.tanpaifang.com/jienenjianpai/2019/1124/66457.html.

[12] 周宇，孙晓霞. 浅析美国绿色产业发展政策[J]. 现代经济信息，2016 (14)：346.

[13] 唐甜. 欧盟气候与能源政策研究[D]. 长春：吉林大学，2016.

[14] DIRECTIVE E. Establishing a framework for the setting of ecodesign requirements for energy-related products[R]. 2009.

[15] European Commission (EC). Europe 2020：a strategy for smart，sustainable and inclusive growth[R]. COM (2010) 2020 final，Brussels，March 3，2010.

[16] 张志勤. 欧盟绿色经济的发展现状及前景分析[J]. 全球科技经济瞭望，2013 (1)：50-57.

[17] Eco-innovation Action Plan[R]. Brussels：European Commission，2011.

[18] DIRECTIVE E. Directive 2012/19/EU of the European Parliament and of the Council of 4 July 2012 on waste electrical and electronic equipment，WEEE [J]. Official Journal of the European Union Legislation，2012，197：38-71.

[19] 2030年能效目标32.5% 欧盟清洁能源关键指标谈判结束[EB/OL]. http://www.sohu.com/a/237871358_418320.

[20] 邹鲁民. 可持续发展的必由之路——绿色制造[C]//2010全国机械装备先进制造技术(广州)高峰论坛论文汇编，2010.

[21] 张斌. 德国《可再生能源法》2014年最新改革解析及启示[J]. 中外能源，2014，9：34-39.

[22] 英国公布能源法案推行“低碳经济”发展[EB/OL]. https://news.smm.cn/news/3295575.

[23] 陈志恒. 日本低碳经济战略简析[J]. 日本学刊,2010,4: 53-66.
[24] 庄玉友. 日本《低碳投资促进法》述评[J]. 聊城大学学报(社会科学版),2011,2: 14-17.
[25] 日本: 2030 年清洁能源发电目标再提高[EB/OL]. https://www. xianjichina. com/special/detail_341922. html.
[26] 吴可亮. 简析韩国"低碳绿色增长"经济振兴战略及其启示[J]. 经济视角,2010,12 下: 97-99.
[27] 许昕. 基于韩国经济的低碳绿色发展研究[J]. 商,2015,49: 282.
[28] 韩国治霾新政: 柴油车出局[EB/OL]. https://3w. huanqiu. com/a/de583b/7HG2USYMcKI? agt=11.
[29] 全国绿色制造技术标准化技术委员会,绿色制造产业技术创新战略联盟. 中国装备绿色制造标准化探索与实践[M]. 北京: 中国质检出版社,中国标准出版社,2016.
[30] 中华人民共和国环境保护法[M]. 北京: 法律出版社,2014.
[31] 包玉华,张丽影. 解读新《大气污染防治法》[J]. 北方经贸,2016 (1) : 68-71.
[32] 2018 年中国制造业发展路线: 加快从制造大国转向制造强国[EB/OL]. http://market. chinabaogao. com/jixie/0H0350c32018. html.
[33] 法国版《工业 4. 0》计划观察[EB/OL]. http://www. iot-online. com/art/2017/031454048. html.
[34] 英国工业 2050 计划[EB/OL]. http://www. mofcom. gov. cn/article/i/ck/201606/20160601330906. shtml.
[35] 英国储能市场与政策齐发力[EB/OL]. http://www. ne21. com/news/show-96708. html.
[36] 欧美六国绿色制造发展策略盘点[EB/OL]. http://ecep. ofweek. com/2016-07/ART-93000-8420-30009327. html.
[37] 宋健,王苗,杨杰. "工业 4. 0"综述[J]. 山东工业技术,2015(2): 288.
[38] 国务院. 循环经济发展战略及近期行动计划[R]. 2013.
[39] 国务院. 国务院关于印发《中国制造 2025》的通知[EB/OL]. http://www. gov. cn/zhengce/content/2015-05/19/content_9784. htm.
[40] 李键灵. 工信部印发《绿色制造 2016 专项行动实施方案》[J]. 建材发展导向,2016,12: 76.
[41] 崔燕. 绿色壁垒的破解之道——访中国国际贸易学会常务理事周世俭[J]. 中国船检,2009,12: 14-16.
[42] HUISMAN J, MAGALINI F, KUEHR R, et al. Review of directive 2002/96 on waste electrical and electronic equipment (WEEE) [J]. UNU, Bonn, 2008.
[43] 李聪波. 绿色制造运行模式及其实施方法研究[D]. 重庆: 重庆大学,2009.
[44] 柳彦君. 浅析我国绿色消费存在的问题及发展绿色消费的对策[J]. 商业研究,2005,2: 161-163.
[45] 徐莹,曹华军,刘飞. 面向绿色制造的工艺参数优化[J]. 工具技术,2001,35(4): 14-16.
[46] 刘光复,刘志峰,李钢. 绿色设计与绿色制造[M]. 北京: 机械工业出版社,1999.
[47] DUMBRAVA A, BERGER D, MATEI C, et al. Characterization and applications of a new composite material obtained by green synthesis, through deposition of zinc oxide onto calcium carbonate precipitated in green seaweeds extract[J]. Ceramics International, 2018, 44: 4931-4936.
[48] SPIRIDON I, DARIE-NITA R N, BELE A. New opportunities to valorize biomass wastes

into green materials. II. Behaviour to accelerated weathering[J]. Journal of Cleaner Production,2018,172: 2567-2575.

[49] 刘志峰.绿色设计方法、技术及其应用[M].北京:国防工业出版社,2008.

[50] DELICE E,GÜNGÖR Z. A mixed integer goal programming model for discrete values of design requirements in QFD[J]. International Journal of Production Research,2011,49(10): 2941-2957.

[51] WU C T,PAN T S,SHAO M H,et al. An extensive QFD and evaluation procedure for innovative design[J]. Mathematical Problems in Engineering,2013,2013(8): 1-7.

[52] DU Y,CAO H,CHEN X,et al. Reuse-oriented redesign method of used products based on axiomatic design theory and QFD[J]. Journal of Cleaner Production,2013,39(1): 79-86.

[53] ZAIM S,SEVKLI M,CAMGÖZ-AKDAĞ H,et al. Use of ANP weighted crisp and fuzzy QFD for product evelopment[J]. Expert Systems with Applications, 2014, 41(9): 4464-4474.

[54] JI P,JIN J,WANG T,et al. Quantification and integration of Kano's model into QFD for optimising product design[J]. International Journal of Production Research,2014,23(52): 973-992.

[55] JESWANI H K,AZAPAGIC A,SCHEPELMANN P,et al. Options for broadening and deepening the LCA approaches[J]. Journal of Cleaner Production,2010,18(2): 120-127.

[56] GUINEE J B,HEIJUNGS R,HUPPES G,et al. Life cycle assessment: past,present,and future[J]. Environmental science & technology,2010,45(1): 90-96.

[57] SU S,LI X D,ZHU Y M, et al. Dynamic LCA framework for environmental impact assessment of buildings[J]. Energy and Buildings,2017,149: 210-320.

[58] BUENO C,FABRICIO M M. Comparative analysis between a complete LCA study and results from a BIMLCA plug-in[J]. Automation in Construction,2018,90: 188-200.

[59] TRAPPEY A C,JERRY J R O U,LIN G P,et al. An eco-and inno-product design system applying integrated and intelligent qfde and triz methodology[J]. 系统科学与系统工程学报(英文版),2011,20(4): 443-459.

[60] CHEN J L,JIAO W S. TRIZ innovative design method for eco-leasing type product service systems [J]. Procedia Cirp,2014,15: 391-394.

[61] VIDAL R,SALMERON J L, MENA A, et al. Fuzzy cognitive map-based selection of TRIZ trends for eco-innovation of ceramic industry products[J]. Journal of Cleaner Production,2015,107: 202-214.

[62] VIDAL R,et al. Fuzzy Cognitive Map-based selection of TRIZ (Theory of Inventive Problem Solving) trends for eco-innovation of ceramic industry products[J]. Journal of Cleaner Production,2015,107: 202-214.

[63] CHERIFI A,DUBOIS M,GARDONI M,et al. Methodology for innovative eco-design based on TRIZ[J]. International Journal for Interactive Design & Manufacturing,2015,9(3): 1-9.

[64] FAYEMI P E,VITOUX C,SCHÖFER M,et al. Using TRIZ to combine advantages of different concepts in an eco-Design process[M]. Sustainable Design and Manufacturing 2016. Springer International Publishing,2016.

[65] 向东,段广洪,汪劲松,等.公理性设计在绿色工艺选择中的应用[J].中国机械工程,2000,11(9): 972-974.

[66] Fraunhofer Institute for Machine Tools and Forming Technology[EB/OL]. http://www.iwu.fraunhofer.de/en/about-Fraunhofer-IWU.html.

[67] 刘飞，徐宗俊，但斌. 机械加工系统能量特性及其应用[M]. 北京：机械工业出版社，1995.

[68] SHENG P, SRINIVASAN M. Hierarchical part planning strategy for environmentally conscious machining[J]. Annals of the CIRP, 1996, 45(1): 455-460.

[69] MUNOZ A, SHENG P. An analytical approach for determining the environmental impact of machining processes[J]. Journal of Materials Processing Technology, 1995, 53(3-4): 736-758.

[70] CHOI A C K, KAEBERNICK H. Manufacturing processes modeling for environmental impact assessment[J]. Journal of Materials Processing Technology, 1997, 70(1-3): 231-238.

[71] PARENT P, CATALDO S, ANNONI M. Shape deposition manufacturing of 316L parts via feedstock extrusion and green-state milling[J]. Manufacturing Letters, 2018, 18: 6-11.

[72] SINGH A, PHILIP D, RAMKUMAR J, et al. A simulation based approach to realize green factory from unit green manufacturing processes[J]. Journal of Cleaner Production, 2018, 182: 67-81.

[73] DINIZ A E, MICARONI R. Cutting conditions for finish turning process aiming: the use of dry cutting[J]. International Journal of Machine Tools & Manufacture, 2002(42): 899-904.

[74] YEO S H, NEO K G. Inclusion of environmental performance for decision making of welding processes[J]. Journal of Materials Processing Technology, 1998, 82: 78-88.

[75] 王西彬. 绿色切削加工技术的研究[J]. 机械工程学报，2000，36(8)：6-9.

[76] XIE J, LUO M J, WU K K. Experimental study on cutting temperature and cutting force in dry turning of titanium alloy using a non-coated micro-grooved tool[J]. International Journal of Machine Tools and Manufacture, 2013, 73: 25-26.

[77] WANG Z Y. Cryogenic machining of hard-to-cut materials [J]. Wear, 2000, 239(2): 168-175.

[78] LI K M, LIANG S Y. Modeling of cutting temperature in near dry machining[J]. Journal of Manufacturing Science and Engineering-Transactions of the Asme, 2006, 128(2): 416-424.

[79] 李新龙，何宁，李亮. 绿色切削中的 MQL 技术[J]. 航空精密制造技术，2005(2)：34-37+45.

[80] 刘飞，曹华军，张华. 绿色制造的理论与技术[M]. 北京：科学出版社，2005.

[81] COMMONER B. The closing circle: Nature, man, and technology[M]. New York: Knopf, 1971.

[82] MIN H, GALLE W P. Green purchasing strategies: trends and implications[J]. Journal of Supply Chain Management, 1997, 33(3): 10.

[83] BEAMON B M. Designing the green supply chain[J]. Logistics Information Management, 1999, 12(4): 332-342.

[84] ZSIDISIN G A, SIFERD S P. Environmental purchasing: a framework for theory development[J]. European Journal of Purchasing & Supply Management, 2001, 7(1): 61-73.

[85] SONESSON U, BERLIN J. Environmental impact of future milk supply chains in

Sweden: a scenario study[J]. Journal of Cleaner Production,2003,11(3): 253-266.

[86] RAO P,HOLT D. Do green supply chain lead to competitiveness economic performance [J]. International Journal of Operations & Production Management,2005(9): 898-916.

[87] VACHON S,KLASSEN R D. Extending green practicesacross the supply chain [J]. International Journal of Operations Production Management,2006(7): 795-821.

[88] WALKER H,SISTO L,MEBAIN D. Drivers management practices: lessonsfrom barriers public environmental supply chain private sectors [J]. Journal of Purchasing and Supply Management,2008,14(1): 69-85.

[89] LAI K H,CHENG T C E. Just-in-time logistics [M]. England: GowerPublishing, 2009: 190.

[90] SHANG,LU C S,LI S. A taxonomy of green supply chain management capability among electronics-related manufacturing firms in Taiwan [J]. Journal of Environmental Management,2010,(5): 1218-1226.

[91] ABDALLAH T,FARHAT A,DIABAT A,et al. Green supply chains with carbon trading and environmental sourcing: formulation and life cycle assessment [J]. Applied Mathematical Modelling,2011(11): 28.

[92] GIOVANNI P D, VINZI V. Covariance versuscomponent-based estimations of performance in green management[J]. International Journal of Production Economics, 2012,2(135): 907-916.

[93] ZAID A A,JAARON A A,BON A T. The impact of green human resource management and green supply chain management practices on sustainable performance: An empirical study[J]. Journal of Cleaner Production,2018,204: 965-979.

[94] FOO P,LEE V,TAN G W H,et al. A gateway to realising sustainability performance via green supply chain management practices: A PLS-ANN approach[J]. Expert Systems with Applications,2018,107: 1-14.

[95] 徐滨士. 中国再制造工程及其进展[J]. 中国表面工程,2010,23(2): 1-6.

[96] 丁吉林. 再制造发展空间巨大[EB/OL]. http://news. hexun. com/2014-07-09/166463147. html.

[97] 卡特彼勒. 卡特彼勒再制造[EB/OL]. https://www. cat. com/zh_CN/parts/reman. html.

[98] 孙刚. 中国再制造产业的发展历程[J]. 工程机械与维修,2009(3): 60-60.

[99] 丁吉林. 聚焦再制造在中国的发展潜力及前景展望[J]. 资源再生,2015(3): 13-16.

[100] 孙博为. 再制造——潜在的巨人[J]. 工程机械,2010(12): 86-90.

[101] 本刊综合. 我国再制造发展大事记(1999—2014)[J]. 表面工程与再制造,2015,15(2): 70-72.

[102] 韩增玉,张德华,王晋虎,等. 电子废弃物回收处理技术现状[J]. 广州环境科学,2009, 24(3): 31-34.

[103] LI J,XU Z M,ZHOU Y H. Application of corona discharge and electrostatic force to separate metals and nonmetals from crushed particles of waste printed circuit boards [J]. Journal of Electrostatics,2007,65(4): 233-238.

[104] LI J,LU H,GUO J,et al. Recycle technology for recovering resources and products from waste printedcircuit boards [J]. Environmental Science & Technology, 2007, 41 (6): 1995-2000.

[105] YOO J M,JEONG J,YOO K,et al. Enrichment of the metalliccomponents from waste printed circuit boards by amechanical separation process using a stamp mill[J]. Waste Management,2009,29(3): 1132-1137.

[106] ZHOU Y,QIU K. A new technology for recycling materialsfrom waste printed circuit boards[J]. Journal of Hazardous Materials,2010,175(1): 823-828.

[107] FLANDINET L,TEDJAR F,GHETTA V,et al. Metals recovering from waste printed circuit boards (WPCBs) using molten salts[J]. Journal of Hazardous Materials,2012,213: 485-490.

[108] XIU F R. QI Y,ZHANG F S. Recovery of metals from waste printed circuit boards by supercritical water pre-treatment combined with acid leaching process [J]. Waste Management,2013,33: 1251-1257.

[109] MCCONNELL V P. Launching the carbon fibre recycling industry [J]. Reinforced Plastics,2010,54: 33-37.

[110] YILDIRIR E,et al. Recovery of carbon bres and productionof high quality fuel gas from the chemical recycling of carbon bre reinforced plastic wastes [J]. The Journal of Supercritical Fluids,2014,92: 107-114.

[111] TERAKADO O,IWAKI D,MURAYAMA K,et al. Indium recovery from indium tin oxide,ITO,thin film deposited on glass plate by chlorination treatment with ammonium chloride[J]. Materials Transactions. 2011,52 (8): 1655-1660.

[112] SATOSHI I,KATSUYA M. Recoveries of metallic indium and tin from ITO by means ofpyrometallurgy[J]. High Temperature Materials and Processes,2011,30: 317-322.

[113] Consortium on Green Design and Manufacturing [EB/OL]. http://cgdm. berkeley. edu/.

[114] Environmentally Benign Manufacturing [EB/OL]. http://web. mit. edu/ebm/www/index. html.

[115] Green Design Institute[EB/OL]. http://www. ce. cmu. edu/Green Design/.

[116] SUTHERLAND,J W,GUNTER K L,et al. Environmentally benign manufacturing: status and vision for the future[J]. Transactions of NAMRI/SME,2003,31: 345-352.

[117] Center for Industrial Ecology [EB/OL]. http://www. yale. edu/cie/index. html.

[118] ECDM lab[EB/OL]. http://pdomain. uwindsor. ca/archives/ecdm. html.

[119] 刘飞,张华,岳红辉. 绿色制造——现代制造业的可持续发展模式[J]. 中国机械工程,1998,9(6): 76-78.

[120] 刘志峰,刘光复. 绿色设计[M]. 北京: 机械工业出版社,1999.

[121] 清华至卓绿色制造研发中心[EB/OL]. http://www. pim. tsinghua. edu. cn/me/zhizhuo/.

[122] 周文泳,胡雯,陈康辉,等. 低碳背景下制造业商业模式创新策略研究——以卡特彼勒公司为例[J]. 管理评论,2012,24(11): 20-27.

[123] 左铁钏,陈虹. 21 世纪的绿色制造——激光制造技术及应用[J]. 机械工程学报,2009,45(10): 106-110.

[124] 英国电信集团如何创建绿色供应链 [EB/OL]. http://www. tanpaifang. com/ditanhuanbao/2014/0628/34321. html.

[125] 向永华,徐滨士. 再制造典型案例研究——复印机再制造[J]. 新技术新工艺,2004(9): 23-24.

[126] 国务院.国务院关于加快发展循环经济的若干意见(国发[2005]22号)[J].中国城市环境卫生,2006(1):1-4.

[127] 国务院发布《国家中长期科学和技术发展规划纲要(2006—2020年)》[J].北京大学学报(自然科学版),2006(3):145.

[128] 中华人民共和国循环经济促进法[EB/OL]. http://www.npc.gov.cn/npc/c12435/201811/cd94d916c06b4d2ab57ed5e97c46318d.shtml.

[129] 中华人民共和国国民经济和社会发展第十二个五年规划纲要[N].领导决策信息,2011(12):4.

[130] 科技部.国家"十二五"科学和技术发展规划[R].国科发计〔2011〕,2011 (270).

[131] 科技部.绿色制造科技发展"十二五"专项规划[R].2012.

[132] 再制造产品"以旧换再"试点启动[N].中国资源综合利用,2014(9):33.

[133] 王晔君,刘玉非飞.工信部:将创建生态设计示范企业[N].北京商报,2014-06-13(002).

[134] 新华社.国务院印发《中国制造2025》[N].造纸信息,2015(8):6.

[135] 伍安国.《生态文明体制改革总体方案》即将出台[N].纸和造纸,2015(10):51.

[136] 何可.审议《绿色产品标准、认证、标识整合方案》等内容[N].中国质量报.2016-07-22(001).

[137] 华晔迪.工信部:绿色制造工程实施方案将于近期出台[N].中国产业经济动态,2015(23):29-30.

[138] 习近平.决胜全面建成小康社会夺取新时代中国特色社会主义伟大胜利[M].北京:人民出版社,2017.

[139] 唐爱民,张宏伟,陈港,等.磁性纳米复合纤维及磁性纸的制备与性能[J].华南理工大学学报(自然科学版),2009(3):75-80.

[140] 唐爱民,王鑫,陈港,等.天然木棉纤维/磁性纳米粒子原位复合反应特性研究[J].材料工程,2008(10):87-91.

[141] 陈港,刘映尧,张宏伟,等.特种染料在防伪纸中的应用试验[J].中国纸业,2006(10):67-70.

[142] WEI H, XIAN W M, QUAN L, et al. Self-assembly hollow nanosphere for enzyme encapsulation[J]. Soft Matter,2010,6:1405-1408.

[143] HA W, MENG X W, LI Q, et al. Encapsulation studies and selective membrane permeability properties of self-assembly hollow nanospheres[J]. Soft Matter,2011,7:1018-1024.

[144] FAN M M, ZHANG X, LI B J, et al. Supramolecular assembly of cyclodextrin-based nanospheres for gene delivery[J]. Journal of Controlled Release,2011,152:141-142.

[145] WANG R, XIA B, LI B J, et al. Semi-permeable nanocapsules of konjac glucomannan-chitosan for enzyme immobilization[J]. International Journal of Pharmaceutics,2008,364:102-107.

[146] 高学顺,陈江,陈学玺.一种副产磷石膏晶须的湿法磷酸新工艺[J].无机盐工业,2011,40(10):51-53.

[147] 北京大学相变储能复合材料研究取得新进展[EB/OL]. http://www.escn.com.cn/news/show-88244.html.

[148] 黄海鸿,刘光复,刘志峰.绿色设计中的材料选择多目标决策[J].机械工程学报,2006,41(8):131-136.

[149] 刘芳,施进发,陆长德.基于GIS面向LCA的产品材料信息管理系统建构[J].南京航空航天大学学报,2011,43(1):91-94.

[150] 江擒虎，胡文超，年陈陈. AHP-QFD综合模式在行星齿轮减速器多目标优化设计中的应用[J]. 合肥工业大学学报(自然科学版)，2012，35(10)：1306-1310.
[151] 刘江南，姜光，卢伟健，等. TRIZ工具集用于驱动产品创新及生态设计方法研究[J]. 机械工程学报，2016，52(5)：12-21.
[152] 张城，刘志峰，杨凯，等. 产品环境性能优化潜力识别方法[J]. 机械工程学报，2017，53(7)：145-153.
[153] 刘志峰，高洋，胡迪，等. 基于TRIZ与实例推理原理的产品绿色创新设计方法[J]. 中国机械工程，2012，23(9).
[154] 刘征，潘凯，顾新建. 集成TRIZ的产品生态设计方法研究[J]. 机械工程学报，2012，48(11)：72-77.
[155] 姚亚平. 杨玉霞，孙海燕，等. 面向LCA机电产品绿色工艺体系的研究[J]. 机械设计与制造，2011(5)：257-259.
[156] 林晓华，冯毅雄，谭建荣，等. 产品开发方案优化的模糊机会约束规划模型及求解[J]. 计算机辅助设计与图形学学报，2012，24(11)：1385-1393.
[157] 陈效儒，李响，董海波，等. 基于生命周期评价的汽车零部件绿色制造[J]. 环境工程，2005(12)：116-120，146.
[158] 王宇，邓海强，杨振博，等. 面向绿色航空的客机机翼外形和飞行条件设计[J]. 中国机械工程，2017，28(15)：1870-1878.
[159] 刘志峰，张崇高，任家隆. 干切削加工技术及应用[M]. 北京：机械工业出版社，2005.
[160] 何彦，刘飞，曹华军. 面向绿色制造的机械加工系统任务优化调度模型[J]. 机械工程学报，2007(4)：27-33.
[161] 李先广，刘飞，曹华军. 齿轮加工机床的绿色设计与制造技术[J]. 机械工程学报，2009，45(11)：140-145.
[162] 伍晓榕，张树有，裘乐淼. 面向绿色制造的加工工艺参数决策方法及应用[J]. 机械工程学报，2013，49(7)：91-100.
[163] 王自立，张树有. 面向绿色注塑加工的工艺耦合参数设计优选方法[J]. 计算机集成制造系统，2015，21(9)：2322-2331.
[164] 路少磊，毕大森. 汽车门铰链冲压模具CAD/CAM绿色制造技术应用[J]. 锻压技术，2014，39(8)：86-91.
[165] 绿色科技：奇瑞先进涂装工艺获国际认可[EB/OL]. https://www.sohu.com/a/116142058_128511.
[166] UPM以可持续绿色造纸工艺助力出版行业升级[N]. 齐鲁晚报，2016-10-18.
[167] 石博，田红娜. 基于生态位态势的家电制造业绿色工艺创新路径选择研究[J]. 管理评论，2018，30(2)：83-93.
[168] 但斌，刘飞. 绿色供应链及其体系结构研究[J]. 中国机械工程，2000，11(11)：1233-1236.
[169] 汪应络，王能民，孙林岩. 绿色供应链管理的基本原理[J]. 中国工程学报，2003，5(11)：82-87.
[170] 王淑旺，等. 基于Agent的绿色供应链研究[J]. 机械科学与技术，2004，23(4)：379-381.
[171] 王能民，杨彤. 绿色供应链的协调机制探讨[J]. 企业经济，2006(5)：13-15.
[172] 刘志峰，刘红，宋守许，等. 基于模糊AHP方法的供应商绿色评价研究[J]. 机械科学与技术，2007(10)：1249-1252.

[173] 岳文辉，张华，刘德顺，等. 面向绿色制造的工艺种类选择模型及应用[J]. 湖南科技大学学报(自然科学版)，2009，24(3)：27-30.

[174] 周荣喜，马鑫，李守荣，等. 基于 ANP-RBF 神经网络的化工行业绿色供应商选择[J]. 运筹与管理，2012，21(1)：212-219.

[175] 颜波，石平. 基于超效率 DEA 模型的绿色供应链环境下供应商评价与选择[J]. 统计与决策，2013(13)：37-40.

[176] 郭彬，梁江萍，刘引萍. 绿色供应链环境下基于 ANP-TOPSIS 的供应商评价与选择研究[J]. 科技管理研究，2015(11)：229-234.

[177] 张娟. 基于模糊数学及网络 DEA 模型的绿色供应链评价方法[J]. 统计与决策，2016(14)：41-44.

[178] 温兴琦，程海芳，蔡建湖，等. 绿色供应链中政府补贴策略及效果分析[J]. 管理学报，2018，15(4)：625-632.

[179] 杜彦斌，李聪波. 机械装备再制造可靠性研究现状及展望[J]. 计算机集成制造系统，2014，20(11)：2643-2651.

[180] 徐滨士，董世运，史佩京. 中国特色的再制造零部件质量保证技术体系现状及展望[J]. 机械工程学报，2013，49(20)：84-90.

[181] 张元良，张洪潮，赵嘉旭，等. 高端机械装备再制造无损检测综述[J]. 机械工程学报，2013，49(7)：80-90.

[182] 徐滨士，董世运，朱胜，等. 再制造成形技术发展及展望[J]. 机械工程学报，2012，48(15)：96-105.

[183] 徐滨士，夏丹，谭君洋，等. 中国智能再制造的现状与发展[J]. 中国表面工程，2018，31(5)：1-14.

[184] WANG L，XIANG D，MOU P，et al. Disassembling approaches and quality assurance of electronic components mounted on PCBs [C]//Proceedings of the 2005 IEEE International Symposium on Electronics and the Environment，2005：116-120.

[185] PAN X Y，DUAN G H，XIANG D，et al. Intelligent disassembly sequence planning for EOL recycling based on hierarchical fuzzy cognitive map[C]//Proceedings of the 2005 IEEE International Symposium on Electronics and the Environment，2005：255-259.

[186] PENG M，XIANG D，PAN X Y，et al. New solutions for reusing nonmetals reclaimed from waste printed circuit boards[J]. Electronics & the Environment Proceedings of the IEEE International Symposium on，2005：205-209.

[187] DUAN G H，XIANG D，MOU P. Key technologies in whole lifecycle of electromechanical products：state of art[J]. Journal of Central South University of Technology，2005，12(S2)：7-17.

[188] 王辉，向东，段广洪. 基于蚁群算法的产品拆卸序列规划研究[J]. 计算机集成制造系统，2006，12(9)：1431-1437.

[189] 潘君齐，刘志峰，刘光复，等. WEEE 高效回收体系研究[C]// 2004"安徽制造业发展"博士科技论坛论文集，2004：92-96.

[190] 潘君齐，刘志峰，张洪潮，等. 超临界流体废弃线路板回收工艺[J]. 合肥工业大学学报(自然科学版)，2007，30(10)：1287-1291.

[191] 刘志峰，张保振，张洪潮. 基于超临界 CO_2 流体的废旧线路板回收工艺的试验研究[J]. 中国机械工程，2008，19(7)：841-845.

[192] 刘志峰,胡张喜,孔祥明,等.基于超临界技术的印刷线路板资源化方法研究[J].环境工程学报,2007,1(12):114-119.

[193] 宋守许,潘君齐,刘志峰,等.印刷线路板液态导热介质中脱焊分离器件的装置,CN2904571[P].2007.

[194] PAN J Q,LIU Z F,LIU G F,et al. Recycling process assessment of mechanical recycling of printed circuit board[J].中南工业大学学报(英文版),2005,12(z2):157-161.

[195] 李新宇,刘志峰,刘光复,等.超临界 CO_2 环境下线路板分层机理的模拟与分析[J].现代制造工程,2007(8):1-5.

[196] CHEN J Y, LI Z, LIU G Y, et al. Hydrothermal depolymerization of waste PET [J]. International Conference on Bioinformatics and Biomedical Engineering,2010,77(5):1-4.

[197] JIN L J,CHEN J Y,LIU G Y, et al. Catalytic hydrothermal depolymerization and kinetics of nylon6[J]. Journal of Material Cycles & Waste Management,2010,12(4):321-325.

[198] 陈晋阳,金鹿江,褚燕萍,等.杂多酸催化废尼龙水解再资源化的研究[J].现代化工,2007(S2):243-244.

[199] CHEN J Y,JIN L J,DONG J P,et al. In Situ Raman Spectroscopy Study on Dissociation of Methane at High Temperatures and at High Pressures[J].中国物理快报(英文版),2008,25(2):780-782.

[200] SONG S X, HU J, WU Z W. The Pulverization and its dynamic model of waste thermosetting phenol-formaldehyde resins[J]. Applied Mechanics & Materials, 2011, 130-134(7):1557-1566.

[201] LIU Z F,PAN S B,WU Z W,et al. Life cycle assessment of mechanical and physical method used in recycling process of waste thermosetting phenolic laminated plastic based on GaBi software[J]. Applied Mechanics & Materials,2012,229-231:1802-1806.

[202] WU Z W,LIU Z F,ZHAO J. Recycling experimental research of thermosetting phenolic plastic waste based on mechanical effects[J]. Applied Mechanics & Materials,2011,130-134:1708-1711.

[203] LIU Z F,SHI L,WU Z W,et al. Experimental study on the recycling technology of waste thermosetting phenolic resin based on mechanical and physical method[J]. Advanced Materials Research,2012,482-484:2445-2449.

[204] 刘志峰,石磊,吴仲伟,等.基于机械物理法的废旧制冷设备聚氨酯泡沫再生工艺及试验研究[J].中国机械工程,2013,24(6):805-810.

[205] 吴仲伟,刘志峰,刘光复,等.基于机械物理法的热固性塑料粉碎及再生机理研究[J].中国机械工程,2012,23(14):1639-1644.

[206] 宋守许,胡健,石磊,等.基于机械物理法的废旧热固性酚醛树脂回收工艺的试验研究[J].中国机械工程,2013,24(1):29-34.

[207] 殷晏珍,黄海鸿.超临界流体降解 CFRP 的反应釜流场数值模拟[EB/OL].北京:中国科技论文在线 [2016-04-07]. http://www.paper.edu.cn/releasepaper/content/201604-79.

[208] 黄海鸿,赵志培,成焕波,等.超临界流体对碳纤维/环氧树脂复合材料的降解作用[J].复合材料学报,2016,33(8):1621-1629.

第2章

绿色制造的理论基础

绿色制造是以传统制造为基础,以系统论、控制论和信息论为基本理论,以制造业的可持续发展为最终目标,综合材料科学、社会科学、环境科学、管理科学、艺术与美学等学科知识的集成性、交叉型、前沿性的边缘学科。这些理论在绿色制造中具体体现为工业生态学、可持续发展理论、循环经济理论及清洁生产等理论思想。因此,我们也可以说绿色制造的理论基础是工业生态学、可持续发展理论、循环经济理论及清洁生产。以下我们对与绿色制造理论基础有关的概念进行解释和分析。

2.1 工业生态学

2.1.1 工业生态学的基本概念

自然生态系统的基本特征之一就是食物链和网的存在与保持,形成一个综合的整体可以使废弃物降至最少。一种有机体废弃物产生的所有东西或几乎所有东西均能作为另外一种有机体有用的材料源和能源。所有植物和动物以及它们的废弃物差不多都可作为其他有机体的食物;微生物消耗和分解废弃物,而反过来,这些微生物被食物链中的另外一些生物吃掉。在自然系统中,物质和能量在一个大循环中通过一系列相互作用的有机体而往返出现。基于对自然生态系统的这种认识,采用类似的方法把产生废弃物特别是有害废弃物的不同工业过程联系起来,形成类似于自然生态行为的工业活动就是工业生态(industrial ecology,IE)。

在20世纪六七十年代,工业生态就已经在科技文献中被提出了,但是并没有进行深入研究。1989年通用公司福罗什(Frosch)和加劳布劳斯(Gallopoulos)在美国杂志《科学美国人》上提出了工业生态的基本概念,并认为各个制造工艺摄入原材料并产生要销售的产品加上要处置的废弃物的传统工业活动模式,应当转变成一种更加一体化的模式——一种工业生态系统。在工业生态系统中,能量和物质的消耗是优化的,而且一种过程的排出物,无论是石油炼制过程的废催化剂、发电过程的飞灰和底灰,还是消费产品的废塑料容器,都可用作另一种过程的原材料。自此,工业生态受到了人们的广泛关注。经过30多年的发展,逐渐形成了由工程学、生态学和生物经济学交叉构成的科学与技术的崭新领域——工业生态学[1]。

工业生态学是以模仿自然生态系统的运行规律为基础，综合运用工程学、生态学和生物经济学等学科的知识和方法，使工业系统以一种集成的、闭环循环的生产方式来代替传统的、简单的、开环的生产方式，最终达到一种较为完美的共生系，实现工业活动的持续健康发展。

工业生态学描述的是一种系统，其中一种工业的废弃物(产出)可以变成另一种工业的原材料(投入)。在这种封闭循环系统内，把废弃物转变成输入的原材料，可大幅度消减污染和原材料需求[2]。工业生态学的前提是工业经济，即原材料提取、制造工艺、产品使用和废弃物处置的整个体系，应尽可能多地模仿自然生态系统中的物质循环。

工业生态学利用生态学理论对人与自然组成的社会生态系统进行分析，主要研究人与自然关系间各个不同层次(从个人、家庭到地区、国家、全球)的“流”(或过程)问题、“网”(或功能)问题的动力学机制、控制论方法和控制学手段，以实现人类的可持续发展。

工业生态学的主要目标是促进全球、区域或当地范围的可持续发展。这种可持续发展主要从以下几个方面来体现：

(1) 资源的持续使用。工业生态学应该促进可再生资源的持续使用和使非再生资源使用最小化。由于工业活动是以资源的不断供给为支撑，所以必须尽可能地提高资源利用效率。人们一直在努力寻找不可再生资源的替代资源，虽然取得了很大进步，但除太阳能外，这种探索仍然在进行当中。因此，必须通过提高使用效率或发展更多的替代资源，使非再生资源和再生资源的消耗最小化，以确保工业活动的长期持续发展。

(2) 生态及人类健康。人类仅仅是复杂的生态网络中的一分子，人类的活动不能与整个系统的功能相分离。因为人类健康依赖于生态系统其他组成部分的健康存在，生态系统结构及其功能应该是工业生态学的一个主题。重要的是工业活动不能引起生态系统的灾难性破坏，或逐渐地影响生态系统的结构和功能，而最终破坏地球生命支持系统。

(3) 环境负担。可持续发展的主要挑战来自不同代际之间及不同社会之间具有相同发展权利和机会的要求。为了满足短期目标，而大量消耗自然资源和不利于生态健康的行为会损害下一代满足他们需求的能力。社会之间的不平衡也存在，如在发展中国家和发达国家之间明显的资源不合理使用，与发展中国家相比，目前发达国家使用了更多的资源。工业生态学实施的目的就是使环境负担最小化。

2.1.2 工业生态系统的描述

根据工业生态系统与自然界生态系统的相似性及其自身特征，可将工业生态系统用如图 2-1 所示模型进行描述。系统输入为资源与能源等,经过工业生态系统一系列的生产加工制造过程后产生输出,根据其输出内容的不同又可将其分成不同类型的生态系统。

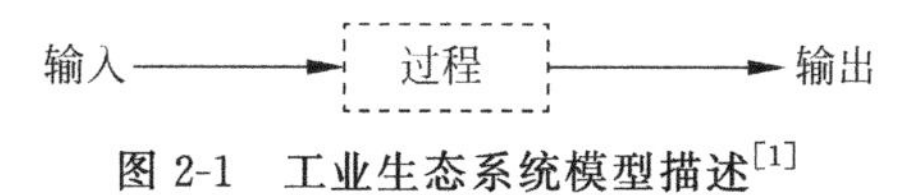

图 2-1　工业生态系统模型描述[1]

初级生态系统的特征与生态系统形成的初期特征相似,潜在的可使用的资源非常丰富,而生命体的数量非常少,生命形式的存在对可供使用的资源基本上没有什么影响。在这个进化过程中,物质流动相互独立进行,资源似乎是无限的,废弃物也可以无限制地产生。此时的工业生态系统就是开采资源和抛弃废料,这也是造成目前环境问题的根源所在。这是一种线性过程,即通常所说的Ⅰ型生态系统,如图 2-2 所示。

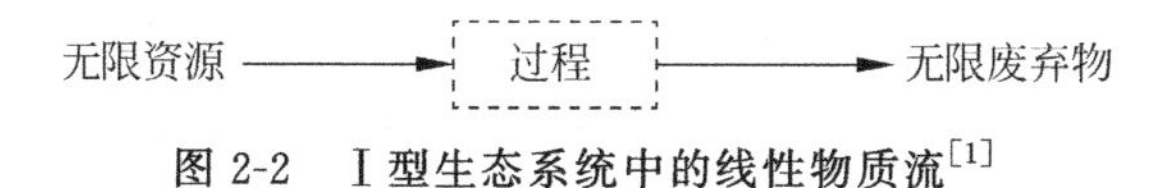

图 2-2　Ⅰ型生态系统中的线性物质流[1]

随着进化过程的进行,系统内资源变得有限了,此时的有机物之间形成了关系非常密切的相互依赖关系,并组成了复杂的相互作用的网络系统。这种进化产生了高效率运转的系统。这种系统内部的物质流可能很大,但是流进和流出系统(即从资源到废物)的物质却是有限的,这种Ⅱ型生态系统如图 2-3 所示。这种系统内部的物质循环变得极为重要,资源和废料的进出量则受到资源数量和环境能接受废料能力的制约。

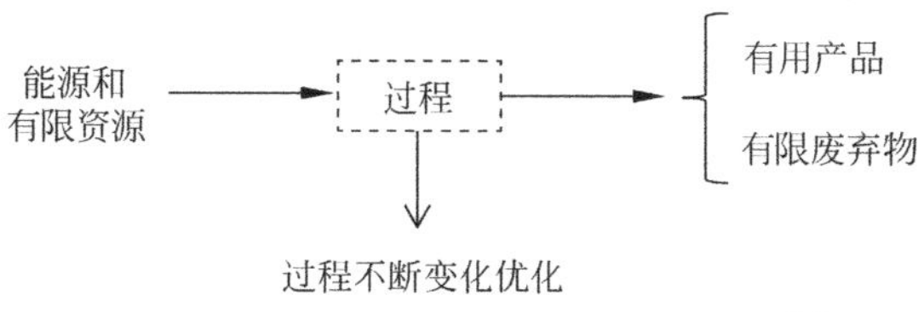

图 2-3　Ⅱ型生态系统中的准循环物质流[1]

Ⅱ型系统比Ⅰ型系统的效率要高得多,但它却不能长期维持,因为物质流动是单向的,也就是说系统是"渐衰"的。为了能够永远维持,生态系统就必须进化成几乎完全循环的系统,其中"资源"与"废物"不可分,因为对系统中的组元而言的废物就成了另一组元的资源。这种实现了完全循环的Ⅲ型系统可用图 2-4 来形象表示。在这里需要注意的是,整体系统循环性有一个例外,就是要有能源(其形式为太阳光辐射)这一外在资源。还有一点值得注意的是,系统内循环圈的作用范围在时空尺度上有很大差别,这种行为大大地增加了分析和理解这种系统的复杂性。

工业生产活动的理想方式就是类似这种整体生物模型的Ⅲ型系统。但是,在实际生产活动中,材料的使用方式仍然是非常浪费的,系统的运行与上述Ⅰ型不加限制的资源类型相类似，材料在一次简单的正常使用后，就在经济系统中变质了、耗散了或消失了。

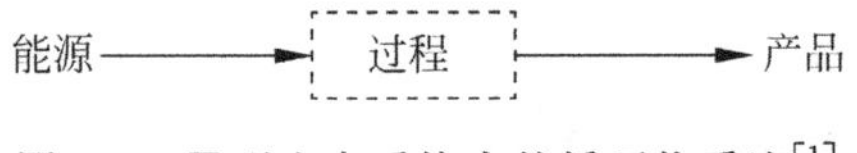

图 2-4　Ⅲ型生态系统中的循环物质流[1]

但是也有例外存在，例如在一些材料十分紧缺的地方或领域，至少已经部分地实现了Ⅱ型生态的行为。由于资源和环境容量的限制，工业系统正在并将越来越处于从直线（Ⅰ型）进化到半循环型（Ⅱ型）的运转模式的压力之下。目前的工业生产活动往往是被动地应付全球性的、国家的或地方的环境法律法规，这种方式往往要付出巨大的经济成本。工业生态体系的实施，其目的就是要对生产过程中物质流、能量流和信息流进行深入系统的分析，通过对所考虑对象进行总体优化，实现制造工业从Ⅰ型到Ⅱ型的进化。

工业生态系统的中心区部分也即系统的运行过程可以用 4 个中枢点形象地表示：物质的提取者或培植者、物质的加工者或制造者、消费者及废物处理者。由于它们是在节点内运转且是以循环的方式进行，节点内部或整个工业生态系统内部的流要比外部资源和废物流大得多。通过有机的组织以促进整个工业系统内部的材料循环，这是比Ⅲ型系统更为有效的运行模式，这种系统对外部支撑系统的影响非常小，更符合工业系统的运行状况，这种工业生态学系统可用图 2-5 表示。

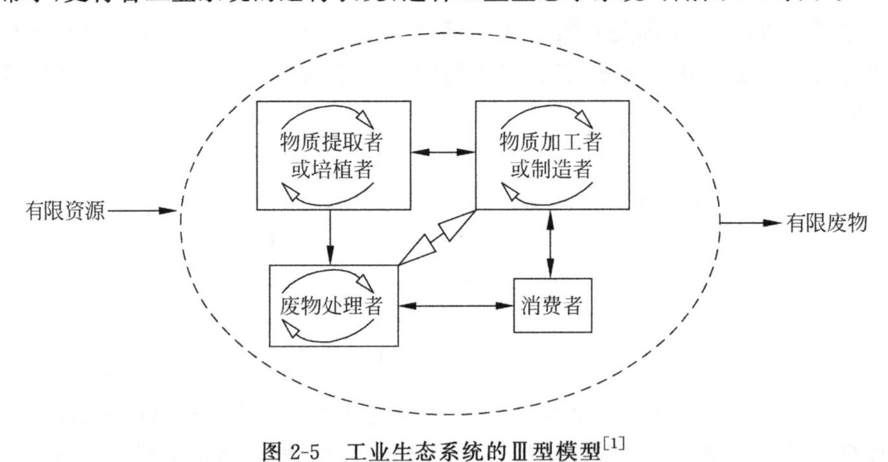

图 2-5　工业生态系统的Ⅲ型模型[1]

2.1.3　工业生态学的实践

工业生态园或生态工业园是继经济技术开发区、高新技术开发区之后我国的第三代产业园区。它与前两者的最大区别是：以生态工业理论为指导，着力于园区内生态链和生态网的建设，最大限度地提高资源利用率，从工业源头上将污染物排放量减至最低，实现区域清洁生产。它仿照自然生态系统物质循环方式，使不同企业之间形成共享资源和互换副产品的产业共生组合，使上游生产过程中产生的废物成为下游生产的原料，达到相互间资源的最优化配置。

工业生态园是按照工业生态学的原理设计规划而成的一种新型的工业组织形态，是实现生态工业的重要途径。工业生态园是指在特定的地域空间，对不同的工业企业之间以及企业、社区（居民）与自然生态系统之间的物质与能量的流动进行优化，从而在该地域内对物质与能量进行综合平衡，合理高效利用当地资源包括自然资源和社会人力资源，实现低消耗低污染、环境质量优化和经济可持续发展的地域综合体。这里所说的园区并不一定是地理上某个毗邻的区域，可以包括附近的居民区，或者包括一个离得很远的企业或区域，在那里可以处理园区现场不能处理的废料，广义的工业生态园甚至还包括原料的生产者以及产品的流通销售网络。以下为几个工业生态园的成功案例。

(1) 卡伦堡共生体系。卡伦堡是丹麦一个仅有 2 万居民的工业小城市，位于北海之滨，是世界上少数几个不冻港之一。20 世纪 50 年代，这里建造了一座火力发电厂和一座炼油厂。随着年代的推移，卡伦堡的主要企业开始相互间交换“废料”、（不同温度和不同纯净度的）水以及各种副产品。当地发展部门意识到它们逐渐地、也是自发地创造了一种体系，他们将其称为“工业共生体系”。

卡伦堡共生体系中主要有 4 家企业：阿斯耐斯瓦尔盖（Asnaesvaerket）发电厂、斯塔朵尔（Statoil）炼油厂、挪伏·挪尔迪斯克（Novo Nordisk）公司（生物工程公司）和吉普洛克（Gyproc）石膏材料厂，以及卡伦堡市政府，相互间的距离不超过数百米，由专门的管道体系连接在一起。

液态或蒸汽态的水是可以系统地重复利用的“废料”。水源来自相距 15km 的梯索湖（Tisso）或取自卡伦堡市政供水系统。斯塔朵尔炼油厂排出的水冷却阿斯耐斯瓦尔盖发电机组；发电厂产生的蒸汽又供给炼油厂，同时也供给挪伏·挪尔迪斯克公司的发酵池；热电厂也把蒸汽出售给吉普洛克石膏材料厂和市政府（用于市政的分区供暖系统），如图 2-6 所示。

1990 年，热电厂安装了脱硫装置，燃烧气体中的硫与石灰产生反应，每年多生产 10 万 t 石膏（硫酸钙）。这些石膏就用作石膏材料厂的原材料，送往吉普洛克石膏材料厂。至于炼油厂生产的多余燃气，可以作为燃料供给发电厂和吉普洛克石膏材料厂。

经过多年的发展，由 4 家核心工业企业、若干中小企业以及废物还原处理企业组成的 20 余条工业产业链，构成了卡伦堡生态工业园独一无二的生态工业系统。卡伦堡工业共生体系在环境、经济方面取得了显著的效益，主要体现在：每年可节约 45 000t 石油，15 000t 煤炭，600 000m^3 的水；每年减少二氧化碳排放 175 000t，二氧化硫排放量 10 200t；生产过程产生的废料得到了重新利用，每年约有 130 000t 炉灰用于筑路，4500t 硫用于生产硫酸，废料还可生产 90 000t 石膏、1440t 氮和 600t 磷。

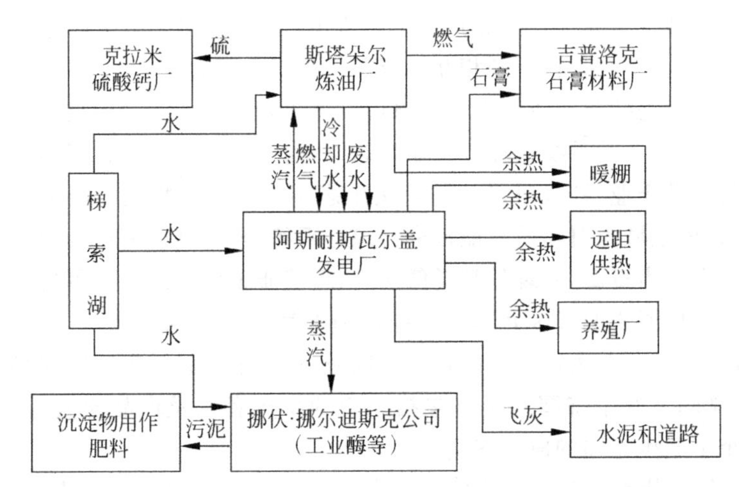

图 2-6　卡伦堡工业共生体系企业间主要废料交换流程示意图

(2) 鲁北化工厂工业生态系统。位于渤海湾畔千里盐碱滩上的鲁北化工厂不仅经济效益令世人瞩目，而且还是中国化工行业第一家从根本上消灭了污染，实现了“三无”(无废气、无废液、无废渣)排放的绿色化工的样板。鲁北化工在多年的发展过程中，遵循生态规律，应用工业生态学的思想，通过实施技术集成创新，创建了用制磷铵副产物磷石膏制备硫酸和水泥来处置含硫废物，以及海水资源深度梯级利用两条产业链，已初步形成了鲁北工业生态系统的雏形。

鲁北化工厂把生产磷铵、硫酸、水泥的 3 套装置科学地组配在一起，利用生产磷铵排出的废渣磷石膏生产水泥熟料，水泥熟料与粉煤灰磨制水泥，磷石膏分解产生的二氧化硫气体制硫酸，硫酸返回用于生产磷铵。使上一道产品的废弃物成为下一道产品的原料，实现了工业副产石膏废渣的综合利用和硫资源的良性循环，整个生产过程没有废物排出，形成了一个绿色的产业链条，即形成了一个初步的绿色工业系统。实现了年产 30 万 t 磷铵、40 万 t 硫酸、60 万 t 水泥、100 万 t 复合肥，取得显著的经济效益、环境效益。2019 年新建 12 万 t/年烷基化废硫酸煤粉裂解装置和烷基化废硫酸储罐，实现石膏与废硫酸再资源化利用，并协同处理烷基化废硫酸 8 万 t/年、钛白废硫酸 4 万 t/年，解决了废硫酸和工业副产石膏处理的两大难题。

山东鲁北化工股份有限公司下属盐化公司濒临渤海，首创海水“一水多用”生态产业模式，“初级卤水养殖、中级卤水提溴、饱和卤水制盐、苦卤提取钾镁、盐田废渣盐石膏制硫酸联产水泥、海水送生态电厂冷却、精制卤水送到氯碱装置制取烧碱”，实现了年产 0.25 万 t 溴素、100 万 t 原盐，经济效益、生态效益、环境效益十分显著。

(3) 贵港国家生态工业(制糖)示范园区。贵港国家生态工业(制糖)示范园区是我国首家国家级生态工业示范园区。它作为一个典型的案例，以贵糖(集团)股份有限公司(以下简称贵糖)为核心,利用甘蔗制糖、蔗渣造纸、制糖滤泥制水泥、糖蜜制酒精、酒精废液制复合肥还蔗田 5 个系统为框架,通过副产品以及废弃物和能量的相互交换和衔接,形成了完善的闭合工业生态网络,如图 2-7 所示。

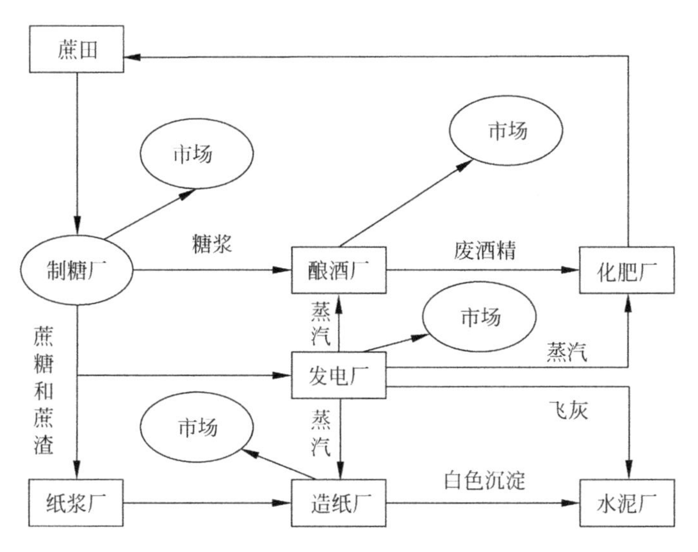

图 2-7　贵港国家生态工业园共生关系

目前,贵糖拥有制糖厂、酿酒厂、纸浆厂、造纸厂、碳酸钙厂、水泥厂、发电厂及蔗田等生产分厂,形成了以甘蔗制糖为核心,“甘蔗—制糖—废糖蜜制酒精—酒精废液制造有机复合肥”及“甘蔗—制糖—蔗渣造纸—制浆黑液碱回收”为两条主线的工业生态链。此外,还形成了“制糖滤泥—制水泥”“造纸中段废水—锅炉除尘、脱硫、冲灰”“碱回收白泥—制轻质碳酸钙”等多条副线的工业生态链。

贵糖通过发展生态工业园取得了可观的经济效益与环境效益,年生产白砂糖 15 万 t、可加工原糖 30 万 t、机制纸 15 万 t、甘蔗渣制浆 15 万 t、酒精 1 万 t、轻质碳酸钙 3 万 t、回收烧碱 3.5 万 t、复混肥 3 万 t;制糖废蜜利用率 100%,酒精废液利用率 100%,水循环利用率 70%。

(4) 虚拟生态工业园模型。虚拟生态工业园就是园内的企业不一定聚集在相邻的地理区域范围内,只要它们是按照生态工业的思想进行组织和运转,无论地理上的距离远近,它们仍然可以组成一个“事实上的”生态工业园。它通过计算机模型和数据库,在计算机上建立其成员间的物料或者能量的关系,共享各个企业之间的信息,为入园企业提供信息和指导。

布朗斯维尔(Brownsville)生态工业园区位于美国与墨西哥交界的布朗斯维尔,由于其特殊的地理位置,这个园区的范围扩展到与布朗斯维尔相邻的墨西哥马塔莫罗斯。生态工业园区的规划设计人员考虑把布朗斯维尔生态工业园建成一种“虚拟”生态工业园区,其中位于不同地点的工业企业不一定要通过废物交换方式联系在一起,因此能够相互共享物质与能源的各企业就不必进行搬迁而同样参与园区的运作。

布朗斯维尔工业园区在原有成员的基础上不断增加新成员来充当工业生态网的“补网”角色，如引入的热电站、废油回收厂、废溶剂回收厂等与现有企业互补和增强废物交换，逐渐形成布朗斯维尔虚拟生态工业园区，如图 2-8 所示。

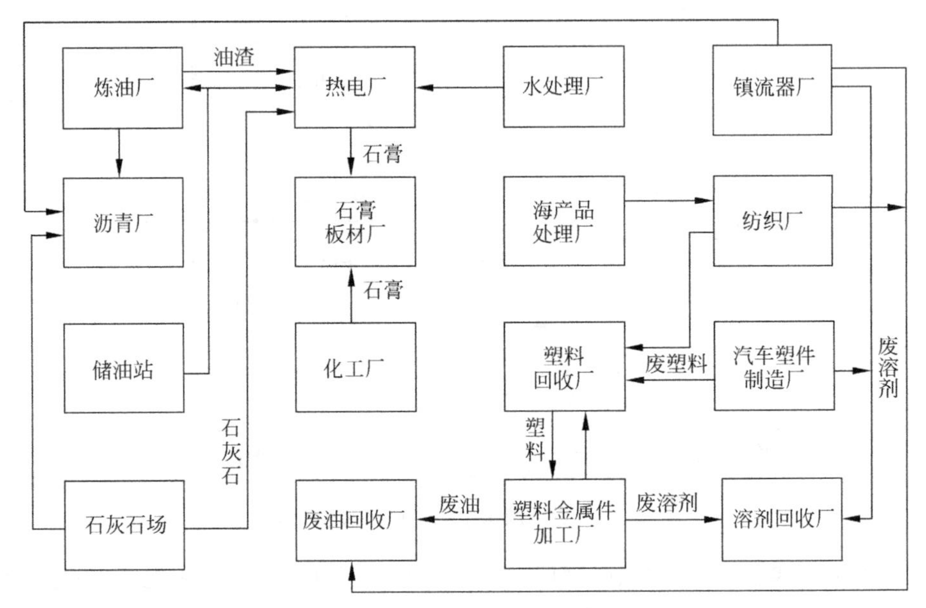

图 2-8　布朗斯维尔虚拟生态工业园区

2.1.4　工业生态学与绿色制造

由绿色制造的定义可以知道，绿色制造是在保证产品的功能、质量、成本的前提下，综合考虑制造系统的环境影响和资源效率，最终使产品从设计、制造、使用到报废的整个生命周期中不产生环境污染或环境污染最小化，对生态环境无害或危害极小，资源利用率最高，能源消耗最低。由此可见，在整个社会生态系统的调整和进化中，制造业作为其重要环节势必要发生巨大的变化，而绿色制造正好体现了这一变化。绿色制造的目标是在追求提高人类生活水准的同时，系统地、全方位地、低成本地实现物质流的循环模式。

然而传统的制造模式是一个开环系统，即原料—工业生产—产品使用—报废—弃入环境。它是靠大量消耗资源和破坏环境为代价的工业发展模式，很少系统地考虑产品及其过程的环境属性，当出现了环境污染时就采用末端治理的办法进行解决，不但费用高、效率低，而且效果不理想。绿色制造模式是一个闭环系统，即原料—工业生产—产品使用—报废多种途径、多种方式的多次再利用。它改变了单纯依靠末端治理保护环境的方法，而是着眼于产品的生命周期全过程，从系统角度把产品生命周期的各个环节看成是相互有联系的整体，而不是相互孤立存在，进行全过程协调控制,实现产品整个生命周期的优质、高效、低耗、清洁、安全的目标。而要真正地实施绿色制造,就应该利用工业生态学理论,按照生态学的运行机制组织和管理制造业企业。

利用工业生态学理论分析工业系统和生态系统之间相互作用,能够有效地处理人类活动与环境问题之间的关系。系统分析方法可以使企业以持续的方式开发产品,而且也可以优化选择和配置企业类型和数量。工业生态学的主要目的是研究材料流、能量流及通过工业系统将其转化成产品、副产品和废弃物的过程,仔细分析这个过程中的资源消耗及排放到空气、水体、土壤及生物圈的环境影响物质,最终实现工业系统的闭路循环,有效地改善整个工业系统的效率,减小对环境产生的负面影响。由于工业生态学是基于整体、系统的观点,因此需要许多不同学科的参与。而且,工业活动造成的许多环境问题,其原因错综复杂,需要许多不同领域的专门知识(如法律、经济学、商业、公共健康、自然资源、生态学及工程学等),这样有助于工业生态学的发展及从根本上解决工业活动引起的环境问题。

工业生态学以其特有的异源性、综合性和实用性向人们展现了其交叉科学的蓬勃生机和解决人类生存发展问题的巨大潜力,是绿色制造的理论基础。绿色制造是工业生态学理论的具体体现,绿色制造应该以工业生态学系统理论为基础,从系统的角度进行规划、优化配置,才能实现真正意义上的“绿色制造”。

2.2　可持续发展

2.2.1　可持续发展理论的形成

可持续性概念源远流长,在中西方均早有论述。孔子主张“子钓而不纲,弋不射宿”。孔子对自然的态度为:钓鱼而不用渔网,射鸟而不射杀宿鸟,一方面要利用自然资源,另一方面也要保护自然资源。孟子也主张“不违农时,谷不可胜食也;数罟不入洿池,鱼鳖不可胜食也;斧斤以时入山林,材木不可胜用也。”《吕氏春秋》中云:“竭泽而渔,岂不获得?而明年无鱼。焚薮而田,岂不获得?而明年无兽。诈伪之道,虽今偷可,后将无复,非长术也。焉有一时之务先百世之利者乎?”由此可见,在我国古代先贤们便有了可持续发展的思想,是我国可持续发展理论的基础来源。西方经济学家如马尔萨斯(1802 年)和李嘉图(1817 年)等的著作中也较早认识到人类消费的物质限制,即人类的经济活动范围存在着生态边界[3]。

可持续发展(sustainable development)的概念的明确提出,最早可以追溯到 1980 年由世界自然保护联盟(IUCN)、联合国环境规划署(UNEP)、世界野生动物基金会(WWF)共同发表的《世界自然资源保护大纲》:“必须研究自然的、社会的、生态的、经济的以及利用自然资源过程中的基本关系,以确保全球的可持续发展”[4]。1981 年,美国学者布朗(Lester R. Brown)出版了《建设一个可持续发展的社会》,提出以控制人口增长、保护资源基础和开发再生能源来实现可持续发展。1987年以布伦兰特夫人为首的世界环境与发展委员会(WCED)发表了报告《我们共同的未来》。这份报告正式使用了可持续发展概念,并对其做出了比较系统的阐述,产生了广泛影响。1992年6月,联合国在里约热内卢召开的“环境与发展大会”,通过了以可持续发展为核心的《里约环境与发展宣言》《21世纪议程》等文件。随后,中国政府编制了《中国21世纪人口、环境与发展白皮书》,首次把可持续发展战略纳入我国经济和社会发展的长远规划。1997年召开的中国共产党第十五次全国代表大会把可持续发展战略确定为我国“现代化建设中必须实施”的战略。2002年召开的中国共产党第十六次全国代表大会把“可持续发展能力不断增强”作为全面建设小康社会的目标之一。2010年3月,欧盟委员会公布了未来10年经济发展战略,简称“欧盟2020战略”。其核心之一就是以提高能源利用率、提倡“绿色”、强化竞争力为内容的“可持续增长”。2014年10月,美国联邦政府发布了国家级制造业发展战略——“先进制造伙伴计划2.0”,将“可持续制造”列为11项振兴制造业的关键技术,通过利用技术优势谋求绿色发展新模式。2019年10月24日,首届可持续发展论坛在北京召开。习近平主席在大会上指出:“中国秉持创新、协调、绿色、开放、共享的发展理念,推动中国经济高质量发展,全面深入落实2030年可持续发展议程。”

由于可持续发展涉及自然、环境、社会、经济、科技、政治等诸多方面,所以从不同角度对可持续发展给出了不同的定义。尽管这些定义的侧重点不同,但关于可持续发展的基本认识是相同的。综合现有文献的观点,目前认同度比较高的可持续发展定义为:可持续发展是既满足当代人的需求,又不对后代人满足其需求的能力构成危害的发展。可持续发展主要包括社会可持续发展、生态可持续发展、经济可持续发展。它们是一个密不可分的系统,既要达到发展经济的目的,又要保护好人类赖以生存的大气、淡水、海洋、土地和森林等自然资源和环境,使子孙后代能够永续发展和安居乐业。

可持续发展理论发展至今已比较完善,具有以下几个方面的丰富内涵[5]:

(1) 共同发展。地球是一个复杂的巨系统,每个国家或地区都是这个巨系统不可分割的子系统。系统的最根本特征是其整体性,每个子系统都和其他子系统相互联系并发生作用,只要一个系统发生问题,就会直接或间接影响到其他系统的紊乱,甚至会诱发系统的整体突变,这在地球生态系统中表现最为突出。因此,可持续发展追求的是整体发展和协调发展,即共同发展。

(2) 协调发展。协调发展包括经济、社会、环境三大系统的整体协调,也包括世界、国家和地区3个空间层面的协调,还包括一个国家或地区经济与人口、资源、环境、社会以及内部各个阶层的协调,可持续发展源于协调发展。

(3) 公平发展。世界经济的发展呈现出因水平差异而表现出来的层次性,这是发展过程中始终存在的问题。但是这种发展水平的层次性若因不公平、不平等而引发或加剧，就会因为局部而上升到整体，并最终影响整个世界的可持续发展。可持续发展思想的公平发展包含两个维度：一是时间维度上的公平，当代人的发展不能以损害后代人的发展能力为代价；二是空间维度上的公平，一个国家或地区的发展不能以损害其他国家或地区的发展能力为代价。

(4) 高效发展。公平和效率是可持续发展的两个轮子。可持续发展的效率不同于经济学的效率，可持续发展的效率既包括经济意义上的效率，也包含着自然资源和环境的损益的成分。因此，可持续发展思想的高效发展是指经济、社会、资源、环境、人口等协调下的高效率发展。

(5) 多维发展。人类社会的发展表现出全球化的趋势，但是不同国家与地区的发展水平是不同的，而且不同国家与地区又有异质性的文化、体制、地理环境、国际环境等发展背景。此外，因为可持续发展又是一个综合性、全球性的概念，要考虑到不同地域实体的可接受性，因此，可持续发展本身包含了多样性、多模式的多维度选择的内涵。因此，在可持续发展这个全球性目标的约束和指导下，各国与各地区在实施可持续发展战略时，应该从国情或区情出发，走符合本国或本地区实际的、多样性、多模式的可持续发展道路。

2.2.2 可持续发展理论主要内容

可持续发展不是简单地等同于生态化或者环境保护，一般认为它由三要素构成，即环境要素、社会要素和经济要素，三要素之间不是独立存在，而是彼此交叉、相互影响，如图 2-9 所示。可持续发展要求环境、社会和经济三者之间和谐发展，不应以牺牲某一要素而谋求另一要素的不均衡发展。各要素具体描述如下：

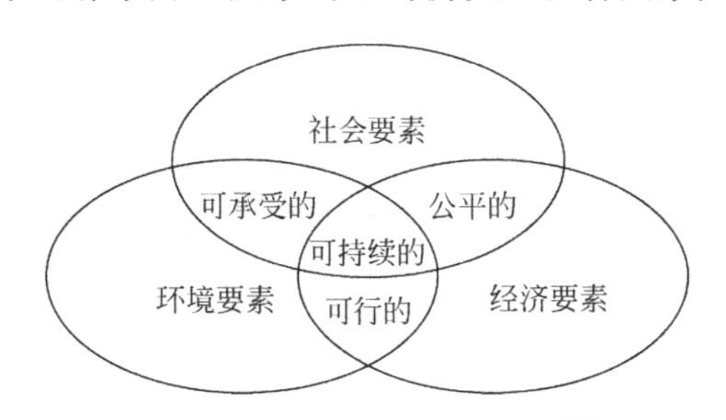

图 2-9　可持续发展的三要素[6]

(1) 环境要素(environmental aspect)，是指尽量减少对环境的损害。尽管这一原则得到各方人士的认可，但是由于目前人类科学知识的局限性，对于许多具体问题就会产生截然相反的认识。例如核电站，支持人士认为它可以减少温室气体排放，是环保的；反对人士认为核废料有长期放射性污染，同时核电站存在安全隐患，是不环保的。

(2) 社会要素(social aspect)，是指仍然要满足人类自身的需要。可持续发展并非要人类回到原始社会，尽管那时候的人类对环境的损害是最小的。

(3) 经济要素(economic aspect),是指必须在经济上有利可图。这有两个方面的含义:一是只有经济上有利可图的发展项目才有可能得到推广,才有可能维持其可持续性;二是经济上存在亏损的项目必然要从其他盈利的项目上获取补贴才可能收支平衡正常运转,由此就可能造成此地的环保以彼地更严重的环境损害为代价。

根据上述可持续发展的三要素的描述可知,可持续发展涉及可持续经济、可持续环境和可持续社会三方面的协调统一。因此,可持续发展理论的主要内容应包括经济可持续发展、生态可持续发展和社会可持续发展。这就要求人类在发展中讲究经济效率、关注生态环境和谐及追求社会公平,最终达到人类的全面发展。

(1) 经济可持续发展。在经济可持续发展方面,可持续发展鼓励经济增长而不是以环境保护为名取消经济增长,因为经济发展是国家实力和社会财富的基础。但可持续发展不仅重视经济增长的数量,更追求经济发展的质量。可持续发展要求改变传统的以"高投入、高消耗、高污染"为特征的生产模式和消费模式,实施清洁生产和文明消费,以提高经济活动中的效益、节约资源和减少废物。从某种角度上,可以说集约型的经济增长方式就是可持续发展在经济方面的体现。

(2) 生态可持续发展。在生态可持续发展方面,可持续发展要求经济建设和社会发展要与自然承载能力相协调。发展的同时必须保护和改善地球生态环境,保证以可持续的方式使用自然资源和环境成本,使人类的发展控制在地球承载能力之内。因此,可持续发展强调了发展是有限制的,没有限制就不可能持续发展。生态可持续发展同样强调环境保护,但不同于以往将环境保护与社会发展对立的做法,可持续发展要求通过转变发展模式,从人类发展的源头、从根本上解决环境问题。

(3) 社会可持续发展。在社会可持续发展方面,可持续发展强调社会公平是环境保护得以实现的机制和目标。可持续发展指出世界各国的发展阶段可以不同,发展的具体目标也各不相同,但发展的本质应包括改善人类生活质量,提高人类健康水平,创造一个保障人们平等、自由、教育、人权和免受暴力的社会环境。这就是说,在人类可持续发展系统中,经济可持续是基础,生态可持续是条件,社会可持续才是目的。

作为一个具有强大综合性和交叉性的研究领域,可持续发展涉及众多学科,可以从不同侧面开展研究。例如,生态学家着重从自然方面把握可持续发展,理解可持续发展是不超越环境系统更新能力的人类社会的发展;经济学家着重从经济方面把握可持续发展,理解可持续发展是在保持自然资源质量和其持久供应能力的前提下,使经济增长的净利益增加到最大限度;社会学家从社会角度把握可持续发展,理解可持续发展是在不超出维持生态系统涵容能力的情况下,尽可能地改善人类的生活品质;科技工作者则更多地从技术角度把握可持续发展,把可持续发展理解为是建立极少产生废料和污染物的绿色工艺或技术系统。

2.2.3　可持续发展理论应用案例

目前，各国政府在思想家、科学家和企业家的支持下，从理论到实践都进行了一系列的探索，如推广绿色化学等环境友好技术，实施清洁生产，从源头控制污染；倡导产业生态学理论，发展生态工业、生态农业和生态服务业，建设生态城市；鼓励开发资源减量化技术，能源高效和梯级利用技术，废物回收、再加工和再利用技术，发展循环经济，建设资源节约型和环境友好型社会等。其核心思想是要在提高自然资源利用率、降低污染物排放量和大力发展资源循环利用的基础上，获得经济的持续增长和人类社会的进步。

发达国家在逐步解决工业污染和部分生活型污染后，由后工业化或消费型社会结构引起的大量废弃物逐渐成为其环境保护和可持续发展的重要问题。发展清洁生产和建设生态工业园是发达国家促进工业可持续发展的重要做法[7]。

(1) 德国弗莱堡可持续发展。弗莱堡积极推广利用以太阳能为代表的清洁能源作为城市生态建设技术支撑点的同时，也通过制定前瞻性的发展理念和环保政策，包括采取各种物质手段刺激控制垃圾量、鼓励使用绿色清洁能源、实行碳减排生态补助等措施与手段，鼓励公众积极参与城市规划建设，确保城市发展建设的可落实性，创造了可持续发展中“环境”“社会”与“经济”三赢的局面[8]。

(2) 意大利热那亚可持续发展。热那亚是最早实施可持续能源行动的城市之一，其积极推广绿色交通和可再生能源，同时对城市的能源生产供应、能源负荷需求、新型能源技术的推广应用也做出了详尽规划和设计，以实现2020年温室气体减排23.7%目标。

在完成城市可持续能源行动方案的基础上，热那亚市开始关注城市能源体系与建筑、交通、港口、环境、水等各方面问题的协调和发展；着力推动可持续能源发展体系与基础设施、管理系统的整合和全面发展，实现宜居、可持续发展的城市发展目标。

在大学校区开展可持续发展城市示范。热那亚大学Savona校区实施了可持续发展城市示范，主要活动包括：①增加光伏发电、地热能利用等可再生能源生产；②智能绿色建筑建设和改造；③开展校园现有设备的升级和节能改造；④通过智能微电网的能源管理系统实施优化管理。目前，可实现校区内的电力、热力和制冷能源体系优化控制，多能互补微电网内的能源自供比例可达75%，其中可再生能源占50%；同时，智能微电网建设和优化管理系统有效降低了校区的能源运行成本，每年可节省10万欧元的用能成本。

(3) 欧莱雅“零碳工厂”。“零碳工厂”，是指工厂整个生产过程全部使用可再生能源，二氧化碳的排放量为零。2019年，欧莱雅集团在亚太地区建成“零碳工厂”——欧莱雅苏州尚美工厂。欧莱雅苏州尚美工厂通过冷、热、电三联供系统，并结合太阳能、风能、生物质能等多能互补型综合能源管理系统，实现“零碳”供电供热。2014 年,欧莱雅苏州尚美工厂建设完成装机容量为 1.5MW 的太阳能发电系统,6400 块太阳能板每年可提供 120 万 kW·h 绿色电力。同年 8 月,苏州尚美工厂引入风力发电,二氧化碳排放量快速下降,但生产中需要的蒸汽部分仍由传统能源供给。2018 年,建设分布式热电联供系统,以生物质气体为原料制备绿色蒸汽及生物电,促进厂内“多能互补”,满足每年约 18 000t 的全部蒸汽用量,年供电 180 万 kW·h,并且可回收热量 6200GJ,用于加热工艺热软化水。

截至 2019 年 4 月,欧莱雅苏州尚美工厂每千件产品能耗和每单件产品水耗与 2005 年相比分别降低了 22%和 49%,每单件产品产生的可运输废弃物与 2007 年相比降低了 58%,工厂产量提升了 3.5 倍。

(4) 新沂市生态功能区划下县域可持续发展。生态功能区的划分,以水源涵养、土壤保持、生物多样性保护、农产品与林产品的提供、人力保障功能等作为分类类型,针对不同类型区域提出可持续发展策略。对县域内水源与土地的综合情况进行分析与调整,根据具体情况提出可持续发展的规划方案。对县域内的水源与土地进行合理规划,调整工业的位置,控制污染源的排放。此外,加大区域环境保护与治理力度,通过引进先进的环保工艺、生产技术进行生态环境系统的优化。针对植物资源与珍贵的野生动物资源丰富区域,限制开发,发展生态林业,并维护良好的生态环境。关于农产品与林产品的开发,在对县域生态环境容量、保护价值、改善空间等进行评估的基础上,依据“因地制宜”原则构建特色产业。

(5) 新疆阜康市国家可持续发展实验区。阜康市国家可持续发展实验区于 2003 年启动,经过十几年的发展,逐步形成市域经济、人力资源、资源高效利用、环境污染治理的可持续发展体系,在科技创新、产业转型、社会协调发展和生态环境保护方面取得重大成果,形成阜康特色可持续发展模式。

① 建立以可持续发展为理念的工业循环经济、现代生态农业、生态旅游为主体的经济体系。一是初步形成工业循环经济体系。建设了中泰化学、优派能源等循环经济示范园,优化原料、能源等各种资源配置,让产业发展由“资源—产品—废弃物”的直线型流程,向“资源—产品—再生资源”的封闭式流程转变。2015 年,园区企业达 225 家,工业总产值突破 400 亿元,同比增长 30%以上。二是推进现代生态农业快速发展。实施了绿色高效农产品生产技术集成与示范、蔬菜安全生产技术集成和产业化示范、三工河流域特色蔬菜果品标准化生产技术示范与推广等项目,为阜康市的绿色安全农业、旅游观光农业和龙头企业基地建设解决关键技术难题并建立技术支撑体系。三是推进“景城联动”,加快构建现代服务业发展体系。以天山天池为龙头的旅游业快速发展,天山天池成功列入世界自然遗产名录,国家级地质公园正式授牌。

② 修复和改善生态系统、保护环境,构筑生态环境框架。一是建设生态保育体系,对水源涵养区、饮水源及天池风景区等生态敏感区域,实行最严格的生态环境保护措施;实现 34 万亩(1 亩≈666.67m^2)核心区草场全面禁牧,景区生态环境

明显改善，山区生态系统逐步得到恢复。二是加强保护资源环境。建设企业排污在线监控系统，加强对企业排污的监管，强化建设项目环境影响评价管理，防止出现新的污染；严格执行资源开采准入制度，提高资源利用率；鼓励企业开采利用“废矿”“尾矿”，挖掘资源开采潜力；完成 72 个污染源整治，工业固体废弃物利用率由 65%提高到 85.3%；大力促进企业减排，对全市 82 个污染源进行了专项整治[9]。

2.2.4 可持续发展与绿色制造

制造业是国民经济的支柱产业，是将可用资源(包括能源)通过制造过程，转化为可供人们使用和利用的工业品或生活消费品的产业，它涉及国民经济的大量行业，如机械、电子、化工、食品、军工等，是创造人类财富的支柱产业。长期以来，由于人们追求的目标都集中在降低成本、提高产量和获取最大利润上，很少考虑生产活动对自然环境产生的影响和破坏作用，致使制造业在将制造资源转变为产品的制造过程中以及产品的使用和处理过程中，同时也产生了大量的废弃物，对环境造成了严重的污染。如切削加工时工作现场的声、热、振动、粉尘、有毒气体等影响工作环境；加工过程中使用的冷却液、热处理和表面处理时排出的废液废渣、产生的大量切屑和粉尘等固体废弃物影响自然环境等；产品的包装和运输所用材料几乎全部成为垃圾；产品使用过程中可能产生的有害物、产品的报废处理形成的固体垃圾等影响人类的生存环境。

可持续发展思想不仅要求环境负荷低，具有良好的生态环境，而且能够实现资源的永续利用，因此，制造业必须改变现行的生产模式，改进能源和原料的使用方式，使经济、资源、环境保持相互协调。如何使制造业在生产出不断满足人们物质和文化需求的产品的同时，有效地利用资源和能源，尽可能少地产生环境污染，已成为当前制造科学面临的重大问题。从 20 世纪 90 年代以来，制造业的生产方式已由高效大量生产型向低环境负荷的方式发展，绿色制造就是这样一种生产模式和理念，是实现可持续发展目标的最佳选择，是现代企业的必由之路。

面对竞争日益激烈的国际市场，企业需要通过绿色制造的实施来获取更大的经济效益。经济全球化和国际商品市场的逐渐形成，使得制造业面临的竞争更加激烈，如何获得更大的经济效益，求得生存，是制造业所面临的最大挑战。绿色制造可以使制造业通过有效配置资源、合理利用资源，最终赢得市场竞争，获得更大的经济效益。发展生产和保护环境已成为一对相互对立的矛盾，经过人们多年探讨和大量实践，逐步认识到解决这一矛盾的唯一途径就是转变经济增长方式。对制造业来说，就是从传统的制造模式向可持续发展模式转变，即从高投入、高消耗、高污染的粗放型发展模式转变为集约型发展模式——提高生产效率、最大限度地利用资源和减少废弃物。这样的发展模式需要通过绿色制造技术来实现。研究和发展绿色制造技术是解决环境问题、实现可持续发展的关键。

2.3 循环经济

2.3.1 循环经济的概念

循环经济的思想萌芽可以追溯到环境保护兴起时的20世纪60年代。美国经济学家K.波尔丁在其“宇宙飞船理论”中提出“循环经济”一词，认为在人、自然资源和科学技术的大系统内，在资源投入、企业生产、产品消费及其废弃的全过程中，应把传统的依赖资源消耗的线性增长经济，转变为依靠生态型资源循环来发展的经济。

1968年4月，成立的“罗马俱乐部”提出了人类经济增长的极限问题。其1972年发表的报告《增长的极限》第一次提出了地球的极限和人类社会发展的极限的观点，对人类社会不断追求增长的发展模式提出了质疑和警告。当时正是世界经济特别是西方社会经历了第二次世界大战以来经济增长的黄金时期而达到这一轮增长的顶峰，也正处于“石油危机”的前夜。《增长的极限》一书的问世正是对人类行为的警告，指出人类社会发展可能会达到这样一种极限状态，并且对达到极限和增长终结的时间也做出了估计。

20世纪70年代，康芒纳(Commoner)的《封闭的循环》把人类对循环经济的认识引向深入。康芒纳强调运用生态学思想来指导经济和政治事务，摒弃现代社会的线性生产过程，而主张无废物的再生循环生产方式；强调追求适度消费而不是过度消费，要求人们“以俭朴的方式达到富裕的目的”，这种富裕不是纯粹物质生活的富裕，更重要的是精神生活的高度充实。但是，在20世纪六七十年代，循环经济的思想更多地还是先行者们的一种超前理念，并未得到人们的广泛响应。

世界经济的发展在20世纪70年代之后放慢了脚步。当时的世界开始出现了一些令人担忧的危险征兆，例如粮食短缺、气候变暖、臭氧层破坏等。正是这些因素的影响，1992年在巴西里约热内卢召开了第一次全球环境与发展峰会，通过了《里约宣言》和《21世纪议程》，正式提出走可持续发展之道路。而循环经济采取的是“低开采、低消耗、低排放、高效率、高利用”，把经济活动组成一个“资源投入—产品生产和消费—再生资源”的反馈式的高级物质循环型的发展模式，实现人与自然的和谐，它符合可持续发展理念，是最终实现可持续发展的必要道路[10]。

2005年10月国家发改委、国家环保总局等6个部门联合选择了钢铁、有色、化工等7个重点行业的43家企业，再生资源回收利用等4个重点领域的17家单位，13个不同类型的产业园区，涉及10个省份的资源型和资源匮乏型城市，开展第一批循环经济试点，探索循环经济发展模式，推动建立资源循环利用机制。2008年8月29日，中华人民共和国第十一届全国人民代表大会常务委员会第四次会议通过了《中华人民共和国循环经济促进法》。2011年3月17日，《中华人民共和国国民经济和社会发展第十二个五年规划纲要》中提出，按照减量化、再利用、资源化的原则，减量化优先，以提高资源产出效率为目标，推进生产、流通、消费各环节循环经济发展，加快构建覆盖全社会的资源循环利用体系。

2012 年 8 月 30 日，中国与德国签署了《循环经济和环保技术工作组继续进行合作的谅解备忘录》，通过中德合作，提高中国发展循环经济能力建设，进一步改善环境状况，提高资源利用效率，促进社会和经济的协调发展。2013 年，国务院提出《循环经济发展战略及近期行动计划》，构建循环型工业体系、农业体系、服务业体系，推进社会层面循环经济发展。近年来，各省、自治区、直辖市制定了循环经济相关规定计划，推进循环经济体系构建，探索循环经济发展模式。

循环经济理论目前已成为我国研究领域的热点之一，对其理论发展研究的论著也是层出不穷。作为一种新型的经济发展模式和经济理论范式，循环经济强调生态中心主义，体现出人类社会与自然环境之间关系的演化。循环经济是对传统发展理念、经济模式和经济学基础的发展挑战，是一种新的经济形态和经济发展模式[11]。循环经济是以资源的高效和循环利用、环境保护为核心，以“减量化、再利用、再循环”为原则，以低消耗、低排放、高效率为基本特征的社会生产革新范式，其实质是以尽可能小的资源消耗和尽可能小的环境代价实现最大的发展效益。

根据循环经济的定义，其内涵特征主要包括：

(1) 以资源循环利用为客观基础。循环经济归根结底是为了实现资源的循环利用，循环经济产业链的形成也正是建立在资源循环利用的基础之上。如何以科学、有效的方式实现资源的循环利用成为循环经济系统形成的根本。资源循环利用既是循环经济系统存在的基础，也是循环经济发展的内在动力。

(2) 以法人与政府机构为主要行为主体。循环经济系统的行为主体是指直接参与组织或从事生产要素加工、处理的企业、组织或机构。企业是生产要素加工、处理的主要行为主体，是循环经济的主体，大多数微观循环经济活动都是由企业或公司承担完成的。政府机构在区域经济合作中主要起方向指导、宏观调控等作用。行业协会等社会经济组织在循环经济合作中发挥中介和服务的作用。在市场经济条件下，循环经济系统的主体主要是企业和政府机构，在市场机制引导下企业和政府机构进行经济合作活动。

(3) 以资源、环境、生态与经济和谐发展为发展方向。资源循环利用是循环经济存在的基础，资源、环境、生态与经济的和谐发展则是循环经济为之努力的目标。循环经济发展的目的，就是寻求资源可持续利用、环境保护、生态恢复与经济发展的平衡点。人类经济的增长不能建立在对资源的肆意浪费、环境破坏基础上，但是也不能为了资源、环境、生态的保护不发展经济，如何在它们之间寻求平衡点是循环经济实现的发展方向。

2.3.2　循环经济的实现

由于人类经济的高速发展，对于能源的利用速率高涨，石油、煤等非可再生资源已经明显不能满足人类的需求。循环经济并不能实现资源100%的循环利用，也就是说非可再生资源的耗竭还是很有可能出现的。因此，寻求可替代的可再生资源将是解决全世界能源危机的有效方法。循环经济应是在生态极限范围内的循环，而再循环的关键是追求资源利用合理性和可持续性。

资源的利用和资源的必需性有很大的关系，如果一种不可再生资源是生产投入的必需部分，随着生产的进行这种资源将会不断减少，生产和消费将不可能无限维持下去。产出的状况取决于不可再生资源能够被其他资源替代的程度以及替代发生时的产出行为。

图2-10中斜线 $ABCD$ 表示技术或可再生资源与不可再生资源相互替代的可能性，AOD 表示生态极限范围，W_1、W_2、W_1'、W_2'表示等经济规模曲线。在初始期 C 点用于经济系统的不可再生资源为 R_2，技术为 T_1 或可再生资源为 r_1，技术进步后或者不可再生资源开采利用过多，等经济规模曲线移至 B 点，用于经济系统的不可再生资源为 R_1，技术为 T_2 或可再生资源为 r_2。在 B 点用较少的不可再生资源、较先进技术或较多的可再生资源获得与 C 点同样规模的经济系统。在这种生态极限范围内的循环经济发展模式下，不仅能实现可持续经济发展，还能确保自然生态系统的可持续性，只要自然资源利用开发技术水平得到提高，那么经济系统所消费的自然资源就会减少，所节约的自然资源可用于“自然产出”，使劣化的自然生态系统、地球生态系统得到改善。即使技术水平在一定阶段很难提高，也可选择合理开发利用可再生资源代替不可再生资源，或者采取静态经济发展模式，至少保证经济系统所消费的自然资源不会增加，系统不再继续恶化。因此发展循环经济，寻求替代技术就至关重要，至少在一定程度上可以缓和地球生态系统不断恶化的趋势，为科学技术的开发及其水平的提高赢得时间。

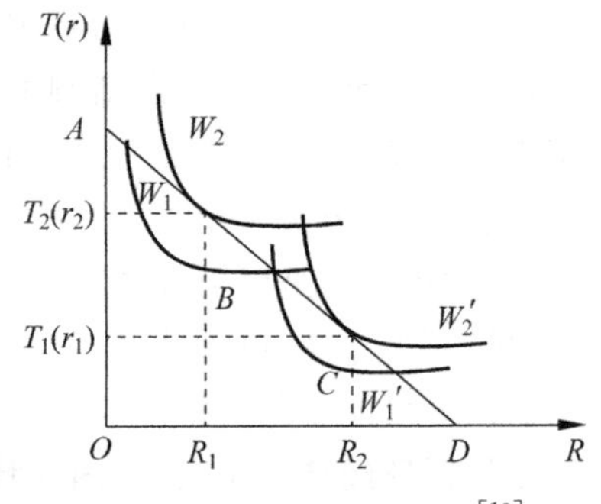

图2-10　资源的替代效应[10]

循环经济的实现层次分为三层：企业层次、园区经济层次、社会层次。其中，企业是实现循环经济的最基本单位，也是实现循环经济的基础。

企业是国民经济的细胞，是社会生产和流通的直接承担者，其生产和经营活动的效率与效果直接关系到社会经济发展的速度和方向。因此，企业自然地成为发展循环经济的起点和基本动力元素。循环经济要求企业通过提高资源的利用效率和重新制定新的发展战略，来应对市场的各种挑战和提高自身竞争力，实现企业的可持续发展，同时能够使经济、社会和环境效益协调发展。

生态工业园区是以循环经济理论为指导，以生态工业体系的构建为核心，将区域环境保护和环境污染综合整治充分融入，促进产业结构调整和布局的合理化，以此带动工业污染的治理，真正实现园区内环境与经济的统一协调发展的园区模式。

生态城市即循环经济的社会层次，其主要含义为：生态城市是结构合理、功能高效、关系协调的城市。具体来说，生态城市，从广义上讲，是建立在人类对人与自然关系更深刻认识的基础上的新的文化观，是按照生态学原则建立起来的社会、经济、自然协调发展的新型社会关系，是有效利用环境资源实现可持续发展的新的生产和生活方式。狭义地讲，就是按照生态学原理进行城市设计，建立高效、和谐、健康、可持续发展的人类聚居环境。生态城市是社会、经济、文化和自然高度协同和谐的复合生态系统，其内部的物质循环、能量流动和信息传递构成环环相扣、协同共生的网络，具有实现物质循环再生、能量充分利用、信息反馈调节、经济高效、社会和谐、人与自然协同共生的机能。

在以利润最大化为目标的前提下，假设一个造纸企业 A 如果不采用任何环保措施，将产生的废水直接排放至下游的河水中，则认为在废水处理中的费用为零，此时生产 1 单位产品成本为 1 元，市场的平均价格为 1.5 元，因此该企业愿意以 1.5 元的价格出售产品。如果该企业购入先进技术，使生产过程中产生的废水能够得到二次利用，由于设备的投入导致产品成本上升为 1.8 元，而此时的市场均衡价格仍然为 1.5 元，则该企业的产品无法出售，或者每出售 1 单位的产品，将面临损失 0.3 元的风险。因此，A 企业一定不会主动购买废水处理设备，对环境造成的污染也不愿承担任何责任。

情况一(图 2-11)：如果此时，政府为了治理废水污染问题，强制要求所有的造纸企业都必须采取该项环保技术二次利用废水，则整个行业的生产成本提高，供给曲线整体左移，均衡价格提高为 2.0 元，需求降低。同时消费者与生产者剩余之和由 AOB 下降至 DEB，说明社会整体福利由于政府的该项政策而降低，但是政府的福利是在上升的。

情况二(图 2-12)：如果政府对采取循环技术的企业给予一定的税收优惠或者一定的环保奖励，使 A 企业能够得到一定的补偿，生产 1 单位的产品成本降低为 0.9 元，因此 A 企业愿意以 1.4 元的价格出售产品，处于竞争行业中的有利地位。其他企业也会愿意采取废水循环利用系统以得到政府的税收优惠或奖励，则该产品的均衡价格降低为 1.4 元，消费者与生产者剩余之和由 AOB 上升至 DEB。但是采取这种方法，会使政府的整体福利下降。

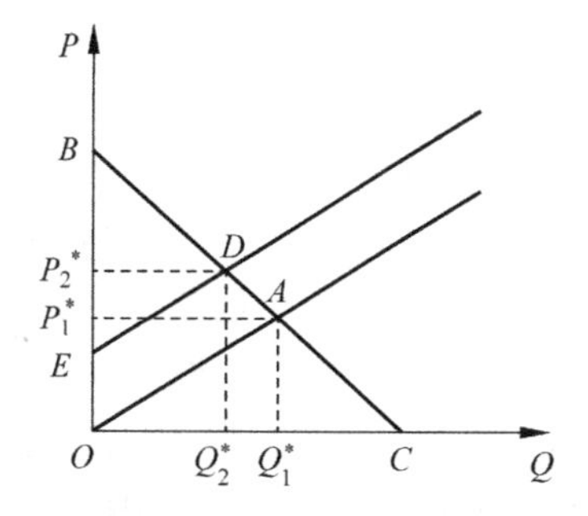

图 2-11　政府治理废水污染供需曲线图

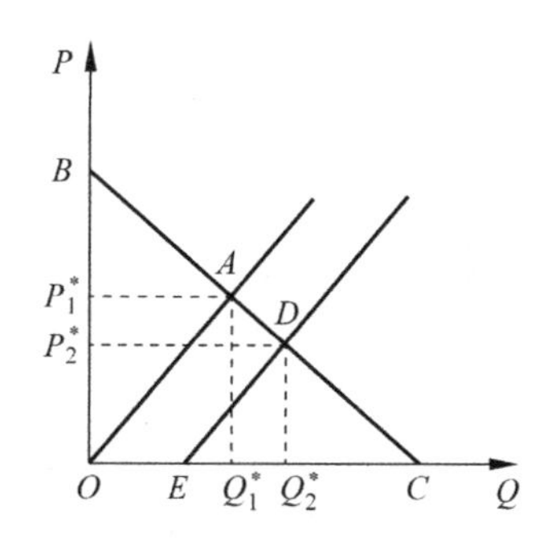

图 2-12　政府采取环保奖励供需曲线图

因此，政府可以采取强制处罚、税收优惠、环保奖励等方式来激励循环经济的实现，但需要在政府福利、生产者剩余、消费者剩余之间进行权衡。

通过上述分析可知，只有通过企业层次、园区经济层次及社会层次之间的相互协调，才能真正意义上的实现循环经济。

2.3.3 循环经济的应用案例

循环经济的提出，是经济发展理论的重要突破，它打破了传统经济发展理论把经济和环境系统人为割裂的弊端，要求把经济发展建立在自然生态规律的基础上，促使大量生产、大量消费和大量废弃的传统工业经济体系转轨到物质的合理使用和不断循环利用的经济体系，为传统经济转向可持续发展的经济提供了新的理论范式[12]。

目前，循环经济已经成为经济发展的主要模式，其中普遍运用的发展模式包括：杜邦模式——企业内部的循环经济模式、工业园区模式、德国的包装物双元回收体系(DSD)——回收再利用体系、日本的循环型社会模式等。

1. 杜邦模式——企业内部的循环经济模式

通过组织工厂内部各工艺之间的物料循环，延长生产链条，减少生产过程中物料和能源的使用量，尽量减少废弃物和有毒物质的排放，最大限度地利用可再生资源，提高产品的耐用性等。杜邦公司创造性地把循环经济三原则发展成为与化学工业相结合的“3R制造法”，通过放弃使用某些环境有害型的化学物质、减少一些化学物质的使用量以及发明回收本公司产品的新工艺，该公司生产造成的废弃塑料物减少了25%，空气污染物排放量减少了70%。

2. 德国DSD——回收再利用体系

德国DSD是对包装废弃物组织回收、分类、处理和循环使用的非营利社会中介组织，1995年由95家产品生产厂家、包装物生产厂家、商业企业以及垃圾回收部门联合组成，目前有1.6万家企业加入。DSD通过与地方政府、上游企业(分类、回收和再生企业)以及下游企业(生产商和销售商)协议合作，整合并充分利用已有资源，避免了重复投资，也避免了因职能重叠交叉带来的管理混乱问题，不仅节省了投资成本和人力资本，也提高了管理效能。

它将这些企业组织成为网络，在需要回收的包装物上打上绿点标记，然后由DSD委托上游企业进行处理。任何商品的包装，只要印有绿点标记，就表明其生产企业参与了“商品包装再循环计划”，并为处理自己产品的废弃包装交了费。

这项计划的基本原则是：谁生产垃圾谁就要为此付出代价。根据规定，德国包装材料的生产及经营企业要到“德国二元体系”协会注册，交纳“绿点标志使用费”，并获得在其产品上标注“绿点”标志的权利。协会则利用企业交纳的“绿点”费，负责收集包装垃圾，然后进行清理、分拣和循环再生利用。图2-13为德国

DSD——回收再利用体系流程图。

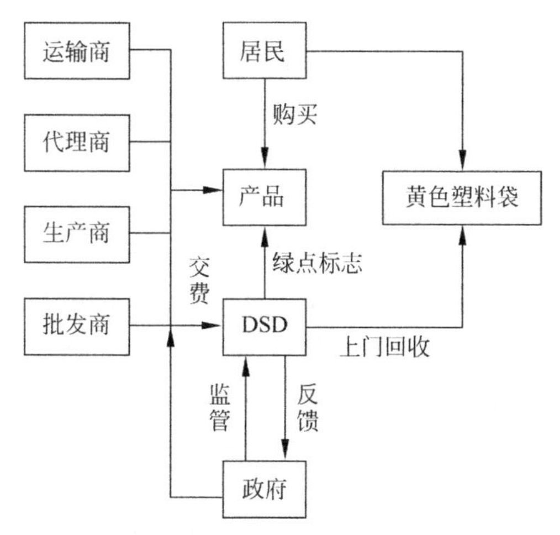

图 2-13　德国 DSD——回收再利用体系流程图

这一系列的有效机制促使德国包装材料的回收利用率不断提高，1999 年德国回收的包装垃圾达到 571 万 t，人均 77kg。如今德国的生活垃圾回收率已超过 70%，为欧洲国家之首。目前，德国政府正将处理生活垃圾的“二元体系”经验推广到其他行业。

在国内，循环经济实施的主要途径包括：在重点领域完善再生资源回收利用体系，建立资源循环利用机制，加快推进循环经济发展，促进经济增长方式转变；在开发区和产业园区进行试点，提出按循环经济模式规划、建设、改造产业园区的思路，形成一批循环经济产业示范园区；探索城市发展循环经济的思路，形成若干发展循环经济的示范城市。

3. 日照循环经济型生态城市

1999 年 11 月，日照市被批准为国家可持续发展实验区，2008 年 9 月，被科技部批准为首批国家可持续发展先进示范区。经过 20 年的发展，形成了日照循环经济型生态城市发展模式：在企业推行“小循环”，使企业尽量实现资源的再利用，减少有害物质的排放，提高物质的循环使用效率；在园区推行“中循环”，对各工业园区进行生态化改造，构建循环型产业链；在全社会推进“大循环”，开展植树造林和海洋资源修复，改善绿地和海洋生态条件，加强水资源保护和循环利用。

其中，亚太森博浆纸有限公司、青岛啤酒有限公司和鲁信金禾生化有限公司在企业内部按照循环型生态企业的模式构建了“小循环”，取得了良好的效果。亚太森博浆纸有限公司的浆纸资源循环利用示范工程，平均每天回收日照市第一污水处理厂污水 4 万 m^3；在备料阶段的剩余木屑，用于发电、供气等；制浆过程中产生的黑液进行蒸发、燃耗、苛化，提取出蒸煮工段需要的化学品，每年可以节省烧碱 50 万～60 万 t，节省标煤 120 万 t。青岛啤酒有限公司的啤酒酿造资源化循环利用工程,配套了酵母烘干机、酒糟烘干机等加工设备,对公司生产过程中产生的废酵母、酒糟、酒花凝固物进行回收,作为家畜家禽的饲料添加剂;产生的废硅藻土、废商标泥、污水处理的污泥,加工转化成肥料、造纸原料;对生产过程发酵产生的二氧化碳进行全部回收,实现二氧化碳的零排放。鲁信金禾生化有限公司的生物资源循环利用示范工程,对污水进行厌氧处理,日处理污水 4500m^3,处理得到的沼气作为能源用来发电,年发电量 1260 万 kW·h;发电后的尾气用来烘干菌丝体,使生产废物菌丝体由废弃物变为蛋白质和有机原料;生产过程中产生的硫酸钙,采用连续蒸压烘干生产高纯度高强度 α-半水硫酸钙,实现利润 300 万元,同时生产出品质远优于天然矿石的特殊用途石膏材料,减少了天然石膏的开采量。

"中循环"就是循环型生态工业园区。园区推进浆纸产业链、机械装备产业链、热电固废资源化利用产业链、生物化工产业链等循环型生态产业链的延伸,探索各产业之间资源、能源等的共生共用网络,初步实现了园区内资源、能源的交换和梯次利用。阳光热电公司粉煤灰和灰渣全部用于生产新型建材;洁晶集团与益康农业科技公司合作,用海藻废渣生产益生菌生物制剂,进一步用于生产饲料、有机肥料等。凌云海糖厂废糖蜜用来发酵生产酒精,酒精又为醋酸乙酯的生产提供原料,废糖蜜还被食品行业用来做生化发酵培养基。

"大循环"就是建设循环型城市。日照市坚持"3R"原则,在全市区域内积极探索和推行排放、高碳利用、改善生态、优化环境、循环利用、和谐发展的"大循环",促进循环型低碳生态城市的建设。加大节能减排力度,减少二氧化碳排放量,推行建筑节能和清洁能源利用;集中处理工业废水和生活污水,实现达标排放和循环利用;推广循环型生态农业发展模式,进行养殖业、种植业高效有机循环农业生产;大力开展植树造林和海洋资源修复,努力改善陆地和海洋生态条件;开发与利用新能源,克服太阳能本身所具有的稀薄性和间歇性,研发了太阳能用于水产养殖技术。

4. 青岛董家口循环经济示范区

2013 年 11 月,国家发改委批复董家口经济区建设区域循环经济示范区。经济区根据产业布局特点和循环经济发展要求,把安全、环保、绿色、低碳循环经济发展理念作为顶层设计,全力构建行业内部、产业间、区域间、公用设施四大循环经济体系。经济区目前已建成青钢、海晶化工、中法水务、华能热电等循环经济项目 12 个,初步建立了以下四大循环体系。

(1) 行业内部循环经济体系。在行业或组团内部形成资源共享和废弃物综合利用的循环经济体系。青钢生产过程中产生的煤气供给润亿清洁能源公司发电,为青钢提供电力;产生的混合煤气、蒸汽供给斯迪尔新材料公司生产高活性度炼钢冶金石灰、KR 脱硫剂及部分烧结石灰粉面,再供青钢生产过程使用;产生的废水,经董家口中法水务公司处理成为中水后,被青钢回收利用。

(2) 产业间循环经济体系。通过原料流、产品流、废物流、能流及水流等,在不同产业集群间构建循环经济产业链。博丰化学公司生产的聚氯乙烯生产助剂供给海晶化工公司生产使用；海晶化工公司生产的烧碱供给东岳泡花碱公司生产偏硅酸钠使用；海晶化工公司生产过程产生的副产品氢气和盐酸供给冶金项目生产铁红粉；铁红粉作为钢炉脱氧剂供给青钢炼钢使用。

(3) 组团间循环经济体系。着重在蒸汽、热水和电力供应，新材料、船舶零部件、污水再利用等方面。海晶化工公司为青岛碱业新材料公司提供工业蒸汽，青岛碱业新材料公司生产的苯乙烯供给益凯新材料公司作为生产合成橡胶的原料，益凯新材料公司生产的橡胶可供给双星绿色轮胎项目生产橡胶轮胎使用。

(4) 公用设施循环经济体系。重点构建"水电汽气"能源中心体系、水资源循环体系、再生资源回收网络体系和分拣体系、垃圾无害化处理与综合利用体系四大循环体系。华能热电公司为董家口经济区用户提供电力、蒸汽、热水的同时，其冷却系统产生的升温海水分别供给中石化青岛液化天然气公司加热液态天然气使用和海水淡化项目生产淡水使用。

2.3.4　循环经济与绿色制造

绿色制造和循环经济是实现制造业可持续发展的必由之路，是制造业未来的发展趋势和方向。循环经济是一个系统工程，在循环经济的产业链中，绿色材料、绿色设计、绿色制造、绿色包装、绿色使用和绿色回收共同组成一个闭环绿色供应链系统。只有重视循环经济的每一个环节，才能达到社会-生态-经济综合效益的系统优化，推进全球资源、环境和社会的可持续发展，从而提升国家或地区的竞争力。

绿色产品是循环经济的物质载体，绿色产品的内涵也可表述为：绿色产品是采用绿色材料，通过绿色设计和绿色工艺，经由绿色包装和绿色使用，最后可以得到绿色回收、再利用的产品。环境保护正日益成为国际贸易中的重要准则。绿色产品在国际竞争中占有越来越重要的地位，不符合环境保护标准的产品将最终被淘汰出国际市场。国际贸易与环境保护一度被视为两个互不相关的领域。但是，近几十年来，人们的价值观念发生了根本性的变化。人们在做出购买决策时，不仅会考虑产品能否满足自身的需要，而且也会考虑产品是否会对人类生存环境产生不利影响。人们把在其生命周期全过程中符合环境保护标准，对生态环境和人类健康无害或危害极少、资源利用率最高、能源消耗量最低、可回收再利用率最高的产品称之为"绿色产品"。

绿色制造是循环经济的技术支撑，绿色制造技术从源头上控制废物的产生，是一种积极的治理观念，它既是技术上的可行性和经济上的可盈利性的综合体现，也是发展循环经济在环境与发展问题上的双重意义的充分体现。绿色制造是推行循环经济的前提条件。循环经济的目的之一就是减少污染物的排放，保护环境。因此，发展循环经济本身就是重要的环境保护措施，其目标与绿色制造完全一致。

绿色回收是循环经济的反馈环节,绿色回收是绿色产品在其整个生命周期中的重要环节。在循环经济的产业链中,绿色回收与绿色材料、绿色设计、绿色制造、绿色包装、绿色使用共同组成一个闭环绿色供应链系统。绿色回收是一项贯穿于产品整个生命周期的多层次、多方位的系统工程。它不但涉及制造业,还牵涉到经济、立法、公众意识和社会管理等方面,在绿色制造中扮演着重要角色。

2.4 清洁生产

2.4.1 清洁生产的基本概念

随着经济建设的快速发展,全球性的环境污染和生态破坏日益加剧,资源和能源的短缺制约着经济的发展,人们也逐渐认识到仅仅依靠开发有效的污染治理技术对所产生的污染进行末端治理所实现的环境效益是非常有限的。如关心产品和生产过程对环境的影响,依靠改进生产工艺和加强管理等措施来消除污染可能更为有效,因此清洁生产的概念和实践也随之出现了,并以其旺盛的生命力在世界范围内迅速推广[13]。

1979 年 4 月,欧洲共同体理事会宣布推行清洁生产的政策,同年 11 月在日内瓦举行的"在环境领域内进行国际合作的全欧高级会议"上,通过了《关于少废无废工艺和废料利用宣言》。美国国会于 1984 年通过了《资源保护与回收法——有害和固体废物修正案》,规定:废物最小化,即在可行的部位将有害废物尽可能地削减和消除。1990 年 10 月,美国国会又通过了《污染预防法案》,从法律上确认了应在污染产生之前削减或消除污染。

2002 年 6 月 29 日,第九届全国人大常委会第二十八次会议修订通过《中华人民共和国清洁生产促进法》,中国清洁生产进入法制化、规范化的发展轨道。2005 年,国务院发布《国务院关于落实科学发展观加强环境保护的决定》,鼓励节能降耗,实施清洁生产。2007 年,国务院印发《节能减排综合性工作方案》,明确提出"全面推进清洁生产"。2009 年,工信部发布《工业和信息化部关于加强工业和通信业清洁生产促进工作的通知》,明确了工业和通信业领域推进清洁生产的工作重点和各项任务。2010 年,环境保护部发布《关于深入推进重点企业清洁生产的通知》,明确企业清洁生产工作的目标、任务和要求,将重点企业清洁生产制度与中国现行各项环境管理制度创新性地相衔接。2012 年 2 月,第十一届全国人大常委会第二十五次会议通过了关于修改《中华人民共和国清洁生产促进法》的决定,对清洁生产推行规划制度、审核制度、法律责任等方面进行了修改,进一步深化我国推进清洁生产、促进经济发展方式转变和环境改善。2012 年国务院印发《节能与新能源汽车产业发展规划(2012—2020 年)》,2013 年国务院发布《国务院办公厅关于加强内燃机工业节能减排的意见》,2016 年国务院印发《"十三五"节能减排综合工作方案》,进一步促进节能减排、清洁生产。

在此期间,清洁生产所包含的主要内容和思想在世界上不少国家和地区均有采纳,但有关清洁生产的定义有很多表述,如污染预防、废物最小化、清洁技术等。清洁生产(cleaner production)在不同的发展阶段或者不同的国家有不同的叫法,例如"废物减量化""无废工艺""污染预防"等。但其基本内涵是一致的,即将综合预防的环境保护策略持续应用于生产过程和产品中,以期减少对人类和环境的风险。清洁生产从本质上来说,就是对生产过程与产品采取整体预防的环境策略,减少或者消除它们对人类及环境的可能危害,同时充分满足人类需要,使社会经济效益最大化的一种生产模式。

根据可持续发展对资源和环境的要求,清洁生产谋求达到两个目标:通过资源的综合利用,短缺资源的代用,二次能源的利用,以及节能、降耗、节水,合理利用自然资源,减缓资源的耗竭;减少废物和污染物的排放,促进工业产品的生产、消耗过程与环境相融,降低工业活动对人类和环境的风险。

清洁生产包含两个全过程控制:生产全过程和产品整个生命周期全过程。对生产过程而言,清洁生产包括节约原材料与能源,尽可能不用有毒原材料并在生产过程中就减少它们的数量和毒性;对产品而言,则是从原材料获取到产品最终处置过程中,尽可能将对环境的影响减少到最低。对生产过程与产品采取整体预防性的环境策略,以减少其对人类及环境可能的危害;对生产过程而言,清洁生产节约原材料与能源,尽可能不用有毒有害原材料,并在全部排放物和废物离开生产过程以前就减少它们的数量和毒性;对产品而言,则是由生命周期评价,从原材料取得至产品的最终处理过程中,竭尽可能将对环境的影响减至最低。

清洁生产是一种新的创造性理念,这种理念将整体预防的环境战略持续应用于生产过程、产品和服务中,以增加生态效率和减少人类及环境的风险。清洁生产是环境保护战略由被动反应向主动行动的一种转变[14]。

首先,清洁生产体现的是预防为主的环境战略。传统的末端治理与生产过程相脱节,先污染,再去治理,这是发达国家曾经走过的道路;清洁生产要求从产品设计开始,到选择原料、工艺路线和设备,以及废物利用、运行管理的各个环节,通过不断地加强管理和技术进步,提高资源利用率,减少乃至消除污染物的产生,体现了预防为主的思想。

其次,清洁生产体现的是集约型的增长方式。清洁生产要求改变以牺牲环境为代价的、传统的、粗放型的经济发展模式,走内涵发展道路。要实现这一目标,企业必须大力调整产品结构,革新生产工艺,优化生产过程,提高技术装备水平,加强科学管理,提高人员素质,实现节能、降耗、减污、增效,合理、高效配置资源,最大限度地提高资源利用率。

最后,清洁生产体现了环境效益与经济效益的统一。传统的末端治理,投入多、运行成本高、治理难度大,环境效益与经济效益很难兼顾;清洁生产的最终结果是企业管理水平、生产工艺技术水平得到提高,资源得到充分利用,环境从根本上得到改善。清洁生产与传统的末端治理的最大不同是找到了环境效益与经济效益相统一的结合点,能够调动企业防治工业污染的积极性。

2.4.2 清洁生产的具体实施

清洁生产的实施措施具体包括:使用清洁的能源和原料、不断改进产品设计、采用先进的工艺技术与设备、改善管理、综合利用,从源头削减污染,提高资源利用效率;减少或者避免生产、服务和产品使用过程中污染物的产生和排放。清洁生产是实施绿色制造的重要手段,其观念主要强调三个重点:清洁的原料与能源、清洁的生产过程和清洁的产品。

清洁的原料与能源是指产品生产过程中能被充分利用而极少产生废物和污染的原料和能源。选择清洁的原料与能源,是清洁生产的一个重要条件。首先要求原料和能源能在生产中被充分利用。生产所用的大量原材料中,通常只有部分物质是生产中的必需品,其余部分就成为所谓的“杂质”,在物质转换过程中,常作为废料而废弃,原材料未能被充分利用。能源则不仅存在“杂质”含量多少的问题,而且还存在转换比率和废物排放量大小的问题。如果选用较纯的原材料与清洁的能源,则杂质少、转换率高、废物排放少。同时,不能含有有毒有害物质。清洁生产要求通过技术分析,淘汰有毒有害成分,采用无毒或低毒的原料与绿色能源。

清洁的生产过程是指尽量少用、不用有毒有害的原料;采用无毒无害的中间产品;选用少废、无废工艺和高效设备;尽量减少生产过程中的各种危险性因素,如高温、高压、低温、低压、易燃、易爆、强噪声、强振动等;采用可靠和简单的生产操作和控制方法;对物料进行内部循环利用;完善的科学化管理等。清洁的生产过程,要求选用有效的技术工艺,将废物减量化、资源化、无害化,直至将废物消灭在生产过程之中。废物减量化,就是要改善生产技术和工艺,采用先进设备,提高原料利用率,使原材料尽可能转化为产品,从而使废物达到最小量。废物资源化,就是将生产环节中的废物综合利用,转化为进一步生产的资源,变废为宝。废物无害化,就是减少或消除将要离开生产过程的废物的毒性,使之不危害环境和人类。

清洁的产品,就是有利于资源的有效利用,在产品的生产、使用和处置的全过程中不产生有害影响。清洁产品又叫绿色产品、环境友好产品、可持续产品等。清洁产品要有利于资源的有效利用,既能满足人们的消费需求又省料耐用。清洁产品还要避免危害人与环境。因此清洁产品设计应考虑节约原材料和能源,少用昂贵和稀缺的原料;产品在使用过程中以及使用后不含危害人体健康和破坏生态环境的因素;产品使用后易于回收、重复使用和再生;使用寿命和使用功能合理;产品报废后易回收处理、易降解,等等。

清洁生产的具体实施应从产品全生命周期出发,在产品设计阶段考虑选择环境友好型材料,使用清洁生产工艺技术等,同时在制造过程中降低资源能源消耗,使环境影响极小化。具体实施措施如下：

(1) 实施产品绿色设计。企业实行清洁生产，在产品设计过程中，一要考虑环境保护，减少资源消耗，实现可持续发展战略；二要考虑商业利益，降低成本、减少潜在的责任风险，提高竞争力。具体做法是，在产品设计时，尽量选用轻质材料以及无毒、低毒、少污染的原辅材料；简化产品结构，减少材料使用量；采用模块化、易拆解的结构，便于产品的维护、升级换代及回收处理；考虑产品的使用性能，使产品在使用过程中达到节能减排、对用户和环境影响最小化。

(2) 实施生产全过程控制。清洁的生产过程要求企业采用少废、无废的生产工艺技术和高效生产设备；尽量少用、不用有毒有害的原料；减少生产过程中的各种危险因素和有毒有害的中间产品；使用简便、可靠的操作和控制；建立良好生产规范(GMP)、卫生标准操作程序(SSOP)和危害分析与关键控制点(HACCP)；组织物料的再循环；建立全面质量管理系统(TQMS)；优化生产组织；进行必要的污染治理，实现清洁、高效的资源利用和产品生产。

(3) 实施材料优化管理。材料优化管理是企业实施清洁生产的重要环节。选择材料，评估化学性能，进行全生命周期管理是提高材料管理的重要方面。在选择材料时既要充分考虑材料的使用性能，同时必须考虑材料的可循环性，这样就可以通过提高环境质量和减少成本获得经济与环境收益；实行合理的材料闭环流动，主要包括原材料和产品的回收处理过程的材料流动、产品使用过程的材料流动和产品制造过程的材料流动。

原材料的加工循环是自然资源到成品材料的流动过程以及开采、加工过程中产生的废弃物的回收利用所组成的一个闭环过程。产品制造过程的材料流动，是材料在整个制造系统中的流动过程，以及在此过程中产生的废弃物的回收处理形成的循环过程。制造过程的各个环节直接或间接地影响着材料的消耗。产品使用过程的材料流动是在产品的寿命周期内，产品的使用、维修、保养以及服务等过程和在这些过程中产生的废弃物的回收利用过程。产品的回收过程的材料流动是产品使用后的回收处理过程，主要包括可重用的零部件、可再生的零部件、不可再生的废弃物。在材料消耗的4个环节里，都要努力实现废弃物减量化、资源化和无害化，最终实现生产过程和产品的清洁化、绿色化。

2.4.3 清洁生产的应用

清洁生产已经在机械、飞机制造、钢铁冶金、轻工、电子、交通、建材、石化、电力、纺织印染等行业得到了应用，取得了良好效果。

(1) 山东某电源生产企业主要生产铅蓄电池，2010年9月26日，入选工信部首批两化融合促进节能减排试点示范企业。该企业采用先进适用的工艺技术装备，积极实施清洁生产，其采取的主要措施包括以下几个方面：

① 铅锭采用冷加工造粒技术代替熔铅炉热融技术。完全杜绝了该工序铅烟

的排放，可节能75%以上，既实现了无铅渣产生，节约了原材料，同时也减少了环保设施的投入和运行费用。

② 大中型密封电池采用机械自动化铸焊技术代替手工烧焊技术，减少了铅烟和铅尘排放，提高了生产效率、降低了劳动强度，避免了操作人员与铅烟、铅尘的直接接触。

③ 连铸、连轧、连冲、连涂极板技术代替热加工(铸造)成形板栅技术。该技术是一种新型的极板加工技术，可大幅减少铅烟、铅尘产生。

④ 小型密封动力电池实现自动包片、自动叠片、自动铸焊，组装实现流水线生产新工艺，减少了操作人员直接接触铅及铅烟和铅尘的排放，不但提高了劳动效率，降低了劳动强度，而且有利于职工职业健康。

⑤ 管式极板挤膏工艺代替干粉灌粉工艺。消除铅粉尘、铅烟的产生，余膏直接在线回收使用，效率较高，节约资源。

⑥ 大容量电池酸循环化成技术。利用电解液体外循环的方式解决化成电解液酸量不足和化成降温问题，缩短化成时间，提高生产效率，降低酸雾排出量，不使用冷却水，减少含铅废水排放。

该公司通过一系列清洁生产技术的实施，取得了显著的经济效益和环境效益。降低硫酸消耗量2635t/年；节约铅耗337.5t/年；节约电能消耗190.2万kW·h/年；减少废水量30 900t/年，削减率49.5%；减少COD排放量1.0t/年，削减率50%；减少SS排放量0.54t/年，削减率49.9%；减少铅尘排放1.9t/年，削减率8.6%；减少铅渣排放0.3t/年。

(2) 江苏某纸业生产企业是首批入选工信部两化融合促进节能减排试点示范企业。自1997年建厂以来，该公司累计投入环保设施经费已达17.18亿元，从水、气、声、渣等各方面对污染物进行再利用与防治。

① 实施了多项省水减废的清洁生产项目，如采用膜处理技术开发建设了7000t/天造纸废水回用系统。通过一系列的水回用，吨纸耗水量已由建厂初期的15t降至目前的7.56t，远远优于10t的世界领先水平。此外，建成日处理量7.5万t的废水处理厂，废水经厌氧-好氧生物处理法处理后，全部达标排放，且远远低于国家排放标准。

② 企业所属碳酸钙厂引进先进的环保技术设备及工艺，利用锅炉排放废烟气中的二氧化碳作为合成轻质碳酸钙原料，明显减少二氧化硫、二氧化碳、烟尘的排放总量，减少二氧化硫排放690t、二氧化碳排放26万t。

③ 利用专利技术回收锅炉烟气余热，加热除氧器补水，降低低压蒸汽耗量，从而降低煤炭消耗，并可减少二氧化碳、二氧化硫、二氧化氮排放。每年节约标煤5597t，减少二氧化碳排放1.5万t、二氧化硫排放90t、二氧化氮排放51t。

④ 采用造纸污泥回收并添加适当填料生产纸盖板技术对污泥进行回收利用，提高了造纸污泥综合利用附加值。

(3) 太原钢铁(集团)有限公司(简称太钢)是一家大型钢材生产企业,入选工信部首批两化融合促进节能减排试点示范企业。近年来,太钢依靠技术创新,实施了系列化的清洁生产工艺技术改造,通过采用煤调湿,干法熄焦,烧结烟气活性焦处理,烧结环冷机余热回收,高炉/转炉煤气干法除尘,转炉、AOD 炉和加热炉饱和蒸汽回收发电等先进技术装备,建立了全流程的节能减排模式,形成了较完整的固态、液态、气态废弃物循环经济产业链,对废水、废酸、废气、废渣、余压余热进行高效循环利用。如在业内率先采用活性炭技术,实施了集脱硫、脱硝、脱二噁英、脱重金属、除尘五位一体的烧结烟气脱硫脱硝制酸系统,每年回收二氧化硫制造浓度98%的硫酸 6 万 t,全部回用于生产;建成了世界首套全功能冶金除尘灰资源化项目,年处理冶金除尘灰 64 万 t、回收金属 32 万 t,相当于开发一座年产 200 万 t 铁矿石的矿山。

通过这些系列化的清洁生产工艺技术改造后,企业能耗、资源、生产技术、综合利用和污染物排放等指标进一步提升,2012 年与 2002 年相比,吨钢综合能耗下降43%,新水消耗下降 86%,烟粉尘排放量下降 85%,二氧化硫排放量下降 94%,化学需氧量下降 97%,关键指标吨钢 COD、二氧化硫、烟粉尘排放强度接近甚至好于国际先进水平,处于行业领先。2019 年三季度,烧结机头烟气脱硫吸附后的富集二氧化硫气体全部制备硫酸,制酸量为 5254t,废水经集中废水处理系统处理后再深度处理回用,回用水量为 1650.15 万 t,钢铁渣、粉煤灰等固废均实施综合利用资源化,固废综合利用率大于 97%;钢烟粉尘排放量为 0.241kg/t、SO_2 排放量为 0.121kg/t、NO_x 排放量为 0.637kg/t,分别比上年减少 26.52%、48.51%、44.37%;每吨钢COD 排放量为 0.0223kg、氨氮排放量为 0.0052kg,分别比上年减少 9.72%、22.39%。

2.4.4　清洁生产与绿色制造

传统的工业生产模式中原材料及辅助材料的粗放获取、运输和储存,生产过程中的跑冒滴漏、低转化率和高废物产生率是工业性环境污染的主要来源。传统的工业生产制造模式的弊端随着各种生态环境问题的不断爆发而凸显,这使得改变工业生产模式变得日益紧迫。而通过实施供给侧改革,推行绿色制造,对传统的工业生产实施绿色化改造,最终实现生产环境友好迫在眉睫。

而清洁生产正是从生产全过程和产品全生命周期进行系统考虑,以节能、降耗、减污、增效为目标,以技术和管理为手段,首先通过优化设计,利用清洁的原料与能源,选用较纯的原材料与清洁能源,避免和淘汰有毒、有害的原材料。通过不断改进工艺技术和设备水平,提升过程管理能力,提高原料和燃料的利用效率,最大可能地减少废物的产生,降低废物毒性,并通过废物的最优回收利用,最大限度地减少排放到环境中的量,实现产品生产过程清洁化。同时,产品的设计过程考虑节约原材料和能源,少用昂贵和稀缺的原料,使用过程环保绿色,使用后易于回收、重复使用和再生，报废后易处理、易降解，实现环境友好的绿色制造。

绿色制造是在保证产品的功能、质量、成本的前提下，综合考虑制造系统的环境影响和资源效率，最终使产品从设计、制造、使用到报废的整个生命周期中不产生环境污染或环境污染最小化，对生态环境无害或危害极小，资源利用率最高，能源消耗最低。绿色制造是从"大制造"的概念来讲，包括生命周期的全过程：产品设计、工艺规划、材料选择、生产制造、包装运输、使用和报废处理等阶段，在每个阶段都要考虑绿色因素及其实现程度。清洁生产属于绿色制造研究内容的一部分，清洁生产理论是绿色制造理论的基础，清洁生产是绿色制造的实现手段，要实现绿色制造，制造过程中必须采用清洁生产模式，两者关系紧密相连，不可分割。

2.5 绿色制造体系

绿色制造贯穿于产品的全生命周期过程，涉及设计、制造、包装、运输、使用和回收处理多个阶段。从产品角度看，可以将绿色制造分为绿色设计、绿色生产、绿色物流、绿色运行和回收处理五大部分。绿色设计包含产品环境问题评估、用户环境需求分析、面向拆卸的设计、面向回收的设计、面向再制造的设计等。绿色生产包含了设备低碳节能服役运行、绿色计算机辅助工艺规则(CAPP)、清洁生产技术等。绿色物流涉及产品全生命周期的物料、产品、废物的流动管理和规划。绿色运行包含了产品运行状态的检测、主动再制造服务等。

从制造系统组织方式看，绿色制造可以在工艺与装备、车间、工厂企业、行业、国家等不同层面实施和规划。在国家和行业层次，主要是规划制定绿色制造技术标准、产业发展战略、政策法规等；在工厂企业层次，主要是从企业发展规划、绿色管理和服务的角度实现绿色制造，主要有绿色制造实施规划、绿色制造管理绩效、绿色云制造服务等；在车间及工艺装备层次，主要是具体技术的实施，包括清洁生产技术、绿色 CAPP、设备能耗监控与管理等。

同时，绿色制造离不开机械设计与制造、自动化、检测与传感器、管理、环保、计算机、大数据、物联网等众多领域的支持，特别是在"工业 4.0"和"中国制造 2025"制造业转型升级的背景下，大数据、物联网/云制造技术、人工智能/机器人技术、3D 打印技术、新材料与新能源技术等一大批新理论、新方法、新技术、新设备不断涌现，大大加快了制造业的融合发展速度，为绿色制造提供了新的发展契机。在这样的背景下，绿色制造将与多学科和多技术进行深度融合，进一步拓展与完善绿色制造体系架构。

绿色制造的体系架构如图 2-14 所示。从绿色制造的体系架构可以看出，绿色制造主要包括绿色设计、绿色生产、绿色物流绿色运行与绿色回收等。

1. 绿色设计

绿色设计是绿色制造的前提和基础，它反映了人们对于现代科技以及制造技

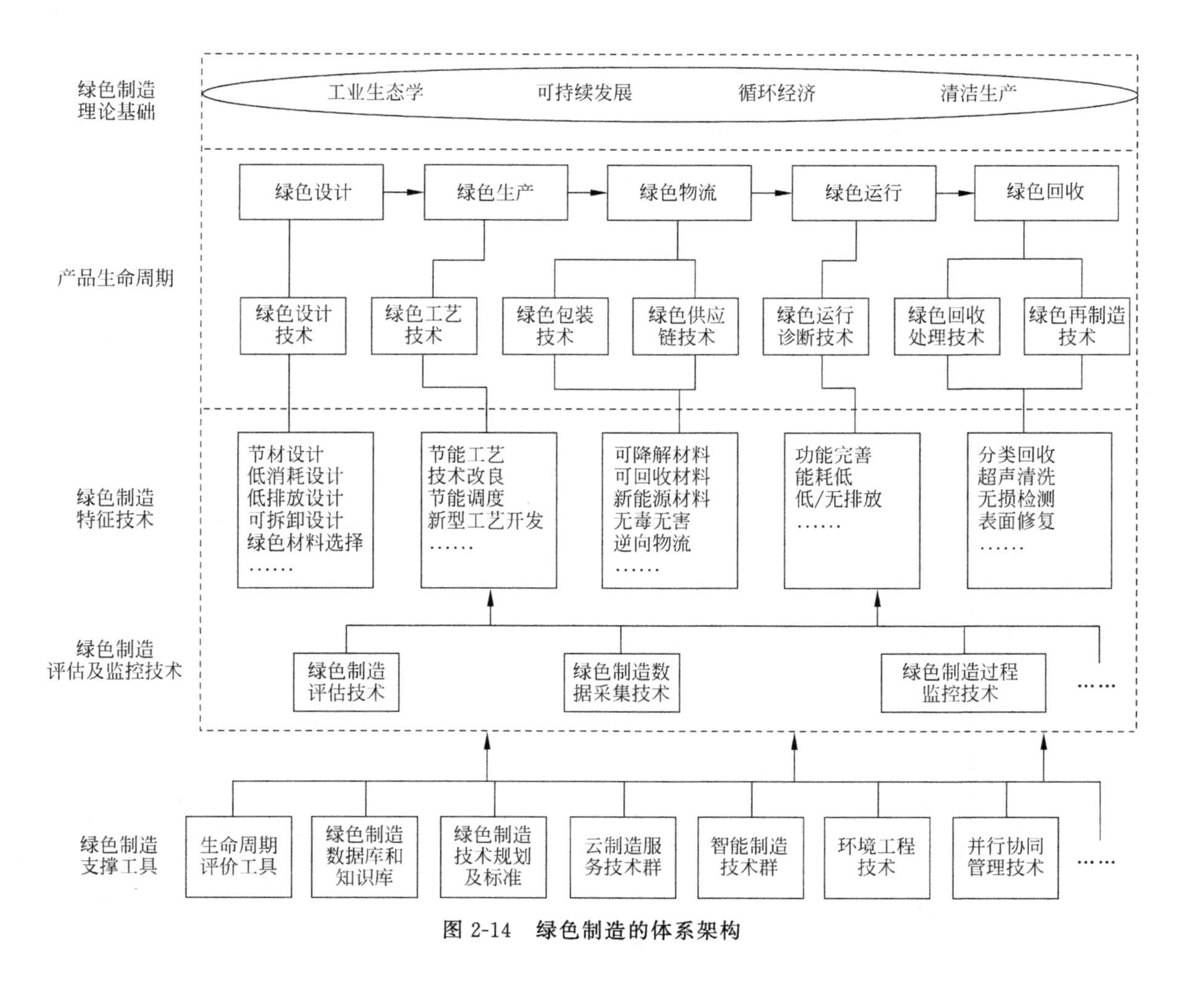

图 2-14　绿色制造的体系架构

术所引起的环境生态破坏、资源衰竭的反思，是对传统设计的革新和完善[15]。绿色设计的基本思想就是要在设计阶段将环境因素和预防污染的措施纳入产品设计之中，将环境性能作为产品的设计目标和出发点，力求使产品对环境的影响达到最小。强调在产品开发阶段按照全生命周期的观点进行系统性的分析与评价，消除潜在的、对环境的负面影响，力求形成"从摇篮到再现"的过程[16]。绿色设计主要通过产品材料选择、可拆卸设计、可回收设计等方法来实现。

2. **绿色生产**

生产过程作为将原材料转化为产品的直接过程，包含各种制造工艺和装备，涉及面广，节能环保的潜力大，是绿色制造研究与应用最受关注的领域。绿色生产主要包括绿色制造工艺技术、绿色制造工艺设备与装备等。具体包括采用绿色工艺技术与装备、简化工艺流程、优化节能调度、实施绿色工厂等。由于生产过程是系统化工程，单一的装备升级和工艺改进对生产过程的可持续性提升比较有限，因此，绿色生产过程更倾向于集成化、系统化研究与实施。

3. **绿色物流**

绿色物流是指在物流过程中减少物流对环境造成危害的同时，实现对物流环境的净化，使物流资源得到最充分利用。它包括物流作业环节和物流管理全过程的绿色化。从物流作业环节来看，包括绿色运输、绿色包装、绿色供应链等。

4. **绿色回收**

产品使用寿命结束后，往往认为产品再也没有使用价值了。事实上，如果将废弃的产品中有用的部分再合理地利用起来，既能节约资源，又可有效地保护环境。随着大数据、互联网的广泛应用，新的回收利用模式不断出现，加之生产者责任延伸(extended producer responsibility，EPR)制度的实施，许多行业的绿色回收会取得更好的应用效果。

绿色制造系统强调制造系统的所有要素与自然生态的协调和共生，而不仅仅是生产过程、加工技术和具体的管理方法等要素自身的集成。在输出形态上，它强调在废物最小化基础上的产品生产和服务。在运营过程中，在各个环节充分考虑环境因素，同时提高资源的利用效率。绿色制造只有从系统角度考虑，才能取得预期效果，并在当前产业绿色化浪潮中提供和保持持续的竞争优势。

参考文献

[1] 苏伦·埃尔克曼.工业生态学[M].徐兴元，译.北京：经济日报出版社，1999.
[2] 李同升，韦亚权.工业生态学研究现状与展望[J].生态学报，2005(4)：213-221.
[3] 迈尔斯.人的发展与社会指标[M].重庆：重庆大学出版社，1992.
[4] 国务院环境保护领导小组办公室.世界自然资源保护大纲[Z].1982.
[5] 李龙熙.对可持续发展理论的诠释与解析[J].行政与法，2005(1)：3-7.

[6]　ADAMS W M. The future of sustainability：Re-thinking environment and development in the twenty-first century[R]. Report of the IUCN renowned thinkers meeting，2006：29-31.
[7]　马光. 环境与可持续发展导论[M]. 3 版. 北京：科学出版社，2014.
[8]　达勒曼. 绿色之都德国弗莱堡[M]. 北京：中国建筑工业出版社，2013.
[9]　科学技术部. 中国地方可持续发展特色案例[M]. 北京：社会科学文献出版社，2007.
[10]　冯之浚. 论循环经济[J]. 中国软科学，2004(10)：4-12.
[11]　吴季松. 新循环经济学：中国的经济学[M]. 北京：清华大学出版社，2005.
[12]　齐建国. 中国循环经济发展报告(2011—2012) [M]. 北京：社会科学文献出版社，2013.
[13]　马妍，白艳英，于秀玲，等. 中国清洁生产发展历程回顾分析[J]. 环境与可持续发展，2010，35(1)：40-43.
[14]　彭晓春，谢武明. 清洁生产与循环经济[M]. 北京：化学工业出版社，2009.
[15]　刘志峰，刘光复. 绿色产品与绿色设计[J]. 机械科学与技术，1997，15(12)：1-3.
[16]　刘志峰. 绿色设计方法、技术及其应用[M]. 北京：国防工业出版社，2008.

第3章

绿色设计

如何提升产品的环境友好性,是每一个产品制造的参与者必须要面对的问题。进行绿色设计,是实现产品绿色化的有效手段。研究表明[1]:设计阶段决定了产品制造成本的70%~80%,如果考虑环境因素,这个比例还会增大,而设计本身的成本仅占产品总成本的10%。因为设计所造成产品对生态环境的破坏程度远远大于由设计过程本身所造成的对生态环境影响的程度。因此,只有从设计阶段将产品"绿色程度"作为设计目标,才能取得理想的设计结果。

3.1 绿色设计的特点

3.1.1 绿色设计的概念

通常产品设计时主要考虑产品的基本属性,如功能、质量、寿命、成本等,而对其环境属性考虑不多(这里的环境属性是一个广义的概念,包括资源能源的利用、有毒有害物质的管控、对环境及生态系统的影响以及产品的可拆卸性、可回收性、可重复利用性等),其设计过程如图3-1所示。这种设计思路往往被认为是从"摇篮到坟墓"的过程。按这种思路设计制造出来的产品,虽然能满足消费者的需求,但在其使用寿命结束后,由于受结构、材料及工艺等的限制,产品的回收利用率低,资源、能源存在不同程度的浪费,特别是其中的有毒有害物质,往往会严重污染生态环境。

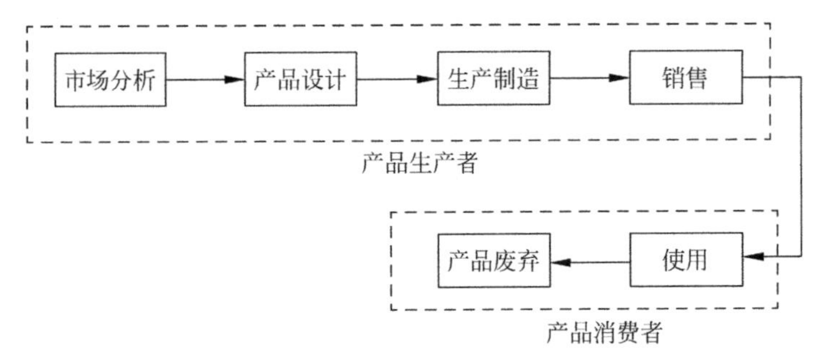

图3-1 传统产品设计思想

产品设计制造完成并实现销售，产品设计人员和工艺人员就不再关心产品生命周期结束后所出现的问题。

由此可见，传统设计的不足主要表现在以下几个方面：

(1) 产品开发的各个环节顺序(串行)进行，反复次数多，开发周期长，开发费用高。

(2) 产品开发过程很少考虑产品的环境属性，从而造成产品结构复杂，拆卸回收难度大，致使大量的资源、能源浪费，并且污染环境、破坏生态。

(3) 产品设计人员缺乏绿色思维，对绿色产品和绿色设计的认识不够明确。

(4) 经过传统设计的产品难以适应目前的市场竞争以及满足可持续发展的需要。

绿色设计(green design，GD)，也称为生态设计(ecological design，ED)、面向环境设计(design for environment，DFE)或环境意识设计(environmental conscious design，ECD)等，虽然表达方法不同，但其内涵大体一致，其基本思想是在设计阶段就将环境因素和预防污染的措施纳入产品设计之中，将产品环境性能的提升作为产品设计目标和出发点，力求产品在其生命周期全过程中，成本较低，资源能源利用率最高，环境影响最小。因此，可以给绿色设计这样一个定义：在产品整个生命周期内，着重考虑产品环境属性(如材料的环境友好性、产品的可拆卸性、可回收性、产品生命周期环境影响等)，并将其作为设计目标，在满足环境目标要求的同时，并行地考虑并保证产品应有的基本功能、使用寿命、经济性和质量等[2]。

与传统设计的开环过程相比，绿色设计考虑的因素更多，将设计内容拓展到产品废弃后的拆卸、回收与再利用过程，实现了产品全生命周期的闭环循环，而且要求在设计时必须并行考虑产品全生命周期的各种因素，因而，绿色设计是并行闭环设计，也称从“摇篮到摇篮”的过程，如图3-2所示。

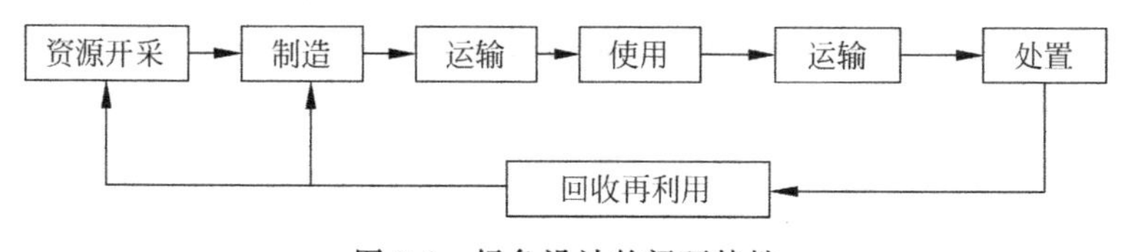

图3-2 绿色设计的闭环特性

绿色设计和传统设计在设计依据、设计人员、设计工艺和技术、设计目的等方面都存在着很大的不同，表3-1为绿色设计与传统设计的比较。从绿色设计与传统设计的比较可以看出，绿色设计要求在设计产品时必须按照环境属性的要求选用合适的原材料、结构和工艺，在制造和使用过程中尽量简化工艺流程、降低能耗、不产生各类伤害，产品废弃淘汰后要便于拆卸和回收，回收的零部件或材料可用于再生产，对无回收价值的部分进行无害化处理，使产品整个生命周期过程不产生环境污染与生态破坏。

表 3-1 绿色设计与传统设计的比较

比较因素	传统设计	绿色设计
设计依据	依据用户对产品提出的功能、性能、质量及成本要求来设计	依据环境效益和生态环境指标与产品功能、性能、质量及成本要求来设计
设计人员	设计人员很少或没有考虑到有效的资源再生利用及对生态环境的影响	要求设计人员在产品构思及设计阶段，必须考虑降低能耗、节约资源和保护生态环境
设计技术或工艺	在制造和使用过程中很少考虑产品回收，仅考虑有限的贵重金属材料回收	在产品制造和使用过程中可拆卸、易回收，不产生毒副作用及保证产生最少的废弃物
设计目的	以需求为主要设计目的	为需求和环境而设计，满足可持续发展的要求
产品	普通产品	绿色产品或绿色标志产品

3.1.2 绿色设计的特点

绿色设计具有以下特点：

(1) 绿色设计可以减缓资源消耗。由于绿色设计使构成产品的零部件材料可以得到充分有效的利用，在产品的整个生命周期中资源能源消耗最小，因而减少了对材料资源及能源的需求，保护了地球的矿物资源，使其可合理持续利用。

(2) 有助于淘汰、废弃产品的高效回收利用。工业化国家每年要产生大量的废弃物，而其处理则成为颇为棘手的问题。通常采用的焚烧、填埋法不仅占用了大量土地，而且还会造成二次污染。绿色设计可以将废弃物的产生尽可能地消灭在萌芽状态，可使其数量降到最低限度，大大缓解了工业化生产与大量废弃物处理的矛盾。

(3) 环境与生态保护在产品设计中得到了充分体现。绿色设计在产品功能、原理的实现上，充分考虑环境因素，因而其设计成果有利于保护环境，维护生态系统的平衡和实现可持续发展。

(4) 绿色设计是并行闭环设计。传统并行设计的生命周期是指从设计、制造直至废弃的所有阶段，而很少考虑产品废弃后的各个环节，因而是一个开环过程；而绿色设计的生命周期除传统生命周期各阶段外，还包括产品废弃后的拆卸分离、回收利用、处理处置，实现了产品生命周期阶段的闭路循环，是从摇篮到再现的过程。

(5) 对于产品的绿色设计而言，不存在最优的设计方案，只存在现有技术条件下相对较好的设计方案。

3.1.3 绿色设计准则及基础环境的建立

为了将环境保护意识纳入产品设计过程，将绿色特性有机地融入产品全生命周期,需要做好以下两方面的工作:一方面,要建立绿色设计准则规范,为绿色设计在企业的各个部门和相应产品生命周期环节的实施提供可遵循的依据;另一方面,需要为绿色设计的实施建立基础环境条件。

1. 绿色设计准则规范

绿色设计将产品的绿色特性有机地融入产品生命周期全程,从具体实施层面来说,还需要为设计人员提供便于遵循的绿色设计准则规范。绿色设计准则就是在传统产品设计中通常所主要依据的技术准则、成本准则和人机工程学准则的基础上纳入以下生态环境准则,并将生态环境准则置于优先考虑的地位。

(1) 资源最佳利用原则。在选用资源时,应从可持续发展的观念出发,考虑资源的再生能力和跨时段配置问题,尽可能使资源实现循环重复利用或使用可再生资源。

(2) 能量消耗最少原则。一是在选用能源类型时,应尽可能选用太阳能、风能等清洁型可再生一次能源;二是力求在产品整个生命周期循环中能源消耗最少,能源效率最高。

(3) “零污染”原则。绿色设计应彻底抛弃传统的“先污染,后处理”的末端治理方式,而要实施“预防为主,治理为辅”的环境保护策略。因此,设计时就必须充分考虑如何消除污染源,从根本上防止污染。

(4) “零损害”原则。绿色设计应该确保产品在生命周期内对劳动者(生产者和使用者)具有良好的保护功能,在设计上不仅要从产品制造和使用环境以及产品的质量和可靠性等方面考虑如何确保生产者和使用者的安全,而且要符合人机工程学和美学等有关原理,以免造成身心健康或危害。

(5) 技术先进原则。要使设计出的产品具有高的绿色度,就应该多学科融合,采用先进的方法、技术与工具,而且要求设计者有创造性,使产品具有最佳的市场竞争力。

(6) 生态经济效益最佳原则。绿色设计不仅要考虑产品所创造的经济效益,而且要从可持续发展的观点出发,考虑产品在生命周期内的环境行为对生态环境和社会所造成的影响而带来的环境生态效益和社会效益的损失。也就是说,要使绿色产品生产者不仅能取得好的环境效益,而且能取得好的经济效益,即取得最佳的生态经济效益。

2. 绿色设计基础环境的建立

绿色设计基础环境的建立应从以下几方面着手:

(1) 管理部门要对绿色设计的实施有足够的认识并引起足够重视。绿色设计是一种全新的设计理念,其实施是一项系统工程。随着用户需求、市场变化和法律法规的要求,绿色设计表现出一定的动态性,因而,要有全局观念和不断创新的思想。只有管理部门或决策层对绿色设计实施的长期性和战略性有充分的认识,并从宏观上约束和指导企业的生产经营行为,才能取得理想的效果。

(2) 建立健全绿色设计的流程和绿色设计规范。绿色设计实施的初期需要有专门的人力和财力投入,并且要长期始终如一地坚持,要改变企业宁愿接受污染罚款、多交环境污染税,也不愿采用绿色设计的思路,只有通过制定健全的设计流程和设计规范来约束或强制企业采用绿色设计,从源头上消除产品的环境影响,取消对末端治理的依赖,才能确保绿色设计的实施效果。

(3) 制定环境道德规范并作为工程技术人员职业道德的重要组成部分。环境道德又称环境伦理,这是人们的社会道德向环境领域的延伸,用以规范人们对于环境的态度和行为。鉴于工程技术人员在开发利用资源、组织工业生产、兴建大型工程中发挥着关键性的作用,因此,与社会其他成员相比,他们与环境的关系更为直接和紧密。为了明确他们在促进社会持续发展中应承担的道义责任,促进“环境规范应成为产品和工艺设计固有的一部分”,不少国家通过类似工程师协会这样的组织为工程技术人员制定了在自己的业务活动中不滥用资源、不危害环境的环境道德规范。

(4) 树立企业的绿色形象,发展企业绿色文化。目前,绿色形象已经成为企业获取市场竞争的一个重要体现,它不仅可以树立企业在消费者心目中的良好印象,而且可以为企业带来可观的直接和间接效益。良好的企业绿色形象的树立要有企业绿色文化做基础,只有企业从管理层到每一位员工均具有良好的绿色设计、绿色制造等方面的知识,并将其自觉地贯穿于日常工作中,企业的绿色文化才能逐步地形成。

(5) 从技术层面来说,绿色设计的基础环境还包括支持绿色设计的数据库与知识库的建立、设计评估工具的开发、绿色设计集成平台构建等。

3.2 绿色设计的流程

绿色设计是建立在多学科交叉融合基础上的一种设计理论与方法。只有将各种设计方法、技术及工具有效地集成在一起,才能更好地实施产品绿色设计,而制定系统化的设计流程是达到这一目标的有效途径。绿色设计流程如图 3-3 所示。该流程将绿色设计过程划分为 7 个阶段:绿色设计的准备阶段、绿色设计的目标确定与绿色需求分析阶段、绿色设计策略的确定阶段、绿色设计总体方案的制定阶段、产品详细设计阶段、设计分析与评价阶段、绿色设计的实施与完善阶段。

3.2.1 绿色设计的准备

绿色设计准备阶段是绿色设计的前期工作,对后续分析与设计过程有着重要影响。绿色设计的准备阶段包括 3 个步骤,即企业决策层认可、成立绿色设计小组、绿色设计实施的培训与辅导。企业实施绿色设计是一个系统工程,不可能一蹴而就,需要充分调用企业内部的各项资源,因此必须得到最高管理层的认可和委托,

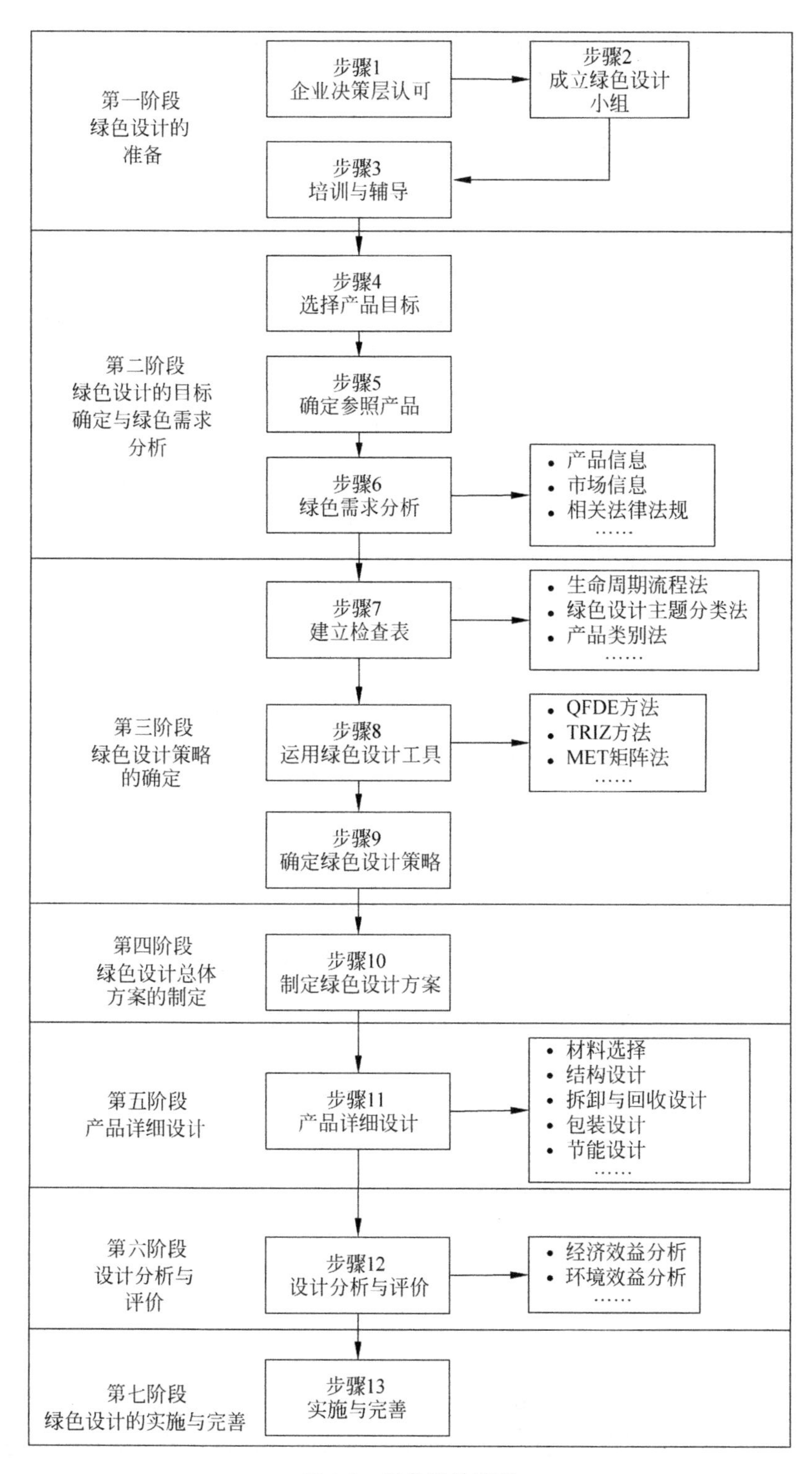
第一阶段
绿色设计的
准备
步骤1
企业决策层认可
步骤2
成立绿色设计
小组
步骤3
培训与辅导
第二阶段
绿色设计的目标
确定与绿色需求
分析
步骤4
选择产品目标
步骤5
确定参照产品
步骤6
绿色需求分析
• 产品信息
• 市场信息
• 相关法律法规
……
第三阶段
绿色设计策略
的确定
步骤7
建立检查表
• 生命周期流程法
• 绿色设计主题分类法
• 产品类别法
……
步骤8
运用绿色设计工具
• QFDE方法
• TRIZ方法
• MET矩阵法
……
步骤9
确定绿色设计策略
第四阶段
绿色设计总体
方案的制定
步骤10
制定绿色设计方案
第五阶段
产品详细设计
步骤11
产品详细设计
• 材料选择
• 结构设计
• 拆卸与回收设计
• 包装设计
• 节能设计
……
第六阶段
设计分析与
评价
步骤12
设计分析与评价
• 经济效益分析
• 环境效益分析
……
第七阶段
绿色设计的实施与完善
步骤13
实施与完善

图 3-3　绿色设计流程

进而讨论项目组成员的组成,成立绿色设计小组,并随后进行绿色设计的规划和培训。

3.2.2 绿色设计目标的确定与需求分析

绿色设计的目标不仅要满足市场和相关法规政策的要求,同时还要充分考虑到企业发展的自身现状、技术水平等诸多因素。企业在制定产品绿色设计目标时,可以通过选择合适的对标产品,从功能、技术、环境影响等方面确定适应企业需求的绿色设计目标。在确定了绿色设计目标后,需要进一步对产品的绿色需求进行分析。

客户需求一般是指用户对产品的要求,其内容是消费者对产品使用功能、性能及价格等方面的要求和愿望,是客户要求的汇总。绿色需求有别于一般的客户需求,其需求范畴不仅仅是产品使用者对功能、性能、质量、价格等的需求,还包括产品对生态环境无害或微害、资源利用、能源消耗等方面的各类绿色性能需求。绿色性能需求主要包括有毒有害物质使用、原材料消耗、能耗、污染排放、可回收性及可拆卸性等,同时需要根据具体产品的特点,对绿色需求进行细化及规范表达。表 3-2 为常见绿色性能需求的描述。

表 3-2 常见绿色性能需求的描述

类别	绿色需求	绿色需求描述
资源	提高资源利用率	产品、部件或零部件的资源利用效率
	降低材料消耗	产品中或特定部件中的材料使用量
	提高易拆卸性	产品及部件的拆卸容易程度
	减少材料毒性	产品中各种材料的毒性
	提高材料回收率	产品构成材料中可回收材料所占比例
能源	减少能量消耗量	产品在其各个生命周期阶段的能量消耗量
	提高能量利用率	提高产品在其各个生命周期阶段的能量利用效率
环境	减少空气污染量	在产品生命周期的各阶段,产品向空气中排放的污染物质量
	减少水体污染量	在产品生命周期的各阶段,产品向水中排放的污染物质量
	减少土壤污染量	在产品生命周期的各阶段,产品向土壤中排放的污染物质量

绿色需求分析流程如图 3-4 所示。

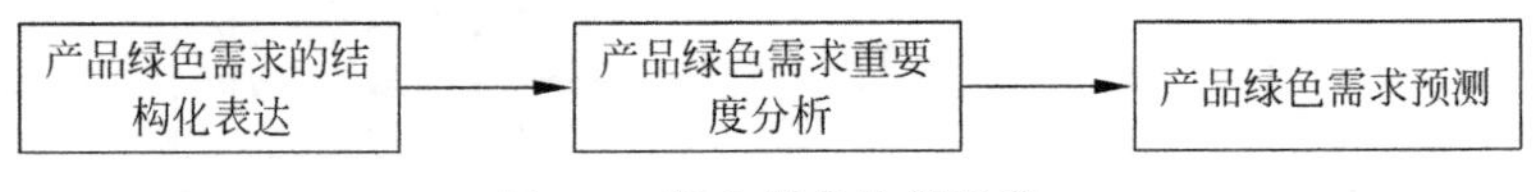

图 3-4 绿色需求分析流程

(1) 产品绿色需求的结构化表达。收集的产品需求包含多种信息,并且大多是一些模糊、抽象或不完整的信息,甚至在一些情况下是相互矛盾的信息。这就需要将这些模糊抽象的需求进行分析,生成结构化的绿色产品需求集。其分析过程主要包括以下步骤：

① 产品需求分解。产品需求分解的目的就是将隐含有各种产品设计信息与要求的客户需求信息分解为能被设计者理解或者独立性较强的基本单元。

② 语义分割。由于客户对需求的表达很难直接转化为产品设计人员进行设计所需要的信息，这就要求对客户需求进行合理的分割，将其分解成完善的需求单元。

③ 需求单元规范化。将客户需求分割后，得到的需求单元往往能够较为真实地反映客户需求，但是需求单元仍然是客户的原始语言。为了让客户需求更好地被识别，需求对其进行规范化表述，将其转化为设计者可以识别的专用术语。

④ 需求合并与补充。规范化以后的需求单元仍然有很多是重复出现的，为了保证最后的需求单元相互独立，需要对这些需求单元进行合并。在合并处理过程中，有些表达有可能没有被清楚地捕捉到，会造成一定的语义损失，这时需要设计者根据经验进行补充。

(2) 产品绿色需求重要度分析。由于客户需求具有模糊性、动态性、多样性及优先性等特征，而且不同需求往往优先等级不同，对于重要的基本需求设计时必须优先考虑。同时过多的产品需求通常会加大需求分析的难度和设计方案的生成难度，因此还需要对这些需求进行去粗取精，准确把握。

(3) 产品绿色需求预测。绿色产品的需求不是静态的，会随着时间的推移而发生变化，在进行产品设计时要充分考虑需求的变化。产品绿色需求预测方法主要包括经验法、概率法、前景分析法，以及时间序列预测法、因果预测法等。

3.2.3 绿色设计策略的确定

产品绿色设计策略的确定包括两个内容，即建立检查表和确定绿色设计策略。所谓检查表就是以表格的形式表示绿色设计在产品生命周期不同阶段需要重点考虑的问题。

(1) 建立检查表。检查表有通用型和专用型之分。通用检查表是列出绿色设计过程中需要考虑的所有问题，通常用于设计方案的讨论，它也是建立专用检查表的基础。专用检查表是针对不同对象产品(或同类产品)的特点建立的绿色设计检查表。表3-3为按照产品生命周期不同阶段所建立的绿色设计通用检查表。

表3-3 产品绿色设计通用检查表(以计算机产品为例)

生命周期阶段	分　　类	检查内容	说　　明
原料	原料识别	产品中组件的原料是否易于识别？	如组件清楚标注原料名称与百分比
		可回收再生的原料是否易于识别？	如可回收的ABS材料标示于明显处
		危险性物质或零部件是否易于识别？	如含铅零组件需标示

续表

生命周期阶段	分　类	检查内容	说　明
原料	原料用量	零部件尺寸能否减小?	如主机造型小型化、主机厚度减薄等
		能否与其他零部件组合以减少体积?	如鼠标与键盘的结合
		能否通过技术改进减少原料的使用?	如改进结构强度
	原料来源	是否使用了稀有、不易获取的原料?	如以易获取的原料取代稀有原料
		是否在原料获取过程中使用最少能源?	如比较组件原料提炼时的耗能情况
		原料存放地是否距离制造中心较近?	如距离近可以节省运输能源
		供应商在原料生产过程中有无污染?	如调查供货商的制造流程
		原料与生态保护是否有重大冲突?	如废弃是否妨碍动植物生长
		供应商是否有良好的环保管理过程?	如评估协作企业的环保措施
	回收性	原料是否具有可回收性?	如使用回收性较高的 PS 材料
		原料是否具有兼容性?	如使用兼容性高的材料或组件
		是否使用回收再生原料制成产品零部件?	如使用回收的 ABS 再制造新组件
		产品回收时能量是否能回收?	如 PP 燃烧回收的能源高于 PVC
		回收原料是否能减少能源耗损?	如 PE 比 PC 回收时节省能源
	危险性	组件是否存在危害健康的潜在危险?	如含有过量的重金属
		原料萃取过程所用的物质是否易管控?	如添加剂的选择与控制
		发生意外时原料是否须有特别设备来补救?	如是否具备相关设施
制造过程	危险性	是否已减少毒性物质的释出?	如降低添加物储存和使用时的危险
		是否具有控制有害物质的测量设备?	如检查相关设施
		是否采用合乎环保要求的制造过程?	如检查制造流程
	能源消耗	是否有节能方式可应用于制造过程中?	如开发新的制造方式
		是否使用最少空间的设备?	如设备的简化与合理化
		是否有环境控制的考虑?	如定期检查制造流程
	污染	制作过程是否能使废料和残渣降至最少?	如检查流程的每一环节
		是否将制作过程中的添加剂降至最少?	如采用替代方法或回收添加剂
		是否造成温室效应、臭氧层破坏或酸化效应?	如酸洗时采用非 CFC 溶剂

续表

生命周期阶段	分　类	检查内容	说　明
制造过程	组装拆卸	组装与拆卸方式是否考虑周详?	如卡扣装置比焊接易拆卸
		拆卸动作是否容易?	如只需简易工具或半自动即可拆卸
		组装或拆卸时是否容易观察?	如简化产品结构
		拆卸组件时有无物理或化学危险性?	如拆卸时被锐利的边缘或尖角所伤
		拆卸组件是否以语音或图标提供说明?	如设计清楚的操作说明书
包装运输	减量设计	包装能否重复使用?	如包装可运回原企业重复使用、耐洗或易于处理的包装材料
		包装体积是否减至最低?	如设计产品本身可堆叠(提高紧密度)
		是否使用可回收的包装材质?	如瓦楞纸板
		包装是否有回收渠道?	可考虑大众回收系统
		可否减少包装材料质量?	如采用轻的包装材料,减小自重
		是否可避免小量、个别包装?	
		是否可降低包装层数?	
	回收利用	是否使用预铸模标签?	如相同材质的标签
		是否提出了促进回收的措施?	
		是否以向消费者出租包装材料的形式取代销售?	
		是否避免使用可能妨碍回收的材料?	使用水溶性黏合剂
		是否使用单一材质?	避免使用多重材质的包装材料
		包装是否能转变为其他用途?	如可再利用为垃圾袋(生物可分解)
	安全设计	是否对可能掩埋的包装材料使用生物可分解材质?	
		是否避免回收包装材料与食物直接接触?	
		是否避免使用油墨/黏合剂/重金属等?	对包装材料所含有害物质的安全处理说明标示
		是否采用压缩式设计以减少最终处置体积?	
		是否提供消费者有关包装材料的特性?	如回收指示、安全处置说明
		是否可提高运输的效率?	如将产品运输最佳化的配置

续表

生命周期阶段	分类	检查内容	说明
使用过程	污染	是否有维护步骤以避免危险或毒物外泄?	如设计清楚的操作说明书
		是否因再使用产生危险或接触有害物质?	如改善回收技术
	使用寿命	产品是否能重复使用?	如加强产品结构
		组件是否能抗磨损与耐击,能延长使用期限?	如使用寿命较长的材料
		零部件是否能直接使用在其他用途上?	如零部件设计可互换
		产品是否能退还给上游机构再使用?	如能否将旧品折价由原企业收回
	使用适当	生命周期中消耗资源与能源能否计算?	如主机的耗电量
		是否提供正确的使用说明以免不当使用?	如设计清楚的操作说明书
		是否提供消费者废弃处理及回收信息?	如设计清楚的操作说明书
		废弃时,污染是否能控制在规定范围?	如废电路板的弃置
废弃及回收	污染	回收再生过程是否产生危险性物质?	如重金属物质外泄
		是否导致温室效应、臭氧层破坏、酸化效应?	如检查是否会释出有害物质
		不可回收与可回收再生原料是否易分离?	如改善结构设计
	资源回收	废弃产品是否能转化成能源继续使用?	如包装回收经焚化可产生能源
		废弃产品是否能再利用或做成新产品?	
		设计时是否考虑用最少的拆卸和分类?	如考虑单一材质成形
		产品的各组件是否已有完整的回收渠道?	
		产品是否能由地区性组织来直接回收?	如与本地回收机构联系

(2) 确定绿色设计策略。绿色设计中遵循的不同技术路线叫做绿色设计策略。绿色设计策略的确定是绿色设计核心内容之一,通常也是产品设计人员进行绿色设计的指导原则。

绿色设计策略的确定是通过小组讨论并结合运用一些技术工具来完成。讨论要以集思广益的方式进行,可以组织产品设计人员、管理决策者、营销人员、环境工程师及绿色设计方面的专家学者等,根据各自的专业知识以及经验,以产品基础资料分析结果为基础,利用检查表,经过充分沟通与讨论,确定绿色设计的具体内容及方法。

3.2.4 绿色设计总体方案的制定

绿色设计总体方案的制定是根据产品生命周期各个阶段的要求，求解实现功能、满足各种技术经济和环境指标的可能存在的各种可行方案，并最终确定最优总体设计方案的过程。设计方案的制定主要由产品研发人员完成，是将确定的绿色设计策略进一步具体化为绿色设计总体方案。绿色设计总体方案的优劣对产品的绿色性能的实现程度有着决定性影响。绿色设计总体方案的制定本质上属于产品概念设计，即完成满足功能要求的工作原理求解和实现功能结构的工作原理载体方案的构思和系统化设计。

绿色产品概念设计主要通过4个步骤来生成绿色产品总体设计方案，即绿色产品功能建模、产品结构要素中环境技术要求的确定、绿色产品构成要素的生成、绿色产品结构要素的优化组合。绿色产品总体设计方案的生成过程如图3-5所示。

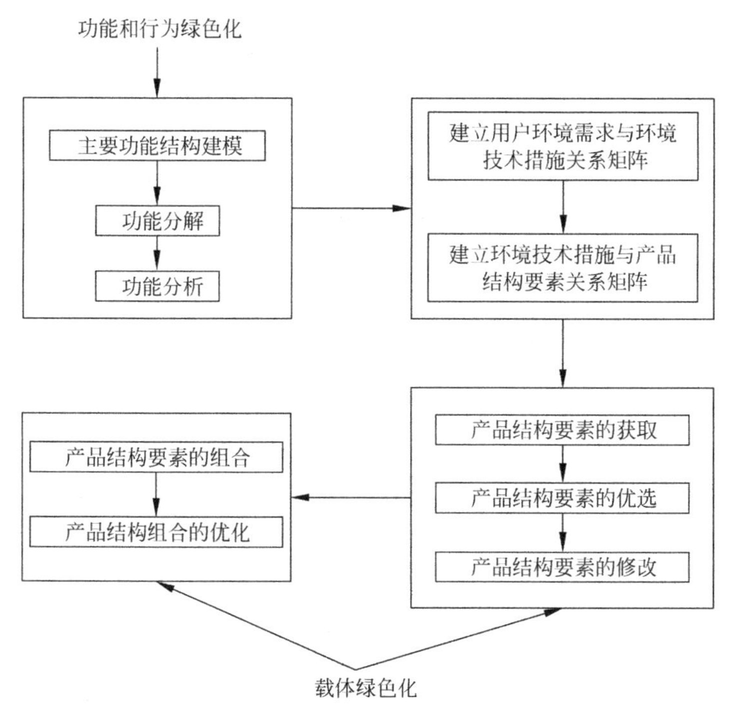

图3-5 绿色产品总体设计方案生成流程图

(1) 绿色产品功能建模。功能建模是构建合理的产品功能结构，从而保证产品概念设计完成后相关设计工作的进一步展开。产品功能构成和产品主要工作原理都是在功能建模阶段完成，所以产品功能绿色化和行为绿色化也主要体现在这一阶段。绿色产品的功能建模分为3个阶段。第一个阶段是主要功能结构建模，根据产品的主要设计目标和设计要求建立产品的主要功能结构。第二个阶段是功能分解，是对主要功能的详细划分，生成更为详细的子功能，这些子功能往往对应一个具体的物理结构，称之为基本功能单元。第三个阶段是功能分析，对产品各个功能之间的相互关系和影响进行分析，并对产品的功能结构进行优化。

(2) 产品结构要素中环境技术要求的确定。产品结构要素的绿色性能是产品绿色性能的基础。为了设计出具有优良环境性能的产品结构要素，需要根据面向环境的质量功能配置(quality function deployment for environment，QFDE)方法(该方法在绿色设计的关键技术部分有详细说明)，建立用户环境需求与环境技术措施关系矩阵和环境技术措施与产品结构要素关系矩阵，通过两级映射确定产品结构要素的环境技术要求。

(3) 绿色产品构成要素的生成。由于绿色设计实际上是在常规设计基础上融合了环境性能要求，而现实中已有许多现成的设计经验可供借鉴，可利用基于实例推理的方法通过实例获取、实例优选和实例修改等步骤生成绿色产品结构要素。这样，产品设计人员就可以专注于提升产品的绿色性能，而不必把精力浪费在产品结构要素的常规设计上。

(4) 绿色产品结构要素的优化组合。虽然经过以上步骤得到了环境性能优良的产品结构要素，但是局部最优并不代表整体最优。产品的环境性能不仅体现在产品的基本结构要素上，还取决于这些产品结构要素的组合方式。因此，在满足产品功能的前提下，根据绿色设计准则把这些产品结构要素进行优化组合是绿色产品总体设计方案的一项重要工作。产品结构要素的优化组合主要包括产品结构要素的组合和产品结构组合的优化。

3.2.5 产品详细设计

产品详细设计需要按照之前制定的产品设计策略与设计方案，完成产品的具体结构设计。详细设计阶段需要根据产品类型、市场需求和生产设备状况等因素，将抽象的设计策略转化为设计方案，完成产品的材料选择、结构及其尺寸确定、生产工艺选择等。这一阶段，主要是通过一定的方法和手段实现节能、节材、低碳、轻量化、拆卸性能、可回收性能、环境污染类型及其影响等产品的绿色性能。具体来说，主要涉及以下3个方面：绿色材料的选择、零部件结构优化设计和零部件配合关系的优化。

(1) 绿色材料的选择。目前，很多传统的工程材料正在被不断涌现的“绿色材料”所取代。据估计，现在可用的工程材料多达80 000种以上。选用合适的工程材料不仅影响产品的功能、质量、成本，还直接影响产品全生命周期的环境性能。绿色设计要求产品设计人员要改变传统的材料选择程序和步骤，选材时不仅要考虑产品的使用条件和性能，而且还要考虑环境约束准则，了解材料对环境的影响，选用无毒、无污染的材料及易回收、可重用、易降解的材料。除合理选材外，同时还应加强材料管理。绿色产品设计的材料管理包括两方面内容：一方面不能把含有有害成分与无害成分的材料混放在一起；另一方面，达到寿命周期的产品，有用部分要充分回收利用,不可用部分应采用合适的工艺方法进行处理,使其对环境的影响降低到最低限度。

(2) 零部件结构优化设计。零部件结构优化是在保证零部件的力学性能、材料性能和理化性能的基础上,实现结构轻量化、零部件数量最少化,在确保实现产品预定设计目标的基础上,尽可能减少产品的资源能源消耗及各类排放。常用的零部件结构优化分析方法包括拓扑优化、形状优化、形貌优化、尺寸优化等。

(3) 零部件配合关系的优化。零部件的配合关系,不仅影响产品的工作性能、制造装配成本,也直接影响产品的维修、拆卸性能。在产品设计过程中,良好的可拆卸性能通常是产品绿色设计的主要目标之一。

3.2.6　设计分析与评价

从绿色设计和传统设计的对比中,我们可以看出,绿色设计除满足传统设计的要求外,必须要从产品全生命周期的角度考虑对环境的影响,即考虑生产、使用、回收处理的全过程。在每个过程都要考虑材料的影响、结构的影响及环境资源、能源的有效利用,并要对整个过程做出相应的评价。产品绿色设计评价是一个复杂的过程,涉及多个阶段、众多因素。图 3-6 为产品绿色设计评价体系结构图。在进行产品设计方案评价时除要考虑产品功能及结构因素外,还必须考虑产品在其生命周期过程中产生和排放的污染物数量和种类、噪声、安全性、社会影响以及资源的利用效率和绿色资源的利用等因素。

随着绿色设计标准及规范的陆续出台及不断完善,对绿色设计的分析与评价会越来越明确和有针对性,因此,绿色设计的评价指标体系、评价标准、评价方法等都应该根据实际情况进行不断修订与完善。

3.2.7　绿色设计的实施与完善

针对企业选择的目标产品,通过绿色设计获得的最优方案在企业实施后,对初期设计目标满足程度如何?哪些方面还需要进一步优化?其环境效益与经济效益如何?这些问题都需要认真分析,根据分析结果再进一步完善设计,最后在企业的其他产品或行业进行推广应用。

(1) 符合性分析。进行符合性分析的目的是评估产品绿色设计方案实施情况与所确定的绿色设计策略之间的差距大小,并通过符合性分析找出尚需进一步改善之处。符合性分析可由绿色设计小组通过讨论的方式进行,由专人就绿色设计策略及其具体实施情况进行逐项介绍,小组成员依据表 3-4,对绿色设计策略的实施情况进行逐项评分。该表中可根据以下标准填入分数:“0”表示尚未实施;“1”表示部分实施,效果不十分明显;“3”表示已经实施,效果明显;“5”表示充分体现了绿色设计的效果,效益明显。各检查项的评分结果由小组成员的分数加总平均求得,各单项再加总求平均值即可求得最后总平均值。

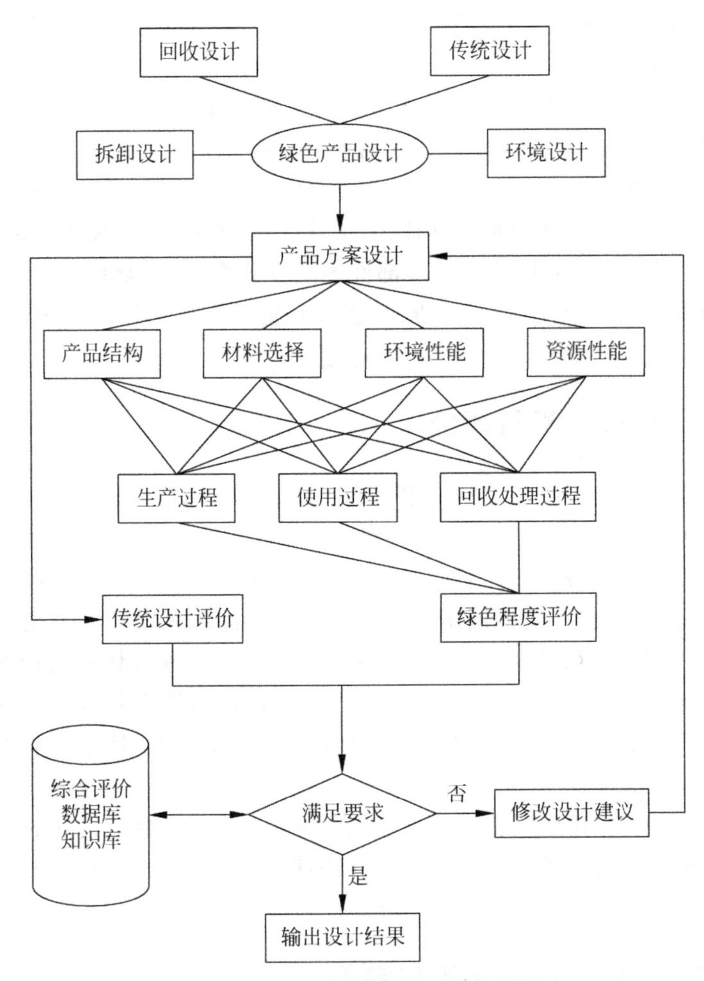

图 3-6　产品绿色设计评价体系结构

表 3-4　对绿色设计策略的实施情况进行评分

生命周期阶段		物质材料 投入/产出(M)	能源使用 投入/产出(E)	有毒排放物(T)
材料和零部件的生产和供应				
本场内生产				
分销				
使用	运转			
使用	服务			
系统终结	回收处置			

(2) 效益分析。包括环境效益和经济效益分析。环境效益分析通常运用生命周期评价方法,对产品绿色设计前后的差异进行分析,比较绿色设计与原设计的差异部分,对于没有改变的部分不列入分析的范畴中。通过生命周期评价,即可得到

产品环境影响的定量分析结果。经济效益分析就是运用经济效益分析方法和工具对绿色设计的成本、社会效益等进行分析,为方案的进一步改善提供帮助。根据符合性分析和效益分析结果,并通过小组讨论的方式,对现有设计方案,特别是实施情况较差的方案进行调整,提出具体改进意见。

3.3 绿色设计的关键技术

3.3.1 绿色设计客户需求分析

客户需求是连接市场与产品开发过程的桥梁,产品生产企业的主要工作都是围绕满足客户需求而展开。准确地理解和分析客户需求是产品开发的基础。有效地获取和理解顾客需求,并在设计过程中准确地定义产品需求信息,是成功设计产品的必要前提。产品需求的获取、定义和分解是产品设计的重要环节。

1. 绿色产品客户需求

1) 绿色产品客户需求分类

绿色设计的客户需求可以分为产品功能需求、产品性能需求和产品环境需求。

(1) 产品功能需求。功能是对技术系统或产品能完成任务的抽象描述,它反映了产品所具有的特定用途与各种特性[3]。用户购买产品的目的不在于产品本身,而在于隐藏在产品背后最本质的东西——功能[4]。因此,实现产品的功能,是设计工作需解决的最基本的问题。客户对产品的功能需求可分为基本功能需求和辅助功能需求。其中,基本功能是产品正常运行所包含的功能,而辅助功能是指在产品基本功能基础上能够实现的一些个性化功能。

(2) 产品性能需求。产品性能是指产品某一功能的主要特点,可以理解为实现同种功能的产品之间的差异。此外,为了便于后续的客户需求识别与转换,此处将产品的经济性及其外观形状等也纳入产品性能需求的范畴。在产品绿色设计中,该项需求除了可以对产品功能进行量化描述外,还可以对产品经济性及外观形状等指标进行表述。由于产品性能是对同类产品进行区分的重要指标,客户对产品性能的需求基本都属于个性化需求。

(3) 产品环境需求。产品的环境性能是指产品在其整个生命周期内对环境的影响程度。在产品绿色设计中,该项需求主要表现在产品材料的环境友好性、产品的拆卸与回收性能、产品的资源消耗及噪声等因素。

2) 绿色产品客户需求的特点

(1) 需求的多样性。从客户需求的覆盖范围看,由于绿色产品需求是面对产品整个生命周期,其用户不再仅仅指消费者,还包含产品生命周期各个阶段的相关人员,因此其用户群涉及范围很广,因而客户需求种类也随之增加;从需求的表现形式看,客户需求不仅有自然语言描述形式,而且还有图形、表格、符号等多种表现形式。

(2) 需求的模糊性。客户对产品提出的需求在很多情况下具有不明确、不具体的特点,在需求表达中常采用一些诸如“略微”“稍好”“较好”等词义不太明确的词语。

(3) 需求的动态性。在产品开发过程中,需要根据用户需求的变化不断地补充或者修改需求。用户对产品的需求变化,不仅体现在产品全生命周期中不同阶段的不同部门、不同层次、不同业务的不同需求,而且对于产品的某一阶段同一部门的同一种业务来说,其需求也会经常发生变化。

3) 绿色产品客户需求信息的获取

绿色产品客户需求信息获取的主要途径包括用户需求调查、其他企业同类产品的样本、各类政策法规及计划、专利文献、科技期刊及标准文献等。

(1) 用户需求调查。用户需求调查是产品需求信息获取途径中最为重要、也是最难的一种,但也是必不可少的一种途径。它需要通过调查获得原始的客户需求资料,然后进行整理、分析。通过用户需求调查可以了解不同生命周期阶段用户对产品环境性能和其他性能的想法,从而开发出基于用户需求、性能优良的绿色产品;可以发现一些容易被设计人员忽略的问题;还可以收集用户的一些新思路和新想法,这将对绿色产品综合性能的提高提供很好的帮助。

(2) 其他企业同类产品的样本。产品样本对于新产品造型、设计或仿制有一定的参考和借鉴作用,从中也可以了解到一定时期内国内外同类产品的技术水平及发展动向信息。通过分析其他企业同类产品的样本,找到本企业产品的不足和劣势,可以帮助企业开拓思路、缩小差距。实际上,差异需求分析是当前产品设计中一种普遍采用的方法,往往是某企业的产品新开发出来的一项功能或特征,很快就会被其他企业直接采用或经过改进后采用。但是,借鉴不是照抄,要有知识产权的保护意识。

(3) 各类政策法规及计划。各级政府发布的文件、决议及政策等往往会对企业新产品开发活动产生至关重要的影响。政府的某些政策、法令的修改会使某些老产品退出市场,另一些产品则得到开发许可而进入市场。企业应重视这类信息,使自己在新产品开发决策中处于主动地位。特别是近年来,随着环境问题的日渐突出,越来越多的国家开始逐渐出台各种法规和政策来鼓励企业开发有利于环境保护的产品,限制那些对环境有害的产品生产。例如,欧盟已实施的《关于在电子电气设备中限制使用某些有害物质指令》(RoHS 指令)规定,自 2006 年 7 月 1 日起,所有在欧盟市场出售的电子电气设备中,铅、水银、镉、六价铬等重金属以及聚溴二苯醚(PBDE)和聚溴联苯(PBB)等阻燃剂必须符合其限量标准规定。欧盟于 2005 年 8 月 13 日正式实施的《报废电子电气设备指令》(WEEE 指令)要求,在欧盟市场上流通的电子电气设备的生产商必须在法律上承担起支付自己报废产品回收费用的责任。对于企业来说,要开发满足环境要求的绿色产品首先必须满足政府法规和政策的相关规定，这不仅是满足环境保护的需要，也是企业自身发展的需求。因此，对政府的方针、政策、法规、法令、计划与文件进行收集、分析和整理是形成绿色产品需求的一个重要途径。

(4) 专利文献。专利文献记载了发明思想及技术难题的解决方案，它反映了最新的科技成果，是报道发明创造相对较快的信息源。世界上每年发明创造的成果都能在专利文献中检索到，有的技术内容未在其他非专利文献中发表过。进行专利文献检索，是确定研制新课题的关键，新课题的选定，又保证了新产品的先进性，从而促进企业健康发展。企业在新产品开发或科研立项之前，通过对专利文献的检索，不仅可以了解现有技术状况，还可以从中找出该类产品的当前状况和发展趋势，从而确立产品的研发方向、选准课题，确定攻关重点，避免重复研究，少走弯路，开发出具有市场价值的既不侵犯他人权益，又有自主知识产权的新产品。绿色产品开发相比于传统产品开发，更注重产品的创新性，通过借鉴专利文献的新发明和新思想，制定可以替代现有的不合理产品的设计思路，找到技术性、经济性和环保性能更好的绿色产品设计方案。

(5) 科技期刊及标准文献。科技期刊可以为新产品开发提供新动态、新方向、新技术及用户需求等方面的信息，有着重要的参考价值。标准文献是调查产品的技术现状、确定产品系列结构的一个窗口，产品标准是使企业拥有竞争力的重要因素。绿色产品设计需求分析必须根据产品自身特点和适用范围以及企业的目标市场来考虑这些国际和国内通行的标准，将其作为检验产品需求是否得到满足的一个重要方面。

2. 客户需求的分解

正确地理解客户需求，是产品开发中最困难、最关键、最易出错及最需要沟通交流的活动。由客户需求的特点可知，最初的客户需求包含了多种信息，并且大多是一些模糊、抽象或不够完整的，甚至在一些情况下是相互矛盾的信息。这就需要将这些模糊、抽象的客户需求集合解释为明确、具体的配置要求和目标。产品需求分解是解决这一问题的有效方法。需求分解的目的是将隐含有各种产品设计信息与要求的客户需求分解为能够被产品设计者理解或送入产品配置器进行产品配置的基本需求单元。客户需求分解的结果可用式(3-1)描述。

$$R_i = r_{i1} \cup r_{i2} \cup r_{i3} \cup \cdots \cup r_{iq} \tag{3-1}$$

式中：R_i——复杂客户需求；

q——复杂客户需求分解为基本需求单元的数目；

r_{ij}——基本需求单元，$j=1,2,\cdots,q$。

客户需求分解是建立在对所设计产品充分分析的基础上，运用语义学中语义识别的基本方法[5-6]，辅以一定的干预手段而进行。复杂客户需求分解的基本过程如图3-7所示。

(1) 语义分割(复杂需求分割)。在与客户的沟通过程中，由于客户通常并不

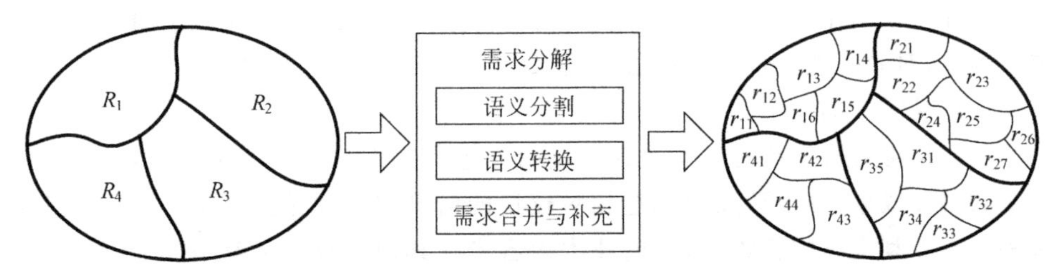

图 3-7 客户需求分解过程

具备产品设计领域内的专门知识，因此用户很难针对产品提出非常具体的要求，提出的往往是一些笼统、模糊的需求。在此情况下，需要结合产品的具体情况，对客户提出的需求进行合理的语义分割，将其分解为完整、独立的需求单元。图 3-8 给出了基于语义分割进行客户需求分解的一个示例。

(2) 语义转换(需求单元规范化)。对客户需求进行语义分割后，得到的需求单元能够真实反映客户需求，但此时的需求描述语言仍然是客户表达的原始语言，没有严格的语法结构，不便于设计人员及产品配置器理解和运用。因此，还要对这些分割后的需求单元进行规范化描述，通过语义转换，将其转换为能够参与后续配置设计过程的信息单元，如图 3-9 所示。

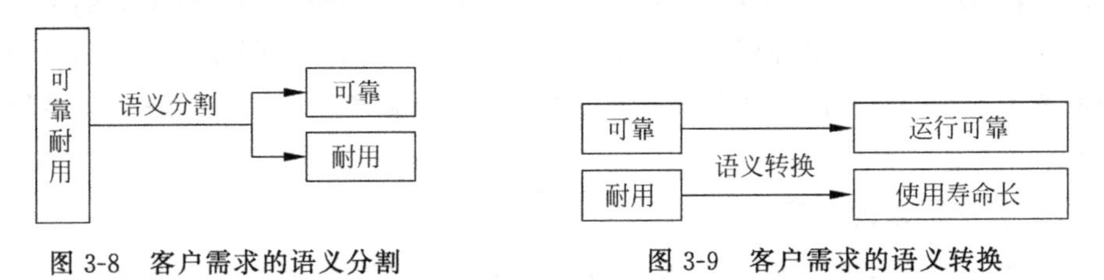

图 3-8 客户需求的语义分割

图 3-9 客户需求的语义转换

(3) 需求合并与补充。经过前两步处理，规范化后的客户需求可能会出现不同程度的交叉重叠，应对这些需求单元进行合并，保证最终得到的需求单元彼此独立，如图 3-10 所示。另外，由于基于语义分割的需求分解完全依赖客户的语言表达，很可能会有一些客户没有表达或没有表达清楚的需求未被捕捉到，造成了一定的语义损失。因此，需要设计者根据产品的自身特点以及设计经验，对客户需求单元进行一定的补充，如图 3-11 所示。

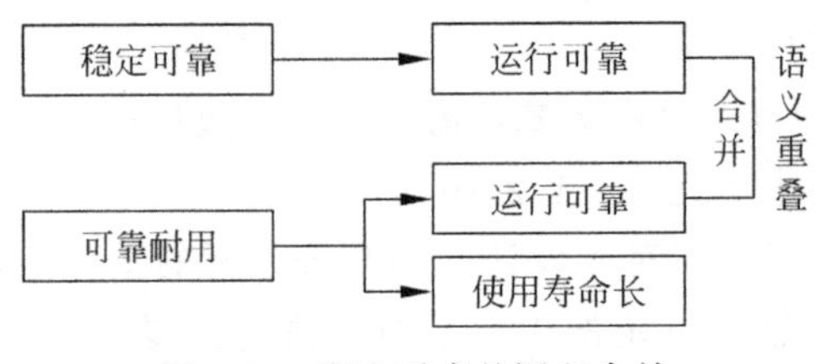

图 3-10 客户需求的语义合并

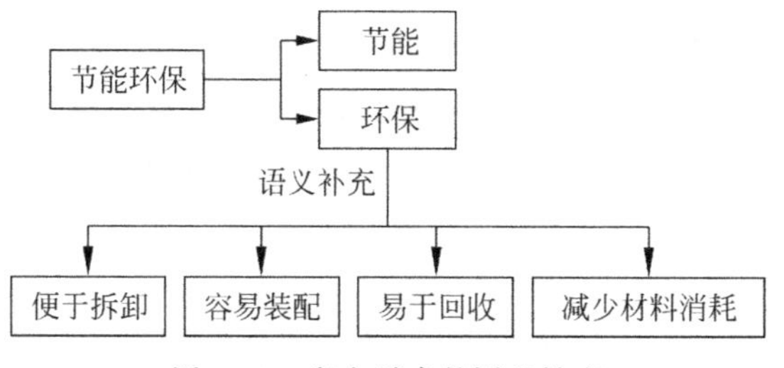

图 3-11　客户需求的语义补充

(4) 一致性检查。客户需求的一致性检查主要包括两个方面：对客户需求项之间的冲突进行检查，并对冲突的需求项进行协调；对需求可行性进行检查，以确保客户所有的需求项都切实可行。

需求分析中的一致性检查一般仅局限于概念、原理层面上的检查。满足一致性要求的需求产品并不一定能制造出来。换言之，需求产品的一致性与真实产品的一致性之间可能存在差距 ε。一致性检查的目标是使 $\varepsilon \to 0$。通常采用相关矩阵法[7]进行一致性检查，该方法首先需要建立需求项之间的相关矩阵，然后将各需求之间的关系分为正相关、负相关和不相关，并加以量化。当客户输入需求后，一致性检查系统通过运算找出需求之间的冲突。相关矩阵法的关键是各需求项之间的相关矩阵的建立。

3．产品环境需求的提取

在上一步的客户需求分解中已将客户需求分解为基本需求单元，可以很方便地按照其需求属性将这些基本需求单元归为常规需求单元(功能需求单元、性能需求单元)以及环境需求单元。然而，由于环境需求的特殊性，通过需求分解的方法直接从用户获得的关于环境的产品需求是有限的，而更多的产品环境需求隐藏在分解后的常规需求单元中。如果设计人员想获得更详细的产品环境需求，就必须把隐藏在常规需求中的产品环境需求提取出来。获取详细的产品环境需求可采用图 3-12 所示的流程。其主要步骤包括：客户需求分解、环境因素提取、后续处理。

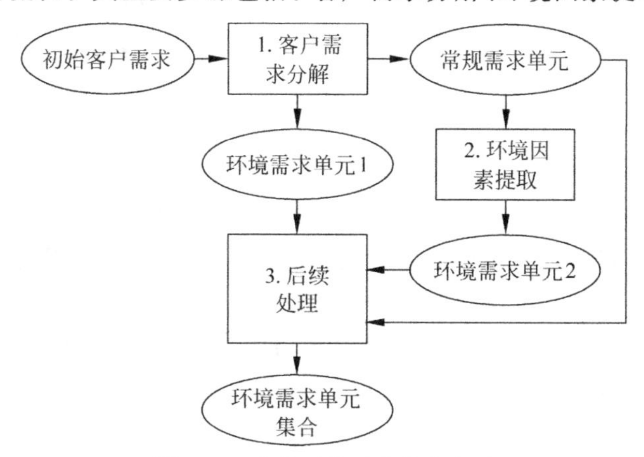

图 3-12　产品环境需求获取步骤

(1) 客户需求分解。根据产品需求的性质，将分解出的客户基本需求单元分为常规需求单元和环境需求单元。该环境需求是指那些具有明显环境特征的产品需求，是产品生命周期中各种用户直接提出的对于产品环境性能方面的需求，也可称之为直接环境需求，图 3-12 中由“环境需求单元 1”表示。常规需求是相对于环境需求而言的，指那些不具有明显环境特征的产品需求。

(2) 环境因素提取。不同的常规需求与产品的环境性能有着不同程度的联系，需要进一步分析和判断。为了进一步从常规需求中获取环境需求，需要对常规需求进行环境因素提取。在该步骤中，应该由具有丰富经验的产品设计专家、环境专家等对经需求分解所得到的常规需求单元进行分析和判断，找出其中隐含的环境需求，图 3-12 中由“环境需求单元 2”表示。常规需求的环境因素提取方法包含以下几步：

① 常用环境需求的确定。结合产品自身的特点及其生产企业实际情况，罗列出与产品相关的常用环境需求。该环境需求可用集合 $R_e=\{r_{e1},r_{e2},\cdots,r_{en}\}$ 表示，例如豆浆机产品的常用环境需求可表示为 R_e ={能源利用率高，容易拆卸，便于装配，便于回收，使用清洁能源，减少材料消耗，尽量使用可循环再生的原材料，简化包装}。

② 常规需求到环境需求的映射。设计人员需要结合罗列出的常用环境需求对常规需求进行环境性能解释，即给出某一常规需求与常用环境需求的映射关系。常规需求可用集合 $R_g=\{r_{g1},r_{g2},\cdots,r_{gm}\}$ 表示。例如，对于豆浆机来说，便于清洗是一个关键的常规需求，该项需求可对应到“容易拆卸”、“便于装配”等环境性能需求。

③ 产品环境需求重要度排序。经过常规需求映射而得到的环境需求数量众多，而且对产品环境性能的影响程度也不一样。过多的环境需求虽然可以更加详细地阐述用户对产品环境性能的要求，但却加大了需求分析的难度和设计方案的生成难度，因此需要对这些环境需求进行去粗取精，获取对产品性能有重要影响的产品环境需求。为了解决这个问题，需要通过建立常规需求和环境需求关联矩阵的方法来实现对环境需求进行重要度排序，并根据需要选取综合重要度比较高的环境需求作为图 3-12 中的“环境需求单元 2”。常规需求和环境需求关联矩阵如表 3-5 所示。

常规需求和环境需求之间的关联度用“0”“3”“6”“9”表示，其中“0”表示“没有关联性”，“3”表示“弱关联性”，“6”表示“中等关联性”，“9”表示“强关联性”。

通过建立环境需求和常规需求之间的联系，可以获得环境需求的独立重要度和关联重要度。设计人员可以根据环境需求重要度的分布情况来决定产品设计时各个环境需求的优先级别，当环境需求数量过多时，也可以根据环境需求重要度决定环境需求项的取舍。

表 3-5 常规需求和环境需求关联矩阵

	r_{g1}	r_{g2}	r_{g3}	…	r_{gm}	T
r_{e1}	v_{11}	v_{12}	v_{13}	…	v_{1m}	t_1
r_{e2}	v_{21}	v_{22}	v_{23}	…	v_{2m}	t_2
r_{e3}	v_{31}	v_{32}	v_{33}	…	v_{3m}	t_3
⋮	⋮	⋮	⋮	⋮	⋮	⋮
r_{en}	v_{n1}	v_{n2}	v_{n3}	…	v_{nm}	t_n
K	k_1	k_2	k_3	…	k_m	

注：r_{ei}——环境性能需求($i=1,2,\cdots,n$)；

r_{gj}——常规需求($j=1,2,\cdots,m$)；

v_{ij}——第 i 项环境性能需求与第 j 项常规需求的关联程度；

t_i——第 i 项环境性能需求综合重要度，$t_i=\sum_{j=1}^{m}v_{ij}$，代表该环境性能需求对整个产品需求的影响程度；

k_j——与第 j 项常规需求相关的环境性能需求综合重要度，$k_j=\sum_{i=1}^{n}v_{ij}$，代表该常规需求对整个产品环境性能需求的影响程度；

n——常用环境性能需求的数量；

m——常规需求的数量。

(3) 后续处理。由于“环境需求单元 1”与“环境需求单元 2”的来源不同，因此两个集合中很可能会产生重复。为了解决这一问题，需要对它们进行检查、归类，去掉模糊和重复的环境需求。最终提取得到的环境需求是经过处理后两部分环境需求组合而成的集合体。

4. 客户需求向产品工程参数的转换

1) 从 QFD 方法到 QFDE 方法

在客户需求向产品工程参数转变的方法中，最常用的就是质量功能配置(quality function development，QFD)方法。质量功能配置由日本质量专家水水野滋(Shigeru Mizuno)和赤尾洋二(Yoji Akao)[8-9]于 20 世纪 60 年代末提出，是一种在产品开发过程中最大限度地满足客户需求的系统化、用户驱动式的质量保证与改进方法。QFD 方法的核心是要求产品生产者在获取客户需求后，通过合适的方法和措施将客户需求进行量化，采用工程分析的方法一步步地将客户需求落实到产品的设计和生产的整个过程中，从而在最终研制的产品中体现客户的需求。同时在实现客户需求的过程中，帮助组织各职能部门制定相应的技术需求和措施，使他们之间能够协调一致地工作[10]。

随着 QFD 思想在制造业中的广泛应用，美国供应商协会(American Supplier Institute，ASI)提出了质量功能配置的四阶段模式，简称 ASI 模式。该模式后经学者 Hauser 与 Clausing[11]的改进，建立了基于质量屋(house of quality，HOQ)的 ASI 瀑布式展开模型，如图 3-13 所示。

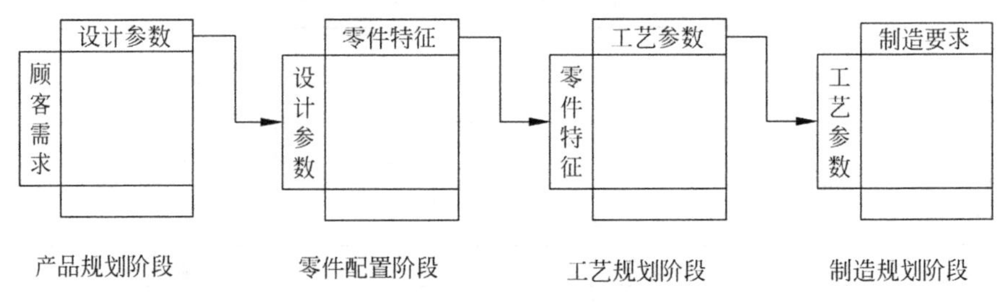

图 3-13　ASI 瀑布式展开模型

质量屋已经成为 QFD 方法的实现工具，它为使用者洞察用户需求进而实现这些需求提供了系统的处理手段，从中可以确定设计过程中哪些产品质量特征对于用户需求满足是重要的以及重要程度。质量屋的结构如图 3-14 所示，各部分含义分别叙述如下：

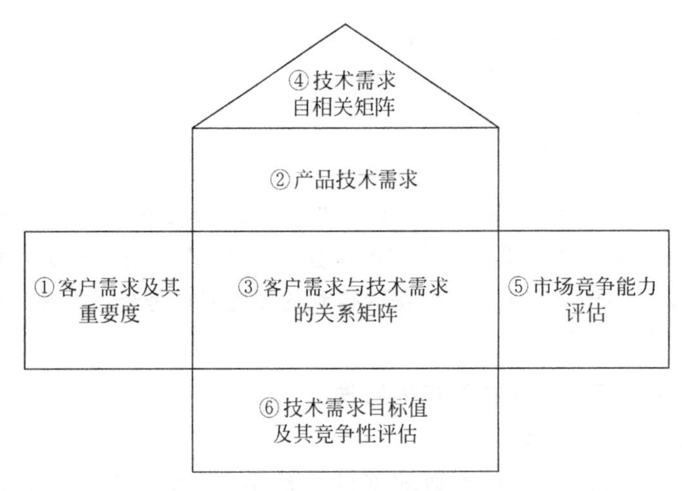

图 3-14　质量屋模型

(1) 客户需求及其重要度。客户需求是顾客对产品各项具体需求的描述，其重要度可理解为各个客户需求之间的相对重要程度。该部分将客户需求及其重要度一一对应地进行表示。

(2) 产品技术需求。技术需求也可以称为技术特征，是用以满足客户需求的手段，它需要结合具体产品，由具有丰富经验的设计人员及相关专家协作分析得出。

(3) 客户需求与技术需求的关系矩阵。用来表示客户需求和技术需求之间的关系，一般用符号或数值表示两者之间的关系。

(4) 技术需求自相关矩阵。用来表示技术需求之间的影响程度，当一项技术措施的改进会对另一项技术措施的改进产生负面影响时，它们之间的关系为负相关；反之，当一项技术措施的改进在一定程度上也改进了另外一项技术措施时，则它们为正相关。一般用符号或数值表示两者之间的关系。

(5) 市场竞争能力评估。表明本产品、改进后产品、国内竞争对手的产品、国际竞争对手的产品分别对顾客需求的满足程度,并以市场竞争能力指数表示竞争对手之间市场竞争能力的相对位置与差距,为公司的质量决策提供依据。市场竞争能力评估的资料来源于市场调查及其他各种渠道的信息。

(6) 技术需求目标值及其竞争性评估。通过客户需求与技术需求的关系矩阵,结合客户需求重要度,可以计算任意一项技术需求的综合重要度,该重要度经过一定的处理后就是该技术需求的目标值。技术需求目标值表明了该项技术需求在整个产品设计中的重要程度。技术需求竞争性评估是以技术竞争能力指数表示与竞争对手之间技术水平的相对位置及差距,为企业的技术决策提供依据。

随着"绿色浪潮"在全球的兴起,越来越多的企业开始进行绿色产品的研发,而传统的QFD方法对产品全生命周期中客户需求及其与技术参数关系的支持不够。针对以上问题,日本产业技术综合研究所的麻井庆二郎(Keijiro Masui)博士提出了面向环境的质量功能配置(QFDE)方法。QFDE方法是将QFD方法与产品绿色设计方法整合,按产品生命周期中生产、制造、使用以及废弃各个阶段中的特性,利用质量功能配置的方法将客户需求转换为产品技术需求的一种方法。

QFDE方法与QFD方法的实现步骤相似,首先是如何确定客户需求,进而采用一定的方法得到客户需求权重;一旦以上两点确定后,就应该以具体产品生命周期各阶段特性为基础,确定该产品的技术需求;接着构建客户需求与技术需求的关系矩阵,对产品技术需求进行重要度判定;最后可以得到各技术需求的设计要点。QFDE方法实施过程中质量屋模型如图3-15所示。

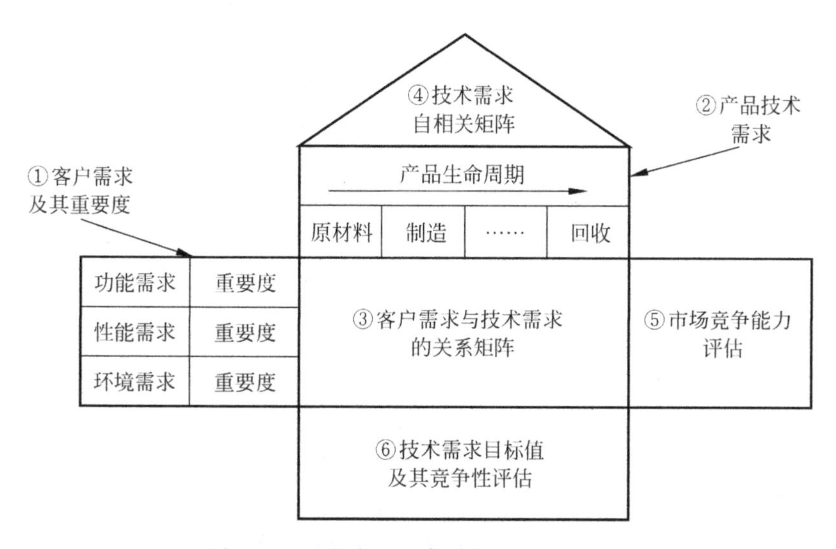

图3-15 面向产品生命周期的质量屋模型

QFDE 方法的主要特点如下：

(1) 对客户需求从功能、性能以及环境需求等方面进行分类，并突出产品环境性能需求项；

(2) 对产品环境需求进行了规范详细的技术性描述，便于设计者描述针对提高产品绿色性能的技术需求，如表 3-6 所示；

(3) 实现了客户需求，特别是环境性能需求到产品工程参数的转换。

表 3-6　QFDE 方法下产品环境需求规范性描述[12]

编号	环境技术措施	环境技术措施描述
1	减少质量	产品、部件或零部件的质量
2	减少体积	产品、部件或零部件的体积
3	减少零部件数量	产品或部件的零部件数量
4	减少材料种类	产品中或特定部件中的材料种类
5	减少外观改变的可能性	在灰尘或其他外界因素的影响下，产品表面颜色的变化速度
6	增加硬度	产品零部件的硬度
7	增加物理寿命	产品、部件或零部件的物理寿命
8	减少能量消耗量	产品在其各个生命周期阶段的能量消耗量
9	提高材料回收率	产品构成材料中可回收材料所占比例
10	减少噪声、振动和电磁波	在产品使用过程中，产品所发出的噪声、振动和电磁波的量
11	减少空气污染量	在产品生命周期的各阶段，产品向空气中排放的污染物质量
12	减少水体污染量	在产品生命周期的各阶段，产品向水中排放的污染物质量
13	减少土壤污染量	在产品生命周期的各阶段，产品向土壤中排放的污染物质量
14	提高自然降解能力	产品废弃后，因为不可回收而必须填埋的材料的自然降解能力
15	减少材料毒性	产品中各种材料的毒性

2) 改进 QFDE 方法

虽然 QFDE 方法可以基本解决客户环境需求向技术需求转换的问题，但随着绿色产品设计理论与方法的不断进步，该方法还存在一些需要改进的地方。

(1) 客户需求权重的确定。由于不同的客户需求在产品设计中的影响不同，它们具有不同的重要度。在产品绿色设计中，应当按照需求的重要性次序进行不同处理，对那些重要的、必须满足的需求应优先考虑。在传统的 QFDE 方法进行需求转换时，通常采用专家打分法直接确定需求权重，但该方法没有考虑各个需求之间的相关性，不能全面反映各个需求的满足情况对产品总体性能的影响。本书中采用基于需求自相关矩阵的客户需求权重确定方法，对 QFDE 的客户需求确定方法进行了改进。该方法以专家打分法为基础,充分考虑了客户需求之间的相关性,实现了客户需求重要度的量化分析。

(2) 分析结果的表达。在进行客户需求到产品工程参数转换后得到的技术需求中,有些是可以直接确定出参与配置的零部件集合,为产品具体零部件确定出一个明确的选择范围;而有些则应作为设计约束作用于后续设计过程中,为设计求解提供依据。

3) 基于改进QFDE方法的客户需求转换过程

基于改进QFDE方法的客户需求转换过程主要包括客户需求的采集与分类、客户需求重要度的确定、产品技术需求的确定、构建关系矩阵、技术需求重要度的确定,以及零部件备选集及其技术参数的确定等几个方面。具体转换过程参见图3-16。

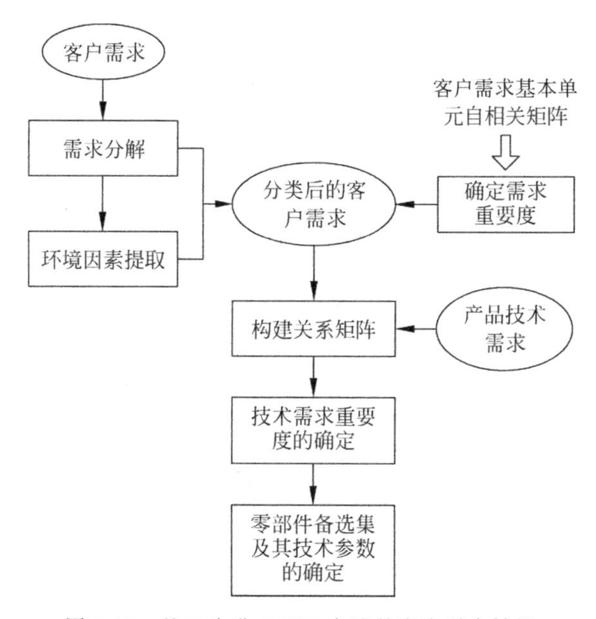

图3-16　基于改进QFDE方法的客户需求转换

在以上几个处理过程中,客户需求的采集、分解、环境因素提取以及分类过程可参照本章中前述内容进行,在此不再阐述。下面对基于改进QFDE方法的客户需求转换中的几个关键过程进行说明。

(1) 客户需求重要度的确定。不妨将经前期处理完毕后分类得到的客户需求基本单元集合表示为$R=\{r_1,r_2,\cdots,r_u\}$,则客户需求基本单元自相关矩阵如表3-7所示。

为了在需求转换时采用统一的尺度对客户需求重要度进行处理,需将绝对重要度w转换为相对重要度w^r:

$$w_i^r=\frac{w_i}{\max(w)}\times 10 \tag{3-2}$$

表 3-7　客户需求基本单元自相关矩阵

	r_1	r_2	r_3	…	r_u	w
r_1	z_{11}	z_{12}	z_{13}	…	z_{1u}	w_1
r_2	z_{21}	z_{22}	z_{23}	…	z_{2u}	w_2
r_3	z_{31}	z_{32}	z_{33}	…	z_{3u}	w_3
⋮	⋮	⋮	⋮	⋮	⋮	⋮
r_u	z_{u1}	z_{u2}	z_{u3}	…	z_{uu}	w_u

注：r_i——客户基本需求单元($i=1,2,\cdots,u$)；

z_{ij}——第 i 项需求单元与第 j 项需求单元相比，其对产品总体性能的影响程度，采用"1""3""6""9"来表示，其中"1"表示"同等重要"，"3"表示"稍重要"，"6"表示"较为重要"，"9"表示"明显重要"；

w_i——第 i 项需求单元的绝对重要度，$w_i=\sum_{j=1}^{u}z_{ij}$，代表该需求单元对整个产品性能的影响程度；

u——客户需求基本单元的数量。

(2) 关系矩阵的构建。在客户需求向产品工程参数转换过程中，关键是要确定质量屋中的第三部分——关系矩阵，这一矩阵为设计人员确定产品技术需求的重要性提供基础。用户需求与产品技术需求间可能存在 3 种对应关系[13]：

① 一对一关系，即对于某一用户需求，存在唯一的产品技术需求与其相对应；

② 一对多关系，即某一客户需求可能与多项产品技术需求相对应；

③ 多对一关系，即多个客户需求主要与某一项产品技术需求相对应。

基于以上分析，客户需求与技术需求关系矩阵如表 3-8 所示。

表 3-8　客户需求与技术需求关系矩阵

	r_{t1}	r_{t2}	r_{t3}	…	r_{tp}
r_1	s_{11}	s_{12}	s_{13}	…	s_{1p}
r_2	s_{21}	s_{22}	s_{23}	…	s_{2p}
r_3	s_{31}	s_{32}	s_{33}	…	s_{3p}
⋮	⋮	⋮	⋮	⋮	⋮
r_u	s_{u1}	s_{u2}	s_{u3}	…	s_{up}

注：r_i——客户基本需求单元($i=1,2,\cdots,u$)；

r_{tj}——技术需求($j=1,2,\cdots,p$)；

s_{ij}——第 i 项客户需求单元与第 j 项技术需求的相关程度，采用"0""1""5""9"来表示，其中"0"表示"不相关"，"1"表示"弱相关"，"5"表示"中等相关"，"9"表示"强相关"；

u——客户需求基本单元的数量；

p——技术需求的数量。

(3) 技术需求重要度的确定。技术需求绝对重要度 w^{ta} 可按下式进行计算：

$$w_j^{ta}=\sum_{i=1}^{u}w_i^r s_{ij} \tag{3-3}$$

技术需求相对重要度可按下式进行计算：

$$w_j^{tr}=\frac{w_j^{ta}}{\max(w^{ta})}\times 10 \tag{3-4}$$

(4) 零部件备选集及其技术参数的确定。如前所述，为了支持后续产品设计过程，仅仅给出产品技术需求的重要度是远远不够的，需要按照产品设计要求，给出备选零部件集合以及约束集合。该步工作需要以具体产品特点为基础，结合技术需求重要度进行，因此其具体的实施过程参见以下分析实例。

5. 绿色设计客户需求分析实例

以豆浆机产品为例，说明基于改进 QFDE 方法的客户需求转换过程。

1) 客户需求的采集与分类

(1) 客户需求分解。客户提出的需求通常具有很大的模糊性，需要将其分解为具体的需求单元，才能够在指导产品设计时真实地反映客户需求。根据客户提出的较为具体的定制需求，借助语义分析和一些辅助手段，对豆浆机的客户需求进行分解，如表 3-9 所示。

表 3-9 豆浆机客户需求分解表

总需求	客户需求	处理方法	基本需求单元	处理方法	基本需求单元
家用豆浆机	操作方便	语义转化	加取料方便	相同需求单元合并	加取料方便
			便于清洗▲		便于清洗
			水位易于控制		水位易于控制
	安全性高	语义转化	运行安全		运行安全
	体积小、质量轻	语义分割＋语义转化	搬运方便		搬运方便
			质量轻		质量轻
	外形美观	语义转化	外形美观		外形美观
	价格适中	语义转化	价格适中		价格适中
	自动化程度高	语义转化	微电脑控制		微电脑控制
	可靠耐用	语义分割＋语义转化	运行可靠▲		运行可靠
			使用寿命长		使用寿命长
	运行稳定可靠	语义转化	运行可靠▲		
	打浆、加热充分	语义分割	打浆充分		打浆充分
			加热充分		加热充分
	便于清洗	语义转化	便于清洗▲		
	节能环保	语义分割＋需求补充	能源利用率高		能源利用率高
			容易拆卸		容易拆卸
			便于装配		便于装配
			便于回收		便于回收
			减少材料消耗		减少材料消耗
			尽量使用可循环再生的原材料		尽量使用可循环再生的原材料
			简化包装		简化包装
			噪声低		噪声低

▲示相同的需求单元。

经提取转化,得到常规需求单元为{加取料方便,便于清洗,水位易于控制,运行安全,搬运方便,质量轻,外形美观,价格适中,微电脑控制,运行可靠,使用寿命长,打浆充分,加热充分}。

环境需求单元1为{能源利用率高,容易拆卸,便于装配,便于回收,减少材料消耗,尽量使用可循环再生的原材料,简化包装,噪声低}。

(2) 常规需求单元环境因素的提取。"便于清洗"可解释为产品模块化程度高、容易拆卸、便于装配、资源利用率高;"质量轻"可解释为减少材料消耗、能源利用率高、资源利用率高;"无毒害"可解释为材料环境友好性高、符合相关法律法规要求。

(3) 产品环境需求重要度排序。通过建立常规需求和环境需求关联矩阵的方法实现对环境需求重要度的排序。由于本例常规需求单元过多,为了表述方便,可将表3-5中的行列互换得到常规需求和环境需求的相关矩阵,如表3-10所示。

表3-10 常规需求与环境需求的相关矩阵

	产品模块化程度高	容易拆卸	便于装配	能源利用率高	资源利用率高	减少材料消耗	材料环境友好性高	符合相关法律法规要求	*K*
加取料方便	9	6	6	3	3	3	0	0	30
便于清洗	9	6	6	0	3	0	3	6	33
水位易于控制	6	3	0	0	3	3	0	3	18
运行安全	9	3	3	3	3	0	0	6	27
搬运方便	3	3	6	0	0	9	3	6	30
质量轻	9	3	3	3	3	9	3	6	39
外形美观	3	0	0	0	0	0	0	0	3
价格适中	6	3	3	3	0	6	3	0	24
微电脑控制	9	3	3	3	0	0	0	6	24
运行可靠	9	3	3	6	3	3	0	9	36
使用寿命长	6	3	3	6	3	3	3	9	36
打浆充分	6	3	3	6	3	3	0	3	27
加热充分	3	0	0	9	6	6	0	3	27
T	87	39	39	42	30	45	15	57	

由表3-10可知,相对于其他环境需求,资源利用率高和材料环境友好性高这两项环境需求对常规需求影响较小,重要度低。故在进行产品设计、生产、配置时可以优选考虑其他关联度更高的环境需求。由此得到环境需求单元2为{产品模块化程度高,容易拆卸,便于装配,能源利用率高,减少材料消耗,符合相关法律法规要求}。

将环境需求单元1与单元2进行处理,经过检查、归类,去掉重复的环境需求,得到最终的环境需求单元为{能源利用率高,容易拆卸,便于装配,便于回收,减少材料消耗,简化包装,噪声低,产品模块化程度高,符合相关法律法规要求}。

豆浆机产品客户需求分类后,可表述如下:**常规需求单元为**{加取料方便,便于清洗,水位易于控制,运行安全,搬运方便,质量轻,外形美观,价格适中,微电脑控制,运行可靠,使用寿命长,打浆充分,加热充分};**环境需求单元为**{能源利用率高，容易拆卸，便于装配，便于回收，减少材料消耗，简化包装，噪声低，产品模块化程度高，符合相关法律法规要求}。

2）客户需求向产品参数的转换

（1）客户需求重要度的确定。根据前期分类得到的客户需求基本单元集合可以表示为$R=\{r_1, r_2, \cdots, r_{22}\}$={加取料方便，便于清洗，水位易于控制，运行安全，搬运方便，质量轻，外形美观，价格适中，微电脑控制，运行可靠，使用寿命长，打浆充分，加热充分，能源利用率高，容易拆卸，便于装配，便于回收，减少材料消耗，简化包装，噪声低，产品模块化程度高，符合相关法律法规要求}，则客户需求单元自相关矩阵如表3-11所示，该矩阵中的数值按表3-7中的规定给出。

表3-11　客户需求基本单元自相关矩阵

	r_1	r_2	r_3	r_4	r_5	r_6	r_7	r_8	r_9	r_{10}	r_{11}	r_{12}	r_{13}	r_{14}	r_{15}	r_{16}	r_{17}	r_{18}	r_{19}	r_{20}	r_{21}	r_{22}	w	w^r
r_1	1	6	1	6	3	3	1	3	3	6	6	9	9	6	3	3	3	3	3	6	6	9	99	7.3
r_2	6	1	6	6	6	6	6	6	6	6	6	9	9	6	3	3	3	3	3	3	3	6	112	8.3
r_3	1	6	1	6	3	3	1	1	3	6	6	9	9	6	6	6	3	3	3	6	3	9	100	7.4
r_4	6	6	6	1	6	6	9	6	6	3	6	9	9	6	6	6	6	6	6	6	6	6	127	9.4
r_5	3	6	3	6	1	6	6	6	6	9	6	6	6	6	3	3	3	3	1	6	3	6	104	7.7
r_6	3	6	3	6	6	1	1	3	3	3	3	6	6	6	3	3	3	1	1	3	3	6	79	5.9
r_7	1	6	1	9	6	1	1	3	3	6	6	6	6	3	3	3	3	3	1	3	3	9	86	6.4
r_8	3	6	1	6	6	3	3	1	3	6	6	6	9	9	6	3	3	3	3	3	3	6	98	7.3
r_9	3	6	3	6	6	3	3	3	1	6	3	6	6	6	3	3	3	6	3	3	3	6	91	6.7
r_{10}	6	6	6	3	9	3	6	6	6	1	6	6	6	3	6	6	6	6	6	6	6	6	121	9
r_{11}	6	6	6	6	6	3	6	6	3	6	1	6	6	3	6	6	6	6	3	6	6	6	115	8.5
r_{12}	9	9	9	9	6	6	6	6	6	6	6	1	1	3	9	9	6	6	6	6	6	1	132	9.8
r_{13}	9	9	9	9	6	6	6	9	6	6	6	1	1	3	9	9	6	6	6	6	6	1	135	10
r_{14}	6	6	6	6	6	6	3	9	6	3	3	3	3	1	3	3	6	6	6	6	3	1	101	7.5
r_{15}	3	3	6	6	3	3	3	6	3	6	6	9	9	3	1	1	3	3	3	3	3	3	89	6.6
r_{16}	3	3	6	6	3	3	3	3	3	6	6	9	9	3	1	1	3	6	3	3	3	3	89	6.6
r_{17}	3	3	3	6	3	3	3	3	3	6	6	6	6	6	3	3	1	3	3	3	3	6	85	6.3
r_{18}	3	3	3	6	3	1	3	3	6	6	6	6	6	6	6	6	3	1	1	3	3	6	90	6.7
r_{19}	3	3	3	6	1	1	1	3	3	6	3	6	6	6	3	3	3	1	1	3	3	6	74	5.5
r_{20}	6	3	6	6	6	3	3	3	3	6	6	6	6	6	3	3	3	3	3	1	3	6	94	7.3
r_{21}	6	3	3	6	3	3	3	3	3	6	6	6	6	3	3	3	3	3	3	3	1	6	85	6.3
r_{22}	9	6	9	6	6	6	9	6	6	6	6	1	1	1	3	3	6	6	6	6	6	1	115	8.5

（2）产品技术需求的确定。结合豆浆机特点，分析得出豆浆机的技术需求如下：打浆、加热、整机质量、外形尺寸、操作方式、控制系统、设计寿命、材料（特殊性、隔热性）、可视性、容积、拆卸性、噪声、能耗、回收（回收性）。

（3）构建关系矩阵。构建豆浆机客户需求与技术需求关系矩阵，从而确定技术需求绝对重要度和相对重要度，在此基础上对技术特性进行排序，确定零部件备选集及其技术参数，如表3-12所示。分值按表3-8中的规定给出。

表 3-12　客户需求与技术需求关系矩阵

技术需求		打浆	加热	整机质量	外形尺寸	操作方式	控制系统	设计寿命	材料		可视性	容积	拆卸性	噪声	能耗	回收性
客户需求	权重								特殊性	隔热性						
加取料方便	7.3	0	0	1	1	9	0	1	0	0	9	1	9	0	0	0
便于清洗	8.3	0	0	1	1	9	0	5	5	0	9	1	9	0	1	0
水位易于控制	7.4	1	1	1	1	9	1	0	0	0	9	1	5	0	0	0
运行安全	9.4	5	9	1	0	5	9	9	5	0	5	0	5	1	0	0
搬运方便	7.7	0	0	9	9	1	0	5	0	0	0	5	1	0	0	0
质量轻	5.9	1	5	9	5	1	0	1	5	0	0	1	0	0	0	1
外形美观	6.4	0	0	1	9	0	0	0	5	0	9	0	0	0	0	0
价格适中	7.3	1	1	1	5	0	1	1	1	0	0	5	1	0	0	0
微电脑控制	6.7	5	9	1	1	9	9	0	0	0	0	0	0	1	0	0
运行可靠	9	5	9	1	1	5	9	9	5	0	1	0	1	1	0	0
使用寿命长	8.5	9	9	1	0	5	5	9	9	0	0	0	1	5	1	5
打浆充分	9.8	9	0	0	0	0	1	1	0	0	0	5	0	5	9	0
加热充分	10	0	9	0	0	0	5	1	0	5	0	1	0	1	9	0
能源利用率高	7.5	9	9	0	0	1	5	5	1	9	0	0	0	1	9	0
容易拆卸	6.6	5	5	5	5	0	1	5	9	0	0	0	9	1	0	9
便于装配	6.6	5	5	5	5	0	0	5	9	0	0	0	9	1	0	9
便于回收	6.3	5	5	5	5	0	0	5	9	0	0	0	9	1	0	9
减少材料消耗	6.7	5	1	9	9	1	0	1	5	0	0	1	1	0	9	1
简化包装	5.5	0	0	5	9	0	0	0	1	0	0	5	0	0	1	9
噪声低	7.3	9	5	1	0	1	1	1	0	0	0	0	0	9	9	0
产品模块化程度高	6.3	9	9	1	1	9	9	5	1	9	1	0	9	5	5	9
符合相关法律法规要求	8.5	5	5	0	0	5	5	5	9	5	1	1	5	9	5	9
技术需求绝对重要度		674.2	772.7	391.6	445.2	536.1	493.5	585.4	583.6	216.7	335.4	205.6	605.5	327.3	468	413.3
技术需求相对重要度		8.7	10	5.1	5.8	6.9	6.4	7.6	7.6	2.8	4.3	2.7	7.8	4.2	6.1	5.3
技术特性排序		2	1	10	8	5	6	4	4	13	11	14	3	12	7	9

(4) 零部件备选集及其技术参数的确定。以豆浆机具体技术特性为基础,结合上一步分析,可以得到技术需求重要度、备选零部件集合及其技术参数约束。具体如表3-13所示。

表3-13 零部件备选集及其技术参数的确定

技术需求		零部件备选集及其技术参数
打浆		过滤网(细孔不锈钢网、拉发尔网)、电机机构(卡扣式、螺栓式) 破碎刀(钛合金刀片、不锈钢刀片)、联轴器
加热		加热元件(管状电热元件、电热圈、电磁底座) 保温装置(玻璃杯体、不锈钢杯体、耐高温聚酯杯体)
整机质量/kg		≤3
外形尺寸(长×宽×高)/(mm×mm×mm)		≤230×170×350
操作方式		控制面板
控制系统		控制线路板、防溢电极、水温探测探头 核心是电极程序控制和加热自动控制
设计寿命/年		≥3
材料	特殊性	材料的毒性
	隔热性	保温装置(玻璃杯体、不锈钢杯体、耐高温聚酯杯体)
可视性		杯体(透明材质、刻度线标示位置)
容积/L		≤1.5
拆卸性		加热机构(加热元件+保温装置)、打浆机构(过滤网+电机机构+破碎刀+联轴器) 零部件数量、连接方式
噪声		电机机构、主轴、破碎刀≤70dB
能耗		电机机构、加热元件、保温装置≤0.16kW·h/次
回收性		加热机构(加热元件+保温装置)、打浆机构(过滤网+电机机构+破碎刀+联轴器) 材料中可回收性材料的比例、材料种类

3.3.2 绿色材料选择及管理

材料的绿色特性对最终产品的"绿色程度"具有重要意义。绿色设计首先要求构成产品的材料具有绿色特性,也就是说,在产品的整个生命周期内,构成产品的材料应有利于降低能耗,减轻环境负担。具体来说,应符合以下要求:

(1) 从生产过程看,所用材料应是低能耗、低成本、少污染的材料;

(2) 从制造过程看,所用材料应是易加工且加工过程中无污染或污染最小;

(3) 从报废后易于处理的角度看,所用材料应是易回收、易处理、可重用、可降解的材料。

1. 绿色材料选择的原则

绿色材料的选择不仅要满足传统的选材原则,还要考虑材料的绿色性能,实现这些因素之间的协调。表 3-14 是绿色材料的选择原则。

表 3-14 绿色材料的选择原则

选择原则	内 容	解 释
使用性能原则	产品功能要求	首先所选材料要满足产品的功能和使用寿命
	产品结构要求	产品结构要求对材料选择有重要影响
	使用安全要求	材料选择应充分考虑各种可能预见的危险
	工作环境要求	任何产品总是在一定的工作环境中运行和使用,它必然要受到环境的影响,这些影响主要包括冲击和振动、温度与湿度、腐蚀性等
工艺性能原则	零部件加工的可行性	材料所要求的工艺性能与零部件制造的加工工艺方案有密切的关系,它们决定了零部件制造的可行性和质量
经济性原则	材料成本最低	在保证零部件的使用性能和工艺性能的前提下,应采用低成本的材料,以获取最大的经济效益,使产品具有强大的竞争力
环境性原则	减少产品中材料的种类	减少材料种类,便于产品废弃后的回收、分类和处理,从而减少回收成本,提高产品的回收效益
	提高选用材料之间的相容性	材料相容性好,便于零部件一起回收,从而减少零部件的拆卸工作量及成本
	尽量选用低能耗的材料	不同的材料,由于生产方式不同造成加工过程中所需能耗的差异,应认真考虑各种材料在加工过程中的能量消耗
	材料易于回收、再利用或降解,优先选用可再生材料	采用易回收的材料如塑料、铝等,不但可以节约资源,而且可以减少不可回收材料造成的环境污染
	对材料进行必要的标识	对材料的标识,有利于产品生命终止后的回收工作的简化,降低回收的成本
	无毒无害原则	对于有毒有害的物质使用,应严格遵守法律所规定的相关产品材料限制要求,应尽可能不用或少用;有些产品由于条件所限,必须使用时,尽量将这些材料组成的零部件集成在一起,并做出醒目标记,避免生产、使用、回收等过程中造成对环境及人身安全的危害
	尽量选用不加任何涂、镀层的原材料	带有涂层的材料会给材料的回收再利用带来困难,而且大部分涂料本身就有毒,涂镀工艺本身也会给环境带来极大污染

2. 绿色设计的材料选择方法与步骤

绿色设计的材料选择必须以材料的力学性能、工艺性能、经济属性和生命周期的环境属性等作为优化目标,进行多方面的权衡和量化评估。目前,材料选择的方法主要分为两大类：一类是多目标决策方法；另一类是多属性决策方法。对于备选材料选择种类多、零部件材料性能要求多的材料选择，也可采用人工神经网络、遗传算法等，以提高材料选择的效率。

绿色设计的材料选择主要有以下几个步骤：

(1) 分析零部件对所选材料的性能要求及失效情况。在分析零部件的工作条件、形状尺寸与应力状态后，确定零部件的技术条件。通过分析或试验，结合同类零部件失效分析结果，找出零部件在实际使用中的主要和次要失效抗力指标，以此作为选材的依据。根据力学计算，确定零部件应具有的主要力学性能指标、物理化学性能指标等。

(2) 对可供选择的材料进行筛选。根据确定的零部件材料的主要力学性能指标、物理化学性能指标等满足零部件功能和性能的指标要求，在可获得的工程材料中进行筛选，选择出零部件的可用材料，建立可用材料集。

(3) 对可用材料进行评价选择。将各项经济指标和环境指标引入评价体系中，作为材料选择的必要条件。引入具体的量化指标，其中绿色性能指标包括回收/再利用性能、材料的相容性等；经济指标包括原材料成本、材料的加工费用和材料的回收处理成本等。然后进行多目标和多约束决策，确定材料综合性能排列序列。

(4) 最佳材料的确定。对位于材料综合性能排序前列的数种材料进行多方比较和论证，确定零部件最终使用的材料。

3. 材料选择实例

以计算机主机外壳为例说明绿色设计材料选择过程。基于工程分析后，计算机主机外壳的功能要求包括封装内部集成电路板、屏蔽对用户的电磁辐射、防止灰尘进入主机内部；其性能要求包括电磁兼容性、散热性能和美观性。表3-15列出需要考虑的候选材料与性能要求相关的属性。根据市场上计算机主机外壳性能和应用情况，选择了其中的8种材料。

表3-15 材料选择相关的性质

	铝	钢	木材	铜	ABS	PP	有机玻璃	HIPS
密度 $\rho/(g/cm^3)$	2.73	7.85	0.54	8.96	1.05	0.9	1.2	1.03
杨氏模量 E/GPa	70	206	10	110	1.76	1.0	2.5	3.2
抗弯强度 σ/MPa	110	240	40	210	60.7	45	40	70.5
导热率/(W/(m·K))	226	48.5	0.17～0.3	386.4	0.21	0.22	0.18	0.04～0.13
电磁兼容性	3	2	1	1	1	1	1	1
美观	2	2	3	2	2	2	3	2
市场价格(美元/kg)	3.81	1.01	0.97	9.56	2.28	1.76	3.24	1.99
回收价格(美元/kg)	2.41	0.44	—	5.88	1.03	1.18	1.62	1.10

计算机主机侧板的设计规格为：长 450mm，宽 490mm。通过工程分析得到计算机主机侧板的厚度、质量以及给定材料的生命周期评价结果；基于 Eco-indicator 99 生命周期评估方法给出其环境影响，并确定再循环材料的回收成本 C_{Rcl}。表 3-16 中 E_{Mtr} 是材料获取和加工阶段每单位质量材料对环境的影响；E_{Manu} 是指制造阶段对环境的影响；E_{Dsp} 和 E_{Mrcl} 分别是指材料回收与处理阶段对环境的影响；C_{Mtr} 是指材料成本。

表 3-16　材料生命周期评价结果

	铝	钢	木材	铜	ABS	PP	有机玻璃	HIPS
厚度/mm	4.0	0.8	18	0.8	10.0	10.0	10.0	10.0
质量/kg	2.4	1.38	1.19	1.58	2.32	1.99	2.64	2.27
性能指标 $E^{1/3}/\rho$	1.51	0.75	3.99	0.53	1.15	1.11	1.13	1.43
性能指标 $\sigma^{1/2}/\rho$	3.84	1.97	11.71	1.62	7.42	7.45	5.27	8.15
制造工艺	挤压	冲压	手工	挤压	注塑	注塑	手工	注塑
回收性能 ξ	0.8	0.8	—	0.8	0.5	0.5	0.5	0.5
E_{Mtr}/(mPt/kg)	780	86	39	1400	400	330	58	360
E_{Manu}/(mPt/kg)	72	13.23	—	72	21	21	—	21
E_{Mrcl}/(mPt/kg)	−720	−62	—	−972	−267	−210	−7	−240
E_{Dsp}/(mPt/kg)	1.4	1.4	4.2	1.4	4.1	3.5	1.4	4.1
C_{Mtr}/美元	9.14	1.40	1.15	15.10	5.29	3.51	8.54	4.51
C_{Rcl}/美元	−4.63	−0.49	—	−7.44	−1.19	−1.17	−2.14	−1.25

表 3-17 给出了待选择材料的生命周期评价的目标值。EI 表示组件在生命周期中对于环境的影响，C 表示材料成本。

表 3-17　不同材料的生命周期目标

	铝	钢	木材	铜	ABS	PP	有机玻璃	HIPS
EI/mPt	663.07	68.88	51.41	1097.59	671.76	493.02	145.73	597.12
C/美元	4.51	0.91	1.15	7.67	4.09	2.34	6.41	3.25

根据表 3-17 可以创建决策矩阵。图 3-17 显示了在 TOPSIS 法中使用决策矩阵的结果。从图中可以看出：在材料成本最少与对环境影响最小两个目标方面，钢材具有最好的表现。

3.3.3　面向拆卸的设计

可拆卸性是绿色产品设计的主要内容之一，它要求在产品设计的初级阶段就将可拆卸性作为结构设计的一个评价准则，使所设计的结构易于拆卸，维护方便，并在产品报废后可重用部分能充分有效地回收和重用，以达到节约资源和能源、保

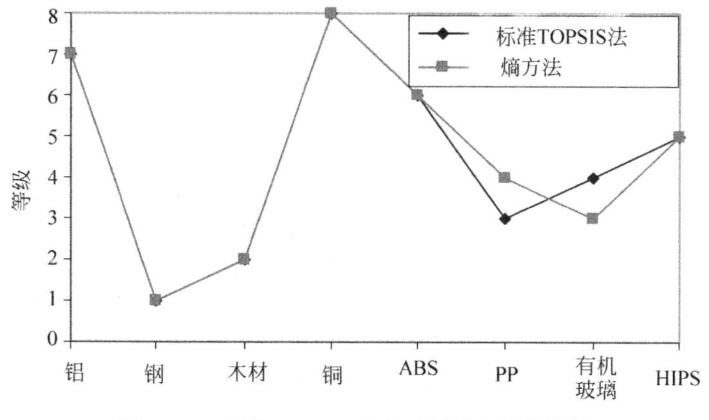

图 3-17　采用 TOPSIS 法进行材料选择的结果

护环境的目的。可拆卸性要求在产品结构设计时改变传统的连接方式代之以易于拆卸的连接方式。

1. 产品的可拆卸性设计准则

进行产品设计时应遵循可拆卸设计原则。可拆卸设计原则主要有结构可拆卸原则、拆卸易于操作原则和产品结构可预估性原则等。可拆卸设计原则的具体内容如表 3-18 所示。

表 3-18　可拆卸设计原则

原　　则	要　　求	内　　容
结构可拆卸原则	采用易于拆卸的连接方式	尽量选用卡扣式、螺纹式等便于分离的、拆卸性能好的连接方式，尽量不用焊接、黏接、铆接等难以拆卸的连接方式
	连接类型和数量最少	尽量减少连接类型，从而减少拆卸工具和拆卸工艺；同时拆卸部位连接件数量要尽可能少，减少拆卸工作量
	拆卸运动简单	尽量使用简单的拆卸路线，简单的拆卸运动；应尽可能减少零部件的拆卸运动方向，避免采用复杂的拆卸路线（如曲线运动），并且拆卸移动的距离要尽可能短
	结构可达性好	可达性问题主要表现在三方面：第一是看得见，视角可达，即拆卸时，应能看到内部的拆卸操作，并有足够的空间容纳拆卸人员的手臂及进行观察；第二是够得着，实体可达，即拆卸过程中，操作人员身体的某一部位或借助工具能够接触到拆卸部位；第三是足够的拆卸操作空间，即需要拆卸的部位，其周围要有足够的空间，以方便拆卸工作，如螺栓螺母的布置应留有足够的扳手空间

续表

原　　则	要　　求	内　　容
拆卸易于操作原则	零部件材料单一	尽量避免金属材料与塑料零部件的相互嵌入，如目前广泛采用的注塑零部件就往往将金属部分嵌入塑料中，这会使以后的分离拆卸工作难以进行
	废液排放安全无污染	有些产品在废弃淘汰后，其中往往含有部分废液，为了在拆卸过程中不致使废液泄漏，造成环境污染和影响操作安全，在拆卸前首先要将废液排出。因而，在产品设计时，要留有易于接近的排放点，使这些废液能方便并安全排出
	拆卸部位应便于抓取	当拆卸的零部件处于自由状态时，要方便地拿掉，必须在其表面设计预留便于抓取部位，以便准确、快速地取出目标零部件
	采用模块化设计	模块化是实现部件互换通用、快速更换和拆卸的有效途径，因此在设计阶段采用模块化设计，可按功能将产品划分为若干个各自能完成特定功能的模块，并统一模块之间的连接结构和尺寸，这样不仅制造方便，而且便于拆卸回收
	应选用刚性零部件	产品设计时，应尽量采用刚性零部件，因为非刚性零部件的拆卸不方便
产品结构可预估性原则	避免将易老化或易被腐蚀的材料与所需拆卸、回收的零部件材料组合	产品在使用过程中，由于存在污染、腐蚀、磨损等，且在一定的时间内需要进行维护或维修，这些因素均会使产品的结构产生不确定性，即产品的最终状态与原始状态之间产生了一定的改变。为了使产品废弃淘汰时，其结构的不确定性减少，设计时应遵循产品结构可预估性原则
	防止要拆卸的零部件被污染或腐蚀	

2. 可拆卸设计方法

可拆卸结构设计是指在进行产品结构设计时，遵循可拆卸设计原则，并充分考虑其拆卸性能，确保产品的可拆卸性，以便于产品使用过程中的维修以及废弃处理后的拆卸回收。常用的可拆卸设计方法有模块化设计、基于 TRIZ 的可拆卸设计、主动拆卸设计等。

1) 模块化设计

模块化设计就是在对一定范围内的不同功能或相同功能不同性能、不同规格的产品进行功能分析的基础上，划分并设计出一系列功能模块，通过模块的选择和组合可以构成不同的产品，以满足市场的不同需求。模块化设计既可以很好地解决产品品种规格、设计制造周期和生产成本之间的矛盾，又可为产品快速更新换代、提高产品质量、方便维修、有利于产品废弃后的拆卸回收、增强产品的竞争力提供必要条件。产品模块化对绿色设计具有重要意义，主要表现在以下几个方面：

(1) 模块化设计能够满足绿色产品的快速开发要求。

(2) 模块化设计可将产品中对环境或人体有害的部分、使用寿命相近的部分等集成在同一模块中,便于拆卸回收和维护更换等。

(3) 模块化设计可以简化产品结构。模块化设计能较为经济地用于多种小批量生产,更适合于绿色产品的结构设计,如可拆卸结构设计等。

图 3-18 为模块化设计的体系框架,其主要包括概念设计、模块划分、模块组合以及模块评价 4 部分。由于篇幅有限,在此给出一个实例对结构的拆卸设计进行说明。

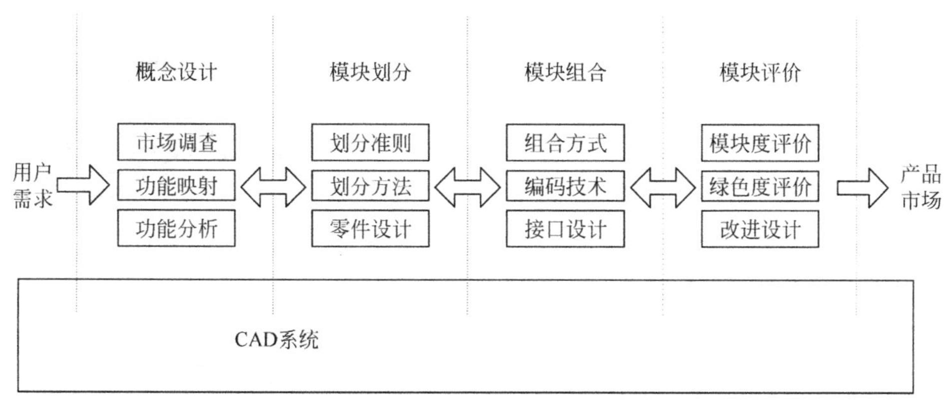

图 3-18 模块化设计体系框架

图 3-19(a)是电吹风原有的设计结构,采用模块化设计方法,经过重新设计,如图 3-19(b)所示,使产品中的紧固件数量由 7 个减少到 2 个,紧固件种类由 3 种减少为 1 种,产品零部件数量由 20 个减少到 12 个,产品的模块数量由 11 个减少到 6 个,在不影响产品功能的情况下,简化了产品结构。

2) 基于 TRIZ 的可拆卸设计

根据 TRIZ 中物质-场分析工具,建立产品可拆卸设计案例知识库。将冲突解决原理具体化,形成新的解决方案成功解决结构设计冲突问题。建立零部件连接结构的物质-场模型,并分析模型的完整性及效应的有效性情况,利用物质-场分析的 6 个一般解法或 76 个标准解获取相应的易拆解设计解决方案,其流程图如图 3-20 所示。

限于篇幅,基于 TRIZ 的拆卸设计方法在此不做介绍。

3) 主动拆卸设计

主动拆卸技术是利用形状记忆合金或形状记忆高分子材料在特定环境下自动回复原状的原理,用形状记忆合金材料或形状记忆高分子材料制成驱动器或可分离扣件等主动拆卸结构,在产品设计和装配时就置入产品中,如图 3-21 所示。当回收处理这些产品时,只需将产品置于主动拆卸结构的激发条件下,主动拆卸结构会使产品自行拆解,使产品的拆卸和回收处理非常方便。

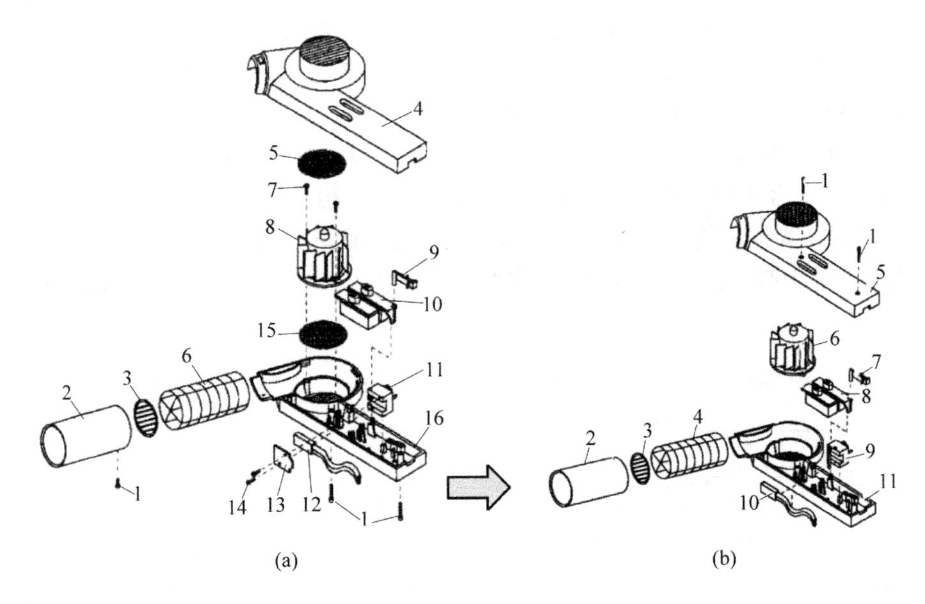

序号	零件名称	序号	零件名称
1	螺钉 (3)	9	杆臂
2	圆桶	10	开关部件
3	金属护栅	11	开关座
4	上盖	12	电源线
5	上滤网	13	开关线板
6	加热部件	14	开关螺钉 (2)
7	电机螺钉 (2)	15	下滤网
8	电机风扇部件	16	下盖

序号	零件名称	序号	零件名称
1	螺钉 (2)	7	杆臂
2	圆桶	8	开关部件
3	塑料护栅	9	开关座
4	加热部件	10	电源线
5	上盖	11	下盖
6	电机风扇部件		

图 3-19　电吹风的模块化结构设计实例

3. 拆卸设计实例

计算机的主机箱在使用过程中常需进行拆卸以清理除尘、更换升级等操作。机箱零部件均属于高值化产品，在生命周期末端需对其进行无损拆卸以便回收，因此计算机主机箱应具有良好的拆卸性能。对主机箱内部零部件间连接结构进行可拆卸性能评价，有两处连接结构需进行改进。

(1) 光驱、硬盘与机箱的螺钉连接。光驱、硬盘与机箱的连接方式相同，均采用 4 个螺钉连接在机箱肋板的左右两侧(图 3-22(a))。该结构紧固件数量较多，且在拆卸过程中，出于保护主板的目的，机箱右侧板一般在主板拆卸前不进行拆卸，故右侧板阻挡了光驱、硬盘右侧两个螺钉的拆卸，即拆卸的可达性较差。

(2) 左侧板与机箱的连接。由于在使用过程中左侧板是最常需要拆卸的零部件(图 3-22(a))，其与机箱连接的两个螺钉在多次拆卸过程中常会遗失，故该连接结构的稳定性较差。

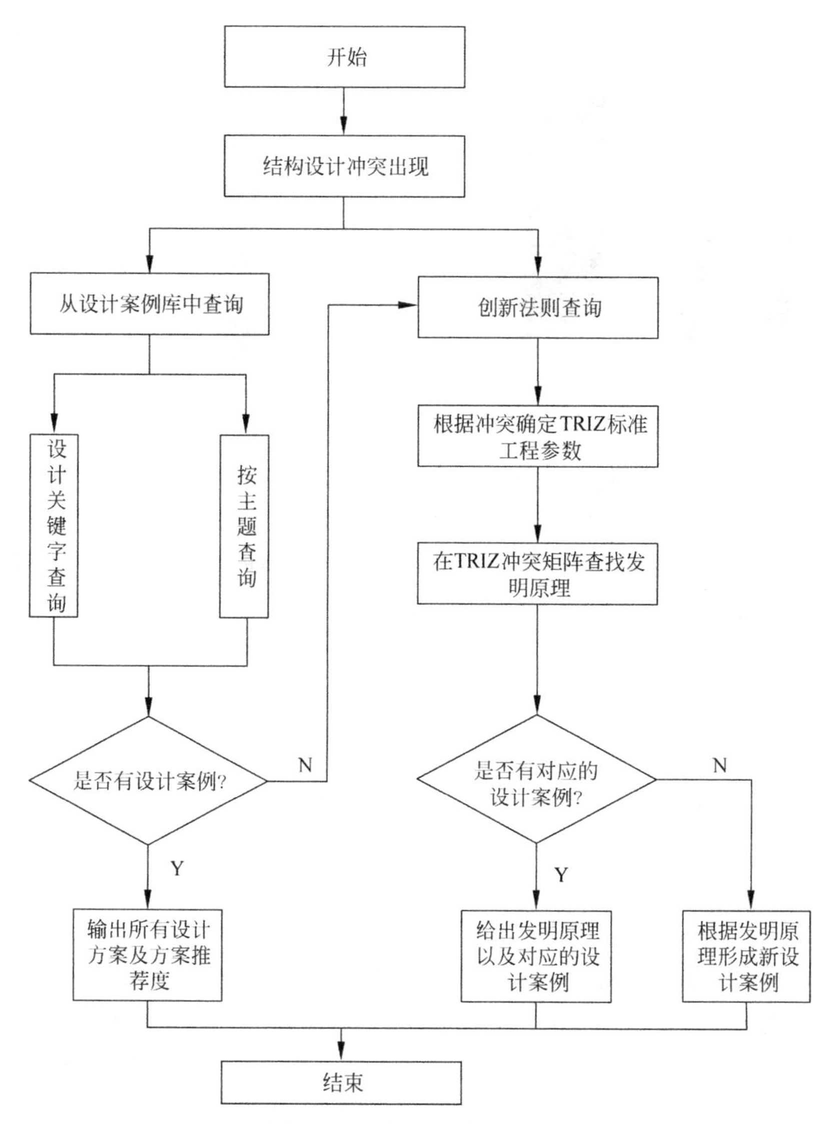

图 3-20　易拆解设计解决方案

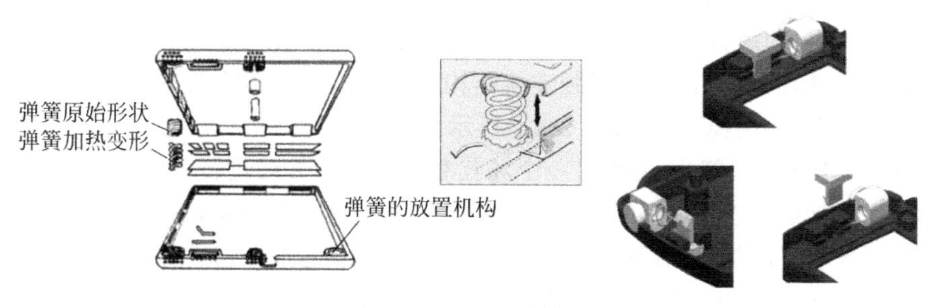

图 3-21　主动拆卸设计

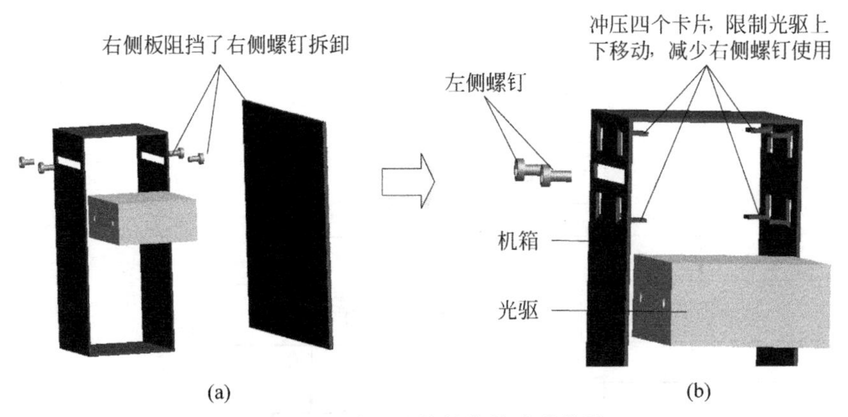

图 3-22　光驱连接结构的改进设计

① 光驱连接结构的改进设计。在光驱连接结构改进设计中，首先建立问题的物-场分析模型，如图 3-23 所示。由于右侧板必须存在以保护主板及防止异物、灰尘等进入机箱，故光驱连接结构的改进设计成为一个物理矛盾，即右侧板必须存在(保护作用)又不应存在(违背了可达性设计原则)。

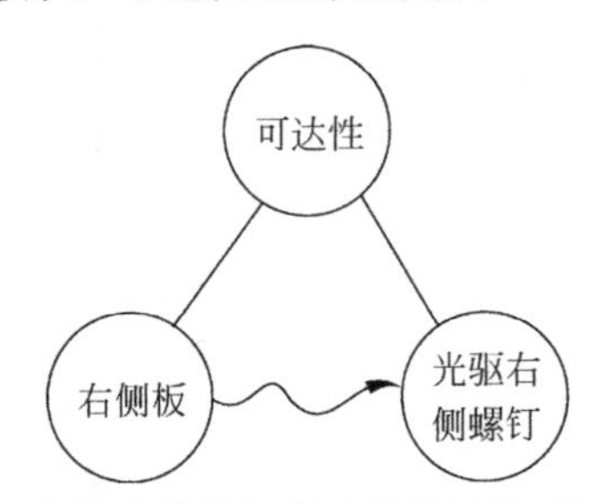

图 3-23　光驱连接结构的改进设计物-场分析模型

分析结构的受力情况可知，由于光驱与机箱左侧的两个连接螺钉的存在，右侧螺钉的作用主要为防止光驱在垂直于地面方向发生晃动。采用物理分离原理进行改进设计，对应的分离方法为"相反需求的空间分离"。查找发明原理，采用第 24 号发明原理"中介物"，使用中介物实现所需动作，在机箱右侧添加两个垫片如图 3-22(b)所示，阻挡光驱的晃动，从而减少了光驱右侧两个螺钉的使用，提高了拆卸的可达性，同时也减少了紧固件的数量。

② 左侧板的螺钉连接改进设计。在光驱连接结构改进设计中，由于在使用中的拆卸操作无法避免，故采用增强连接结构自身的抗外界影响的方式，建立左侧板的螺钉连接的物-场模型，如图 3-24(a)所示。

采用 TRIZ 一般解法，使用另一个场代替原有场的方法进行求解，如图 3-24(b)所示。考虑到螺钉连接在拆卸中螺钉必然会脱离左侧板与机箱，可选用一种连接件在拆卸过程中不会脱离的连接方式替代原有螺钉连接。选用卡扣式连接替代原有螺钉连接，在左侧板加工出一个卡槽，机箱上装配一个可上下移动的卡扣，如图 3-25 所示。

该问题也可以采用 TRIZ 一般解法，插入一个物质并加上另一个场来提高应

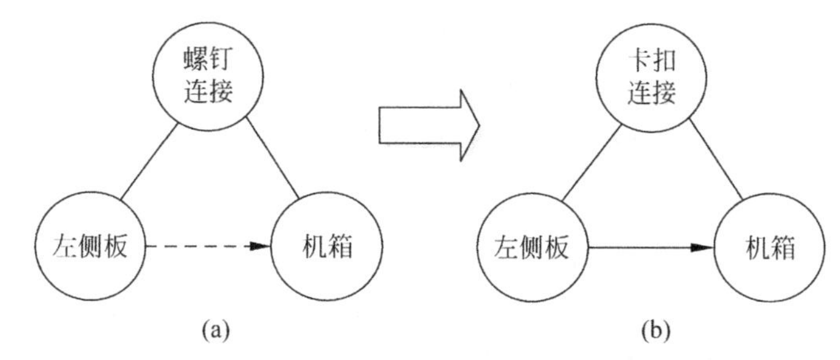

图 3-24　左侧板的螺钉连接物-场分析模型

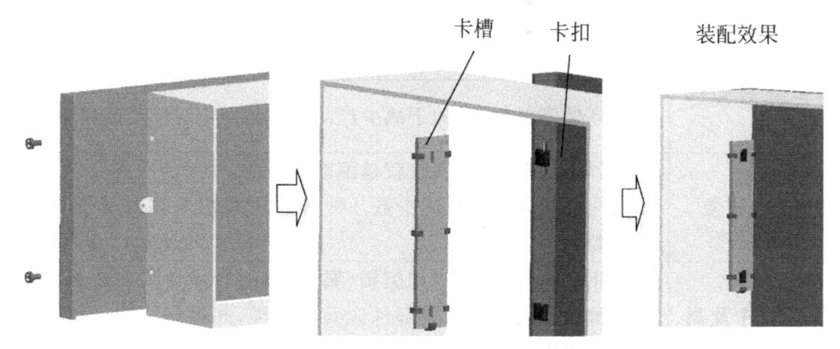

图 3-25　求解方法 1 的解决方案

用效应的方法进行求解，即在左侧板用铆钉连接加入一个塑料连接件，塑料连接件与螺钉存在卡扣配合确保螺钉无法从连接件中取出，如图 3-26 所示。

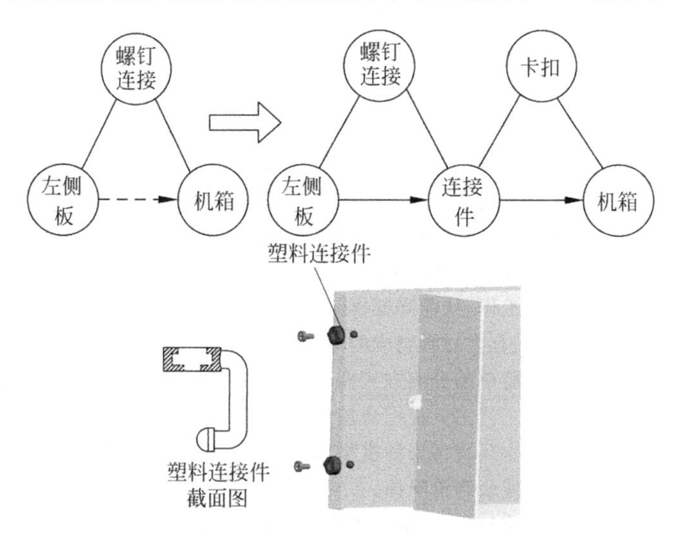

图 3-26　求解方法 2 的解决方案

3.3.4　面向回收的设计

回收设计(design for recovering & recycling，DFR)是实现广义回收所采用的手段

或方法，即在进行产品设计时，充分考虑产品零部件及材料回收的可能性、回收价值大小、回收处理方法、回收处理结构工艺性等与回收有关的一系列问题，以达到零部件及材料资源和能源的充分有效利用、环境污染最小化的一种设计思想和方法。

1. 回收设计原则

设计时应充分考虑产品零部件及材料的回收率、回收价值、回收工艺、回收结构工艺性等与可回收性有关的问题，以达到零部件及材料的资源充分利用，并在回收过程中尽量减少产生二次污染。回收设计原则如表 3-19 所示。

表 3-19　回收设计原则

原　　则	原则的内容及特点
尽量选用环境友好材料	选用环保型材料，有助于减少产品生命周期中对环境的负面影响
尽量减少材料种类	材料种类越多，拆卸回收就越困难。因此，在满足性能要求的条件下，尽可能使用同类材料或少数几种材料，这些材料在当时条件下要易于回收处理
可重用零部件及材料要易于识别分类	可重用零部件的状态(如磨损、腐蚀等)要容易且明确地识别，这些具有明确功能的可拆卸零部件应易于分类，并根据结构、连接尺寸及材料给出识别标志。目前国外及国内的大部分电冰箱产品均标明了各部分结构材料的类型及其代号，使拆卸、分类非常方便
尽量使用相容性好的材料组合	材料之间的相容性对拆卸回收的工作量具有很大的影响。例如，电子线路板是由环氧树脂、玻璃纤维及多种金属共同构成的，由于金属和塑料之间的相容性较差，为了经济、环保地回收报废的电子线路板，就必须将各种材料分离，但这是一个难度和工作量都很大的工作。目前线路板的回收问题还一直困扰着企业界
尽可能利用回收零部件或材料	在回收零部件的性能、使用寿命满足使用要求时，应尽可能将其应用于新产品设计中；或者在新产品设计中尽可能选用回收的可重用材料
设计的结构应易于拆卸	要回收的材料及重用的零部件应保持毫无损伤或方便地拆下，这可通过选用易于接近和分离的连接结构来实现。应将相容材料放在一起，不相容材料之间采用易于分解的连接，这样可简化零部件材料的拆卸分离工作，从而降低拆卸成本。若必须选用有毒、有害材料时，最好将有毒、有害材料制成的零部件用一个密封的单元体封装起来，并能以一种简单的分离方式拆下，便于单独处理
尽量减少二次工艺的次数	二次工艺主要是指清理焊缝、电镀、涂覆、喷漆等。由于这些工艺往往会产生环境污染和废物，材料回收过程中首先需要将这些二次工艺产生的残余物清除掉。二次工艺中使用的材料本身很难重新使用，并且由于成分复杂，增加了产品回收处理的工艺难度
尽量延长产品设计寿命	延长产品设计寿命可以达到节约资源能源的目的，并且可以减少废弃产品的增加
遵循可拆卸设计原则	回收设计的原则和可拆卸原则的要求是一致的，产品拆卸性能提高了，回收方便性也就提高了

2. 回收设计方法

在产品生命周期的不同阶段,回收的方式和内容也不相同,在设计时考虑的重点也有所区别。根据回收所处的阶段不同,可将回收划分为三种类型,即前期回收、中期回收和后期回收。

(1) 前期回收。这种回收方式处于生命周期前段,通常指制造商对产品生产阶段所产生的废弃物和材料(边角料、切削液等)进行回收利用。

(2) 中期回收。通常指在产品首次使用后,对其进行换代或大修,使产品恢复其原有功能和性能,甚至通过模块的扩充,获得新的功能。

(3) 后期回收。主要指产品在丧失其基本功能后,对产品进行拆解、零部件重复利用及材料回收。

从产品的回收层次来看,产品的回收一般有 6 个层次,即产品级、部件级、零部件级、材料级、能量级、处置级。其中产品级回收是指产品不断更新升级得以反复使用,或进入二手市场。从环境保护和节约资源能源角度来看,产品设计初期,就应考虑产品回收的优先层次关系,以达到综合效益的最大化。产品回收的优先层次如图 3-27 所示。产品经过简单维护升级,可以实现重复利用是最理想的设计结果,其次尽可能使组成产品的零部件实现重用,零部件无法重用时则考虑在材料级

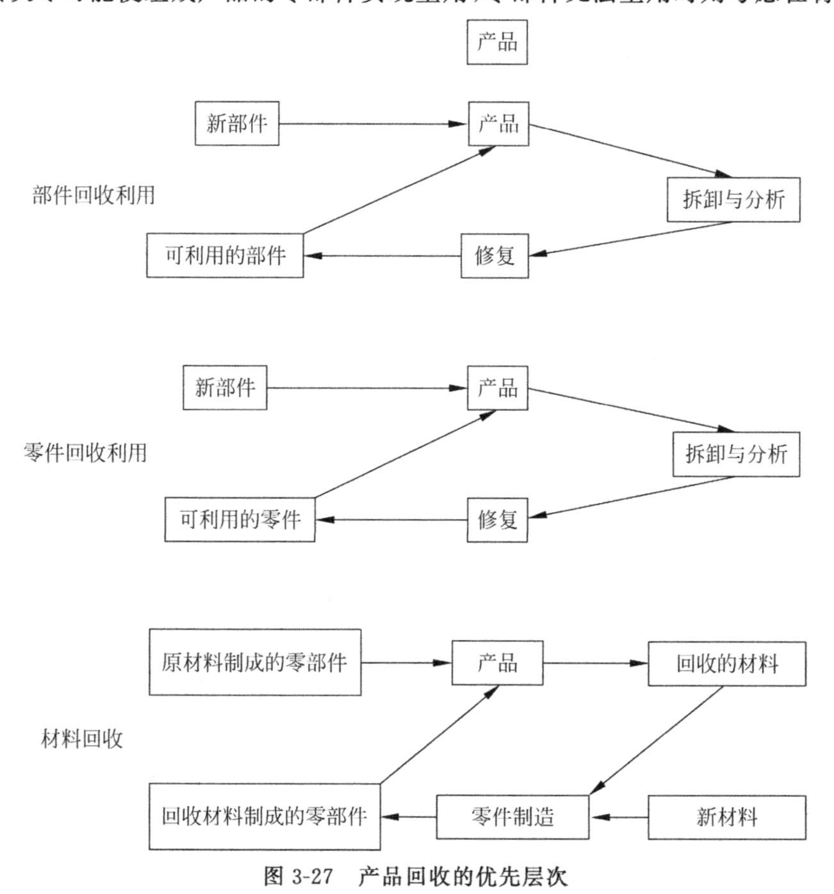

图 3-27　产品回收的优先层次

别上的回收利用，剩余部分可通过焚烧获得能量或进行填埋处理。产品的回收设计过程按照以上原则考虑，并尽可能减少能量回收及填埋处置的比例。

由于影响产品回收性能的因素比较多，有些因素之间往往存在不同程度的耦合，因此，良好的回收设计应该是在统一的产品设计模型支持下，以计算机辅助手段来进行。如图 3-28 是产品的回收设计流程。

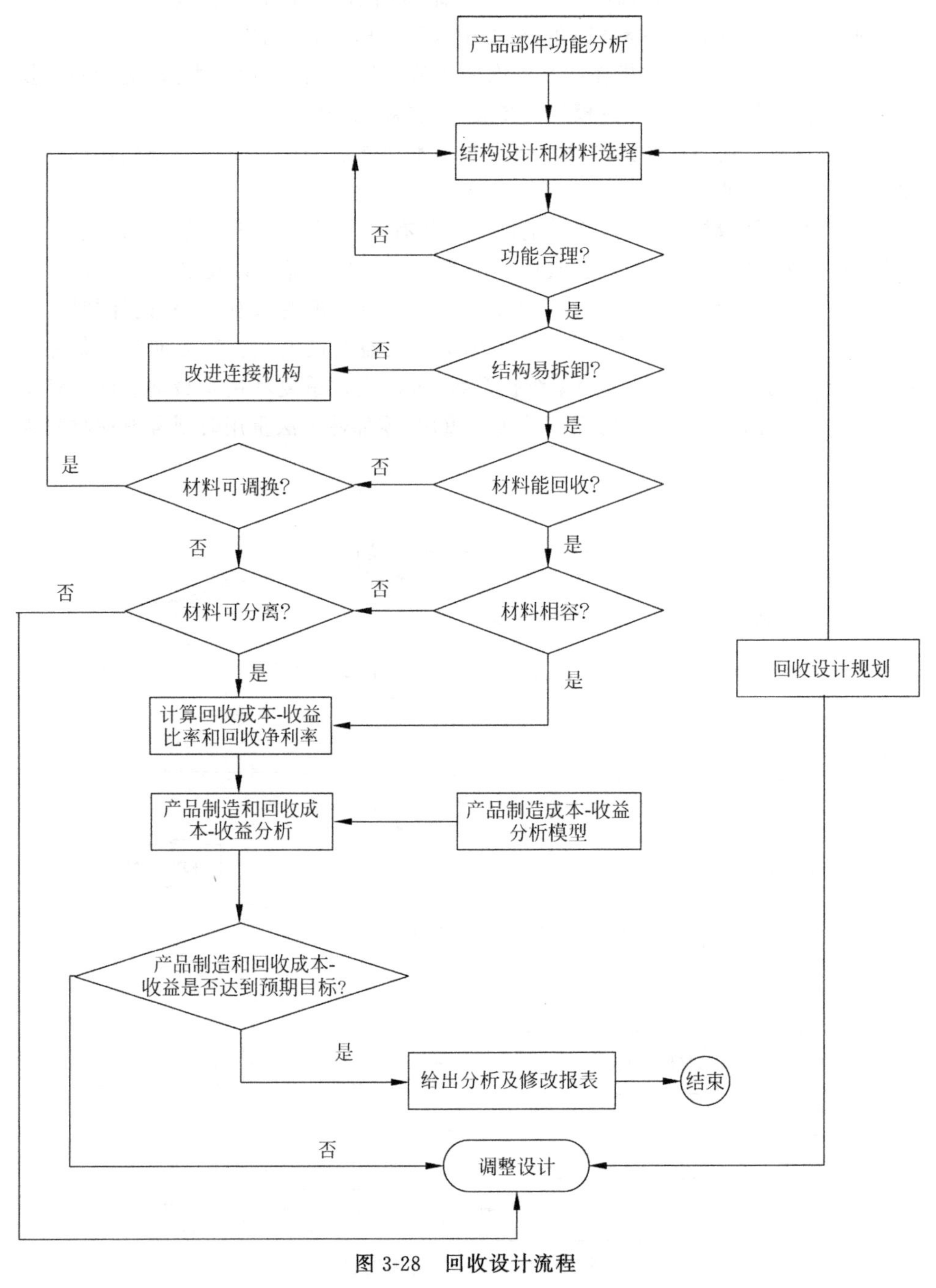

图 3-28　回收设计流程

3. 回收设计实例

回收设计是提高产品回收性能，进而提高产品的环境属性的有效途径。本书以某型号内燃机为例(图 3-29)，提出了面向主动回收的模块化设计方法。其思路是在产品设计初期融入主动回收的模块化设计思想，基于主动回收产品的模块化准则，把主动回收度、内部聚合度以及外部耦合作为优化目标函数进行模块划分。

首先根据 4 种主动回收原则，分别计算出内燃机中任意两个零部件的各准则值，综合认定内燃机的主动回收难度主要在于经济准则以及可拆卸性准则，给出各准则之间的权重指数，归一化计算出回收矩阵：

	K_1	K_2	K_3	K_4	…	K_{16}	K_{17}	K_{18}	K_{19}
K_1	1.000	0.511	0.207	0.542	…	0.524	0.813	0.778	0.629
K_2	0.511	1.000	0.686	0.388	…	0.366	0.534	0.314	0.538
K_3	0.207	0.686	1.000	0.779	…	0.518	0.486	0.487	0.760
K_4	0.542	0.388	0.779	1.000	…	0.789	0.354	0.218	0.163
⋮	⋮	⋮	⋮	⋮	⋱	⋮	⋮	⋮	⋮
K_{16}	0.524	0.388	0.518	0.760	…	1.000	0.596	0.747	0.213
K_{17}	0.813	0.534	0.486	0.354	…	0.596	1.000	0.515	0.311
K_{18}	0.778	0.534	0.487	0.218	…	0.747	0.515	1.000	0.109
K_{19}	0.629	0.538	0.760	0.163	…	0.213	0.311	0.109	1.000

各模块根据相关矩阵得到产品内各零部件之间的相对关联度，再经过归一化处理之后的结果如下：

	K_1	K_2	K_3	K_4	…	K_{16}	K_{17}	K_{18}	K_{19}
K_1	1.000	0.381	0.523	0.451	…	0.534	0.457	0.158	0.379
K_2	0.381	1.000	0.221	0.776	…	0.076	0.241	0.0.531	0.624
K_3	0.253	0.221	1.000	0.146	…	0.239	0.819	0.437	0.136
K_4	0.541	0.775	0.146	1.000	…	0.356	0.165	0.325	0.277
⋮	⋮	⋮	⋮	⋮	⋱	⋮	⋮	⋮	⋮
K_{16}	0.534	0.241	0.819	0.165	…	1.000	0.247	0.186	0.394
K_{17}	0.457	0.241	0.819	0.165	…	0.247	1.000	0.569	0.724
K_{18}	0.158	0.531	0.437	0.325	…	0.186	0.569	1.000	0.253
K_{19}	0.378	0.624	0.136	0.277	…	0.394	0.724	0.253	1.000

建立内燃机的多目标优化数学模型,其目标函数为

$$F(X)=\begin{cases}\min f_1(x)=I_j^i=\sum\limits_{i=1}^{M-1}\sum\limits_{j=i+1}^{M}\left[\sum\limits_{p=1}^{N_i}\sum\limits_{q=1}^{N_j}r_{i_p,j_p}\Big/\sum\limits_{p=1}^{N_i}\sum\limits_{q=1}^{N_j}1\right]\\ \min f_2(x)=M_j^i=\sum\limits_{i=1}^{M-1}\sum\limits_{j=i+1}^{M}\left[\sum\limits_{p=1}^{N_i}\sum\limits_{q=1}^{N_j}r_{i_p,j_p}\Big/\sum\limits_{p=1}^{N_i}\sum\limits_{q=1}^{N_j}1\right]\\ \min f_3(x)=O_j^i=\sum\limits_{i=1}^{M-1}\sum\limits_{j=i+1}^{M}\left[\sum\limits_{p=1}^{N_i}\sum\limits_{q=1}^{N_j}r_{i_p,j_p}\Big/\sum\limits_{p=1}^{N_i}\sum\limits_{q=1}^{N_j}1\right]\end{cases}$$

根据帕累托(Pareto)解集的结果以及内燃机产品结构的特点,求出内燃机模块单元多目标规划的综合最优解。最终模块划分方案由以下 5 个模块组成：动力模块：{5,7,9,15}；机身模块：{8,11,16,18,12}；开关模块：{4,6}；传动模块：{10,13,14,17,19}；辅助模块：{1,2,3}。

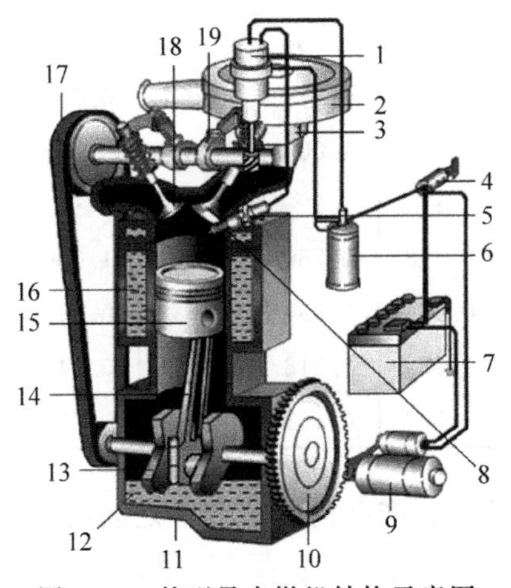

图 3-29 某型号内燃机结构示意图

1—分电器；2—空气滤清器；3—化油器；4—点火开关；5—火花塞；6—点火线圈；7—蓄电池；8—进气门；9—起动机；10—飞轮兼起动齿轮；11—油底壳；12—润滑油；13—曲轴；14—连杆；15—活塞；16—冷却液；17—正时皮带；18—排气门；19—凸轮轴

3.3.5 绿色设计的评价

绿色设计的最终结果是否满足预期的需求和目标、是否还有改进的潜力、如何改进等是绿色设计过程中所关心的问题。要回答这些问题,则必须进行绿色设计评价。

1. 绿色设计评价指标构成

1) 评价指标的选择原则

绿色设计评价指标体系的选取必须遵循科学性与实用性、完整性与可操作性、独立性与系统性、定性指标与定量指标、静态指标与动态指标相统一等原则。

(1) 综合性：指标体系应该能全面反映评价对象的情况,应能够从技术、经济、

环境三个方面进行评价，充分利用多学科知识及学科间交叉综合知识，以保证综合评价的全面性和可信度。

(2) 科学性：力求客观、真实、准确地反映被评价对象的绿色属性，有些指标可能目前尚无法获取必要的数据，但与评价关系较大时仍可作为建议指标给出。

(3) 系统性：要有反映产品资源属性、能源属性、经济性及环境属性的各自指标，并注意从中抓住影响较大的因素，既要充分认识到与社会经济发展过程有不可分割的联系，又要反映这几大属性之间的协调性指标。

(4) 动态指标和静态指标相结合：评价指标受市场及用户需求等的制约，对产品设计的要求也将随着工业技术和社会的发展而不断变化。在评价中，既要考虑现有状态，又要充分考虑未来的发展。

(5) 定性指标与定量指标相结合：绿色设计各项指标应尽可能量化，但对某些指标(如环境政策指标材料特性等)量化难度较大，此时也可采用定性指标来描述，以便从质和量的角度对评价对象作出科学的评价结论。

(6) 可操作性：绿色设计的评价指标应有明确的含义，具有一定的现实统计作为基础，因而可以根据数量进行计算分析。同时，指标项目要适量，内容要简洁，在满足有效性的前提下尽可能使评价简便。

2) 评价指标的分类

绿色设计的评价指标体系除包含传统设计评价的指标外，还必须满足环境属性要求，其构成体系通常包括环境指标、能源指标、资源指标、经济性指标、环境化设计指标、可持续发展指标 6 个方面，如图 3-30 所示。

(1) 环境指标：环境指标主要是指在产品的整个生命周期内与环境有关的指标，主要包括环境污染和生态环境破坏两方面，可用各种有害物的排放量或各种比值来衡量。环境评价指标如表 3-20 所示。

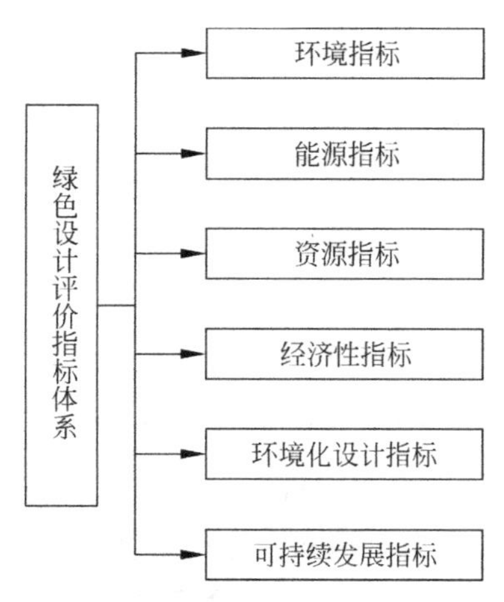

图 3-30　绿色设计评价指体系

表 3-20　环境评价指标

序号	污染类型	污染指标
1	大气污染	• 温室效应气体排放量 • 破坏臭氧层物质排放量 • 酸性物质(SO_2 及 NO_x)排放量 • 挥发性有机化学物质(VOC)排放量 • 化学氧化物(COD)排放量，光化学氧化剂排放量 • 粉尘排放量 • 放射性物质排放量等

续表

序号	污染类型	污染指标
2	水体污染	• 物理性污染物排放量 • 化学性污染物排放量(如重金属排放量等) • 生物性污染物排放量
3	固体污染	• 有机污染物排放量 • 无机污染物排放量
4	噪声污染	• 生产噪声 • 使用噪声 • 其他噪声

(2) 能源指标：一般来说,能量生产过程需要利用其他各种资源(如煤、石油等),且会产生一定的环境污染,因此,必须最大限度地节约和利用能源。能源利用率得到提高,也就节约了资源,减少了环境污染。绿色设计评价的能源评价指标如表3-21所示。

表3-21　能源评价指标

序号	指　　标	含　　义
1	能源类型	在产品生产及使用过程中所用能源的类型,是否为清洁能源,如水力能、电能、太阳能、沼气能等
2	再生能源使用比例	产品生产所消耗能源占总再生能源的使用比例
3	能源利用率	产品生产中的能源利用率
4	使用能耗	产品使用过程中的能源消耗
5	回收处理能耗	产品废弃后回收处理所消耗的能量
6	能效指数	$E_i = E_{评价产品}/E_{基准产品}$ 其中：$E_{评价产品}$表示待评价产品的能耗；$E_{基准产品}$表示评价参考产品的能耗

(3) 资源指标：这里所说的资源包括产品生命周期中使用的材料资源、设备资源、信息资源和人力资源,是绿色产品生产所需的最基本条件。具体评价衡量时,可考虑全生命周期资源消耗,也可以分别评价生命周期不同阶段的资源利用情况。绿色产品资源指标分类如表3-22所示。

表3-22　绿色产品资源评价指标

内容	指　　标	含　　义
材料资源	材料种类	产品中所使用的材料种类数
	材料利用率	产品总重/投入材料总重
	零部件回收利用率	产品中回收总零部件数/产品的总零部件数
	材料的回收率	产品回收材料总重/产品总重
	有毒材料使用率	产品所有材料中有毒材料所占的比例
	有害材料使用率	产品所有材料中有害材料所占的比例
	材料可处置性	不能回收的材料处置的难易程度及对环境的影响大小

续表

内容	指　　标	含　　义
设备资源	设备资源利用率	平均每天设备的有效使用时间
	先进、高效设备使用率	先进设备/总设备数
人力资源	专业人员的比例	专业技术人员/全体职工数
	绿色知识的普及	企业中成员环保知识和绿色技术的了解情况
信息资源	市场及用户需求信息	企业对用户需求和绿色市场情况的了解
	清洁生产工艺的应用	企业绿色制造工艺的应用情况
	绿色产品的开发	企业中绿色产品开发和正在开发的情况
其他资源	土地资源利用率及基础设施完好率与利用率水资源利用率	国有资产的保值增值情况 其他资源的利用情况(如水资源)

(4) 经济性指标：绿色产品的经济性是面向产品的整个生命周期的，与传统的经济性(成本)评价有着明显的不同。其构成框架如图3-31所示。

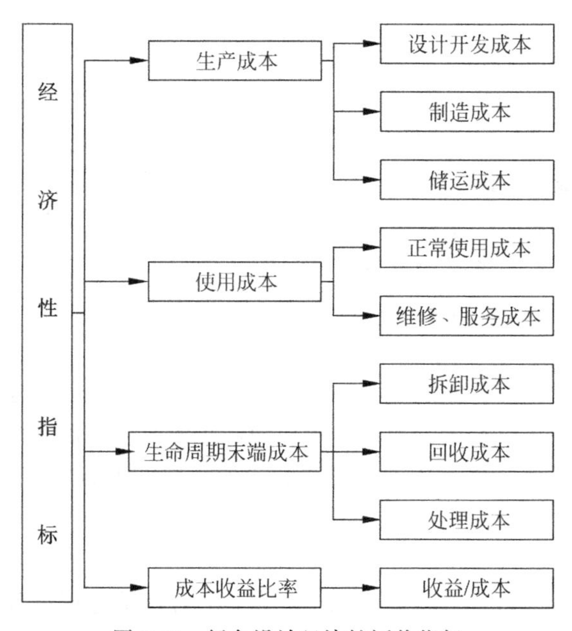

图3-31 绿色设计经济性评价指标

(5) 环境化设计指标：环境化设计指标主要包括拆卸时间、拆卸效率、回收潜力指标、回收率、技术可修复性指标、材料再生率、再制造指数耐用性和毒性潜能指数。

2. 绿色设计评价方法

1) 生命周期评价方法

生命周期评价(life cycle assessment，LCA)，是对产品系统在整个生命周期中的(能量和物质的)输入输出和潜在的环境影响的分析汇编和评估。这里的产品系统是指具有特定功能的、与物质和能量相关的操作过程单元的集合,在LCA标准中,“产品”既可以指(一般制造业的)产品系统,也可以指(服务业提供的)服务系统;生命周期是指产品系统中连续的和相互联系的阶段,它从原材料的获得或者自然资源的产生一直到最终产品的淘汰废弃为止。

LCA通常包括4个阶段,即目标和范围确定、清单分析、影响评估和结果解释。LCA的基本框架如图3-32所示。

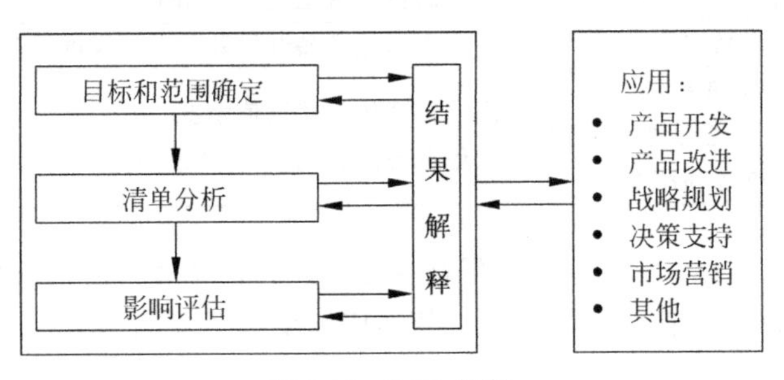

图3-32 LCA框架

(1) 目标和范围确定。在进行LCA之前,必须明确地表达评估的目标和范围,因为评估目标和范围是评估过程所依赖的出发点和立足点。需要定义的LCA目标包括:①实施LCA的原因;②评估结果公布的范围。需要定义的LCA范围包括以下几个方面:①产品系统功能的定义;②产品系统功能单元的定义;③产品系统的定义;④产品系统边界的定义;⑤系统输入输出的分配方法;⑥采用的环境影响评估方法及其相应的解释方法;⑦数据要求;⑧评估中使用的假设;⑨评估中存在的局限性;⑩原始数据的数据质量要求。

(2) 清单分析。清单分析是LCA中发展最完善的一个部分。它是对产品工艺过程或活动等系统整个生命周期阶段资源和能源的使用以及向环境排放的废弃物等进行定量分析的过程。清单分析开始于原材料获取,结束于产品的最终消费和回收处理。

(3) 影响评估。影响评估是根据清单分析过程中列出的要素对环境影响进行定性和定量分析。该过程包括以下几个步骤:①对清单分析过程中列出的要素进行分类;②运用环境知识对所列要素进行定性和定量分析;③识别出系统各环节中的重大环境因素;④对识别出的环境因素进行分析和判断。

影响评估过程把清单分析的结果归到不同的环境影响类型,再根据不同环境影响类型的特征化系数加以量化,来进行分析和判断。

(4) 结果解释。结果解释是LCA的最后一个阶段,是将清单分析和影响评估的结果组合在一起,使清单分析结果与确定的目标和范围一致,以便作出结论和建议。结论和建议可作为后期决策和采取行动的依据。LCA完成后,通常还需要撰写和提交LCA研究报告。

LCA 的理论方法将在第 4 章详细阐述。

2) 绿色产品模糊层次评价方法

绿色产品模糊层次评价方法就是在对产品进行分析的基础上，建立待评对象的递阶层次结构，根据评价指标的属性，利用模糊数学原理，对其绿色程度进行综合评价，以进行产品方案比较或进行绿色设计决策。绿色产品模糊层次评价方法的主要步骤如图 3-33 所示。

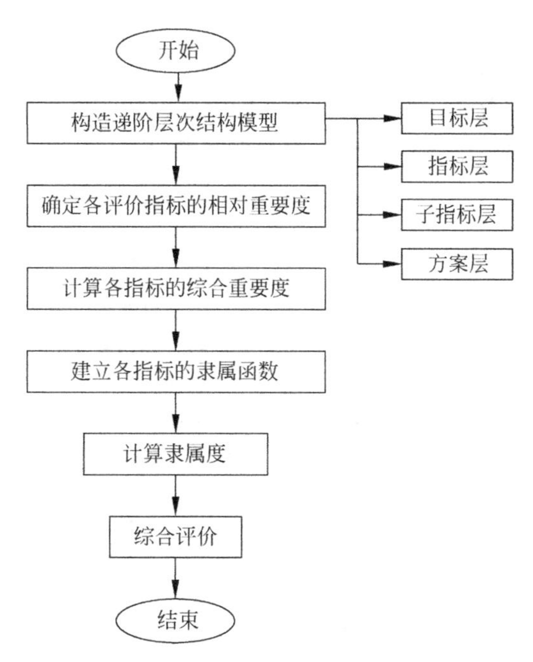

图 3-33 绿色产品模糊层次评价方法的步骤

(1) 构造递阶层次结构模型。根据评价指标体系中各指标所属类型，将其划分成不同层次，就形成了绿色设计评价的递阶层次结构模型。该模型由以下 4 个层次组成：①目标层(最高层)，这是最高层次或称为理想结果层，描述了评价的目的；②指标层(中间层)，这一层次为评价准则或影响评价的因素，是对目标层的具体描述；③子指标层，这一层次是对评价指标层的细化，即对绿色属性的具体化，对有些指标而言，这一层往往还需要进一步细化；④方案层(最低层)，即采用的方案、措施或评价的对象。

(2) 确定各评价指标的相对重要度。评价指标相对重要度的确定过程包括建立相对重要度判断矩阵、权重的计算和相容性判断及误差分析。

(3) 计算各指标的综合重要度。在计算了各级指标对上级指标的相对重要度以后，即可从最上一级开始，自上而下地求出各级指标关于评价目标的综合重要度。

(4) 建立各指标的隶属函数及计算隶属度。隶属函数建立和隶属度计算的正确与否对评价结构的正确性有重要影响。

(5) 综合评价。求出每个评价指标的实际值和标准值对于该指标理想值的隶属度,并计算出各指标的重要度总和后,即可进行综合评价。综合评价就是对受多因素影响的事务和现象做出综合评价,目的是追求整体最优。一般采用线性加权法、理想点法、乘积法确定综合评价结果。

3) 评价工具

(1) 绿色调查表。通常,典型的调查表是从产品设计出发,列出所有要考虑的因素,也就是从产品或制造的环境影响中,罗列出与环境相关的议题,面向产品整个生命周期进行定性分析。调查表对于鼓励绿色设计人员思考相关的环境议题和产品策略是一个有效的手段。典型的调查表见表 3-23。

表 3-23　绿色设计调查表

生命周期阶段	检 查 项 目
原材料及其生产	• 在原料的供应和零部件的生产过程中会出现什么问题 • 使用了多少数量及种类的塑料和橡胶制品 • 使用了多少数量及种类的添加剂 • 使用了多少数量及种类的金属制品 • 使用了多少数量及种类的原料(玻璃、陶瓷等) • 使用了多少数量及种类的表面技术 • 原料和零部件生产的环境需求是什么 • 零部件及原料的运输消耗了多少能源
产品生产过程	• 在自己企业的生产过程中会出现什么问题 • 采用了多少类型的生产工艺(例如连接、表面处理印制和标签等) • 使用了多少数量及种类的辅助材料 • 消耗了多少能源 • 产生了多少废弃物 • 多少产品不需要品质标准的要求
运输与包装	• 要遵守哪些运输包装法规 • 产品的包装及其材料能否重用 • 使用了哪些运输工具 • 运输系统的效率如何
产品使用	• 在产品使用操作、保养与维修时会发生什么问题 • 直接及间接使用的能源有多少类型 • 使用了多少数量及种类的消耗材料 • 在操作、保养和维修时使用了多少数量及种类的辅助材料 • 不熟练的人员能拆卸该产品吗 • 组成产品的零部件能独立替换吗

续表

生命周期阶段	检 查 项 目
回收和再利用	• 在产品回收处理时会产生什么问题 • 目前的产品如何处理 • 零部件或原料是否可再利用 • 哪些零部件能够回收再利用 • 能够安全无损地拆卸这些零部件吗 • 哪些原料可回收再利用 • 这些原料便于识别吗 • 是否使用了不相容的墨水、表面处理或标签 • 有危害的部分是否容易拆卸 • 在焚烧不可回收的产品时会产生什么问题

(2) MET 矩阵。MET 矩阵是一种基础的矩阵分析法，可以检查出与产品有关的环境影响因素。MET 矩阵横向表示与环境有关的问题，纵向表示产品全生命周期的 5 个阶段，其结构如表 3-24 所示。

表 3-24　MET 矩阵的形式

MET 矩阵	材料周期	能源使用	有害物的排放
原料的产生与加工阶段			
半成品与成品生产阶段			
产品流通阶段			
产品使用阶段			
产品废弃与回收阶段			

矩阵的填写方法如下。

① 材料周期栏：填写输入输出物质可能引发的环境问题，包括无法修复或制造过程中会释放的高污染性、高放射性物质的材料(如铜、铅、锌等)，在各生命周期阶段包含的不相容的物质、不符合经济效益或无法再生利用的物质。

② 能源使用栏：列出生命周期各阶段的能量消耗，包括产品本身能量消耗及运输、使用时的能量消耗等。

③ 有害物的排放栏：评估分析是否具有排放危害土地、水体和大气的物质。

3. 绿色设计评价实例

以冰箱等产品为例说明绿色设计评价方法的应用，具体步骤如下。

(1) 确定冰箱绿色评价指标体系和多级层次结构模型。对冰箱进行绿色综合评价时，首先要建立冰箱的评价指标体系。对冰箱进行综合评价时，不仅要考虑其在整个生命周期过程中与环境有关的环境属性、资源属性、能源属性等，同时还要综合考虑冰箱的经济属性。冰箱的评价指标体系由上述 4 种基本属性组成，每个属性又由一些子指标组成，这些指标均需通过调研、实测和查阅有关资料确定。表 3-25 是冰箱绿色评价的指标体系构成。

表 3-25　冰箱绿色评价的指标体系

<table>
<tr><td rowspan="2">目标层</td><td colspan="15">产品的“绿色程度”</td></tr>
<tr><td colspan="4">资源指标</td><td colspan="7">环境指标</td><td colspan="2">能源指标</td><td colspan="2">经济性</td></tr>
<tr><td rowspan="2">指标层</td><td rowspan="2">有害材料占比</td><td rowspan="2">有毒材料占比</td><td rowspan="2">材料利用率</td><td rowspan="2">材料回收率</td><td colspan="2">噪声污染</td><td colspan="3">大气污染</td><td colspan="2">水体污染</td><td rowspan="2">能源利用率</td><td rowspan="2">效能比</td><td rowspan="2">用户成本/生产成本</td><td rowspan="2">环境费用/生产成本</td></tr>
<tr><td>生产中的噪声</td><td>使用中的噪声</td><td>二氧化碳</td><td>氟化物</td><td>二氧化硫</td><td>镉元素</td><td>铅元素</td></tr>
</table>

(2) 计算各评价指标对评价目标的权重。在建立冰箱指标体系和递阶层次结构模型之后，应该对处于同一层次的各元素两两判别比较。冰箱上一层次的元素 A_m 作为准则层，对子指标层的元素 $B_1,B_2,\cdots,B_n$ 有支配关系，对于准则 A_m，首先确定同层元素 B_i 和 B_j 哪一个更重要，重要多少，一般用相对重要度表示，采用萨蒂(Saaty)提出的 1-9 比例标度法则。接着应确定 B_i 关于 A_m 的相对重要度，即各层之间的相对重要度，即权重 W_i，并求特征向量 $\boldsymbol{W}$ 的分量。具体步骤如下：

① 计算判断矩阵中每一行元素的乘积，即 $M_i=\prod\limits_{j=1}^{n}b_{ij}$，$i=1,2,3,\cdots,n$，其中 b_{ij} 为判断矩阵第 i 行第 j 列的元素。

② 计算 M_i 的 n 次方根，$W_i=\sqrt[n]{M_i}$。

③ 将 $\boldsymbol{W}=(W_1,W_2,\cdots,W_n)^{\mathrm{T}}$ 进行归一化处理，即令 $W_i=\dfrac{W_i}{\sum\limits_{i=1}^{n}W_i}$，则经过这种处理之后的 $\boldsymbol{W}=(W_1,W_2,\cdots,W_n)^{\mathrm{T}}$ 即为所求特征向量。也即为元素 $B_i(i=1,2,3,\cdots,n)$ 的权重。

(3) 组合权重的计算。某一级指标的组合权重是指该指标的权重和上一级指标的组合权重的乘积值，由最高级开始依次向下进行运算，计算公式为：$W_j=b_j^i a_i$，$j=1,2,3,\cdots,n$。其中，i 表示准则层 $A_1,A_2,\cdots,A_m$ 中的第 A_i 级，且它们关于目标的组合权重分别为 $a_1,a_2,\cdots,a_m$。A_i 级别下面有 n 个子指标，即 $B_1,B_2,\cdots,B_n$，则关于指标 A_i 的权重向量为 $\boldsymbol{b}^i=(b_1^i,b_2^i,\cdots,b_n^i)^{\mathrm{T}}$。通过公式可知，要计算某一级组合权重，必须知道上一级的组合权重。表 3-26 为计算结果示例。

表 3-26 冰箱绿色评价指标综合重要度

产品的绿色程度		资源属性	环境属性	能源属性	经济性	综合重要度
		0.107	0.679	0.107	0.107	
有害材料占比	0.250	0.107×0.250				0.0267
有毒材料占比	0.558	0.107×0.558				0.0597
材料利用率	0.096	0.107×0.096				0.0103
材料回收率	0.096	0.107×0.096				0.0103
生产中的噪声	0.064		0.679×0.064			0.0435
使用中的噪声	0.194		0.679×0.194			0.1316
二氧化碳	0.164		0.679×0.164			0.1114
氟化物	0.067		0.679×0.067			0.0455
二氧化硫	0.405		0.679×0.405			0.2750
镉元素	0.080		0.679×0.080			0.0543
铅元素	0.026		0.679×0.026			0.0177
能源利用率	0.636			0.107×0.636		0.0681
效能比	0.364			0.107×0.364		0.0389
用户成本/生产成本	0.8				0.107×0.8	0.0856
环境费用/生产成本	0.2				0.107×0.2	0.0214

(4) 确定冰箱评价层次结构模型最底层指标的隶属度。首先确定冰箱底层各指标隶属函数,隶属函数是在客观规律的基础上,经过综合分析、加工改造而成的。采用逻辑推理指派法,根据有关企业提供的各项指标的统计资料和有关国家标准规定的标准值作为原始资料,确定各指标的隶属函数。建立的隶属函数关系是否正确的原则就在于这种关系是否符合客观规律。而要将客观规律反映到函数式中,又必须经过综合分析、整理和加工改造。从这个意义上说,隶属函数的建立具有主观因素,但绝对不能凭主观臆造,而必须以客观实际为基础。所以说,隶属函数是在客观规律的基础上,经过人们的综合分析、再加工改造而成,是客观事物本质属性通过主观加工后的表现形式。

以冰箱产品的资源属性中的材料利用率为例,材料利用率越高,产品生产中产生的废弃物越少,对合理利用资源、保护环境越有利,该产品绿色特性中的资源属性就越理想。由此可以初步确定该指标的隶属函数分布为升半梯形分布,然后根据目前的生产实际统计和分析认为:当产品的材料利用率达到90%时,该指标的绿色性能就非常好,即隶属度为1;当产品的材料利用率小于30%时,该指标的绿色性能就很差,即隶属度为0。

冰箱产品的环境属性指标中的大气污染物 SO_2 是重要的大气污染物之一,空气中的 SO_2 的含量越少越好,含量越高,对环境的污染越大,即该指标值越小越好。国家工业污染源排放标准和大气环境质量评价标准GB 3095—82规定大气环境质量分为三级，第一级标准是理想的环境目标，为保护广大自然生态和理想的生活条件要求环境应达到的水平，适用于国家规定的自然保护区、风景旅游区。第二级标准是为保护广大人民健康和城市生态应达到的水平，适用于城市的居民区和农村。第三级标准为大气污染状况比较严重的工业城镇或工业区的过渡性标准，是保护大多数人的健康和城市一般动植物需达到的水平。其中SO_2一级排放标准为0.05mg/m^3，二级排放标准为0.15mg/m^3，三级排放标准为0.25mg/m^3。由此确定SO_2对环境污染程度的隶属函数呈降半梯形分布，左右极限值分别为0.15和0.25。

将评价指标的实际测量值代入隶属函数，计算出各评价指标的隶属度。为了简便起见，将隶属函数的分布分为两类：升半梯形分布和降半梯形分布。

(5) 综合评价。该冰箱的绿色评价结果如表3-27所示。

表3-27　冰箱绿色评价结果计算

指　标	待评产品		参照产品	
	输入值	隶属度	标准值	隶属度
有害材料占比/%	1.8	0.725	2	0.605
有毒材料占比/%	1.0	0.905	1.5	0.670
材料利用率/%	75	0.750	70	0.667
材料回收率/%	42	0.733	35	0.500
生产中的噪声/dB	62	0.722	65	0.566
使用中的噪声/dB	43	0.700	45	0.500
二氧化碳/(mg·m^{-3})	0.003	0.778	0.005	0.556
氟化物/(mg·m^{-3})	0.006	0.250	0.005	0.375
二氧化硫/(mg·m^{-3})	0.12	0.800	0.15	0.500
镉元素/(mg·L^{-1})	0.11	0.400	0.10	0.5
铅元素/(mg·L^{-1})	0.008	0.571	0.01	0.286
能源利用率/%	60	0.667	50	0.500
效能比/%	0.86	0.727	0.9	0.636
用户成本/生产成本/%	6.5	0.700	7	0.600
环境费用/生产成本/%	2	0.667	4.5	0.111

3.3.6　绿色设计支持工具

绿色设计涉及很多跨学科领域，如机械制造学科、材料学科、管理学科、社会学科、环境学科等，具有很强的学科交叉特性。特别是在知识工程与大数据驱动技术下，采用相关软件工具对绿色设计进行支持显得尤为重要。设计者可以综合运用面向对象技术、并行工程、全生命周期等技术，并对设计所涉及的公理、经验、标准进行收集整理,总结出设计准则,建立必要的数据库、知识库,对产品的材料选择和结构设计进行指导,并建立具有统一数据模型的设计平台,如图 3-34 所示。

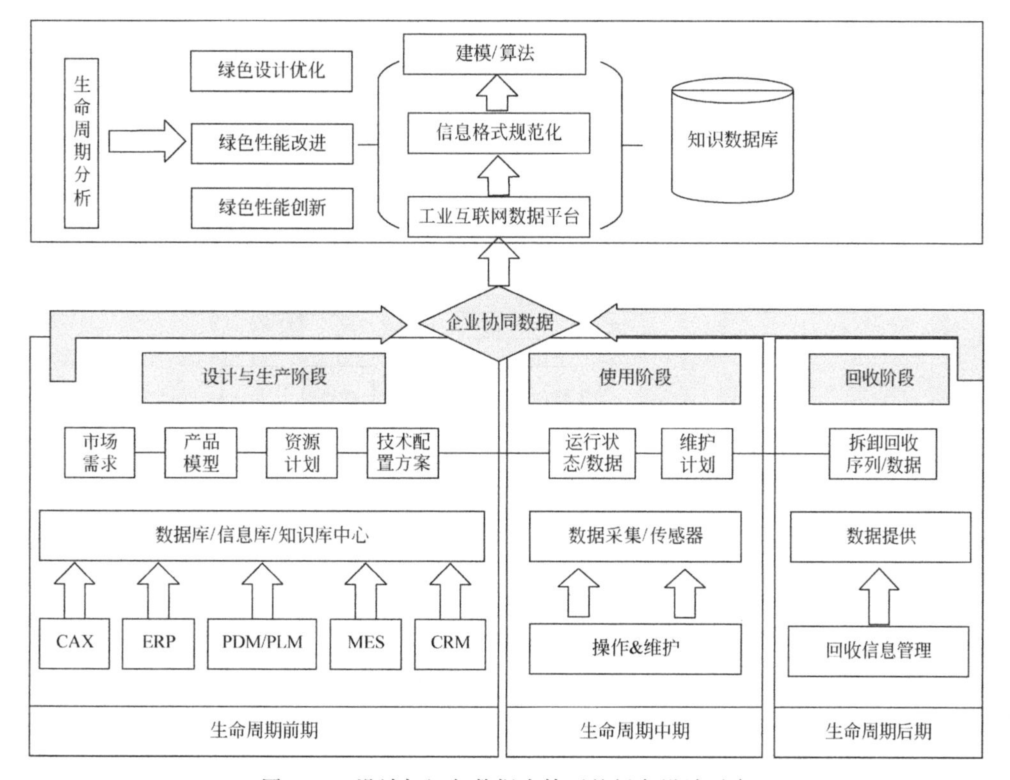

图 3-34 设计知识与数据支持下的绿色设计平台

1. 绿色设计原型系统实例

绿色设计原型系统包括需求采集、产品配置、改进设计和设计评价,现以汽车产品关键零部件的绿色设计为例阐述绿色设计原型系统。

汽车零部件低碳设计集成系统[14] (low-carbon design integrated system, LCDIS)是在 Creo 平台下基于生命周期碳排放理论与 Creo 二次开发技术开发的适用于零部件生命周期碳排放的评估与绿色低碳设计的 LCA/CAD 集成平台。该集成系统的具体框架结构如图 3-35 所示,其主要组成模块有参数化设计模块、零部件实例库模块、材料选择模块、工艺设计模块、评估分析模块、减排建议模块。

(1) 参数化设计模块:从零部件模型库中导入零部件模型,根据设计约束条件修改零部件结构尺寸参数,驱动零部件模型的重构。参数化设计提高了零部件设计的效率和设计的准确性。设计人员根据零部件不同工况下的性能要求,通过修改模型结构参数以达到设计要求。低碳设计集成系统的参数化设计模块主要做了齿轮、曲轴、连杆、箱体等典型零部件的参数化设计。图 3-36 为变速箱齿轮参数化设计界面,基于设计要求通过修改齿轮模数、齿数、齿厚等参数来进行零部件模型的重构。

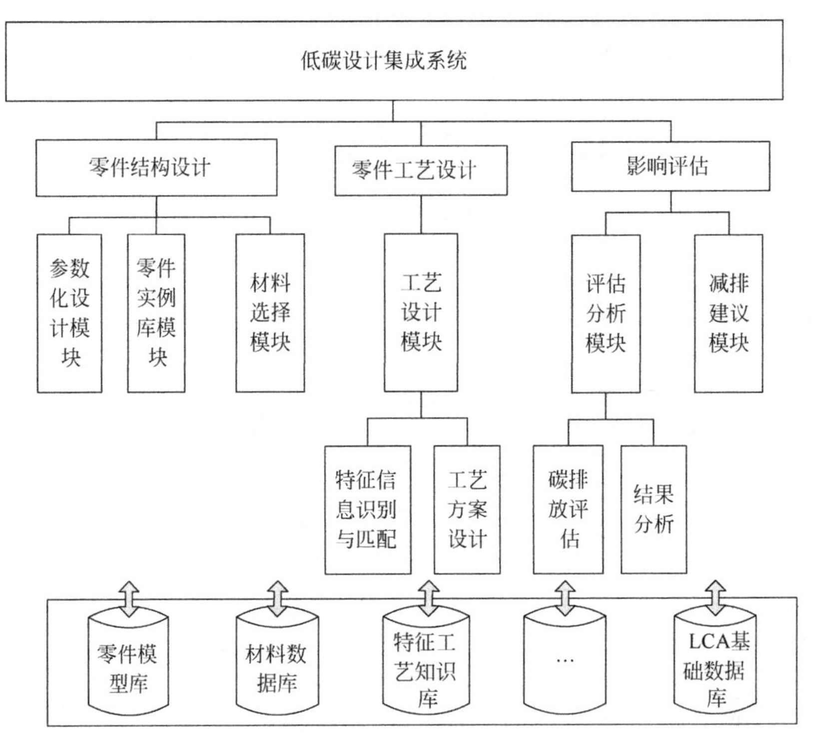

图 3-35　系统总体框架

图 3-36　参数化设计

(2) 零部件实例库模块：收集设计过程中常用零部件模型，构建零部件模型实例库。在零部件结构设计过程中，通过接插件查询，调用符合要求或近似符合要求的三维模型，实现三维模型的重用，缩短产品开发周期。此外，用户可以在后台的数据库进行零部件模型的分类、删除、添加操作。低碳设计集成系统的零部件实例库模块构建了汽车典型零部件库模型(包括发动机零部件、变速箱零部件、前轴、半轴等)，在零部件设计阶段通过接插件查询可以调用符合要求的零部件模型。图 3-37 为搜索发动机活塞界面。

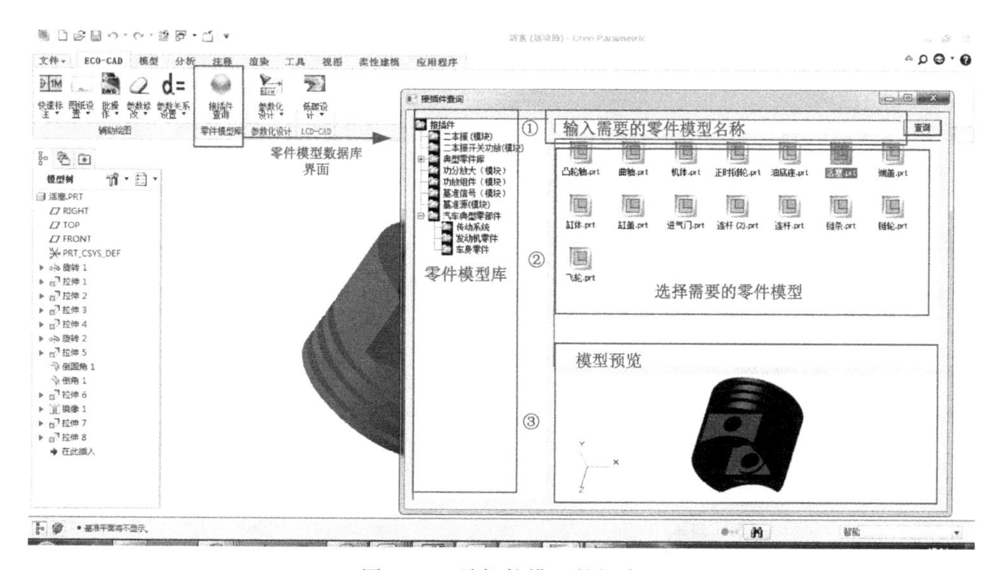

图 3-37　零部件模型数据库

(3) 材料选择模块：根据零部件使用工况、功能需求和环境影响综合考虑零部件材料的选择。在材料数据库的支持下，首先选择满足零部件设计要求的材料；在满足设计要求的情况下尽量选择环境影响小的材料。材料选择模块通过汽车典型材料库查询相应材料的力学性能及环境属性，在零部件设计阶段通过材料选择模块连接材料数据库基于零部件力学性能及环境属性的要求选择符合要求的材料。图 3-38 为发动机活塞材料选择模块界面。

(4) 工艺设计模块：通过特征识别与匹配算法，在提取零部件特征信息的基础上进行零部件工艺设计。低碳设计集成系统的工艺设计步骤：①单击“生成工艺”，系统后台根据特征识别与匹配算法在工艺知识库的支持下进行工艺设计，并提取相应的加工信息；②根据工艺设计要求在生成的工艺方案集中选择合适的工艺方案，单击“选择工艺”，从而完成工艺设计。图 3-39 为零部件工艺设计界面。

(5) 评估分析模块：在零部件生命周期碳排放量化模型上，根据提取的零部件特征模型信息与工艺方案信息进行零部件生命周期碳排放评估，并进行工艺方案的对比分析，生成低碳设计建议。低碳设计集成系统的碳排放评估是根据上述确定的结构方案与工艺方案在零部件生命周期碳排放量化模型支持下进行碳排放量

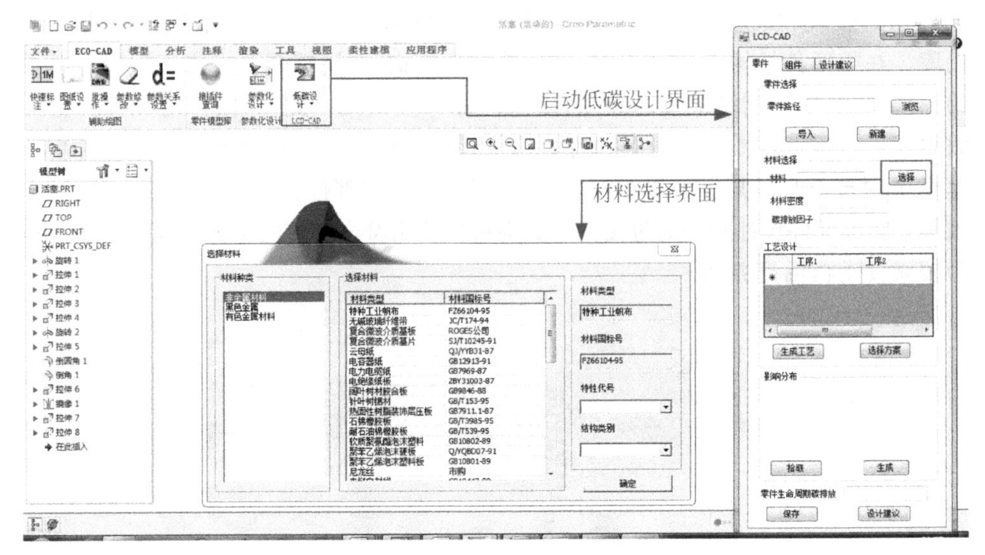

图 3-38　材料选择

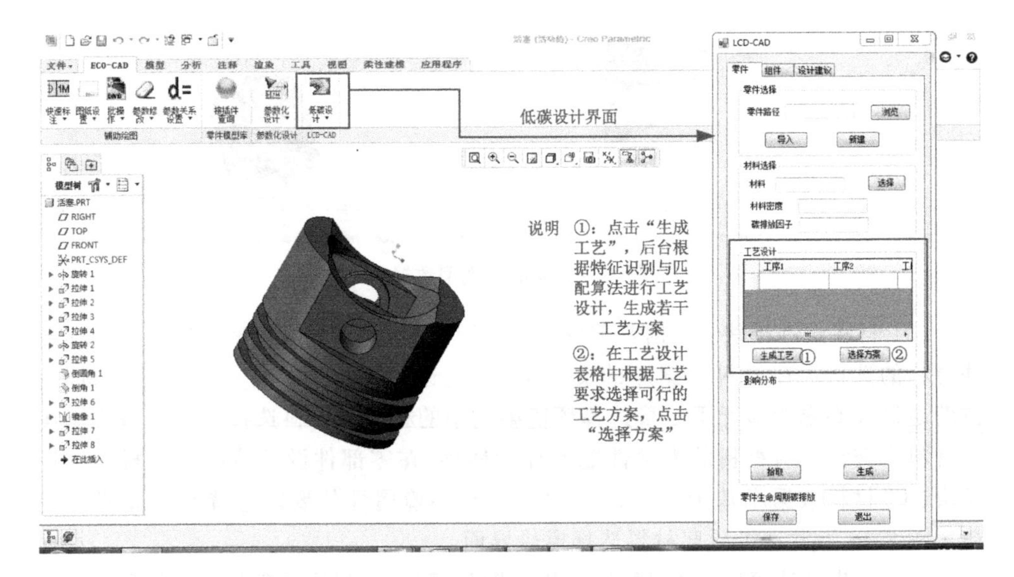

图 3-39　工艺设计

化分析，同时生成影响分布扇形图。图 3-40 为碳排放评估模块的运行界面。

（6）减排建议模块：根据碳排放评价模型评价零部件的碳排放性能，并根据相关设定给出低碳改进设计建议。系统从结构、材料、工艺、拆卸回收性能等方面构造零部件低碳评价指标体系，根据评价体系反馈结果识别零部件低碳优化潜能并生成相应的低碳改进设计建议。图 3-41 为减排建议模块的运行界面。

2. 绿色家电产品设计与研发

欧盟 2003 年 2 月先后出台了 RoHS、WEEE、EuP 等一系列环保指令，对我国

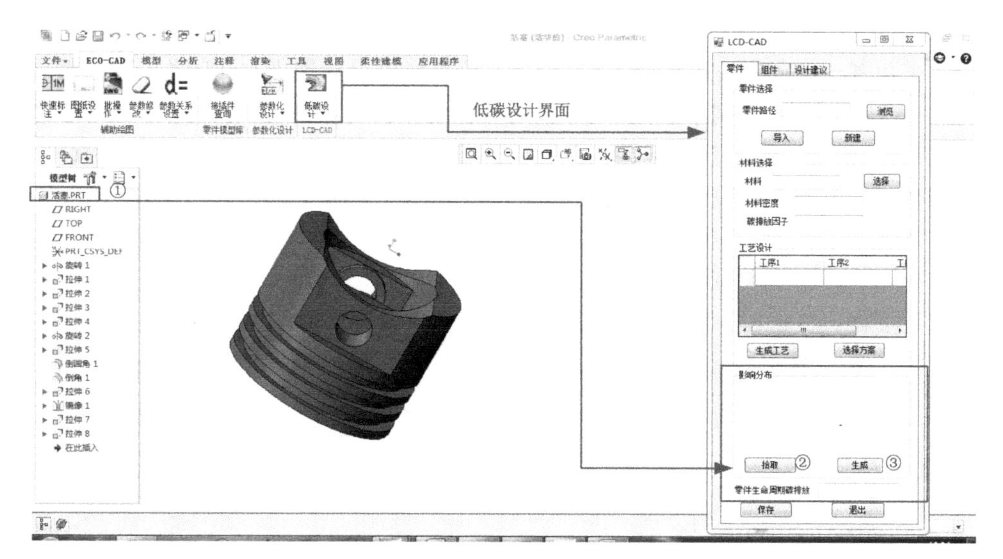

图 3-40　碳排放评估

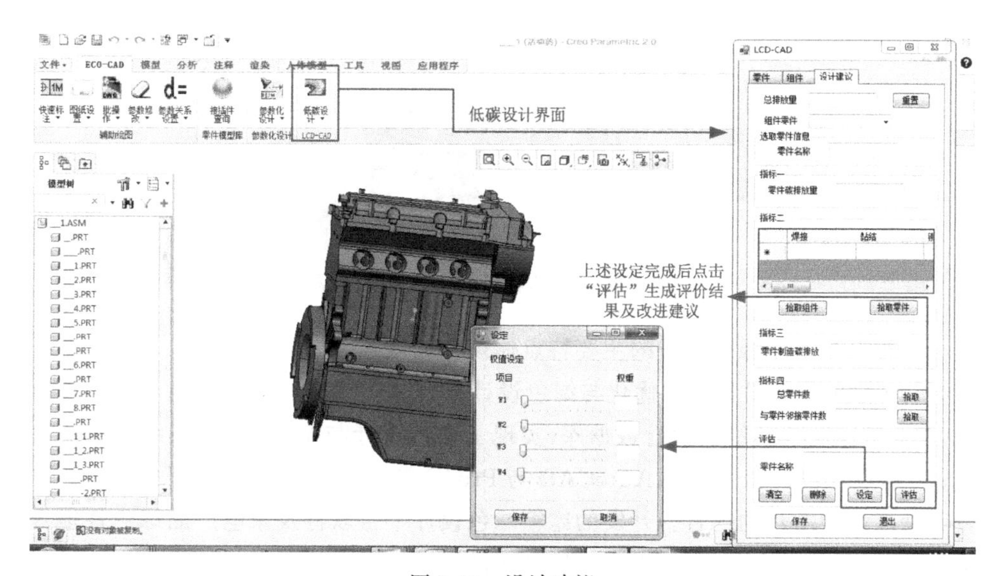

图 3-41　设计建议

的家电出口形成了严峻挑战。为了应对绿色贸易壁垒，提升产品市场竞争力，我国家电企业积极开展绿色设计，开发绿色家电产品，保持了我国家电产品的国际市场竞争优势。美菱集团与合肥工业大学绿色制造团队合作，自 2009 年起相继设计研发了 BCD-181SHA、BCD-206DHA、BCD-216L3CA、BCD-278、BCD-301 等绿色冰箱产品及 BCD-350W、BCD-537WPB 等绿色风冷冰箱产品。绿色冰箱系列产品以“材料无毒、高保鲜、低能耗、低噪声、可回收”为设计目标，遵循欧盟 RoHS、WEEE、EuP 及我国《废弃电器电子产品回收处理管理条例》等环保指令要求，以

“环境友好、节能降噪、易于回收”作为设计创新理念。

采用基于 TRIZ 的绿色创新设计方法，按照绿色设计需求与 TRIZ 工程参数转化、创新法则查询、实例案例显示、方案的可行性分析等步骤，进行家电产品的绿色创新设计，研发了多设计目标冲突消解技术，开发了家电产品绿色设计平台软件。其绿色冰箱系列产品设计流程简图如图 3-42 所示。

图 3-42　绿色冰箱系列产品设计流程

冰箱系列产品绿色设计的主要特点体现在以下几方面。

(1) 绿色冰箱设计流程优化与绿色设计平台。实现家电企业冰箱设计流程再造，建立家电企业的绿色设计数据库，实现了绿色设计与企业 PDM 系统的无缝集成；并通过对设计软件 UG、AutoCAD 与 Pro/E 等的二次开发，实现了绿色设计平台与现有设计工具的融合。开发的冰箱绿色设计平台软件及家电产品绿色性能评估软件，可减少 30%的设计时间和近 40%的设计成本。该平台软件还衍生出针对空调、洗碗机、汽车绿色设计的版本，并成功应用于相关企业。

(2) 风冷冰箱风道的节能降噪。建立了冰箱风道的流-固耦合模型，提出了多目标协同的流道结构优化及整机降噪设计方法，在不增加制造成本和不降低制冷、保鲜效果的前提下，有效降低冰箱噪声与能耗。针对 BCD-350W、BCD-537WPB 等冰箱，降低了整机噪声 3dB(A)以上，能耗降低约 4%。

(3) 材料的环境友好性。针对 RoHS 指令禁用限用的 6 类物质及国际上禁用的多种氟利昂制冷剂，采用环保的材料替代方案，保证冰箱内不含国际上禁用限用的有毒有害物质；尽量减少热固性塑料等不可再生材料的使用，并尽量使用再生材料作为包装材料。

(4) 整体易于回收。基于各国环保指令对冰箱产品回收率的要求(质量百分比60%～80%不等),新设计的冰箱产品整体回收率均在85%以上;整体结构易于拆解,在破碎前可将抽屉、隔板等件预先拆除;将翅片式蒸发器铜管改为铝管,或用丝管式蒸发器代替翅片式蒸发器,便于有色金属分类回收;所有塑料件均按国家标准注明塑料种类,且不同材料的塑料件颜色不同,便于色选。

(5) 绿色性能的精准评价。针对冰箱的绿色性能建立了分级评价指标体系,解决了冰箱产品在绿色评价指标方面的体系欠缺问题;建立了产品多指标性能参数的绿色性能模糊物元评价方法,解决了以往评价方法无法体现产品、部件、零部件的评价层次关系,以及不同评价对象之间相互比较的难题;开发了家电产品绿色设计评估软件工具,实现了产品-部件-零部件多层次评价和信息反馈。

参考文献

[1] LOTTER B. Manufacturing assembly handbook[M]. Oxford: Butterworth-Heinemann,1986.

[2] 刘志峰,刘光复.绿色设计[M].北京:机械工业出版社,1999.

[3] 江屏.基于公理设计的产品族设计原理及实现方法研究[D].天津:河北工业大学,2006.

[4] TAKATA S,KIMURA F,et al. Maintenance: Changing Role in Life cycle Management [C]//Annals of the CIRP,2004,53(2): 643-655.

[5] 袁长峰.产品需求分析与配置设计研究[D].大连:大连理工大学,2005.

[6] 佟福奇.浅谈语义的分割[J].佳木斯大学社会科学学报,2004,22(1): 45-46.

[7] 朱家诚.基于Web Services的客户定制产品设计系统研究[D].合肥:合肥工业大学,2005.

[8] 刘鸿恩,张列平.质量功能展开(QFD)理论与方法——研究方法综述[J].系统工程,2000,19(2): 1-6.

[9] AKAO Y,Quality Function Deployment: Integrating Customer Requirements into Product Design[M]. Cambridge,MA: Productivity Press,1990.

[10] 岳同启.面向大规模定制的客户需求信息系统研究[D].大连:大连理工大学,2004.

[11] HAUSER J R,CLAUSING D. The House of Quality[J]. Harvard Business Review,1988,(3): 63-73.

[12] MASUI K. Environmentally Conscious Design Support Tool in Early Stage of Product Development-Quality Function Deployment (QFD) for Environment: QFDE [C]// Proceedings Second International Symposium on Environmentally Conscious Desigh and Inverse Manufacturing-Quality function deployment for environment: QFDE (1st report)—a methodology in early stage of DfE. 2001: 852-857.

[13] 王美清,唐晓青.产品设计中的用户需求与产品质量特征映射方法研究[J].机械工程学报,2004,40(5): 136-140.

[14] 蒋诗新.基于Creo平台的汽车典型零部件低碳设计集成系统关键技术研究[D].合肥:合肥工业大学,2017.

[15] 张雷.大规模定制模式下产品绿色设计方法研究[D].合肥:合肥工业大学,2007.

第4章

生命周期评价与评估

4.1 生命周期评价的起源与概念

4.1.1 LCA的起源

生命周期评价(life cycle assessment，LCA)，也称为生命周期评价、生命周期方法等，最早起源于美国，其发展可分为三个阶段：

(1) 初步探索阶段(20世纪60年代末—70年代初)。20世纪60年代末—70年代初全球爆发石油危机，人类意识到资源和能源的有限性，开始关注资源与能源的节约问题，因此LCA最初主要集中在对能源和资源的关注上。美国最先对产品生命周期进行研究，20世纪60年代末—70年代初美国开展了一系列针对包装品的分析、评价，当时称为“资源与环境状况分析”。1969年由美国中西部资源研究所开展的对可口可乐公司饮料包装瓶的环境影响评价研究标志着生命周期评价研究开始，该研究从最初的原材料开采到最终的废弃物处理进行全过程的跟踪，并定量分析不同的包装对资源、能源和环境的影响。

(2) 理论发展论证阶段(20世纪70年代中期—80年代末期)。随着工业化进程的不断推进，由工业发展带来的环境、能源等问题凸显，一些政府开始支持并参与生命周期评价的研究，发达国家推行环境报告制度，要求对产品形成统一的环境影响评价方法和数据，开发环境影响评价技术。比如，荷兰国家居住、规划与环境部针对传统的“末端控制”环境政策，首次提出了制定面向产品的环境政策，涉及产品的生产、消费到最终废弃物处理的所有环节，并对产品整个生命周期内的所有环境影响进行评价；英国的BOUSTEAD咨询公司针对清单分析方法做了大量研究，奠定了著名的BOUSTEAD模型的理论基础；瑞士联邦材料测试与研究实验室开展了有关包装材料的项目研究，首次采用了健康标准评估系统，后来发展为临界体积方法。这些都为LCA方法论的发展和应用领域的拓展奠定了基础，LCA的研究已逐步从实验室阶段转向到实际应用中。

(3) 迅速发展阶段(20世纪90年代以后)。1991年，由国际环境毒理学会与化学学会首次主持召开了有关生命周期评价的国际研讨会，该会议首次提出了“生命周期评价"的概念,引起了全世界的关注。1993年国际标准化组织开始起草ISO 14000系列国际标准体系,正式将生命周期评价纳入该体系。LCA在许多工业行业中取得了很大成功,并在决策制定过程中发挥了重要的作用,已经成为产品环境特征分析和决策支持的有力工具。

21世纪以来,"互联网+"技术逐渐发展成熟,这为产品全生命周期基础数据知识库的建立以及数据信息的交流提供了可能。近年来,西方制造大国开始强调智能制造、绿色制造,这需要强大基础数据知识库的支持,为此各国专家学者基于本国国情相继进行了产品全生命周期数据收集和数据挖掘及分析研究。此外,为提高产品环境性能及缩短产品开发周期,一些专家学者提出将生命周期评价与典型CAD设计软件集成的思想,并且相继在电子、家电、汽车等行业进行推广应用。

4.1.2 LCA的概念、目的及意义

1. LCA的概念

LCA作为一种环境管理工具,不仅能对当前的环境冲突进行有效的定量分析和评价,而且能对产品及其"从摇篮到坟墓"的全过程所涉及的环境问题进行评价,因而是面向产品环境管理的重要支持工具。LCA是评价产品从材料获取到设计、制造、使用、循环利用和最终废弃处理等整个全生命周期阶段有关的环境负荷过程的方法,它通过识别和量化整个全生命周期中消耗的资源、能源以及环境排放来评价这些消耗和排放对环境的影响,以及寻求减少这些影响的改进措施。

关于LCA的定义,各国组织机构有着不同的定义,其中国际标准化组织和国际环境毒理与环境化学学会的定义具有权威性。国际标准化组织对生命周期评价的定义是:汇总和评估一个产品(或服务)体系在其整个寿命周期间的所有投入及产出对环境造成的潜在的影响的方法[1]。国际环境毒理与环境化学学会对生命周期评价的定义更方便理解:生命周期评价是一种对产品、生产工艺以及活动对环境的压力进行评价的客观过程,它通过分析能量和物质利用、废物排放对环境的影响,寻求改善环境影响的机会以及如何利用这种机会[2]。

各国际机构目前已经趋向于采用比较一致的框架和内容,其总体核心是:LCA是贯穿产品全生命全过程(从获取材料、生产、使用直至最终处置)的环境因素及其潜在影响的研究。

2. LCA的目的与意义

LCA的目的与意义如下:

(1) 有利于提高环境保护的质量和效率,提高人类生活质量。环境专家曾作过估算,按照现在全球的发展速度,包括人口的增长和生活水平的提高,为了维持目前地球的环境状况,50年后的环境负荷要降至目前的1/10水平。这种大幅度的负荷降低,仅靠末端处理来解决是不可能的,因为末端处理本身就需消耗大量的资源和能源。而进行产品生命周期评价,加强产品生态设计在实践中的应用,可以

真正地从源头开始预防污染，构筑新的生产和消费系统。

(2) 加强与现有其他环境管理手段的配合，更好地服务于环保事业。目前在产品环境性能评估方面，除LCA外，还有风险评价、环境影响评价、环境审计和环境绩效、物质流分析等几个理论体系，LCA与以上方法互为补充，可达到最优效果。例如风险评价技术是LCA方法的一个重要组成和补充，借助于风险评价技术，能够评价产品生命周期生产的污染物，特别是有毒、有害污染物对人体健康、生物群体，甚至整个生态系统的潜在风险影响大小，使得生命周期影响评价的对象从非生命的环境扩大到人类和生物群体。

(3) 有利于工业企业实现生产、环保和经济效益三赢的局面。工业企业应用LCA方法对产品设计生产等环节进行指导，可以从4个方面获得益处。第一，产品系统的生态辨识与诊断。不同产品在不同的生命周期阶段对环境的影响是不同的，通过LCA，不仅可以识别对环境影响最大的过程和产品寿命阶段，而且可以评估产品的资源效益，即对能耗、物耗进行全面平衡，既降低产品成本，又帮助设计人员尽可能采用有利于环境的原材料和能源。第二，产品环境评价与比较。以对环境影响最小化为目标，分析比较某一产品系统内的不同方案或者对替代品进行比较。第三，生态设计与新产品开发。LCA可直接应用于新产品的开发与设计之中。第四，再循环工艺设计。大量LCA工作结果表明，产品用后处理阶段的问题十分严重，解决这一问题要从产品的设计阶段就考虑产品用后的拆解和资源的回收利用。

(4) 有利于政府和环境管理部门借助LCA进行环境立法、制定环境标准和产品生态标志。近年来，通过产品生命周期评价，一些发达国家相继在环境立法上开始反映产品和产品系统相关联的环境影响，制定环境法律、政策与建立环境产品标准；通过一系列生态标志计划促进生态产品设计、制造技术的创新，为评估和区别普通产品与生态标志产品提供了具体的指标；优化政府的能源、运输和废物管理方案；向公众提供有关产品和原材料的资源信息；促进国际环境管理体系的建立。

4.2 生命周期评价的技术框架与分析方法

4.2.1 LCA的技术框架

在国际标准ISO 14040“生命周期评价原则与框架”中对LCA的框架做了如图4-1所示的描述，LCA框架主要包括目的与范围的确定、清单分析、影响评价和结果解释4个步骤[3]。

(1) 目的与范围的确定。目的与范围的确定是LCA的第一个步骤，说明了开展LCA研究的预期应用意图及开展研究的原因和目标受众等，范围确定的不同将有可能导致最终能源和物质的输入输出不同。目的与范围的定义在ISO 14041中

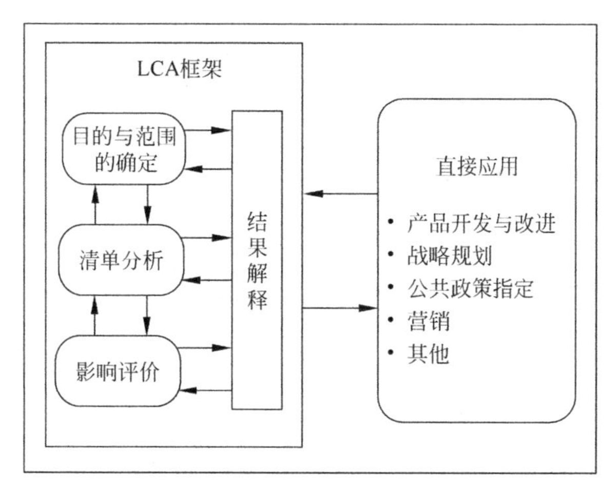

图 4-1　LCA 的框架

进行了详细的描述，该标准要求目的与范围的确定需要与 LCA 预期的应用一致。同时目的与范围的确定将直接影响后续工作量的大小，范围太广会导致工作量很大，最终将无法继续进行研究，范围太小会使研究的结果不准确，与真实值出现很大偏差。由于 LCA 是一个迭代的过程，所以其目的与范围的确定并不是一成不变的，有时需要基于对结果的解释适当地调整已界定的范围来满足所要研究的目的。

(2) 清单分析。生命周期清单分析(life cycle inventory analysis，LCI)是进行 LCA 工作的重要环节和步骤，是生命周期环境影响评价的基础，同时为评价提供基础数据支持。清单分析包括数据的收集、整理与分析，主要工作是收集产品在生命周期边界内各阶段对资源、能源的使用情况以及环境排放情况的详细数据。其中，数据的收集至关重要，数据的质量直接影响最终的分析结果。数据的分析与处理主要对收集到的数据按照相关阶段进行输入流和输出流的定性划分和定量分析。LCI 的范围如图 4-2 所示。

(3) 影响评价。生命周期影响评价(life cycle impact assessment，LCIA)是 LCA 中最重要的阶段，也是最困难的环节和目前争议最大的部分。影响评价的目的是根据 LCI 的结果对潜在的环境影响程度进行相关评价，具体来说，是将清单数据和具体的环境影响相联系的过程，将 LCI 得到的各种相关排放物对现实环境的影响进行定性和定量评价。国际标准化组织将 LCIA 分为 4 个步骤：影响分类、特征化、归一化和分组加权，其中，影响分类与特征化为必选要素，归一化和分组加权为可选要素[4]，如图 4-3 所示。影响分类是把清单数据中具有环境效应的基础物质按照环境影响类别进行划分，归类到不同的环境影响类型。影响类型的划分会直接影响清单数据的归属[5]。特征化是把导致不同环境影响类别的相似物质的环境影响根据前述影响分类方法折算为一种对该类型环境影响较大的基准物的当量值，如在环境影响类别中导致全球变暖的物质有二氧化碳(CO_2)、甲烷(CH_4)等温

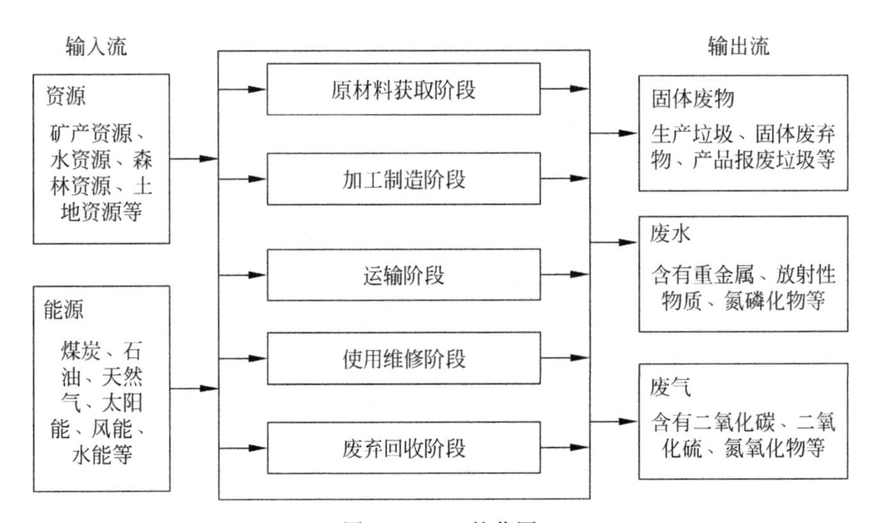

图 4-2　LCI 的范围

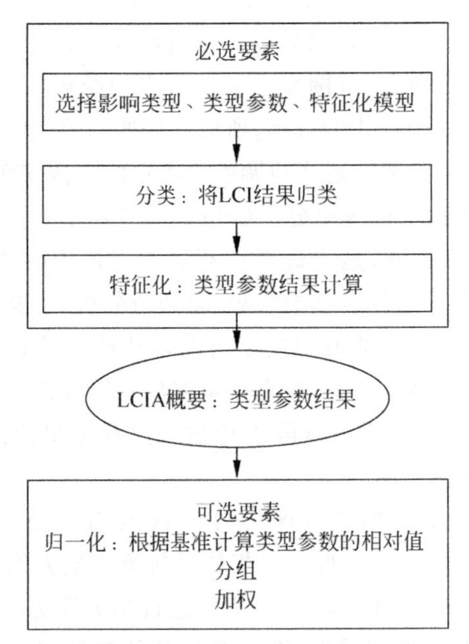

图 4-3　ISO 14044 环境影响评价要素

室气体，通常使用 CO_2 作为全球变暖的基准物质对其他温室气体进行合并处理，最终以等效二氧化碳当量(CO_2 e)来表示全球变暖影响的大小。

(4) 结果解释。结果解释是对前几个阶段的研究结果进行分析与总结，根据规定的目的和范围，综合考虑清单分析和影响评价的结果，对产品设计方案、加工工艺或技术环节等进行分析，从而找出定量或定性的改进措施，例如选用环保材料，改善制造工艺，进行清洁生产以及改善对产品报废后的回收处理等，从产品生命周期的角度进行考虑，达到减小环境排放、提高产品环境性能的目的。

4.2.2 LCA 的工具软件及特点

产品的 LCA 分析是一个复杂的过程，该过程涉及大量的数据收集和计算工作，仅仅依靠人工来实施是非常困难的，很多研究机构开发出了多种 LCA 软件，极大地方便了 LCA 的实施，提高了 LCA 的效率，并且在一定程度上方便了数据的交流和使用。目前已经开发完成且商业化的 LCA 软件有很多种[6]。其中，比较著名的 LCA 软件有德国 Thinkstep 集团（原 PE International 公司）研发的 GaBi 软件、荷兰 PRé Consultans B. V.（PRé）开发的 SimaPro 软件、日本工业环境管理协会（JEMAI）开发的 JEMAI-LCA Pro 软件、法国 CODDE 组织开发的 EIME 软件以及中国亿科环境科技有限公司（IKE）开发的 eBalance 等，部分主流 LCA 分析软件的简要介绍如表 4-1 所示。

表 4-1　部分主流 LCA 软件简介

软件名	提供商	软件的主要功能
GaBi	德国 Thinkstep	生命周期评价（LCA）、生命周期清单分析（LCI）、生命周期环境影响评价（LCIA）、面向环境设计（DfE，DfR）、生命周期工程（LCE）等
SimaPro	荷兰 PRé Consultans B. V.	生命周期评价（LCA）、生命周期清单分析（LCI）、生命周期环境影响评价（LCIA）、生命周期工程（LCE）、物质/材料流分析（SFA/MFA）等
JEMAI-LCA Pro	日本 JEMAI	生命周期评价（LCA）、生命周期清单分析（LCI）、生命周期环境影响评价（LCIA）等
EIME	法国 CODDE	生命周期评价（LCA）、生命周期清单分析（LCI）、生命周期环境影响评价（LCIA）等
eBalance	中国亿科	生命周期评价（LCA）、生命周期清单分析（LCI）、物质/材料流分析（SFA/MFA）、多方案对比等
KCL-ECO	芬兰 KCL	生命周期评价（LCA）、生命周期清单分析（LCI）、生命周期环境影响评价（LCIA）、生命周期工程（LCE）等
BEES	美国 NIST	生命周期评价（LCA）、生命周期清单分析（LCI）、生命周期环境影响评价（LCIA）等

现有的 LCA 软件基本集成了相关的 LCI 数据库，都可以进行生命周期环境影响评价，结果输出方式也具有多样性，这为 LCA 分析工作的实施提供了极大的便利。总体而言，各种 LCA 软件之间的差别并不大，各个软件的功能也都大同小异。下面以广泛应用的 GaBi 软件为例，对 LCA 工具软件的使用做进一步的介绍。

GaBi 是一款多用途的集成软件，不仅能够从产品或服务的生命周期角度建立复杂的评价模型、平衡输入输出流、影响计算、结果可视化、进行产品生命周期阶段比较等，而且集成了参数化功能，提供敏感性分析以及蒙特卡洛模拟。GaBi 同时也是一款世界上应用广泛的生命周期评价（LCA）、生命周期工程（LCE）、碳足迹计算软件，具有良好的可靠性和高柔性，广泛地应用于各行业的 LCA 研究和对工业决策的支持中。在数据库方面，GaBi 软件集成了一个全面的、有很高数据质量的数据库系统——GaBi databases，包含了欧盟委员会的 ELCD 数据库，同时也支持 Ecoinvent 数据库和 NREL 的 LCI 数据库等。GaBi 软件具有以下的功能特点：

(1) 在清单分析与建模方面，GaBi 可以通过功能模块，用输入输出流和它们之间的连接来建立实际的工艺链模型描述特定的产品的生命周期过程。GaBi 功能强大的图形化用户操作界面可以为用户提供一个全面和透明的产品结构图。

(2) 在环境影响评价方面，GaBi 包含了多个环境影响评价方法，如 CML2001、Eco-indicator 95、Eco-indicator 99、Ecological scarcity 和 EDIP 2003 等，支持用户自定义环境影响评价方法。

(3) 在分析和结果解释方面，GaBi 的平衡分析视图能以百分比或者绝对值的形式显示评价结果。超过用户所设定界限的指标值，将自动以不同的颜色高亮显示。在 GaBi 的平衡分析中，用户可以使用自定义的加权类型。GaBi 提供了阶段分析、参数变更、敏感度分析和蒙特卡洛分析等几种不同的分析方法。

4.3 生命周期评价的应用

4.3.1 汽车行业的 LCA 案例

1. 电动机与内燃机汽车的动力系统生命周期环境影响对比分析[7]

1) 目的与范围确定

(1) 研究对象与目的。以国内某汽车厂商生产的同一车型的纯电动版本（以下简称电动汽车，EV）与内燃机版本（以下简称内燃机汽车，ICEV）的动力系统为研究对象，通过对两个动力系统的 LCA 对比分析，得到电动汽车动力系统在生命周期各个阶段环境影响的特点，找出环境影响较严重的因素，指导设计人员改进设计，减少汽车对环境的影响。

为降低分析的复杂性，并保证分析结果的正确性，将对 LCA 分析结果影响不大的零部件略去，并对内燃机汽车和电动汽车的动力系统做如下定义：内燃机汽车动力系统为汽油发动机与变速箱的组合，发动机形式为直列四缸、汽油，最大功率为 73kW，最大扭矩为 126N·m，百公里耗油量为 7.6L，质量为 75kg；变速箱的挡位为 5 挡，输入峰值转矩为 160N·m，输入最高转速为 6500r·min^{-1}，质量为 35kg。电动汽车动力系统由无刷直流永磁电动机、减速器、锂电池组成，无刷直流永磁电动机的最大功率为 27kW，最大扭矩为 200N·m，百公里电耗为 15kW·h，质量为 42kg；减速器的输入最高转速为 6000r·min^{-1}，输入峰值转矩为 200N·m，总质量 18kg；动力电池的电压为 320V，总能量为 16N·m，容量为 50A·h，总质量为 210kg。

(2) 功能单位。环境影响评价是以动力系统为功能单位，其中使用阶段动力系统是整车运行的关键部件，与其他系统总成相关联，需要通过将整车的环境影响分配到动力系统的方式进行分析；在后续讨论中，由动力系统环境影响的分析结果分析得到整车的环境影响，以整车为功能单位，这样可为降低动力系统及整车的环境影响提供借鉴。

我国《机动车强制报废标准规定》中规定轿车的使用寿命一般为15年，功能单位行驶距离为300 000km。电动汽车的锂离子电池使用寿命为8年，因此，电动汽车动力系统全生命周期过程需要更换一次锂电池。内燃机汽车的发动机与变速箱在汽车整个使用周期中不发生变化。

(3) 基本假设。把动力系统的生命周期分为原材料获取、产品生产制造、运输、使用及废弃后回收处理5个阶段，具体如图4-4所示。由于销售和维修阶段数据收集难度大、不确定因素多等，且对整体分析结果影响不大，因此忽略不计。

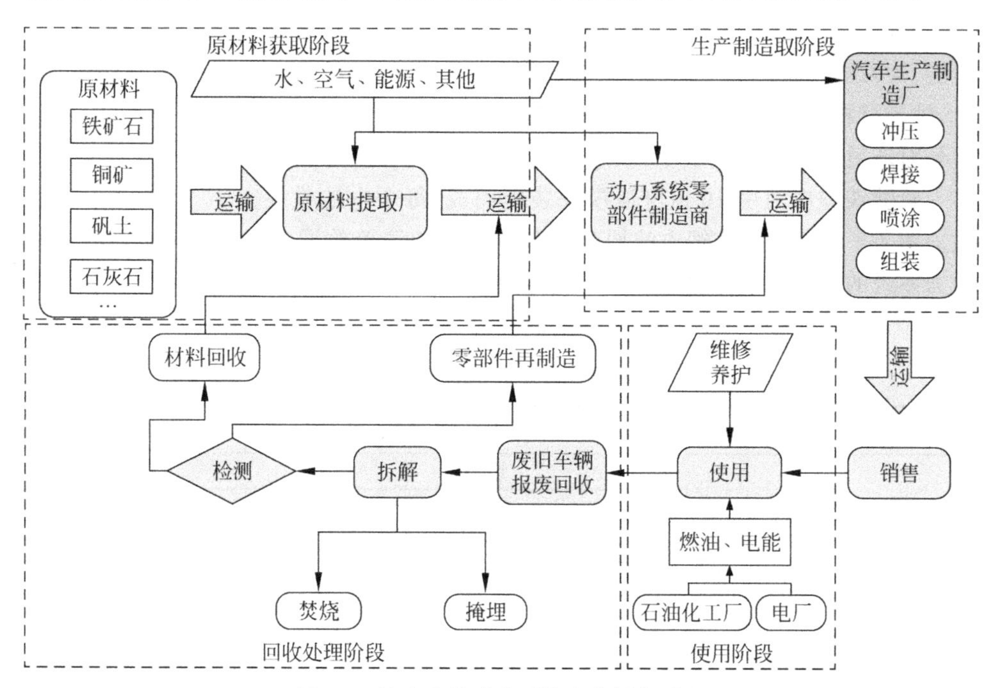

图4-4　汽车产品动力系统生命周期过程

动力系统是为整车服务的，因此在进行LCA分析时需将动力系统的环境影响贡献值按其占整车质量的比例进行分配。我国生产的电能主要由火力发电、水力发电与核能发电组成，所占比例分别为80%、18%和2%，在进行清单分析时，电能的数据都基于该比例，该比例发生变化时，电能产生的环境影响也将发生变化。

目前，国内的LCA数据库已初步建立，但相关的软件、信息系统并不成熟，数据的全面性和公开性有待提升；由于研究内容是针对燃油汽车和电动汽车的环境影响进行对比分析，采用国外数据的对比分析结果与国内数据具有相对一致性。

故本案例中除电力的数据来自中国电网的统计数据外,其他上游原材料和能源生产过程的数据都来自 GaBi 数据库。随着国内 LCA 数据库的完善,在后续研究中可对国外数据进行相应的替换,以更加符合实际情况。

在计算综合环境影响时,假设所有环境影响类型同等重要,各项指标权重相同。对回收阶段的环境影响评价仅考虑该过程对环境的直接排放影响指标,回收阶段的环境效益及综合性影响指标仅限于回收阶段的结果分析。

2) 清单数据分析

清单分析主要收集产品在整个生命周期阶段对资源、能源的使用情况,以及向环境排放的固体、液体和气体废弃物的详细数据。通过 LCA 软件 GaBi 建立 LCA 模型,运用 GaBi 数据库提供的相关统计数据计算环境影响输出。

(1) 原材料获取阶段。电动汽车的无刷直流永磁电动机主要材料由 18.4kg 钢、3.8kg 铜、16.5kg 铸造铝合金壳体和 3.1kg 钕铁硼稀土材料永磁体组成,其中制造 1kg 钕铁硼永磁体需要 0.291kg 钕、0.697kg 铁、0.1kg 硼、0.02kg 氧、9.6kW·h 电能、1.02kg 水和 3.37kg 标煤。减速器壳体由 6.4kg 铝合金材料铸造而成,齿轮、轴等材料为钢,所有钢材料重 11.2kg。由于两种动力系统都含有润滑油,且此部分对环境的影响相对较小,故忽略不计。

磷酸铁锂电池由 10 组电池模块装配而成,每个电池模块由 10 个电池单体组成。图 4-5 列出磷酸铁锂电池原材料获取阶段的清单数据。表 4-2 为内燃机汽车动力系统的原材料输入清单。根据企业的调研情况对材料损耗率进行设定,一般为 2%~5%,对材料损耗率不明的制造过程,采用默认值,设定为 5%。

表 4-2 内燃机汽车动力系统的原材料输入清单

零部件	原材料	质量/kg
变速箱	铝合金	11.5
	铜	2.8
	钢	20.3
发动机	铝合金	36.8
	铸铁	13.3
	尼龙 66	4.9
	铜	12.9
	橡胶	0.7

(2) 生产制造阶段。在机械制造业中,铸造是环境污染最严重的生产过程,电动汽车与内燃机汽车动力系统的生产制造主要考虑电动机与减速装置的铸造和机加工阶段,其输入清单为:能源 683.5MJ,水 14.34kg,空气 250.1kg;其输出的主要污染物排放为:CO_2 43.3kg,CO 0.0047kg,NO_x 0.042kg,SO_2 0.014kg,VOC 0.097kg,废水 5.24kg,固体废弃物 0.0025kg。

锂电池在生产制造阶段的主要污染物排放为:SO_2 4.22kg,NO_x 2.46kg,

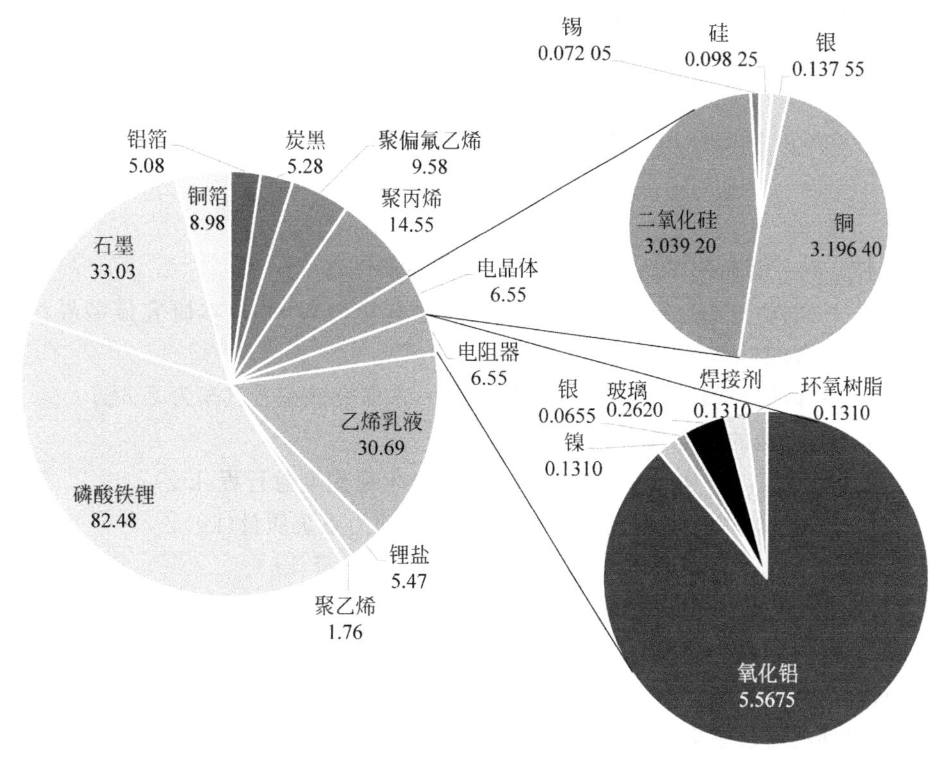

图 4-5　锂电池原材料组成

CO_2 408kg，CO 0.0334kg，CH_4 0.07kg，TSP 2.66kg，NH_3 5.34kg，固体废弃物 11.56kg。

由于内燃机汽车的发动机零部件数量太多，主要考虑发动机中缸体、缸盖等 7 个主要零部件机加工过程中的耗电量，具体数据如表 4-3 所示。

表 4-3　发动机主要零部件加工过程耗电量

零部件	材料	质量/kg	数量	能耗/(kW·h)
缸体	铝合金	18.4	1	41.23
缸盖	铝合金	5.1	1	10.97
连杆	铝合金	0.3	4	1.58
活塞	铝合金	0.2	4	1.12
飞轮	铸铁	6.2	1	5.83
曲轴	钢	7.5	1	2.48
凸轮轴	钢	1.5	2	0.67

(3) 运输阶段。动力系统的运输包括从矿区到原材料生产厂到零部件制造厂再到主机装配厂，以及从废旧汽车收集地到拆解回收处理厂的运输等几个阶段。经统计运输距离约为 1500km，采用卡车运输，发动机排放符合欧Ⅲ排放标准。

(4) 使用阶段。在使用阶段,电动汽车动力系统的耗电量和内燃机汽车动力系统的耗油量采用式(4-1)、式(4-2)计算。

$$E_{EV}=\frac{e}{\eta}\times L_{EV}\times\frac{m_{EV}}{M_{EV}} \tag{4-1}$$

$$E_{ICEV}=o\times L_{ICEV}\times\frac{m_{ICEV}}{M_{ICEV}} \tag{4-2}$$

式中: E_{EV}——电动汽车动力系统的耗电量(kW·h);

e——电动汽车每行驶 100km 电机的耗电量(kW·h),本研究该型号汽车为 15kW·h;

o——内燃机汽车每 100km 耗油量(L),本研究该型号汽车为 7.6L;

η——电池的充电效率;

L_{EV}、L_{ICEV}——电动汽车、内燃机汽车全生命周期总行程(km);

m_{EV}、m_{ICEV}——电动汽车、内燃机汽车的动力系统质量(kg);

M_{EV}、M_{ICEV}——电动汽车、内燃机汽车整车质量(kg)。

本研究中电动汽车电池的充电效率为 90%,则电动汽车的百公里电耗为 16.667kW·h。按照质量对能耗进行分配,考虑动力系统与整车的质量比例(110/1100),则内燃机汽车动力系统分配得到的百公里油耗为 0.76L;电动汽车动力系统分配得到的百公里电耗为 3.462kW·h。通过计算可得:在使用阶段,电动汽车动力系统的总耗电量为 10 386kW·h,内燃机汽车动力系统的总耗油量为 2280L。

(5) 回收处理阶段。对于电动汽车的电动机与减速器,其回收处理阶段只考虑金属材料的回收,钢和铁的回收方式认为是相同的,回收的金属材料包含 22.9kg 铝合金、29.6kg 钢和 3.8kg 铜。

锂电池回收采用含 Li^{+} 的 LiCl 固体的方式,整个动力系统锂电池回收的过程消耗盐酸 80kg、NaOH 溶液 20kg、γ-MnO_2 离子筛固体粉末 5kg、电能 9kW·h、天然气能 2kW·h,设回收率为 90%,可得到 LiCl 固体 18.0851kg。电池的外壳通过破碎、筛选、分离等工序分别得到聚丙烯碎片和铝箔碎片。假设此项过程回收率约为 90%,即经过回收可得聚丙烯碎片 5.3108kg 和铝箔碎片 7.4242kg,电池外壳的回收过程消耗电能为 3kW·h。

在内燃机汽车动力系统的回收阶段,金属材料考虑材料回收,钢和铁的回收方式认为是相同的,尼龙采用焚烧处理,质量小于内燃机汽车动力系统 3%的材料不予考虑。内燃机汽车动力系统回收的材料包括 48.3kg 铝合金、46.5kg 钢、6.6kg 铜和 4.9kg 尼龙。

3) 影响评价与结果解释

生命周期影响评价是对清单分析阶段所识别出来的环境负荷影响进行定量或定性的描述和评价,采用荷兰 Leiden 大学环境科学中心研发的 CML2001 模型进行影响评价分析。

(1) 环境影响评价。CML2001模型把环境影响分为资源消耗、酸化、富营养化、淡水生态毒性、全球变暖、人类毒性、海水生态毒性、臭氧层损耗、光化学臭氧合成、放射性辐射、土壤生态毒性等11类。使用GaBi软件进行计算,电动汽车与内燃机汽车动力系统环境影响特征化结果如表4-4所示。

表4-4 电动汽车与内燃机汽车动力系统环境影响特征化

环境影响	电动汽车动力系统				
	A	B	C	D	E
Ⅰ	8.73E+00	1.45E+00	4.22E−01	6.85E+01	1.08E+00
Ⅱ	3.06E+01	4.83E+01	4.06E−01	8.26E+01	1.97E+01
Ⅲ	2.64E+00	4.16E+00	6.94E−02	2.25E+01	3.62E+00
Ⅳ	5.83E+00	3.37E−01	9.08E−02	3.00E+00	3.40E−01
Ⅴ	1.88E+03	9.42E+02	6.25E+01	9.50E+03	1.62E+02
Ⅵ	1.91E+02	1.29E+02	2.14E+00	5.93E+03	5.57E+01
Ⅶ	6.57E+05	1.38E+04	8.92E+02	1.76E+04	7.06E+04
Ⅷ	1.03E−04	1.47E−06	1.04E−07	7.84E−05	4.14E−06
Ⅸ	7.81E−01	5.82E−01	3.47E−02	4.90E+00	8.13E−01
Ⅹ	2.67E−06	3.82E−08	2.83E−09	2.04E−06	5.10E−08
Ⅺ	7.73E+00	4.94E+00	3.74E−02	5.22E+01	3.22E−01
环境影响	内燃机汽车动力系统				
	A	B	C	D	E
Ⅰ	4.34E+00	5.10E+01	8.68E+02	1.02E+02	2.30E+01
Ⅱ	3.75E+00	6.00E+01	7.99E+02	5.13E+01	3.32E+01
Ⅲ	2.57E+01	1.60E+01	1.39E+02	7.99E+00	6.15E+00
Ⅳ	5.78E+00	2.20E+02	1.84E+02	3.80E+01	2.00E+01
Ⅴ	8.65E+02	7.00E+01	1.29E+01	9.09E+03	7.61E+01
Ⅵ	1.81E+02	4.29E+01	4.18E−01	4.55E+03	6.00E+01
Ⅶ	1.52E+06	1.31E+02	1.85E+02	3.26E+05	2.72E+04
Ⅷ	4.97E−05	5.69E−07	2.14E−08	3.22E−05	6.74E−06
Ⅸ	3.94E−01	4.00E−02	6.69E−03	4.16E+01	1.34E+00
Ⅹ	1.30E−06	1.48E−08	5.86E−10	8.80E−07	6.18E−08
Ⅺ	1.61E+00	3.80E−01	7.67E−03	1.39E+01	5.20E−02

注:A—原材料获取阶段;B—生产制造阶段;C—运输与销售阶段;D—使用与维护阶段;E—废弃回收阶段;Ⅰ—资源消耗潜值(kg,以Sb当量计);Ⅱ—酸化潜值(kg,以SO_2当量计);Ⅲ—富营养化潜值(kg,以磷酸盐当量计);Ⅳ—淡水生态毒性潜值(kg,以DCB(二氯苯)当量计);Ⅴ—全球变暖潜值(kg,以CO_2当量计);Ⅵ—人类毒性潜值(kg,以DCB当量计);Ⅶ—海水生态毒性潜值(kg,以DCB当量计);Ⅷ—臭氧层损耗潜值(kg,以CCl_3F当量计);Ⅸ—光化学臭氧合成潜值(kg,以乙烯当量计);Ⅹ—放射性辐射(年受害人数);Ⅺ—土壤生态毒性潜值(kg,以DCB当量计)。

为了更好地理解各种环境影响类型的相对重要性，对环境影响特征化的结果运用 CML2001 模型进行归一化处理，并量化为资源消耗、酸化、富营养化、全球变暖、臭氧层损耗、光化学臭氧合成、放射性辐射等 7 类主要环境影响，将各环境影响类别转化为同一标准下的量化数据，采用各环境影响类别的环境影响当量值与世界环境影响的总当量数之比值表示，环境影响归一化结果为无量纲物理量。电动汽车与内燃机汽车动力系统环境影响归一化与量化结果如图 4-6 所示。

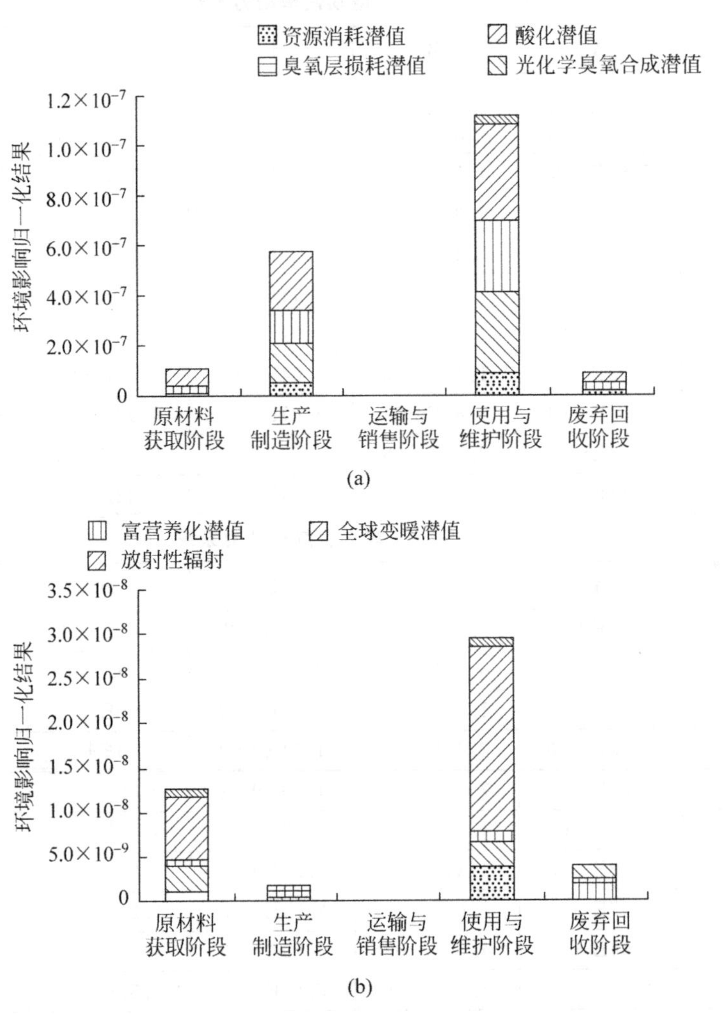

图 4-6 电动汽车(a)与内燃机汽车(b)动力系统环境影响归一化结果

从图 4-6 可以看出，电动汽车动力系统的原材料获取、生产制造和使用与维护阶段的环境影响占其整个生命周期环境影响的比例较大，分别为 12.2%、14.2% 和 54.5%，并且环境影响类型主要是酸化、富营养化和全球变暖。

酸化现象产生的主要原因在于使用阶段与制造阶段都使用大量的电能，在火力发电过程中有大量 SO_2、NO_x 等酸性气体的排放。据统计，2000 年我国电力行

业 NO_x 排放量占总排放量的 43.1%；2004 年电力行业 SO_2 排放量占总排放量的 50.86%；近十几年通过对火电厂发电设备和脱硫脱硝设备的升级改造，该比例均已降至 30%以下，但火电厂的尾气仍是酸性气体的主要来源之一。

富营养化环境影响产生的主要原因在于工业污水中常含有大量的氮、磷等物质，如发电厂的汽轮机通常选用水作为冷却介质，大量的工业废水大大加速了水体的富营养化过程。

全球变暖环境影响产生的主要原因在于温室气体的排放，其中，主要是 CO_2 的排放，在电动汽车的使用阶段，由于没有尾气排放，电动汽车动力系统不排放 CO_2，CO_2 主要在电能的生产过程中产生。

内燃机汽车动力系统对环境的影响主要发生在使用阶段，占全生命周期环境影响值的 86.1%，除了臭氧消耗和放射性辐射外，其他环境影响值所占比例大小较为平均。

把两种汽车的动力系统作对比，电动汽车动力系统的环境影响值是 3.58×10^{-7}，内燃机汽车动力系统的环境影响值是 2.23×10^{-7}，前者比后者高 60.5%，且主要的环境影响类别为酸化、全球变暖与富营养化。

(2) 回收阶段分析。在回收过程中，虽然带来了一定的环境污染，但最终得到了可再使用的零部件、原材料和能量，从而也减少了生产原材料、能量和制造零部件时对环境的影响，带来了正面的环境效益。

在汽车到达其使用年限后，按照相关法规必须对汽车进行报废拆解。拆解后所得的零部件有些可以直接重新利用，有些经过再制造后重新使用，还有一部分则被作为材料回收利用，最后不能被再利用的废弃物经过焚烧回收能量后进行掩埋处理，把对环境的影响降到最低。回收阶段的具体过程如图 4-7 所示。

回收阶段对环境的综合影响可表示为

$$EI_{RE}=EI_{all}-EI_{reuse}-EI_{material}-EI_{energy} \tag{4-3}$$

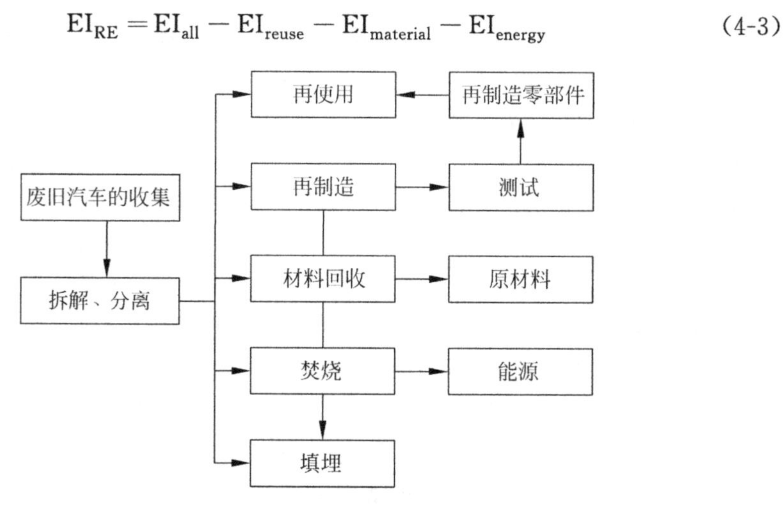

图 4-7　回收阶段的流程

式中：EL_{RE}——回收阶段对环境的综合影响；

EL_{all}——回收阶段对环境的直接排放影响；

EL_{reuse}——被再使用的零部件环境效益；

$EL_{material}$——原材料回收的环境效益；

EL_{energy}——能量回收的环境效益。以上均为归一化处理结果。

$$\begin{cases} EI_{reuse} = EI_{reuse,M} + EI_{reuse,V} + EI_{reuse,P} \\ EI_{material} = M_i \times \eta_i \times \varepsilon_i \end{cases} \tag{4-4}$$

式中：$EI_{reuse,M}$——被再使用的零部件原材料提取的环境效益；

$EI_{reuse,V}$——被再使用的零部件运输阶段的环境效益；

$EI_{reuse,P}$——被再使用的零部件制造阶段的环境效益；

M_i——第 i 种材料的质量(kg)；

η_i——第 i 种材料的作为原材料回收的比例；

ε_i——每生产 1kg 第 i 种材料产生的环境影响。

按照计算，电动汽车和内燃机汽车动力系统在回收阶段的综合环境影响总值分别为 1.07×10^{-8} 和 6.42×10^{-9}。同环境影响类型的对比结果如图 4-8 所示，在电动汽车动力系统的回收阶段，酸化、富营养化和光化学臭氧合成 3 种环境影响类型的直接排放大于回收得到的环境效益，原因在于废旧电池回收阶段产生大量的污染物。因此，在电动汽车的回收阶段要改变废旧电池的回收方式，减少回收造成的二次污染，使回收效益最大化。

内燃机汽车动力系统的回收阶段除了光化学臭氧合成影响类型外，其他影响类型都产生了环境效益。光化学臭氧合成影响主要是因为大量的非甲烷烃、NO_x 和 CO 排放，形成光化学烟雾，严重影响了人类的生存和生态系统的稳定。因此，在回收阶段要对光化学臭氧合成环境影响实施预防，在焚烧阶段采用烟气脱氮技术减少焚烧炉的 NO_x 的排放，做好废气的收集和处理，防止光化学污染。

(3) 电能结构分析。由图 4-8 可知，电动汽车动力系统的生命周期综合环境影响大于内燃机汽车，特别是酸化、全球变暖与富营养化 3 种影响类型最为突出。以全球变暖潜值与酸化潜值为例，电动汽车动力系统比内燃机汽车分别多排放 2432.5kg(以 CO_2 当量计)与 92.68kg(以 SO_2 当量计)。电动汽车动力系统在制造过程与使用过程中均消耗大量电能，而我国 80%的电能来自火力发电，发电过程中产生大量的 CO_2、SO_2 与 NO_x，因此，电动汽车动力系统在其使用阶段的环境影响实际上转移到了发电过程中，并没有真正实现零污染。

假设 3 种电力组成方式，方案 1：火力 80%、水力 18%和核能 2%；方案 2：火力 50%、水力 25%和核能 25%；方案 3：火力 40%、水力 20%、风力 20%和核能 20%。分析对电动汽车动力系统环境影响的变化，得到环境影响归一化与量化结果。从图 4-9 可以看出，电动汽车动力系统的环境影响随着火力发电比例的下降而减小，增大水能、风力和核能发电在电力系统中所占的比例能有效降低电动汽车

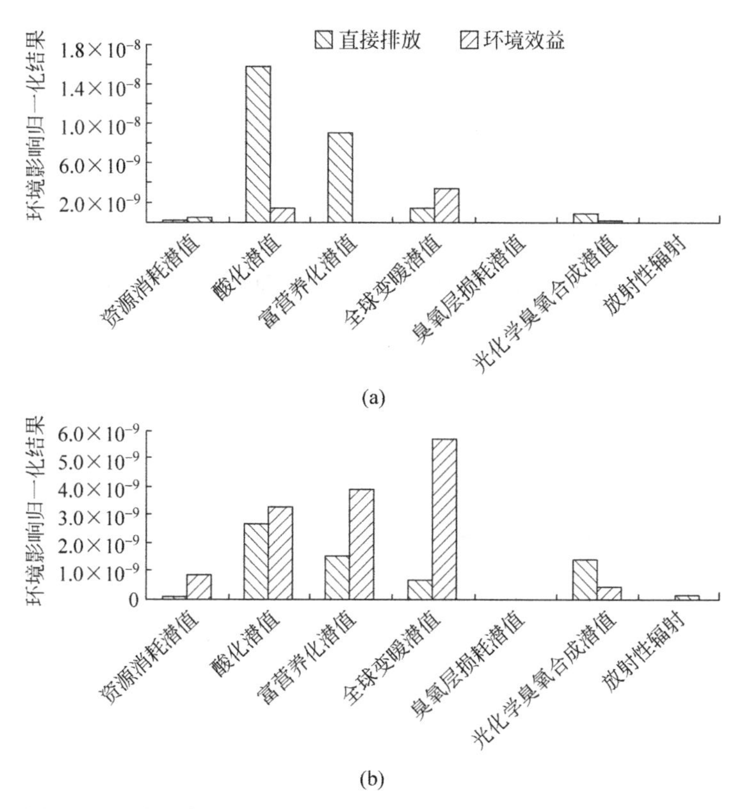

图 4-8　电动汽车(a)和内燃机汽车(b)动力系统回收阶段的环境影响

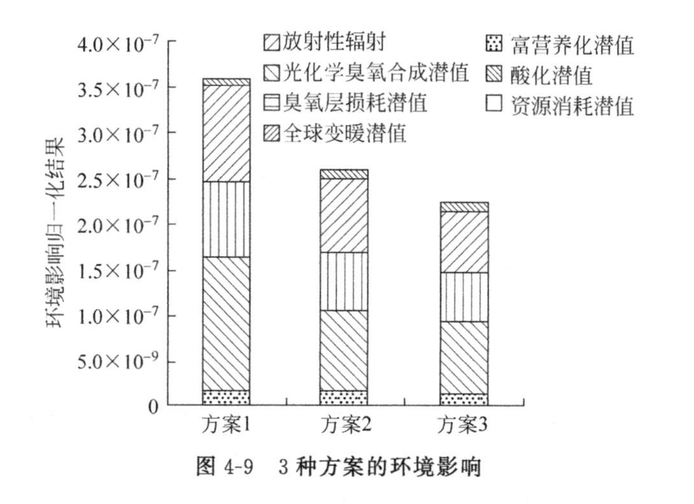

图 4-9　3 种方案的环境影响

对环境的影响。

(4) 敏感性分析。综上，电动汽车动力系统对环境的影响主要发生在制造阶段和使用阶段，制造阶段的能耗和电动汽车的耗电量分别是制造阶段和使用阶段对环境影响的主要因素，影响电动汽车耗电量的因素有动力系统的质量、电池充电效率和传动效率等。以电动汽车动力系统的环境影响为指标，选取动力系统质量、生产阶段能耗和电池充电效率为敏感因素进行敏感性分析。

为了比较不同因素的敏感性，定义敏感度因子：

$$S_{ij}=(\Delta B_i-B_i)/(\Delta I_j-I_j) \tag{4-5}$$

式中：B_i——第 i 种生命周期环境影响指标值；

I_j——j 种清单数据值。

当 I_j 变化 ΔI_j 时，B_i 相应地变化 ΔB_i，S_{ij} 即为 B_i 对 I_j 的敏感度。设敏感因素的变换范围为±10%，电动汽车动力系统的环境影响如图 4-10 所示。

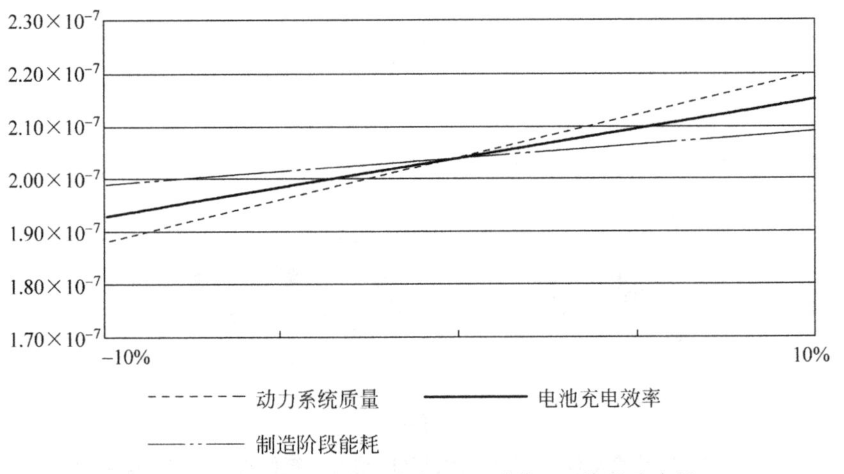

图 4-10　三种敏感因素的环境影响（单位：环境影响当量）

电动汽车动力系统环境影响敏感因素的敏感度因子分别为：动力系统质量的敏感度为 0.0784，电池充电效率的敏感度为 0.0539，制造阶段能耗的敏感度为 0.0245。

由上可知，动力系统质量对电动汽车动力系统的环境排放影响最为敏感，电池充电效率次之，制造阶段能耗的敏感度最小，其原因在于动力系统的质量影响着整个生命周期过程，电池充电效率和制造阶段的能耗分别只影响使用阶段和制造阶段。减小动力系统质量不仅降低了电动汽车的单位行程的电耗，还减少了原材料的消耗和制造阶段能耗。

4）讨论与结论

分析案例中的电动汽车与内燃机汽车，除所考虑的动力系统之外，其他系统基本相同，可以认为其他系统的环境影响相同。若将整车的使用阶段环境影响全部分配到动力系统，即电动汽车动力系统的耗电量和内燃机汽车动力系统的耗油量为

$$\begin{cases}E_{\mathrm{EV}}=\dfrac{e}{\eta}\times L_{\mathrm{EV}}\\E_{\mathrm{ICEV}}=O\times L_{\mathrm{ICEV}}\end{cases} \tag{4-6}$$

则两种动力系统之间的环境影响对比结果可以体现出电动汽车与内燃机汽车的环境影响差别，即：

$$EI_V = EI_{EV} - E_{ICEV} = EI_{P,EV} - EI_{P,ICEV} \tag{4-7}$$

式中：EI_V——电动汽车与内燃机汽车的环境影响差值；

EI_{EV}——电动汽车的环境影响；

EI_{ICEV}——内燃机汽车的环境影响；

$EI_{P,EV}$、$EI_{P,ICEV}$——将整车使用阶段的环境影响全部分配到动力系统后电动汽车与内燃机汽车动力系统的环境影响。

将整车使用阶段的环境影响全部分配到动力系统，得到电动汽车与内燃机汽车环境影响如表4-5所示，电动汽车的生命周期综合环境影响比内燃机汽车低0.14%，其主要环境影响类别为酸化、全球变暖与富营养化。

表4-5 电动汽车与内燃机汽车环境影响差值

环境影响类别	环境影响归一化结果		
	电动汽车	内燃机汽车	插值
资源消耗潜值	1.30×10^{-7}	1.35×10^{-7}	-4.91×10^{-9}
酸化潜值	5.62×10^{-7}	3.96×10^{-7}	1.66×10^{-7}
营养化潜值	4.61×10^{-7}	2.07×10^{-7}	2.54×10^{-7}
全球变暖潜值	6.29×10^{-7}	6.66×10^{-7}	-3.71×10^{-8}
臭氧层损耗潜值	2.50×10^{-10}	7.55×10^{-11}	1.74×10^{-10}
光化学抽样合成潜值	4.17×10^{-8}	4.24×10^{-7}	-3.82×10^{-7}
放射性辐射	1.63×10^{-9}	5.07×10^{-10}	1.13×10^{-9}
综合环境影响	1.83×10^{-6}	1.83×10^{-6}	-2.49×10^{-9}

通过对电动汽车和内燃机汽车动力系统生命周期的环境影响进行量化对比分析得出，电动汽车动力系统的全生命周期综合环境影响比内燃机汽车动力系统高60.15%。将整车使用阶段环境影响全部分配到动力系统后，电动汽车的生命周期综合环境影响比内燃机汽车低0.14%，且主要环境影响类别为酸化、全球变暖与富营养化。通过对环境影响结果进行分析得出，在回收阶段要对光化学臭氧合成环境影响实施预防，在焚烧阶段采用烟气脱N技术减少焚烧炉的NO_x的排放，做好废气的收集和处理，防止光化学污染；电动汽车动力系统的环境影响随着火力发电比例的下降而减小，增大水能、风力和核能发电在电力系统中所占的比例能有效地降低电动汽车对环境的影响；动力系统质量对电动汽车动力系统的环境排放影响最为敏感，电池充电效率次之，制造阶段能耗的敏感度最小。

2. 铝合金与GMT汽车引擎盖的生命周期评价[8]

1）目的与范围确定

选用GMT（玻璃纤维增强热塑性复合材料，下同）材料和铝合金的同一款不同材料的引擎盖为研究对象，目的是通过对2种引擎盖的LCA，可以对2种材料的引擎盖生命周期各阶段的环境影响差异进行对比，为设计人员提高其环境效益提供参考依据。以某款国产轿车为例，汽车整备质量为1100kg，其中钢质引擎盖质量12.435kg（外板：7.461kg；内板：4.974kg）。按照相关文献设计方案得出：相对于低碳钢材料，铝合金引擎盖的减重效果为35.9％，用玻璃纤维代替碳纤维，可以计算出GMT材料引擎盖的减重效果为29.3％。该款轿车2种材料引擎盖下的主要参数及假设如表4-6所示。

表4-6　某轿车2种材料引擎盖下的主要参数及假设

参　　数	GMT（PP＋30％GF）	铝合金（AlMgSi）
引擎盖质量/kg	8.79	7.97
整车质量/kg	1096.355	1095.535
油耗/(10^{-2}L·km^{-1})	8.4155	8.4091
汽车寿命/年	15	15
回收方式	粉碎，再造粒	回炉，熔炉

注：汽车寿命按15年行驶300 000km计算。

引擎盖的整个生命周期过程如图4-11所示，运输和销售阶段相对其他阶段对环境的影响较小，暂且忽略不计。而在使用过程中维修阶段，由于数据收集难度较大，不确定性大，故不予考虑。因此，把引擎盖的整个生命周期过程分为原材料获取、加工制造、使用和回收处理4个阶段。

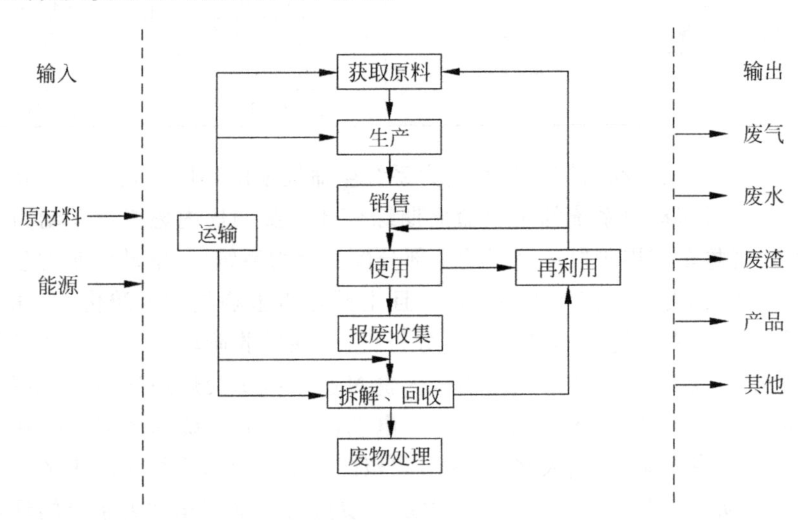

图4-11　引擎盖的生命周期过程

2）清单分析

（1）原材料获取阶段与加工制造阶段。铝合金汽车引擎盖的制造过程是先将原材料获取阶段的铝锭经过热挤压加工成形为板材，之后通过冲压、翻边、滚压和黏接制造出铝合金引擎盖。在GMT材料引擎盖的制造过程中首先用干法工艺，将玻璃纤维毡和 PP 片材叠合后，经加热、加压、浸渍、冷却定型和切断等工序制成 GMT 片材，然后用冲压成形工艺，按样板将 GMT 片料下料，加热到一定温度装模，快速合模加压，经冷却、脱模、切边和修整得到 GMT 制品。假设 2 种材料引擎盖的涂漆过程相同，可忽略不计，铝合金材料和 GMT 材料的引擎盖原材料提取阶段和加工制造阶段的污染物排放和能耗见表 4-7。

表 4-7 2 种引擎盖原材料的污染物排放和能耗

污染物与能耗		原材料获取阶段		加工制造阶段	
		铝合金	GMT	铝合金	GMT
污染物/kg	CO	1.2340	0.0087	0.0057	0.0008
	CO_2	126.34	29.75	9.88	5.04
	H_2S	0.028 90	8×10^{-5}	1×10^{-4}	8.02×10^{-5}
	NO_x	0.1762	0.0415	0.0100	0.0040
	SO_2	0.495	0.051	0.011	0.005
	甲烷	0.193	0.123	0.023	0.013
	烟尘	0.2520	0.0390	0.0019	0.0004
能耗/MJ		1726.55	347.11	80.01	40.33

注：数据来源于 GaBi 4.3 软件数据库。

(2) 使用阶段。车辆在行驶过程中不仅排放大量的环境污染物，还消耗大量燃油，因此，使用阶段的环境影响包括燃油排放和生产燃油过程中的环境影响，参考 GaBi 4.3 软件数据库，得出生产 1t 汽油和汽车燃烧 1t 汽油的污染物排放，如表 4-8 所示。

表 4-8 生产汽油和汽车燃烧汽油的污染物排放 kg

污染物	生产 1t 汽油	汽车消耗 1t 汽油
NO_x	0.94	30.40
CO	0.454	115.740
CO_2	480.87	3175
氨	0.005	0.020
SO_2	2.3	0.1
甲烷	3.8	0.5
NMVOC	0.86	19.64
放射性废物	0.10	4.6×10^{-6}
废水	1005	0

在使用过程中，汽车的使用寿命按累计行驶 300 000km 计算，结合汽车油耗数据，安装了铝合金引擎盖和复合材料引擎盖的汽车，在整个生命周期过程中，消耗燃油量为 25 227.3L 和 25 246.5L，按密度 0.67kg/L 转化为质量，分别为 19 172.75kg 和 19 187.34kg。汽车引擎盖在使用过程中依附于汽车整体的使用，在使用阶段，

计算引擎盖的环境影响以整车为对象,按引擎盖占整车总重的质量比进行分配。

(3) 回收处理阶段。铝合金材料和GMT复合材料都属于可回收利用的材料,回收再利用性能较好,1kg废弃铝可回收得到0.98kg再生铝。GMT材料属于热塑性复合材料,在GMT制品生命周期结束后可反复回收利用,回收料重复利用2次,各项性能不会发生明显下降,将废弃的GMT制品粉碎成颗粒加入新料中使用,添加量为10%时不会影响其加工性能,添加量为30%时,基本性能不受影响。使用主机电动功率为15~22kW、加热功率为10~24kW、月产量为100t的废旧塑料再生造粒机组,进行GMT制品的回收再造粒,按每天工作8h计算,每回收生产1t GMT再造粒耗能317.952MJ。在回收过程中,回收得到的再生铝和再生颗粒都可以再使用生产新产品,节约了原材料的生产,降低了原材料获取阶段的环境影响。因此,回收阶段的环境影响EI等于回收阶段的直接环境影响EI_{re}减去节省的原材料提取时的环境影响EI_m,即:

$$EI = EI_{re} - EI_m = \sum m_i e_i - \sum m_i \eta v_i \tag{4-8}$$

式中:m_i——待回收的第i种材料的质量;

e_i——回收单位质量第i种材料的环境影响;

η——第i种材料的回收率;

v_i——提取单位质量第i种原材料的环境影响。

3) 环境影响评价结果

用生命周期评价软件GaBi 4.3对铝合金引擎盖和复合材料引擎盖进行全生命周期评价,采用EDIP 2003(PET. EU2004)生命周期影响评价方法,把环境影响类型分为酸化、水体富营养化、全球变暖、人类光化学臭氧接触、植物光化学臭氧接触、臭氧层消耗和陆地富营养化7种。通过生命周期评价软件把2种引擎盖的全生命周期环境影响按照EDIP 2003生命周期影响评价方法进行标准化和加权评估,结果如图4-12、图4-13所示。

铝合金引擎盖的全生命周期环境影响值小于GMT材料的引擎盖;植物光化学臭氧接触、全球变暖和陆地富营养化的影响较为严重;2种材料的引擎盖在使用

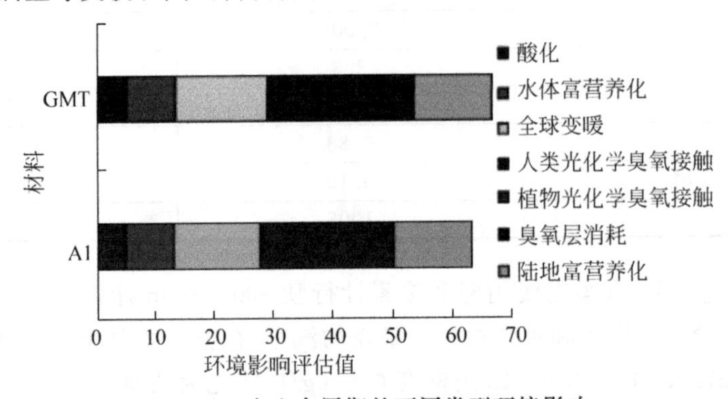

图4-12 全生命周期的不同类型环境影响

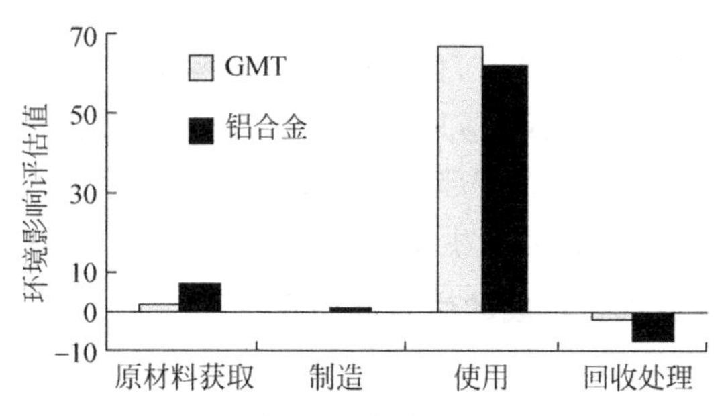

图 4-13　生命周期的不同阶段环境影响

阶段的环境影响，占全生命周期环境影响的绝大部分；虽然在原材料获取阶段和加工制造阶段，铝合金引擎盖的环境影响均大于 GMT 材料引擎盖，但由于铝合金引擎盖比后者轻，使安装了铝合金引擎盖的汽车在整个生命周期阶的油耗，比安装 GMT 材料引擎盖的汽车少，从而减少了铝合金引擎盖使用阶段的环境影响值。通过生命周期环境影响分析可知，GMT 材料引擎盖在原材料阶段和制造阶段的环境影响均大于铝合金引擎盖，但是由于前者的质量大于后者，燃油消耗也将随着质量的增加而增加，从而导致使用阶段的环境影响增大。汽车使用阶段的寿命为 15 年（行驶 30 万 km），在使用阶段刚开始时，使用 GMT 材料的汽车环境影响小于使用铝合金材料的汽车，随着使用年限的增长，汽车燃油消耗量也逐渐增加。由于使用 GMT 材料零部件的汽车油耗大于使用铝合金材料零部件的汽车，在行驶一定时间后，使用 GMT 材料的汽车环境影响等于使用铝合金材料的汽车，经过此临界值后，前者将大于后者。由单一汽车引擎盖扩展到整车，假设汽车 A 使用了 100kg 铝合金零部件（整车重 1500kg），汽车 B 使用 120kg GMT 材料代替铝合金材料零部件（整车重 1520kg），零部件的制造工艺与引擎盖相同，根据文献，每年行驶的累计路程按图 4-14 所示计算，随着汽车行驶累计路程的增加，汽车 A 和 B 的环境影响结果如图 4-15 所示。由图 4-15 可以看出当行驶至第 7 年，即累计路程达 14.85 万 km，在之后的使用阶段，汽车 A 的环境保护的优越性将体现出来。

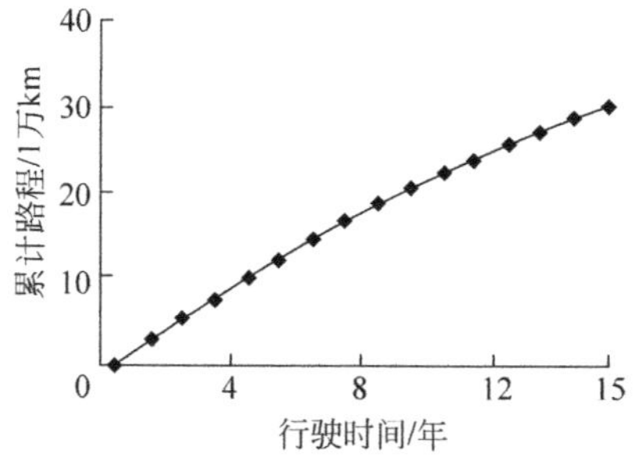

图 4-14　汽车每年行驶的累积路程

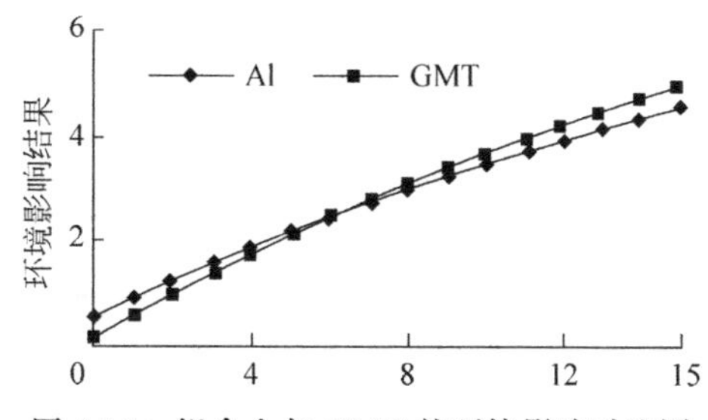

图 4-15　铝合金与 GMT 的环境影响对比图

4）结论

虽然铝合金的密度大于GMT，但铝合金的材料性能优于GMT材料，使得应用铝合金材料的零部件质量小于应用GMT材料的相同零部件。即使在原材料获取与加工制造阶段，铝合金材料零部件的环境影响大于GMT材料零部件，使用阶段燃油消耗量的减少，使得前者全生命周期环境影响小于后者。

3. 汽车副仪表板本体总成的生命周期评价[9]

1）目的与范围确定

（1）研究对象与目的。选用本体材料为PP+EPDM-T20和GMT(PP+GF)的某两款汽车副仪表板总成作为研究对象，目的是通过对这两款车型副仪表板总成的LCA，分析副仪表板总成生命周期阶段的能源和环境影响，为车企产品设计人员选用产品材料和改进车型零部件结构提供参考依据。

汽车副仪表板总成是指位于驾驶座旁边的用于安装手制动和换挡杆等部件的仪表板，包括副仪表板、烟灰缸内外壳、电子按钮板、橡胶垫及弹簧卡子等配件，这些部件大部分为塑料件。随着汽车工业的飞速发展，对副仪表板总成件的质量要求也越来越高，PP改性材料以其良好的加工性能、冲击性能以及密度小等优点在汽车副仪表板制造中用量较大。

（2）基本假设。汽车副仪表板总成的整个生命周期过程如图4-16所示。根据研究目的确定研究范围，其重点是原材料，以及产品生产制造、使用和回收处理的全过程。与其他各阶段相比，销售和运输阶段对环境的影响较小，故此处对其忽略不计。因此，把汽车副仪表板总成的整个生命周期过程分为原材料获取、加工制造、使用和回收处理4个阶段。

（3）功能单位。LCA的功能单位确定为单件汽车副仪表板总成的产品质量(kg)。

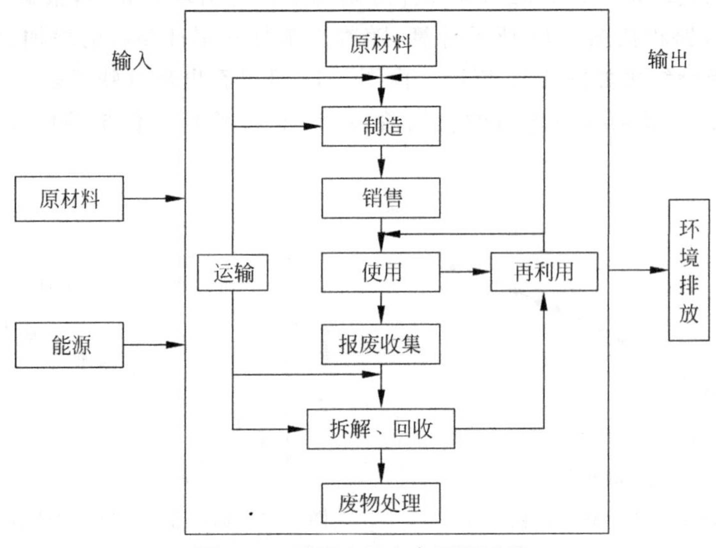

图4-16　副仪表板生命周期过程

2）清单分析

（1）原材料获取阶段。两款汽车副仪表板总成的主要参数如表4-9所示。由于生产的配方保密，因此只列出部分原材料数据。两款车型副仪表板本体总成的主要零部件及其原材料清单见表4-10和表4-11。副仪表板本体总成原材料提取阶段的主要污染物排放和能耗见表4-12。

表4-9 某两款汽车副仪表板总成的主要参数

参　数	A款车型副仪表板本体总成	B款车型副仪表板本体总成
单件副仪表板本体总成质量/kg	2.228	2.562
主要成分	PP＋EPDM	PP＋GF
生产工艺	注塑成形	冲压成形
结构特征	上下本体连接造型	整体造型
汽车寿命/年	15	15
回收方式	回收再成形	回收再成形

注：PP—聚丙烯；EPDM—三元乙丙橡胶；GF—玻璃纤维。

表4-10 A款车型单件副仪表板本体总成所需的原材料

所需材料名称	材料质量/kg	所含主要物质名称	物质质量/kg	备　注
PP＋EPDM－T20	1.805			填充热塑性塑料
		聚丙烯	1.1733	含量比例65%
		乙烯丙烯共聚物	0.1805	含量比例10%
		滑石粉	0.3069	含量比例17%
ABS	0.169			非填充热塑性塑料
		丙烯腈/丁二烯/苯乙烯共聚物	0.1521	含量比例90%
65Mn	0.09			低合金钢
		铁	0.0878	含量比例97.6%
电镀锌	0.035			锌合金
		锌	0.0348	含量比例99.4%
45CrNi	0.002			高合金钢
		铁	0.0019	含量比例96.5%
电镀锌镍	0.002			锌合金
		锌	0.0019	含量比例92.8%
PE	0.016			非填充热塑性塑料
		聚乙烯	0.0160	含量比例100%
45钢	0.001			低合金钢
		铁	0.0010	含量比例98.6%
EPDM	0.004			橡胶
		乙烯丙烯共聚物	0.0018	含量比例45%
		炭黑	0.0010	含量比例25%

注：T—滑石粉；ABS—丙烯腈(A)、丁二烯(B)和苯乙烯(S)的三元共聚物；PE—聚乙烯。

表 4-11 B 款车型单件副仪表板本体总成所需的原材料

所需材料名称	材料质量/kg	所含主要物质名称	物质质量/kg	备 注
PP+GF	2.014			玻璃钢
		聚丙烯	1.4098	含量比例 70%
		玻璃纤维	0.6042	含量比例 30%
ABS	0.465			非填充热塑性塑料
		丙烯腈/丁二烯/苯乙烯共聚物	0.4185	含量比例 90%
70G30HSLR	0.09			填充热塑性塑料
		尼龙	0.0612	含量比例 68%
		玻璃纤维	0.0261	含量比例 29%
电镀锌	0.0008			锌合金
		锌	0.0008	含量比例 99.4%
POM	0.0042			非填充热塑性塑料
		多聚甲醛	0.0041	含量比例 98%
聚氨酯	0.01			非填充热塑性塑料
		二氧化钛	0.0060	含量比例 60%
		聚氨酯	0.0039	含量比例 39%
SWRCH18A	0.0285			低合金钢
		铁	0.0281	含量比例 98.5%
EPDM	0.011			橡胶
		乙烯丙烯共聚物	0.0049	含量比例 45%
		炭黑	0.0027	含量比例 25%

注：ABS—丙烯腈(A)、丁二烯(B)和苯乙烯(S)的三元共聚物；70G30HSLR—尼龙树脂；POM—聚甲醛；SWRCH18A—冷镦钢；EPDM—三元乙丙橡胶。

表 4-12 副仪表板本体总成原材料提取阶段主要污染物排放和能耗

污染物与能耗	PP+EPDM 材料提取阶段		PP+GF 材料提取阶段	
能耗/MJ	322.669		149.927	
污染物/kg	CO_2	2.450	CO_2	1.147
	CO	8.37×10^{-4}	CO	1.76×10^{-4}
	SO_2	3.64×10^{-3}	SO_2	1.18×10^{-4}
	NO	2.77×10^{-11}	NO	6.65×10^{-12}

注：数据来源于 GaBi 4 软件数据库。

(2) 制造阶段。A 款汽车副仪表板本体总成主要是由上下两块副仪表板组成，见表 4-13，其主要材料为 PP 作为基体，混有 EPDM 增韧剂和矿物粉填料。其主体部件的主要生产工艺采用注塑成形，将干燥后的塑料粒子在注塑机中通过螺杆剪切和料桶加热熔融后注入模具中冷却成形。工艺流程为：注塑(仪表板本体等零部件)→焊接(主要零部件)→装配(相关零部件)。而 B 款汽车副仪表板本体总成则是整体冲压造型，所含结构见表4-14，其主要材料为PP作为基体，并混有玻璃纤维(GF)。其工艺制造流程为：将玻璃纤维毡和PP片材叠合后，经加热、加压、浸渍、冷却定型和切断等工序制成GMT片材，然后采用冲压成形工艺，按样板将GMT片料下料，加热到一定温度装模，快速合模加压，经冷却、脱模、切边和修整得到GMT制品。由于汽车副仪表板本体总成零部件数量太多，故考虑主要零部件机加工过程中的耗电量，具体数据见表4-13和表4-14。

表4-13 A型副仪表板本体总成关键零部件加工制造阶段所需能耗

零　件	材　料	质量/kg	数量	能耗/MJ
副仪表板上本体	PP+EPDM-T20	0.583	1	1.024 214
副仪表板下本体	PP+EPDM-T20	1.040	1	1.827 072
副仪表板前挡板	ABS	0.120	1	0.186 408
垫块	PE	0.004	4	0.007 236
杯托总成	ABS/PP+EPDM-T20	0.1	1	0.162 472
储物盒总成	ABS/PP+EPDM-T20	0.138	1	0.223 561

表4-14 B型副仪表板本体总成关键零部件加工制造阶段所需能耗

零　件	材　料	质量/kg	数量	能耗/MJ
副仪表板本体	PP+GF	1.208	1	3.408 521
铰链销	70G30HSLR	0.013	1	0.031 485
扶手箱包覆骨架	ABS	0.225	1	0.349 515
杯托总成	ABS/PP+GF	0.21	1	0.592 441
储物盒	ABS/PP+GF	0.44	1	1.231 492

(3) 使用阶段。副仪表板总成在汽车使用寿命期间一般不会出现中途更换的情况。由于副仪表板总成在使用过程中不产生负面的环境影响，故暂且忽略该阶段的环境影响。

(4) 回收阶段。仪表板因涉及各种材料而成为汽车上较难回收的零部件之一。PP类仪表板的回收再利用，一般采用将废旧PP仪表板粉碎，添加由70%～92%的石蜡聚合物和8%～30%的无机填料组合的混合物，之后加热熔融和捏炼，生产树脂合成物，并将其用作生产新仪表板的基体。单件汽车副仪表板总成粉碎过程消耗电能为0.068kW·h，加热熔融过程消耗电能1.5kW·h。处理好废旧汽车典型塑料零部件对利用再生资源、减少环境污染和改善人类生存环境具有非常重要的意义

3) 评价结果和解释

对两款汽车副仪表板总成进行全生命周期评价后，选取对环境影响较大的几种污染物作为研究对象。表4-15列出了两款副仪表板本体总成污染物排放量，图4-17为两款副仪表板本体总成污染物对比分析数据图。数据显示：A型汽车副仪表板总成比B型产生更多的污染物，其对环境的影响也比B型大。

表 4-15　两款副仪表板总成污染物排放量　kg

主要污染物	A 型副仪表板总成	B 型副仪表板总成
CO_2	80.357 89	38.306 86
CO	1.931 672	0.053 755
CH_4	3.006 13	0.089 875
SO_2	4.535 942	0.343 631
NO_x	6.283 11	0.223 391

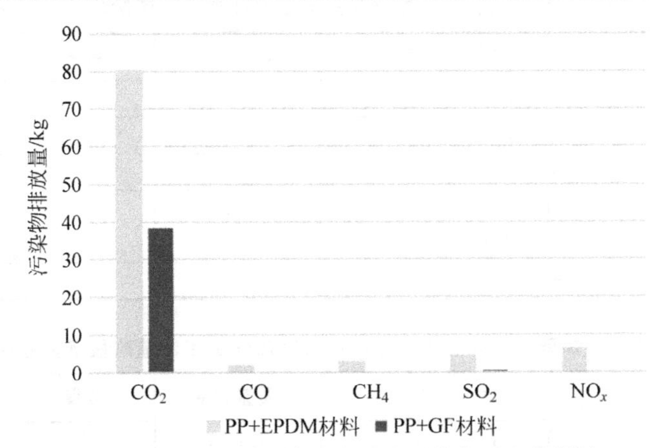

图 4-17　两款汽车副仪表板总成污染物对比数据图

运用 LCA 软件 GaBi 4 对两款汽车副仪表板总成进行生命周期评价，可得到主要材料为改性 PP 的汽车副仪表板总成生命周期阶段对能源与环境的影响评价结果。最终将其全生命周期环境影响按照 CML2001(-Dec. 07，Western Europ(e EU))生命周期影响评价方法进行标准化和加权评估，结果如图 4-18 所示。

由图 4-18 可知，生产汽车副仪表板本体总成过程所产生的环境影响主要为温室效应与环境酸化，而原材料 PP/EPDM 较 PP/GF 对环境造成的影响更为明显。这主要是因为 PP/EPDM 材料的生产主要采用动态硫化的方法，在制备过程中能耗较大并附带产生大量 SO_2 气体。

4) 结论

由 A 型副仪表板本体总成与 B 型结构特征比较可知，对汽车生产制造商而言，可以优化副仪表板总成结构设计，改进注塑模具，将副仪表板上下本体融合，形成整体副仪表板本体，以减少主体材料与连接紧固件的使用量，达到汽车副仪表板设计集安全、绿色、舒适与轻量化于一身的目的。

4.3.2　家电行业的 LCA 案例

1. 洗碗机的生命周期评价[10]

1) 目的与范围确定

(1) 研究对象与目的。目前我国洗碗机的发展还处于起步阶段，国内普及率

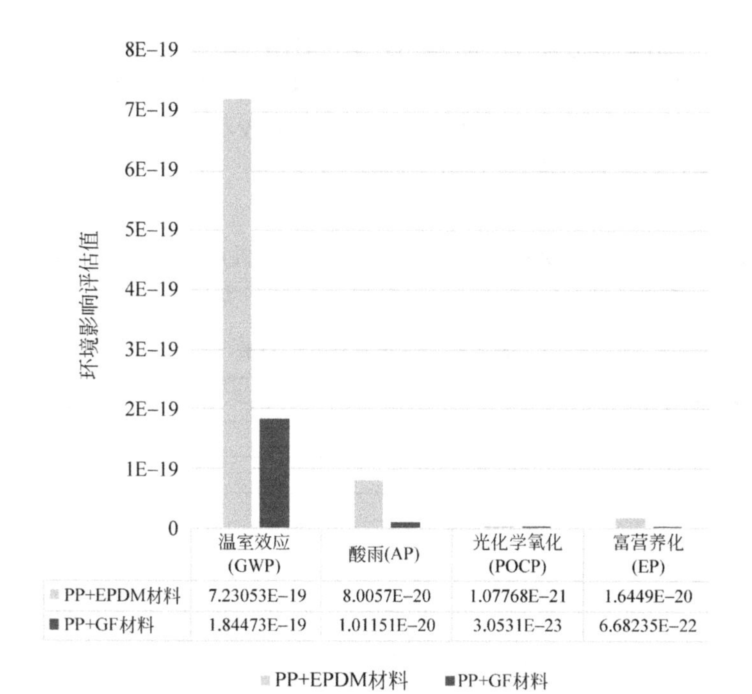

图 4-18　两款汽车副仪表板总成的环境影响对比图

不高，国内各大洗碗机厂商都是以出口为主。而近年来那些主要的出口国却对洗碗机产品的环保要求越来越高，给我国洗碗机产品出口造成越来越大的压力。为帮助国内家电企业摆脱这些绿色壁垒带来的出口压力，选取某款典型洗碗机进行完整的生命周期评价，找出其显著环境影响和最急需的改进点，并实施了绿色设计改进，提高了产品的绿色性能。某集团所生产的 WQP8-9001 是其独立电子式系列中较为典型、产量最大的机型，故选择该机型作为所研究的案例产品。

(2) 基本假设。根据 LCA 需求，确定的洗碗机系统边界如图 4-19 所示，重点评价洗碗机的原材料获取、生产加工、使用维护以及废弃与再利用阶段。洗碗机所有运输和销售阶段的数据难以收集或无可靠数据来源，故暂不予考虑。

(3) 功能单位。洗碗机产品生命周期评价研究中功能单位会有很多，根据生命周期阶段的不同而不同，例如：原材料获取阶段其功能单位是使用各种原材料

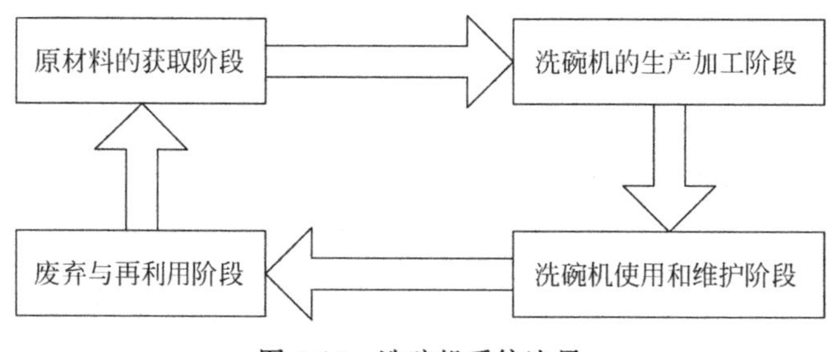

图 4-19　洗碗机系统边界

的质量,单位为 kg;制造阶段功能单位主要是采用消耗的电能多少来计算,单位为 kW·h;使用阶段功能单位主要是采用消耗水和消耗的电能多少来计算,单位为 L 和 kW·h,废弃与再利用阶段功能单位主要是回收材料的质量,单位为 kg,拆卸回收过程所消耗的电能,用单位 kW·h 来计算。

2) 清单分析

(1) 原材料获取阶段数据收集。归纳整理洗碗机产品零部件,按黑色金属、有色金属、包装、塑料等进行材料分类,将零部件质量归类填入表 4-16 中。

表 4-16 洗碗机材料汇总表

材料类型	材料	质量/kg
黑色金属	不锈钢	15.390
	铁	7.257
	钢板	5.800
	冷轧钢板	4.800
有色金属	铜	1.2425
包装	硬纸板	0.123
	EPS	0.648
	纸	0.052
塑料	PA66	0.025
	PP	1.415
	POM	0.2882
	PA	0.035
	ABS	0.450 84
	PVC	0.02
	丁苯橡胶	0.0172
总计		37.563 74

(2) 机械加工阶段。机械加工阶段,公司仅做内胆、横档、底盖、外壳、内门等钣金件的加工,其他零部件均为采购,故仅对这些钣金件的加工过程进行数据收集,如表 4-17 所示。

表 4-17 洗碗机加工制造输入数据

零件名称	输入	
内胆	电	0.4kW·h
	不锈钢	10.34kg
	铁	1.540kg
横档	电	0.45kW·h
	钢板	2.800kg
	冷轧钢板	1.800kg
底盖	电	0.2kW·h
	铁	1.275kg

续表

零件名称	输入	
外壳	电	1.65kW·h
	不锈钢	4kg
	聚丙烯	1.150kg
内门	电	0.3kW·h
	不锈钢	6kg
	丁苯橡胶	0.0172kg

(3) 装配阶段。装配阶段,除装配过程2、装配过程5、装配过程7采用部装,没有上流水线外,其他均在流水线上装配,如表4-18所示。

表4-18 洗碗机装配阶段输入输出表

装配过程	输入		输出	
1	电	0.1317kW·h	装配组件1	16.48kg
	零部件1内胆	11.88kg		
	零部件2横档	4.6kg		
2	电	0kW·h	装配组件2	5.171kg
	零部件3软水器	0.025kg		
	零部件4水杯	0.065kg		
	零部件5电机	5.081kg		
3	电	0.1317kW·h	装配组件3	21.651kg
	装配组件1	16.48kg		
	装配组件2	5.171kg		
4	电	0.1317kW·h	装配组件4	21.939kg
	装配组件23	21.651kg		
	零部件6上下喷壁	0.288kg		
5	电	0kW·h	装配组件5	0.24kg
	零部件7进水阀	0.04kg		
	零部件8呼吸器	0.2kg		
6	电	0.1317kW·h	装配组件6	22.179kg
	装配组件4	22.939kg		
	装配组件5	0.24kg		
7	电	0kW·h	装配组件7	6.596kg
	零部件9内门	6.017kg		
	零部件10电控板	0.351kg		
	零部件11电器线	0.228kg		
8	电	0.1317kW·h	装配组件8	28.775kg
	装配组件6	22.179kg		
	装配组件7	6.596kg		

续表

装配过程	输　　入		输　　出	
9	电	0.1317kW·h	装配组件 9	29.27kg
	装配组件 8	28.775kg		
	零部件 12 左右脚	0.495kg		
10	电	0.1317kW·h	装配组件 10	29.287kg
	装配组件 9	29.27kg		
	零部件 13 垫子	0.017kg		
11	电	0.1317kW·h	装配组件 11	30.562kg
	装配组件 10	29.287kg		
	零部件 14 底盖	1.275kg		
12	电	0.1317kW·h	装配组件 12	32.612kg
	装配组件 11	30.562kg		
	零部件 13 碗盖	2.05kg		
13	电	0.1317kW·h	整机	38.262kg
	装配组件 12	32.612kg		

(4) 使用阶段。该目标产品使用阶段,每次标准循环耗电量为 0.822kW·h,待机能耗 2.45W,关机能耗 0.3W,洗涤时间 160min,耗水量为 13.8L,按相关公开数据库及文献,年平均使用次数为 280 次,使用寿命为 15 年,如表 4-19 所示。

表 4-19　使用阶段输入数据

电	3617.4kW·h
水	57 960L

(5) 回收阶段。回收阶段拆卸均采用手工拆卸,故拆卸能耗视作将零部件表中可回收零部件按材料质量归类,如表 4-20 所示。

表 4-20　回收阶段输入数据　　kg

ABS	0.450	钢	33.247
纸	0.123	PA	0.060
PP/EPDM	2.368	PVC	0.020

3) 环境影响评价

清单数据完成后,使用 LCA 软件对收集到的数据进行分析计算。软件的主要操作步骤有建立生命周期各阶段的模型、各模型的计算。

(1) 各阶段模型的建立。根据各阶段的输入数据,建立相应的过程项,并把输入数据填入其中,以前一过程项中的输出作为下一个过程项的输入,建立模型,相应的 Plan 模型如图 4-20 所示。

(2) 平衡计算。根据建立的模型,单击菜单栏上的项,调用 GaBi 软件自带数

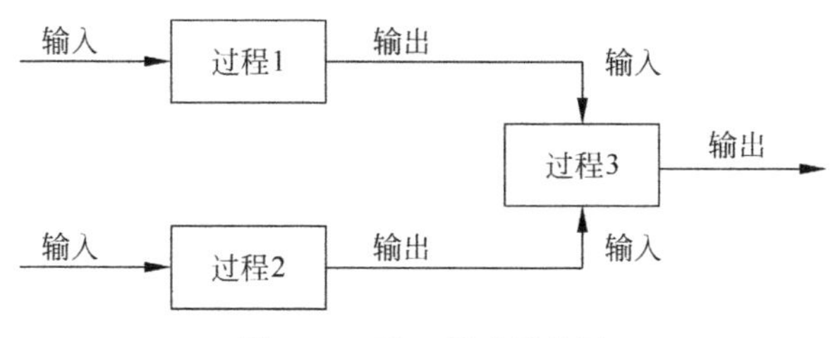

图 4-20　Plan 模型示意图

据库对模型进行统计计算,得出各阶段的清单结果。

选用 CML2001 方法,将环境影响归结到温室气体、酸化潜值、富营养化潜值、水生态毒性潜值、人体潜在毒性、臭氧损耗潜值、臭氧创造潜值、生态毒性潜值等,如表 4-21 所示。

表 4-21　各个阶段的环境影响

显著环境影响名称	原材料获取阶段	装配制造阶段	使用阶段	回收阶段	各阶段合计
温室气体(GWP100years)($kgCO_2e$)	126.311 684 9	4.279 891 16	3700.153 42	26.546 611	3857.292
酸化潜值(kgPhosphatee)	0.525 613 665	0.006 451 71	5.745 964 51	0.033 469 6	6.3115
富营养化潜值(kgDCBe)	0.193 254 124	0.000 588 84	0.538 991 68	0.002 630 0	0.935 465
水生态毒性潜值(kgDCBe)	3.351 308 694	0.003 343 89	2.983 906 88	0.011 172 07	6.339 732
人体潜在毒性(kgDCBe)	29.768 301 16	0.744 869 6	63.933 890 0	19.876 092	113.6528
臭氧损耗潜值(kgR11e)	9.23E−06	4.98E−09	4.25E−05	1.96E−06	5.37E−05
臭氧创造潜值(kgEthenee)	0.022 625 184	0.000 250 50	0.229 042 05	0.004 883 8	0.256 801
生态毒性潜值(kgDCBe)	893.135 459 1	4.575 786 63	2 890.510 22	27.620 144	4815.842

(3) 环境影响加权量化。根据特征化后的结果,取各阶段总的环境影响为 SK 值,如表 4-22 所示。

(4) 显著危害权重分析。危害性准则下的打分结果如表 4-23 所示。

$$\boldsymbol{W}_{1\mathrm{K}} = \frac{\left(\prod_{j=1}^{n} a_{ij}\right)^{\frac{1}{n}}}{\sum_{k=1}^{n}\left(\prod_{j=1}^{n} a_{kj}\right)^{\frac{1}{n}}} \tag{4-9}$$

表 4-22　洗碗机显著环境影响

SK	显著环境影响名称	数值
m_1	温室气体($kgCO_2e$)	3857.292
m_2	酸化潜值(kgPhosphatee)	6.3115
m_3	富营养化潜值(kgDCBe)	0.935 465
m_4	水生态毒性潜值(kgDCBe)	6.339 732
m_5	人体潜在毒性(kgDCBe)	113.6528
m_6	臭氧损耗潜值(kgR11e)	5.37E−05
m_7	臭氧创造潜值(kgEthenee)	0.256 801
m_8	生态毒性潜值(kgDCBe)	4815.842

表 4-23　危害性准则下的打分结果

环境影响	温室气体	酸化潜值	富营养化潜值	水生态毒性潜值	人体潜在毒性	臭氧损耗潜值	臭氧创造潜值	生态毒性潜值
温室气体	1	1/2	1/2	1/7	1/9	1/5	9	1/5
酸化潜值	2	1	1	1/2	1/3	1/2	9	1/2
富营养化潜值	2	1	1	1/2	1/3	1/2	9	1/2
水生态毒性潜值	7	2	2	1	1	2	9	2
人体潜在毒性	9	3	2	1	1	2	9	2
臭氧损耗潜值	5	2	2	1/2	1/2	1	9	1
臭氧创造潜值	1/9	1/9	1/9	1/9	1/9	1/9	1	1/9
生态毒性潜值	5	2	7	1/2	1/2	1	9	1

治理难易准则下的打分结果如表 4-24 所示。

$$\boldsymbol{W}_{2\mathrm{K}}=\frac{\left(\prod_{j=1}^{n} b_{ij}\right)^{\frac{1}{n}}}{\sum_{k=1}^{n}\left(\prod_{j=1}^{n} b_{kj}\right)^{\frac{1}{n}}} \tag{4-10}$$

表 4-24　治理难易准则下的打分结果

环境影响	温室气体	酸化潜值	富营养化潜值	水生态毒性潜值	人体潜在毒性	臭氧损耗潜值	臭氧创造潜值	生态毒性潜值
温室气体	1	5	5	2	2	1/2	1	3
酸化潜值	1/5	1	1	1/2	1/2	1/9	1/5	1/2
富营养化潜值	1/5	1	1	1/2	1/2	1/9	1/5	1/2
水生态毒性潜值	1/2	2	2	1	1/2	1/4	1/2	1
人体潜在毒性	1/2	2	2	2	1	1	2	2
臭氧损耗潜值	2	9	9	4	1	1	2	2
臭氧创造潜值	1	5	5	2	1/2	1/2	1	1/2
生态毒性潜值	1/3	2	2	1	1/2	1/2	2	1

对于危害性准则和治理难易性准则，定义它们之间的权重关系 $\boldsymbol{W}_3=(0.7,0.3)$，并根据上述权重向量 $\boldsymbol{W}_{1K}$、$\boldsymbol{W}_{2K}$，计算得各环境影响类型的综合权重向量。

$$\boldsymbol{W}=\boldsymbol{W}_3\begin{pmatrix}\boldsymbol{W}_{1K}\\ \boldsymbol{W}_{2K}\end{pmatrix} \tag{4-11}$$

最后计算得到各环境影响类型的综合重要指数排序表，如表 4-25 所示。

表 4-25　各环境影响类型的综合重要指数排序表

温室气体	酸化潜值	富营养化潜值	水生态毒性潜值	人体潜在毒性	臭氧损耗潜值	臭氧创造潜值	生态毒性潜值
7.20E+02	3.31E+02	2.37E+01	1.11E+00	4.65E−01	5.42E−02	1.24E−02	9.95E−06

(5) 洗碗机总的环境影响指数：

$$\mathrm{EI}=\sum\boldsymbol{W}_3\times\begin{pmatrix}\boldsymbol{W}_{1K}\\ \boldsymbol{W}_{2K}\end{pmatrix}\mathrm{SK} \tag{4-12}$$

根据上式计算得洗碗机总的环境影响指数 EI=1.08E+03。

4) 讨论与结论

由上述计算结果可知，此款洗碗机对环境造成的影响从大到小依次为：温室气体>酸化潜值>富营养化潜值>水生态毒性潜值>臭氧损耗潜值>臭氧创造潜值>生态毒性潜值。从表 4-25 中还可以看出，前三类环境影响要比后面的五类环境影响大得多，故只需对前三类环境影响进行关注。根据得出的需要优先考虑的环境影响后，设计人员据此可对产品进行再设计，以改善产品的绿色性能。

通过分析可知，洗碗机的环境影响主要为：①温室气体，主要是由于火力发电中化石类燃料的焚烧，排出大量二氧化碳、氮化物等；②生态毒性及人体潜在毒性，主要产生于原材料获取阶段重金属、有机物及无机物等有毒有害物质的排放及火力发电中化石类燃料的焚烧产生的毒害物质排放。

由此可知，此款洗碗机最为显著的环境影响是：生态毒性及人体潜在毒性，主要产生于原材料获取阶段材料及使用阶段电能的消耗；温室气体，主要产生于使用阶段电能的消耗。因此，在产品绿色设计时应优先考虑以下因素：①设计改进的重点是使用阶段的能耗；②在设计过程应提高材料利用率，在保证产品性能的前提下优先使用环境影响低的材料；③应改善产品的拆卸回收性，不仅可有效降低回收阶段的环境影响，还能减少原始矿物原料的使用，从而在改善回收阶段环境影响的同时也改善了原材料获取阶段的环境性能。

2. 家用空调碳排放生命周期评价[11]

1) 目标与范围的确定

选择目前市场上一款主流的分体壁挂式家用空调为研究对象，其具体参数见表 4-26，使用寿命为 10 年。目的是通过分析家用空调全生命周期过程中所涉及的资源、能源利用及碳排放状况，识别出其关键碳排放生命周期阶段和主要影响因素并建立家用空调低碳认证指标体系，为家用空调产品设计人员进行低碳设计提供参考依据。

表 4-26　空调的具体参数

参数名称		数　值	单　位
制冷剂		1100	g
室内机质量		9.5	kg
室外机质量		35	kg
制冷量		3500	W
制热量		4400	W
额定功率	制冷	800	W
	制热	1000	W
外形尺寸（外/内）	宽	810/750	mm
	高	270/540	mm
	深	170/320	mm
使用面积		12～18	m^2

根据 ISO 14041 标准，结合研究目标，确定了研究系统边界主要包括 5 个阶段（图 4-21）：原材料获取阶段、制造阶段、运输阶段、使用阶段和回收阶段。其中，忽略原材料供应商、空调零部件制造企业、空调制造企业相互间的运输过程，也不考虑空调回收过程中的运输过程。其他如场址的建筑、基础设施、制造设备的生产等环节不纳入空调的 LCA 中。

2) 清单分析

(1) 原材料获取阶段。家用空调的原材料清单（表 4-27）是依据家用空调制造企业的物料清单（Bill of material，BOM）及企业对材料损耗率的调研情况综合分析获得的。在清单输入过程中，对于普通家用空调模型，由于钢、铁、铜、铝的使用量占据了所有使用金属材料的 90%以上，而镍、锌等金属的使用量过少，几乎不会对评价结果造成影响，因此金属材料仅将钢、铁、铜、铝列入清单。

表 4-27　原材料清单

类　型	材　料	质量/g
金属	铁	2940
	钢板	6270
	渗碳钢	1320
	硅钢片	102
	热镀钢板	9430
	铝板	3180
	铜线	2390
	铜管	8980

续表

类　型	材　料	质量/g
非金属	HIPS	3824
	PVC	160.45
	PP	2551.2
	PCB	120
	ABS	2670
	EPS	70
	瓦楞纸	3132
	R600a	1100
	橡胶	325
	环氧树脂	1200

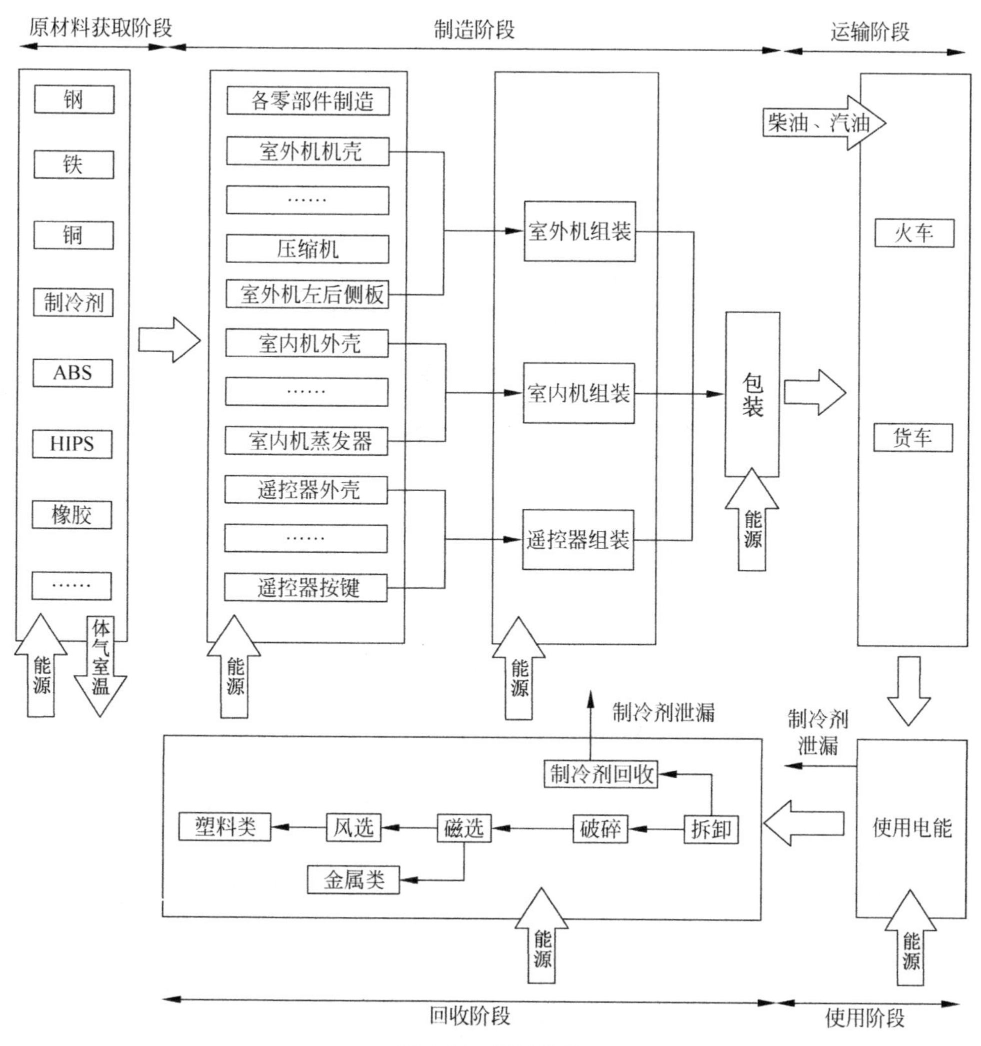

图 4-21　系统边界

(2) 制造阶段。家用空调的基本生产流程如图 4-22 所示。通过分析其生产流程,把空调的制造分为零部件的生产和空调的组装。零部件的生产环节涉及的相关数据较多,针对不同的零部件的制造差异,将生产工艺相似的零部件进行分类,进行统一分析。通过对生产企业的实地考察及相关数据分析,统计出家用空调制造阶段的能耗情况见表 4-28。基于以上收集的数据及工艺分析,可运用 GaBi 6 软件对家用空调的生产过程进行建模,如图 4-23 所示。

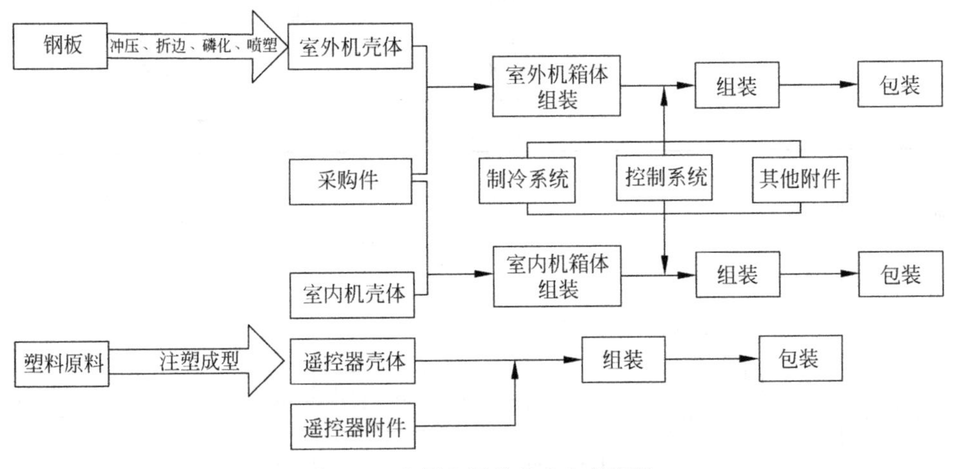

图 4-22　家用空调的基本生产流程

表 4-28　空调制造阶段的能耗

工艺名称	加工部件	材料名称	质量/kg	能耗/(kW·h)
冲压、折边	室外机壳体、室外机隔板等	钢板	16.11	0.72
磷化	室外机壳体等	钢板	6.8	0.35
喷塑	室外机壳体等	钢板	6.8	0.32
注塑成形	室内机壳体及塑料件	HIPS、PP、ABS	9.16	9.71
机加工及焊接	热交换器	铜、铝	8	2.35
装配	空调零部件	—	—	3.91

(3) 运输阶段。假设空调产品使用的是公路运输方式,选取的案例空调在广东省珠海市生产,产品在广州、深圳、东莞等周边城市使用,由谷歌地图可得到珠海到这些城市公路运输的平均距离是 126km,可根据运输距离运用 GaBi 计算出运输碳排放。

(4) 使用阶段。空调在使用阶段会消耗大量电能,同时制冷剂也会发生泄漏,并且使用过程中可能要进行一些维修。由于空调维修具有很大的随机性,难于统计,并且其碳排放影响很小,所以在空调的使用阶段的碳排放影响主要考虑电能的消耗和制冷剂的泄漏。假定空调在夏天制冷 3 个月,在冬天制热 1 个月,并且空调在一般家庭中使用,工作日和双休日每天分别运行 6h 和 8h,一个月按 4 周计算,

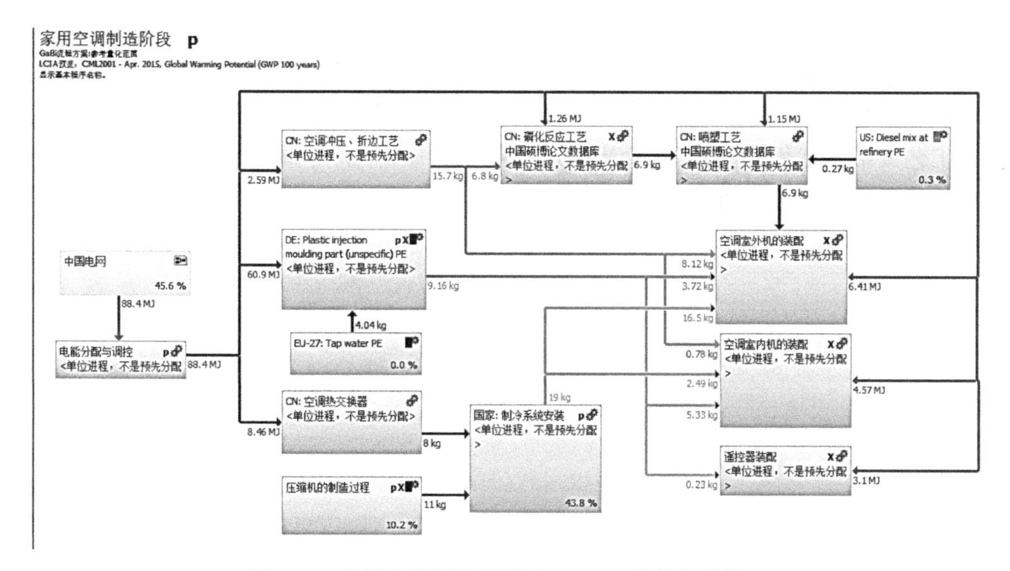

图 4-23　家用空调制造阶段在 GaBi 6 软件中的模型

根据以上假定和空调的技术参数可计算出其使用阶段的耗电量：$650\times[(6\times5+8\times2)\times4]\times10+1050\times[(6\times5+8\times2)\times4\times3]\times10=5520\text{kW}\cdot\text{h}$。

假设空调使用阶段每年制冷剂的泄漏量为 6%(包括制冷剂添加过程、空调运行过程和制冷剂回收过程)。制冷剂泄漏的总量是平均到空调使用的每一年计算得到的。

(5) 回收阶段。回收阶段主要是对废旧空调进行拆解并通过一定的回收策略对拆卸零部件进行材料回收，该阶段的碳排放主要来源于回收设备的耗电及回收废渣的掩埋或焚烧。建立回收阶段 GaBi 模型如图 4-24 所示。

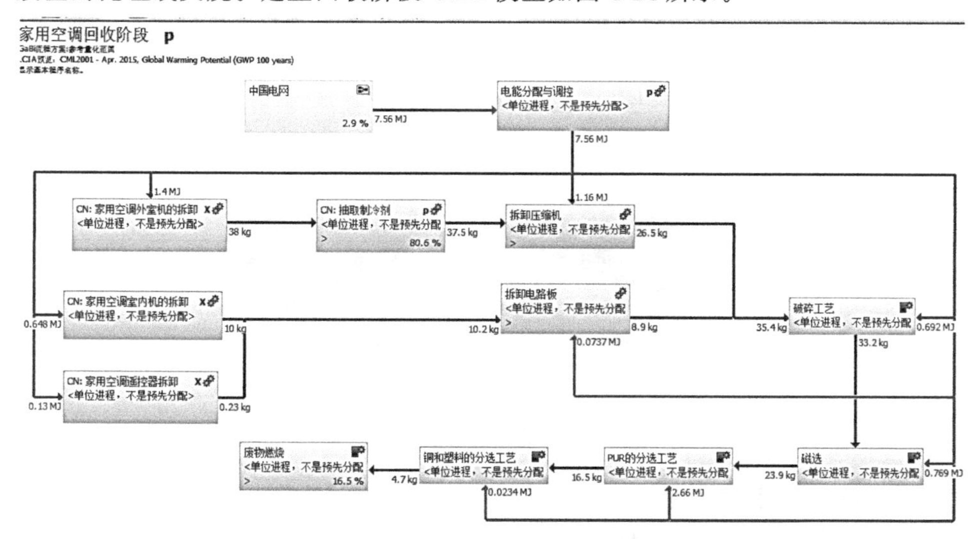

图 4-24　回收阶段 GaBi 生命周期模型

3）影响评价及结果解释

通过上述家用空调碳排放的 LCA，建立了其生命周期各个阶段的 GaBi 模型，再经过平衡计算，得空调不同阶段的碳排放数据。为了有针对性地找到排放较高的工艺或结构部件，列出了生命周期不同阶段的碳排放、空调各种材料碳排放以及制造过程不同工艺碳排放的数据及饼状图，如图 4-25 所示。

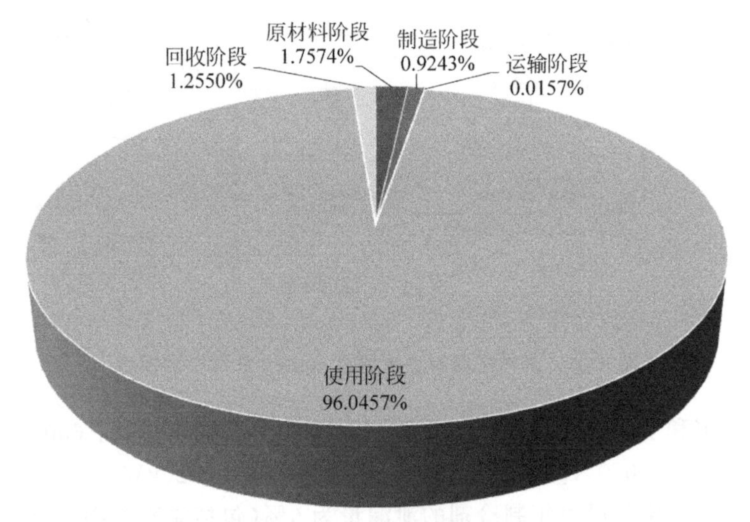

图 4-25　全生命周期碳排放

由分析数据可知：家用空调使用阶段碳排放量最多(96％)，原材料阶段次之，回收阶段最少，其中使用阶段碳排放量 70％以上是电能的消耗所引起的，制冷剂的泄漏也是影响其碳排放的关键因素；原材料阶段由于钢材使用较多，其产生碳排放占该阶段碳排放量的 41.22％；制造阶段主要影响碳排放的因素为设备耗电；回收阶段 80％碳排放量由废物燃烧引起。原材料阶段碳排放分析如图 4-26 所示。

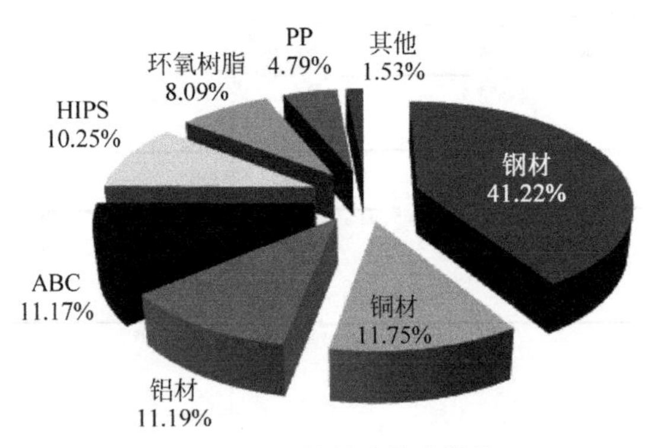

图 4-26　原材料阶段碳排放

4）不确定性及敏感性分析

空调全生命周期的能耗高低和碳排放量受众多因素影响，存在着一定的不确定性。通过对家用空调全生命周期数据质量的不确定性分析，确定各数据参数的概率分布近似为正态分布，并通过 GaBi 6 软件运用蒙特卡罗仿真法将这些数据以概率分布的形式代入碳排放计算模型中进行仿真，模拟执行 5000 次，结果为：全生命周期碳排放总量的均值为 5150kg CO_2e，标准差为 715.85kg CO_2e，概率分布如图 4-27 所示。取置信概率为 95%，家用空调全生命周期的碳排放总量的置信区间为(3760,6463)。此外，再通过软件自动对不确定性参数的变动对目标变量的影响情况进行敏感性分析，其结果见表 4-29。经过不确定性及敏感性分析可知家用空调的关键碳排放因素是使用阶段平均年耗电量、制冷功率、制冷剂的泄漏率、制冷剂的 GWP 值。

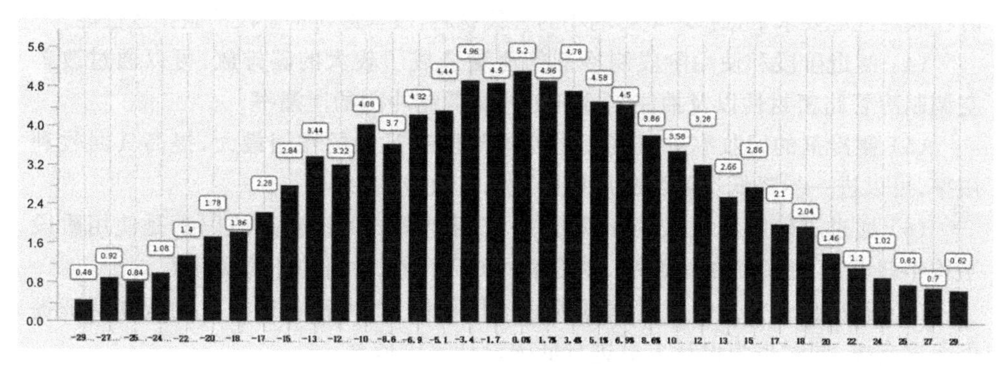

图 4-27　碳排放概率分布

表 4-29　碳排放主要变化因素敏感性分析表

所属类别	碳排放主要变化因素		参考值	自变量变化量/%	碳排放变化量/%
原材料	主要原材料种类	钢	17.122	10	0.072 40
		铝	3.18	10	0.019 80
		铜板	8.98	10	0.017 00
		ABS	2.67	10	0.019 60
能源	制造用电量	用电量波动系数	1	10	0.042 20
	使用用电	平均年制冷时间	552	10	6.160 00
		空调制冷功率	0.65	10	6.160 00
	回收用电量	用电量波动系数	1	10	0.00 360
制冷系统	制冷剂	制冷剂 GWP 值	2088	10	0.263
		制冷剂用量	0.5	10	0.263
		制冷剂泄漏率	6	10	0.121

通过以上分析找出了影响空调碳排放的主要因素，但这只能用于指导设计人员对空调进行低碳设计，对于整个行业乃至国家而言，如何评判某款空调产品是否低碳尚需深入研究，这需要建立一套普适性的空调低碳认证指标体系。

5）结论

由分析结果可知：

(1) 家用空调在其使用阶段碳排放最多(96.07%),原材料阶段次之,运输阶段最少。

(2) 家用空调的碳足迹主要集中在使用阶段,其中主要贡献因素为耗电量,可以通过使用清洁能源发电和提高能源利用率来减少用电产生的碳足迹。此外,消费者对空调的使用行为及维护行为严重影响着用户的用电量,可进一步研究空调的使用行为及维护行为,规范行为,减少电能的用量。

(3) 原材料阶段的碳排放量虽然占全生命周期排放量比重较少,但还有降低空间。原材料中铜、钢的使用量较大,环境影响占原材料阶段比重大,可以在产品设计时在满足性能要求下选择环境影响小的替代材料,改善原材料阶段的碳排放性能。

(4) 制造阶段和使用阶段制冷剂的泄漏造成了较大的碳排放,可以通过改善空调制冷管路密封性以及抽注制冷剂工艺降低制冷剂的泄漏率。

(5) 制冷剂的回收率对减缓废物处理阶段碳足迹的作用最大,提高其回收利用率,可以进一步降低空调生命周期中对温室效应的影响。

(6) 通过不确定与敏感性分析可知,家用空调的关键碳排放因素是使用阶段平均年耗电量、制冷剂的泄漏率、制冷剂的GWP值、材料的环境属性等。

(7) 通过建立普适性的空调低碳认证指标体系,为行业进行空调低碳认证提供数据支撑,同时也为设计人员进行低碳设计提供依据。

4.3.3 其他行业案例——电缆的生命周期评价

某试点电线电缆企业拟降低碳排放量35%,以此作为环保指标,其他环境因素如酸化影响、臭氧消耗、光化学污染等作为辅助参考,并以CO_2作为计算当量因子,选取铜芯交联聚乙烯电缆为改进对象。选择某型号的电缆作为研究对象,具体结构示意如图4-28所示。

按照绿色设计方法,首先考虑该型号电缆的自身特性,主要结构为铜芯导体、交联聚乙烯绝缘层、聚乙烯护套。其中,铜芯制造全过程碳排放量为8627kg,交联聚

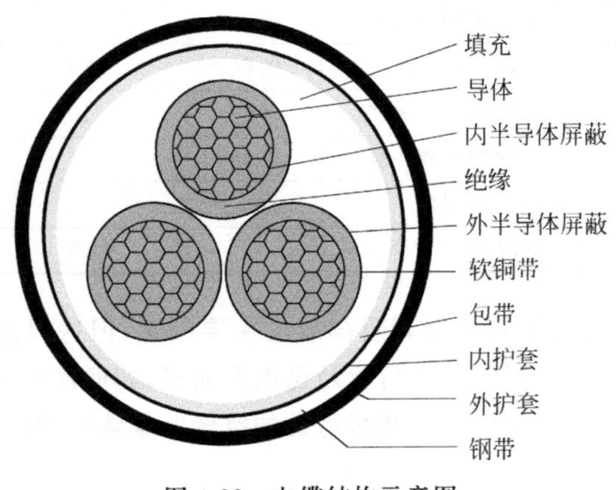

图4-28　电缆结构示意图

乙烯制造全过程碳排放量为3824.5kg,聚乙烯制造全过程碳排放量为1706.5kg。由于电线电缆的截面尺寸是有国家标准的,因此不能采用减少原材料使用量的途径,只能采用原材料替代的方法。

目前,电线电缆常用的导体线芯材料有铜芯、铝芯、贵金属银及合金材料,考虑成本和电阻率,最后选择与原铜芯电缆具有相近载流量的铝芯作为导体(截面积 $3\times120mm^2$),比铜芯电缆截面积大2个规格,符合实际生产情况,如表4-30所示。

表4-30 铜、铝线芯相同截面积载流量

截面积/mm^2	电缆载流量/A	
	铜芯	铝芯
3×50	205	160
3×70	255	195
3×95	310	235
3×120	350	270
3×150	400	310
3×185	455	355
3×240	530	415

选择乙丙橡胶绝缘层作为代替方案,各性能参数与原型号交联聚乙烯参数相近。碳排放及其他环境影响参数如表4-31所示。

表4-31 2种方案环境污染排放参数

项　　目	方案1			方案2		
	铜芯	交联聚乙烯	聚乙烯	铝芯	乙丙橡胶	聚乙烯
碳排放/($kgCO_2e$)	8627	3824.5	1706.5	1372.8	2610.1	2186.5
酸化物质排放/($kgSO_2e$)	116	9.3	21.8	15.9	5.4	27.9
臭氧消耗排放/($10^{-3}kgR11e$)	0.4	0.1	0.3	0.9	0.05	0.4
光化学污染排放/($kgNO_xe$)	2.5	4.9	10.5	2.7	3.2	13.5

由表4-31可以看出,与碳排放相比,酸化物质、臭氧消耗和光化学污染的排放量很小,而且国家目前关注更多的是减少碳排放,因此选取碳排放作为主要评价标准,方案2比方案1碳排放量降低了56.4%,决定采纳方案2。

由于确定采用铝芯导体,考虑用实心代替绞合制成线芯,省去了拉线、绞线等工序,省工、省料,导体外径最小,与绝缘层的结合较好。另外,从实际调研情况来看,绝缘层和护套的挤出工序中存在原材料的严重浪费,这是因为原材料以颗粒形式被吸入挤出设备中,而存放原材料颗粒的容器(铁桶)是开放式的,吸管也是直接插入容器中,员工在加料过程中很容易散落原料颗粒,设备停后取出吸管时,残留在吸管内的原料颗粒也容易滑落吸管外。

考虑将容器入口处做成漏斗状,扩大入口面积;在容器底部将吸管和容器做成可拆式连接，设备停时可以不用将吸管取出，这 2 种做法都可以减少原料颗粒的外泄，降低投入产出比。此外，绝缘层和护套层挤出时会有少量废气（H_2S、HCl、Cl_2）排出，因此可以加装通风装置，将废气收集统一处理。碳排放参数如表 4-32 所示。

表 4-32　2 种工艺方案的碳排放量　　$kgCO_2e$

方案 1		方案 2	
绞合线芯	转化率 87%时材料浪费对应的碳排放	实心线芯	转化率 96%时材料浪费对应的碳排放
6606.7	701.3	5468.6	195.5

由表 4-32 可知，方案 1 碳排放量合计 7308kg，方案 2 碳排放量合计 5664.1kg，改进后的方案 2 比方案 1 碳排放量降低了 22.5%，采纳方案 2。

企业通过产品和工艺流程的改进后，对新产品和原产品的碳排放量进行比较，如表 4-33 所示。由表 4-33 可知，碳排放量减少了 45.67%。

表 4-33　新、旧产品的碳排放量　　$kgCO_2e$

项　　目	铝芯＋乙丙橡胶＋聚乙烯	铜芯＋交联聚乙烯＋聚乙烯
导体	1372.8	8627.0
绝缘层	2506.7	3824.5
护套	2186.5	1706.5
制造过程	5468.6	6606.7
转化率	195.5	826.3
总计	11 730.1	21 591.0

4.3.4　碳排放 LCA 案例

1. 目的与范围确定

本案例主要研究液压机滑块组焊件制造过程温室气体（greenhouse gas，GHG）排放，不限定于 CO_2 的排放，各种 GHG 的排放例如炼钢、发电过程的排放的氮氧化合物也纳入计算分析过程。GHG 排放以 100 年时间范围全球变暖潜能值（GWP）为标准，可将各种 GHG 以千克二氧化碳当量（$kgCO_2e$）的形式转化为同等质量的 CO_2。

研究对象为中国华东地区（安徽合肥）某企业液压机滑块组焊件制造过程的 GHG 排放。解算主要考虑液压机滑块制造过程中零部件原材料获取、制造及焊接过程，对于运输、存储等辅助阶段不予考虑。此外，滑块制造过程如铣平面、刮研平面等及辅助加工过程也不予考虑。液压机滑块组焊件制造过程 GHG 排放系统边界如图 4-29 所示。

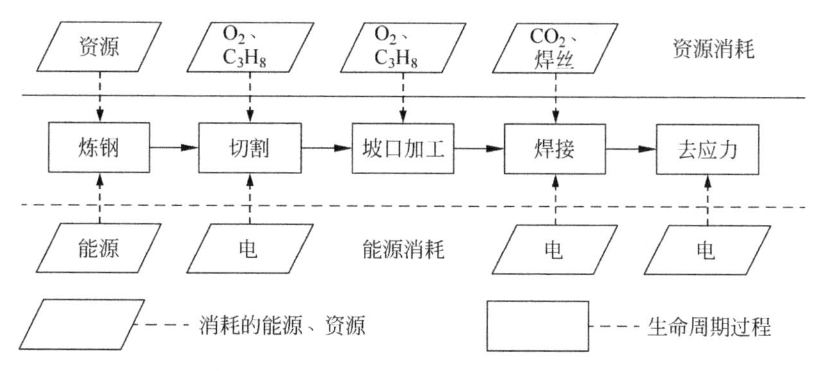

图 4-29　主要系统边界

2. 清单分析

(1) 基础数据。液压机滑块为钢制组焊件，其主要材料为钢板、铸钢以及钢筋等材料。制造钢材的 GHG 排放当量从 GaBi 数据库中获取，中国钢材生产的 GHG 排放当量如表 4-34 所示。

表 4-34　中国钢材的 GHG 排放当量　　$kgCO_2e/kg$

钢板的 GHG 排放当量	钢筋 GHG 排放当量	钢丝的 GHG 排放当量
0.93	1.03	1.13

液压机滑块整个制造过程所需能源均采用电能，根据中国国家统计局统计数据，中国电网 GHG 排放当量如表 4-35 所示。考虑生产地(安徽合肥)所处地区为中国华东地区，此处采用华东电网的数据进行 GHG 排放解算。

表 4-35　中国电网的 GHG 排放当量　　$kgCO_2e/(kW \cdot h)$

华东电网	南方电网	华北电网	东北电网	华中电网	西北电网
0.8244	0.9344	1.0021	1.0935	0.9944	0.5398

板材和焊接坡口的切割均采用气割的方式进行加工，加工过程所消耗的原料除钢板外还需燃料丙烷(C_3H_8)与氧气(O_2)。中国地区的 C_3H_8 与 O_2 生产制造过程的 GHG 排放量暂时无法获取，从 GaBi 数据库中使用德国的数据进行替代，如表 4-36 所示。

表 4-36　切割所需 C_3H_8 与 O_2 的 GHG 排放当量　　$kgCO_2e/kg$

O_2 制造的 GHG 排放当量(德国数据)	C_3H_8 制造的 GHG 排放当量(德国数据)
0.93	1.03

焊接主要采用二氧化碳气体保护焊(CO_2 焊)的方式进行加工。加工过程所消耗的原料除毛坯钢板外还需焊丝(H08Mn2Si，低碳合金钢)和 CO_2。中国地区的

CO_2 生产制造过程的 GHG 排放量暂时无法获取，从 GaBi 数据库中使用德国的数据进行替代。焊丝的制造方法与设备目前市场上有很多种，其工艺路线各不相同，同时焊丝镀铜技术包含化学法和电镀法，难以确定焊丝制造厂家的制造过程的 GHG 排放。考虑焊丝所需铜的质量很小(小于焊丝总质量的 1%)，此处不考虑铜的 GHG 排放。假设生产过程采用目前中国主流的整体生产线的方式进行焊丝生产，制造焊丝的 GHG 排放主要由焊丝原料和制造过程所消耗的电力两部分组成。考察市面上的主流焊丝加工制造设备，计算得到生产每千克焊丝所需用电量为 0.065kW·h。焊丝原料的 GHG 排放可采用表 4-37 中国钢丝的数据进行计算，故焊接过程的原材料焊丝与 CO_2 的 GHG 排放当量如表 4-38 所示。

表 4-37　各种 GHG 的全球变暖潜能值(GWP)

名　　称	化学式	GWP(100 年时间范围)	CAS 编号
二氧化碳	CO_2	1	124-38-9
甲烷	CH_4	21	74-82-8
一氧化二氮	N_2O	310	10024-97-2
HFC-23	CHF_3	11 700	75-46-7
HFC-32	CH_2F_2	650	75-10-5
HFC-41	CH_3F	150	593-53-3
HFC-43-10mee	$C_2H_2F_{10}$	1300	138495-42-8
HFC-125	C_2HF_5	2800	354-33-6
HFC-134	$C_2H_2F_4$	1000	811-97-2
HFC-134a	CH_2FCF_3	1300	811-97-2(a)
HFC-152a	$C_2H_4F_2$	140	75-37-6
HFC-143	$C_2H_3F_3$	300	430-66-0
HFC-143a	$C_2H_3F_3$	3800	420-46-2
HFC-227ea	C_3HF_7	2900	431-89-0
HFC-236fa	$C_3H_2F_6$	6300	690-39-1
HFC-245ca	$C_3H_3F_5$	560	1814-88-6
六氟化硫	SF_6	23 900	2551-62-4
全氟甲烷	CF_4	6500	75-73-0
全氟乙烷	C_2F_6	9200	76-16-4
全氟丙烷	C_3F_8	7000	76-19-7
全氟丁烷	C_4F_{10}	7000	355-25-9
八氟环丁烷	$c\text{-}C_4F_8$	8700	115-25-3
全氟戊烷	C_5F_{12}	7500	678-26-2
全氟己烷	C_6F_{14}	7400	355-42-0

注：资料来源于 UNFCCC、IPCC 二次评估报告(SAR)。

表 4-38　焊接所需焊丝及 CO_2 的 GHG 排放当量　　kgCO_2e/kg

焊丝制造的 GHG 排放当量	制造 CO_2 的 GHG 排放当量(德国数据)
1.190	0.498

滑块制造过程使用了大量的气体(C_3H_8、O_2 与 CO_2)。在数据整理过程中,气体的消耗量一般均以体积、压力的方式给出,而气体密度与压力、温度密切相关,不同条件下的气体密度有较大差异,故有必要计算气体在工作条件下的密度。根据气体状态方程 $P\times V=n\times R\times T$ 得知,在体积一定的条件下,气体密度与压力成正比,与温度成反比。一般气体给定的数据标准状态下密度如表 4-39 所示。

表 4-39　气体标准状态下的密度　　kg/m³

CO_2	O_2	C_3H_8
1.936	1.429	2.005

考虑气温差异对气体密度的影响,以生产地所处地区(安徽合肥)的年平均气温 15.7℃计算气体的温度。气体实际密度计算方式如下所示:

$$\rho_P=\rho_S\times\frac{P}{0.101\,325}\times\frac{273.15}{15.7+213.5}=9.3328\times\rho_S\times P \tag{4-13}$$

式中:ρ_P——气温 15.7℃,压力 P 下气体的密度(kg/m³);

P——气体压力(MPa);

ρ_S——标准状态下气体密度(kg/m³)。

(2) 原材料获取阶段。对某型滑块进行碳排放计算。图 4-30 为该滑块的一个零部件 1301-9。对其碳排放的计算进行说明。

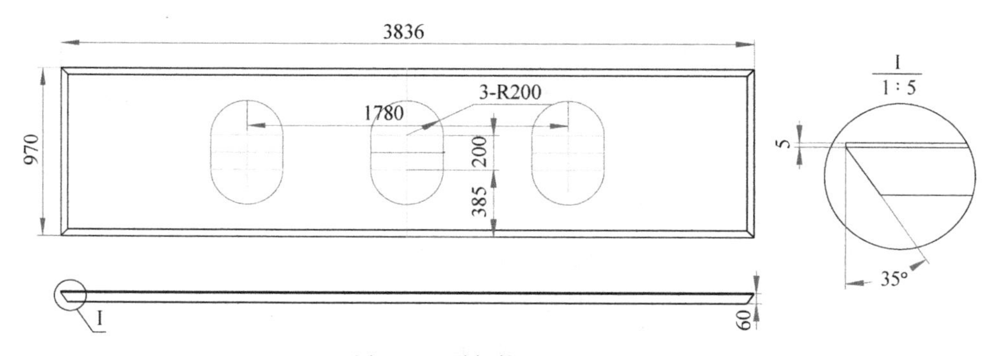

图 4-30　零部件 1301-9 图纸

根据零部件 1301-9 的板厚 60mm,查表 4-40 得割口宽为 3.4mm。根据图 4-30 的尺寸,结合式(4-14)、式(4-15),零部件 1301-9 耗费的钢板如表 4-41 所示。

切割时烧成渣的钢板质量可由式(4-14)进行计算:

$$m_{\text{cut}}=L\times\delta\times W\times\rho \tag{4-14}$$

表 4-40　$C_3H_8+O_2$ 切割参数

割嘴型号	切割厚度/mm	割口宽/mm	O_2 压力/MPa	O_2 流量/(L/min)	C_3H_8 压力/MPa	C_3H_8 流量/(L/min)
1	5≤δ<10	1	0.2	14.2～33	0.03	1.4～4.7
2	10≤δ<20	1.5	0.25	26～70	0.03	2.4～7.1
3	20≤δ<40	2	0.3	51.9～75.8	0.03	2.8～8.5
4	40≤δ<60	2.3	0.4	51.9～89.6	0.04	3.8～9.4
5	60≤δ<100	3.4	0.5	89.6～142	0.04	4.3～10.4
6	100≤δ<150	4	0.6	127～170	0.04	4.7～11.8
7	150≤δ<180	4.5	0.7	123～236	0.04	4.7～14.2

注：气体体积为当前压力下的体积。统计得到的气体流量在使用时存在一定的波动，为便于计算，本书均采用表中波动范围的中间值进行计算。

式中：m_{cut}——切割时烧成渣的钢板质量(kg)；

L——切割板材的总切割周长(m)，可由设计信息计算得到；

δ——板材厚度(m)，可由设计信息计算得到；

W——割口宽(mm)，通过板材厚度查表 4-41 获得；

ρ——钢板的密度，$\rho=7.85\times10^3\text{kg/m}^3$。

板材切割时钢板的耗用计算如式(4-15)所示：

$$m_{steel}=\frac{m_{design}+m_{cut}}{1-k_{use}} \tag{4-15}$$

式中：m_{steel}——零部件耗费钢板质量(kg)；

m_{design}——切割后零部件钢板质量(kg)，可通过设计计算或称重获得；

k_{use}——整块板材切割后残料的比例，其值为 18%。

表 4-41　零部件 1301-9 消耗钢板的质量　　kg

设计钢板质量	切割成渣钢板质量	耗费钢板质量
1752.55	15.39	2156.03

注：切割工艺焊孔烧成渣的钢的质量不算进切割成渣钢板质量。

故制造零部件 1301-9 所需钢材的 GHG 排放量为 $2156\times0.93=2005\text{kgCO}_2\text{e}$。同理计算得到该滑块所有零部件原材料获取阶段的 GHG 排放量如表 4-42 所示。

表 4-42　滑块板材获取阶段 GHG 排放量

零部件序号	零部件数量	单个零部件 GHG 排放量/($kgCO_2e$)	总 GHG 排放量/($kgCO_2e$)	备　　注
1301-1	1	15 812.16	15 812.16	
1301-2	2	20.76	41.52	
1301-3	2	70.47	140.94	

续表

零部件序号	零部件数量	单个零部件 GHG 排放量/($kgCO_2e$)	总 GHG 排放量/($kgCO_2e$)	备　注
1301-4	1	5563.72	5563.72	
1301-5	4	197.84	791.36	
1301-6	4	292.52	1170.07	
1301-7	4	117.80	471.18	
1301-8	4	207.54	830.17	
1301-9	2	2005.11	4010.22	
1301-10	8	261.81	2094.48	
1301-11	4	133.97	535.88	
1301-12	4	160.58	642.33	
1301-13	4	502.88	2011.51	
1301-14	4	175.19	700.77	
1301-15	1	12 180.31	12 180.31	铸钢件,用中国钢板的 GHG 排放当量进行计算,无需切割,不产生残料
1301-16	12	43.73	524.77	
1301-17	2	2106.34	4212.67	
1301-18	4	103.42	413.70	
1301-19	1	43.60	43.60	挡油条,采用中国钢筋 GHG 排放当量进行计算,无需切割和加工坡口。总长 26 821.81mm
总计			54 865.09	

(3) 零部件制造阶段。

① 零部件板材切割阶段。根据公式,结合零部件周长,切割耗时为

$$T_{cut}=\left(\frac{60-20}{10}\times 22.5+90\right)\times 12.696\,954=2285.45172(s) \tag{4-16}$$

查表 4-39,经式(4-13)换算得到 O_2 和 C_3H_8 实际密度如表 4-43 所示,计算得到零部件 1301-9 板材切割阶段 GHG 排放量如表 4-44 所示,滑块所有零部件板材切割阶段的 GHG 排放量如表 4-45 所示。

表 4-43　切割零部件 1301-9 时 O_2 和 C_3H_8 实际密度　　kg/m^3

O_2 密度	C_3H_8 密度
6.67	0.75

表 4-44　零部件 1301-9 板材切割阶段 GHG 排放量　　$kgCO_2e$

生产电力	生产 C_3H_8	生产 O_2	燃烧生成 CO_2	总排放量
1.134	0.22	27.35	0.63	29.19

表 4-45　滑块板材切割阶段 GHG 排放量

零部件序号	零部件数量	单个零部件 GHG 排放量/($kgCO_2e$)	总 GHG 排放量/($kgCO_2e$)	备　　注
1301-1	1	438.17	438.17	
1301-2	2	4.77	9.53	
1301-3	2	10.28	20.55	
1301-4	1	66.67	66.67	
1301-5	4	7.62	30.46	
1301-6	4	9.79	39.18	
1301-7	4	5.47	21.87	
1301-8	4	6.26	25.03	
1301-9	2	29.19	58.39	
1301-10	8	6.74	53.89	
1301-11	4	5.61	22.44	
1301-12	4	5.84	23.38	
1301-13	4	8.86	35.44	
1301-14	4	5.97	23.89	
1301-15	1	0.00	0.00	
1301-16	12	2.75	32.97	铸钢件,其碳排放量直接用中国钢板的 GHG 排放当量替代进行计算,无需切割,无焊渣及浪费
1301-17	2	36.65	73.31	
1301-18	4	6.54	26.14	
1301-19	1	0.00	0.00	
总计			1001.32	

② 坡口加工阶段。零部件 1301-9 的坡口均为单边坡口,注意工艺孔切割下的板在最后需要补焊到零部件上,即工艺孔部分两边都需要打单边坡口。零部件 1301-9 坡口加工的数据如表 4-46 所示。

表 4-46　零部件 1301-9 坡口加工相关数据

坡口类型	坡口长度/mm	坡口厚度/mm	O_2 密度/(kg/m^3)	C_3H_8 密度/(kg/m^3)	切割耗时/s
单边坡口	10 005.91	67.14	6.67	0.75	3094.37

零部件 1301-9 坡口加工阶段 GHG 排放量如表 4-47 所示。

表 4-47　零部件 1301-9 坡口加工阶段 GHG 排放量　　$kgCO_2e$

耗费 C_3H_8	耗费 O_2	燃烧生成的 CO_2	总排放量
37.04	0.29	0.85	38.18

同理计算得到该滑块所有零部件坡口加工阶段的GHG排放量如表4-48所示。

表4-48 滑块坡口加工阶段GHG排放量

零部件序号	零部件数量	单个零部件GHG排放量/($kgCO_2e$)	总GHG排放量/($kgCO_2e$)	备　　注
1301-1	1	2.68	2.68	
1301-2	2	0.34	0.69	
1301-3	2	1.19	2.39	
1301-4	1	2.68	2.68	
1301-5	4	2.27	9.10	
1301-6	4	0.00	0.00	无坡口
1301-7	4	3.18	12.72	
1301-8	4	3.76	15.03	
1301-9	2	38.18	76.36	
1301-10	8	7.39	59.09	
1301-11	4	6.15	24.60	
1301-12	4	3.96	15.85	
1301-13	4	7.30	29.21	
1301-14	4	4.36	17.43	
1301-15	1	148.19	148.19	
1301-16	12	1.09	13.06	
1301-17	2	52.00	104.00	
1301-18	4	2.30	9.19	
1301-19	1	0.00	0.00	挡油条,无坡口
总计			542.27	

③ 板材焊接阶段。零部件1301-9包含单边V形坡口T形接头焊缝和双边V形坡口T形接头焊缝两种焊缝,其截面面积及长度如表4-49所示。

表4-49 零部件1301-9板材焊接截面面积及长度

项　　目	单边V形坡口T形接头焊缝	双边V形坡口T形接头焊缝
截面面积/mm^2	1499.1	2558.17
长度/mm	9612.00	3084.95
体积/mm^3	14 409 388.54	7 891 827.00
理论质量/kg	113.11	61.95
焊丝实际用量/kg	115.422	63.22

焊接时间=225×(115.422 142 9+63.215 144 83)=45 552.508 36(s),计算得到零部件1301-9板材焊接阶段其余参数如表4-50所示。

表4-50 零部件1301-9板材焊接阶段相关参数

电流/A	电压/V	CO_2密度/(kg/m^3)	CO_2流量/(L/min)
400	31.5	11.74	23.5

最终零部件1301-9板材焊接阶段GHG排放量如表4-51所示。

表4-51　零部件1301-9板材焊接阶段GHG排放量　　$kgCO_2e$

生产焊丝	生产CO_2	直接排放的CO_2	生产电力	总排放量
126.82	26.83	53.88	121.66	329.19

同理计算得到该滑块所有零部件焊接阶段的GHG排放量如表4-52所示。

表4-52　滑块板材焊接阶段GHG排放量

零部件序号	零部件数量	单个零部件GHG排放量/($kgCO_2e$)	总GHG排放量/($kgCO_2e$)	备　注
1301-1	1	23.63	23.63	
1301-2	2	2.73	5.46	
1301-3	2	9.89	19.77	
1301-4	1	22.77	22.77	
1301-5	4	12.20	48.78	
1301-6	4	0.00	0.00	无焊接
1301-7	4	1049.19	4196.77	
1301-8	4	34.29	137.16	
1301-9	2	329.19	658.37	
1301-10	8	97.75	782.03	
1301-11	4	97.75	391.02	
1301-12	4	62.98	251.92	
1301-13	4	116.06	464.25	
1301-14	4	19.84	79.36	
1301-15	1	987.09	987.09	
1301-16	12	4.96	59.48	
1301-17	2	406.19	812.39	
1301-18	4	10.46	41.85	
1301-19	1	23.99	23.99	
总计			9006.09	

④ 去应力阶段。通过读取设计信息和相关计算结果，零部件1301-9实际使用的钢材及焊料的质量如表4-53所示。

表4-53　零部件1301-9实际使用的钢材及焊料的质量　　kg

钢材	焊料
1573	162.05

同理该滑块所有零部件实际使用的钢材及焊料的质量如表 4-54 所示。

表 4-54　零部件 1301-9 实际使用的钢材及焊料的质量　　kg

零部件序号	零部件数量	耗用钢材质量	耗用焊丝质量
1301-1	1	13 759.47	9.43
1301-2	2	29.86	4.46
1301-3	2	104.02	16.15
1301-4	1	4850.92	9.43
1301-5	4	645.64	43.10
1301-6	4	996.00	0.00
1301-7	4	361.28	58.74
1301-8	4	669.88	68.03
1301-9	2	3146.00	330.71
1301-10	8	1600.48	323.98
1301-11	4	370.64	161.99
1301-12	4	493.92	104.36
1301-13	4	1643.16	192.33
1301-14	4	555.80	70.12
1301-15	1	12 479.43	750.16
1301-16	12	405.72	52.55
1301-17	2	3441.90	448.19
1301-18	4	322.56	36.97
1301-19	1	43.60	11.74
总计		45 920.28	2692.44

根据计算得到该型滑块去应力阶段能耗及 GHG 排放量如表 4-55 所示。

表 4-55　滑块去应力阶段能耗及 GHG 排放量

退火去应力能耗/(kW·h)	退火去应力 GHG 排放量/($kgCO_2e$)	振动时效去应力能耗/(kW·h)	振动时效去应力 GHG 排放量/($kgCO_2e$)
4370.30	3602.87	72.84	60.05

⑤ 滑块组焊件制造过程 GHG 排放量。最终该型滑块组焊件制造过程 GHG 排放量参见表 4-56 及图 4-31 与图 4-32。

表 4-56　滑块组焊件制造过程 GHG 排放量　　$kgCO_2e$

采用退火去应力的滑块制造过程 GHG 排放量	采用振动时效去应力的滑块制造过程 GHG 排放量
66 343.93	62 801.10

3. 结果解释及改进意见

(1) 原材料钢材的使用是滑块组焊件制造过程 GHG 排放最大的贡献因素，达

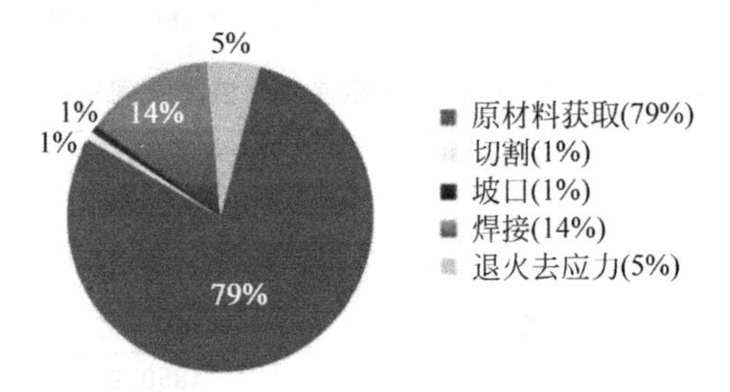

图 4-31　退火去应力的滑块制造过程 GHG 排放量

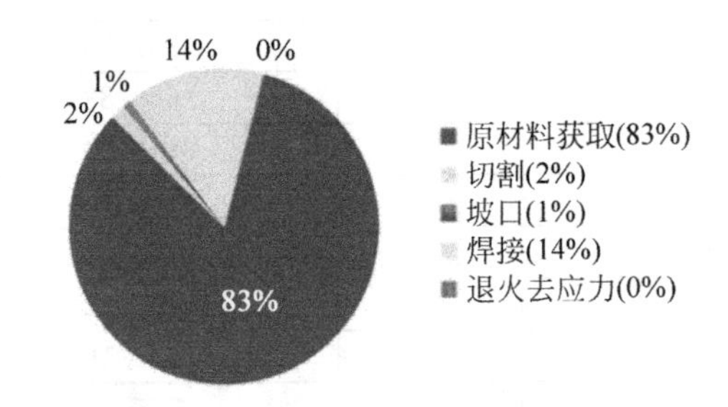

图 4-32　振动时效去应力的滑块制造过程 GHG 排放量

到 80%左右。故采取轻量化设计减少钢材的消耗是减少滑块组焊件制造过程 GHG 排放的关键。

(2) 焊接是滑块组焊件制造过程 GHG 排放第二大的贡献因素，焊丝的制造、焊接过程 CO_2 的使用、电力的消耗均导致该阶段 GHG 的排放。坡口的形状是影响焊丝消耗的最关键因素。双边坡口不仅焊接效果要优于单边坡口，且通过几何推理，相同板厚的情况下，双边坡口焊料的消耗为单边坡口的一半左右。坡口面积越大，消耗焊料越多，同时导致焊接时间的增加，加大了焊接过程 CO_2 的使用及电力的消耗，应尽可能使用双边坡口。此外，有时使用双边坡口需要开焊接工艺孔等方式才能进行，这样增大了焊接工艺孔的切割和补焊的消耗，故仍需综合考虑确定各钢板间焊接坡口类型。另外，在经济、技术条件允许的情况下，也可采用惰性气体(如氩气)保护焊等方式减少焊接过程中直接的 CO_2 排放。

(3) 振动时效较退火在 GHG 排放方面有着极大的优势。尽管退火在去应力方面较振动时效效果更好，但如振动时效可以满足设计要求且非客户要求必须采用退火的方式去应力，去应力阶段应尽可能选用振动时效的方式进行。

参考文献

[1] 黄春林，张建强，沈凇涛. 生命周期评价综论[J]. 环境技术，2004，22(1)：29-32.
[2] 于随然. 产品全生命周期设计与评价[M]. 北京：科学出版社，2012.
[3] ISO 14040：2006 Environmental management-life cycle assessment-principles and

framework[S]. Geneva：International Organization for Standardization，2006.

[4] 姜雪. 生命周期评价(LCA)在产品环境影响评价中的应用[D]. 上海：华东师范大学，2014.

[5] 江映其. 基于生命周期评价的三种木质类家具环境影响比较研究[D]. 咸阳：西北农林科技大学，2014.

[6] 张建普. 电冰箱全生命周期环境影响评价研究[D]. 上海：上海交通大学，2010.

[7] 张雷，刘志峰，王进京. 电动机与内燃机汽车的动力系统生命周期环境影响对比分析[J]. 环境科学学报，2013，33(3)：931-940.

[8] 刘志峰，王进京，张雷，等. 铝合金与GMT汽车引擎盖的生命周期评价[J]. 合肥工业大学学报(自然科学版)，2012，35(4)：433-438.

[9] 张雷，徐国浩，张伟伟，等. 汽车副仪表板本体总成的生命周期评价[J]. 汽车工程学报，2015，5(4)：263-269.

[10] 孙博. 洗碗机生命周期评价及其应用研究[D]. 合肥：合肥工业大学，2010.

[11] 蒋诗新，田晓飞，王玲，等. 家用空调全生命周期碳足迹分析[J]. 日用电器，2016(9)：46-52.

[12] ZHANG L，HUANG H H，HU D，et al. Greenhouse gases (GHG) emissions analysis of manufacturing of the hydraulic press slider within forging machine in China[J]. Journal of Cleaner Production，2016，113：565-576.

第5章

绿色制造工艺

5.1 绿色制造工艺的内涵

如前所述，绿色制造中的“制造”是一个广义制造的概念，同计算机集成制造、敏捷制造等概念中的“制造”一样，绿色制造体现了现代制造科学的“大制造、大过程、学科交叉”的特点，其生命周期示意图见图 5-1。围绕制造过程中的环境问题形成了许多与之相关的概念，如绿色设计、绿色制造工艺、绿色包装、绿色使用、清洁生产和绿色回收等。其中，绿色制造工艺是绿色制造体系的基本单元，是应对环境污染、资源枯竭、生态破坏以及诸多全球性环境问题的重要手段。

以空调换热器为例，换热器是空调的核心系统功能部件，对环境影响较大的制造工艺主要有零部件成形与钎焊连接，换热器生产过程中冲翅片工艺与小弯头成形工艺均需使用大量的挥发油，每吨挥发油会产生 3.15t 的碳排放，且对操作工人的身体健康有一定影响；管路焊接、部件焊接及烘干工艺涉及液化气燃烧，每吨液化气会产生 2.43t 碳排放。对制造工艺进行革新，改变“高资源消耗、高环境损耗、高碳排放”工艺现状，实施绿色制造工艺每年可实现降低碳排放 9064.4t、节能效益 1611.4 万元、降低材料成本 8736.2 万元，在空调制造领域掀起了一场“绿色革命”。

例如，图 5-2 是一台主轴功率 22kW 的机床(配置有相应的辅助装置)，每天按两班制工作，运行一年消耗的电能所对应的排放量(按美国国家电网有关数据推算)与耗油 20.7 加仑的 SUV 汽车行驶一年 12 000 英里产生的排放量对比。机床运行一年 CO_2 的排放量相当于 61 辆汽车，SO_2 排放量相当于 248 辆汽车，NO_x 排放量相当于 34 辆汽车。

绿色制造工艺是以传统工艺技术为基础，并结合环境科学、材料科学、能源科学、控制技术等新技术的先进制造工艺技术。其目标是资源的合理利用，节约成本，降低对环境造成的严重污染。根据这个目标可将绿色制造工艺划分为 3 种类型：环境保护型、能源节约型、资源节约型。

(1) 环境保护型绿色制造工艺。机械制造工艺实际上就是物质经过一系列加工制造过程，变成最终需要的产品的过程，但在这个过程中会产生一些废液、废气、

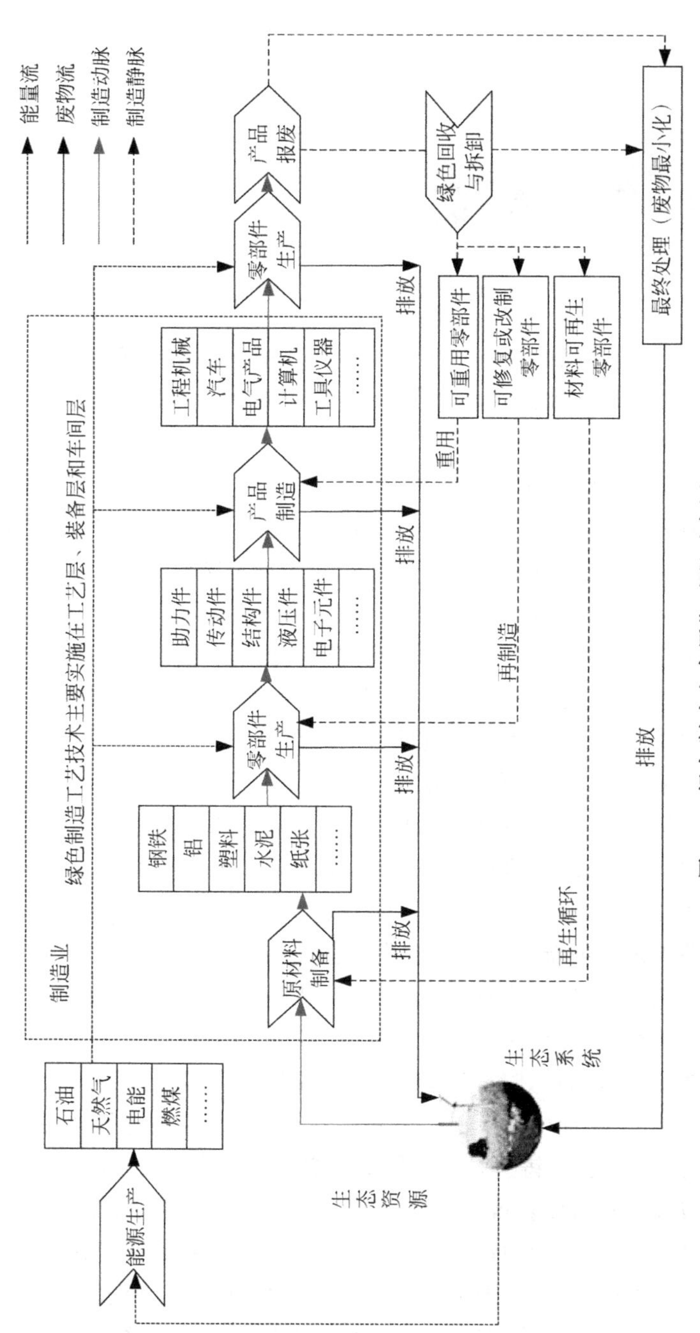

图 5-1　绿色制造生命周期过程示意图

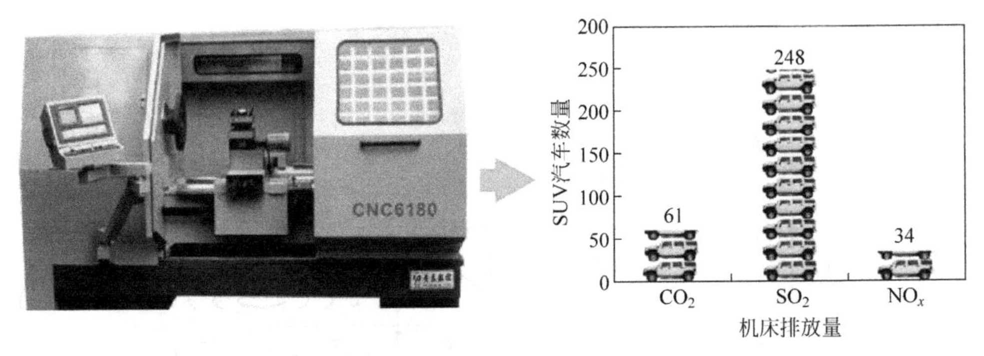

图 5-2 机床与汽车排放量对比

废渣、噪声等对环境和操作者有危害的物质。环境保护型绿色制造工艺是指通过工艺初始设计和末端处理技术,尽量减少或消除有害物质的影响,从而提高机械制造系统效率的工艺技术。

(2) 能源节约型绿色制造工艺。在以往的生产技术中,消耗的能源多,产生的能量大多数因为摩擦生热被转变为内能或其他能量而消耗掉,不仅增加了机器的损耗,而且对机器的服役时间及精度产生影响。能源节约型绿色制造工艺就是在制造过程中对制造技术进行替换和改良,使用较低能耗的制造工艺代替高耗能制造工艺达到在提升制造水平的同时降低所需能耗的目的。

(3) 资源节约型绿色制造工艺。资源节约型绿色制造工艺是指在机械制造过程中,以保证机械产品质量和符合机械制造标准为前提,通过简化工艺和减少原材料消耗的方法来达到资源的有效利用的工艺技术。例如,在切削加工过程中,可以通过优化毛坯的形状、选择新型刀具材料、尽量减少切削液的使用量,从而减少制造过程中的边角余料,降低原材料的消耗,延长刀具的使用寿命,达到节约资源和提高生产效率的目的。

绿色制造工艺的创新是实现制造业绿色发展的基础保障,主要创新领域包括新工艺原理发现、替代性工艺技术、绿色工艺装备研制、工艺链集成优化和辅助物料(切削油液、溶剂等)的环保化。绿色制造工艺是以先进设备和工艺优化为基础,通过改善制造工艺从而构建绿色车间[1,2]。因此,绿色制造工艺的创新分布在工艺、装备和车间 3 个层面中。下面以 4 种基础工艺创新为例进行说明。

(1) 铸造(工艺层)。铸造是将液体金属浇铸到与零部件形状相适应的铸造空腔中,待其冷却凝固后,以获得零部件或毛坯的方法。铸造是零部件制造中应用最广泛的工艺之一,可分为砂型铸造和特种铸造两大类。铸造工艺污染较为严重,砂型铸造对环境影响较大,其主要的污染源有有害气体污染、废水排放、固体废弃物等。铸造工艺的质量及排放可通过先进技术得到改善,如在线工艺质量控制技术可提高成品率;无模铸造及砂型涂层技术可有助于提高环境质量;基于工艺模型的环境评估能为铸造的环境影响提供量化工具;热管理及废热回收技术能减少能源及温室气体的排放；近净成形精密铸造新工艺技术能减少或消除产品下游生产的加工或精加工步骤等。

(2) 切削与磨削(工艺层)。切削与磨削都是减材工艺，其能源消耗也不容小觑。减少切削与磨削的能源消耗需从以下几个方面考虑：加工能耗、切削液和切屑回收等。其中，减少加工能耗可以通过应用绿色加工机床实现。目前，国际上普遍从干切技术、微量润滑技术和环保切削液的研发应用 3 个方面缓解切削液带来的环境问题。在切削与磨削加工中，切屑是另一大影响因素。虽然大部分切屑能被回收，但从经济与环境的角度，应通过零部件设计与工艺规划尽可能使切削余量最小，并且通过切屑回收减少物料消耗。

(3) 制造装备绿色化(装备层)。装备绿色化是绿色制造工艺实现最佳效果、达到最优化运行和实现节能减排的必然选择。据统计，在零部件被加工过程中，消耗的能源中只有一小部分是用于材料的切削或成形上，这部分才是有用功，其他能源都消耗在维持装备的运转、保证精度和刚性等方面的辅助功能上，迫切需要减少这部分与零部件加工无关的能源消耗，用最少的能源消耗来满足辅助功能的实现。目前我国的综合能源效率约 33%，比发达国家低近 10%，单位 GDP 能耗强度是发达国家的 4～6 倍，钢铁、有色冶金、石化等行业产品单位能耗平均比国际先进水平高 40%。因此，未来要实现“2030 年总能耗和碳排放达到峰值、2050 年总能耗降至 2010 年水平”的目标，其关键路径在于加强制造系统与装备能效优化技术的研发和推广应用，研发高能效内燃机、高能效机床等。2007 年，汉诺威机床展览会对绿色机床进行了定义，列举了以下特点：机床零部件由再生材料制造，机床的质量和体积减小 50%以上，提高能效 30%～40%，减少污染排放 50%～60%，报废后机床的材料 100%可回收。

冲压成形工艺以其生产效率高、材料浪费少和产品质量高等优点，在制造业中得到越来越广泛的应用。作为成形工艺的实施主体之一，成形装备具有公称压力大、功率密度高和自动化程度高等特点，但随之带来的是自重大、运行过程能耗高和能量转换效率低的问题。在能源短缺的背景下，发展成形装备的节能控制，对于实现国家的可持续发展具有重要意义。通过分析成形装备运行过程的能量流，发现成形装备的高能耗主要来源于驱动系统装机功率与负载需求功率的不匹配及重力势能等方面浪费严重。目前，针对冲压装备的能效提升工作主要围绕两方面展开：①根据冲压工艺的需求，调整压力成形装备驱动系统的输出以实现能量的匹配；②对压力成形装备活动横梁下降过程的势能进行回收以实现二次利用。另外，在批量化、多工位生产和连续的生产线加工场合，根据控制过程中各装备的动作特点，结合冲压生产工艺过程，对装备运行的任务节拍和驱动系统进行协同优化，可以达到进一步的节能效果。这些工作为冲压成形的节能控制和高效冲压装备的研发提供理论和技术支撑。

(4) 绿色生产车间(车间层)。节能减排是当今制造业面临的普遍问题，实施绿色制造的发展战略在世界各国已达成共识。目前,实现制造业的低碳和节能已成为研究的热点。对企业来讲,建设绿色生产车间是实现节能减排的一种有效形式,重点包括绿色车间调度、工艺规划与车间调度集成、能耗管理和库存管理等。例如,可以通过建立能源监控中心,实现能源信息化、数字化和扁平化管理;通过引进和消化新型智能、节能环保装备,提升绿色生产能力;构建绿色供应链生态体系,能够从产品全生命周期加强绿色智造、节能减排、绿色回收。

综上可知,实施绿色制造工艺技术是优化和改善零部件制造过程环境友好性的重要技术途径,也是绿色制造在企业实施亟待解决的关键技术之一。工艺层、装备层相互作用和影响构成了零部件的制造过程,而车间层是工艺层和装备层的有效集成者,因此,实施环境友好、高效低成本的绿色制造工艺必须从工艺、装备和车间三个层次实施。

5.2 典型绿色制造工艺技术

5.2.1 干切削及亚(准)干切削工艺技术

5.2.1.1 干切削及亚干切削工艺的背景与内涵

制造业是将可用的资源与能源通过制造过程,转化为可供人们使用或利用的工业品或消费品的行业。以机械制造业为例,材料通过制造过程被改变性状、形状或结构,最终形成特定性状的零部件和产品。改变材料形状和结构可以采用材料去除、净成形、近净成形、材料生长等方法。当前,切削加工是实现材料去除最主要的工艺方法之一,并且由于它具有适应范围广,且加工精度和成形表面质量好等特点,因此在很多应用中仍然处于无法替代的地位,据统计,金属切削加工占机械加工总量的30%～40%[3]。

切削加工早在我国古代木工技术中就有所应用,工匠通过各种工具加工出用于人们生产和生活的器械、生活用品、艺术品等。木质材料作为一种极易获得的自然材料具有易加工的特点,至今仍然在很多领域得到广泛应用,然而木质材料的承载能力十分有限。金属材料相较于木质材料具有更高的力学性能,对于结构的承载能力要求较高的应用领域,金属逐渐成为首选。我国早在两千多年前就出现了最早的冶金技术,而现代材料技术的发展使得金属材料的力学性能进一步得到提升,但是这一特性也导致了其加工难度不断增加。利用刀具和工件间做相对运动来切除毛坯上多余的金属材料,以获得所需要的形状、尺寸精度及表面质量等符合要求的零部件,这种加工方法叫金属切削加工。在金属切削过程中会产生大量的热量,使切削区域的温度升高。传统的切削加工中,通过使用大量的切削液进行冷却来降低切削区的温度,但同时也产生了很多问题,如环境问题、资源问题等,具体表现在以下几个方面。

(1) 成本高。切削液的购置，以及为机床专门配备进行切削液过滤、循环、处理等辅助装置，直接影响生产成本。德国一项在汽车工业的调查显示，切削液产生的费用占加工成本的 7%～17%，远高于刀具成本的 2%～4%，如图 5-3 所示[3]。若考虑到环保要求(如机床防护、废弃处理等)，与切削液有关的费用约占生产费用的 15%～30%。

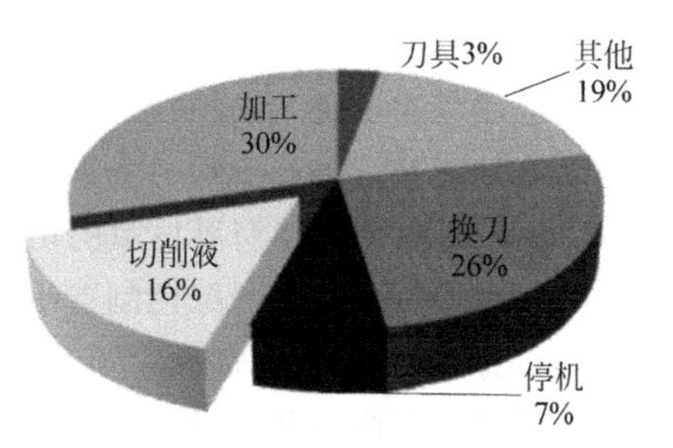

图 5-3　切削加工的成本构成

(2) 能耗高。在零部件加工的总成本中，切削液占用成本超过刀具占用的成本；由于切削过程大量使用切削液，加工零部件的成本将会提高。用过的切削液和湿切屑需要进行处理，才能回收利用，处理费用高；并且，随着环保法规的不断健全，用于防止污染而增设的配套费用还将进一步增加，切削油是不可再生资源，油价的上涨，正在成为一种趋势。

(3) 环境污染大。切削液的生产过程涉及炼油、化学化工等流程性产业，其来源本身就属于环境负荷较重的产业。在使用过程中常见的飞溅、泄漏直接造成车间现场污染，现场油渍油污存在潜在的安全隐患。油基切削液在高速或重载切削条件下，产生高温化学反应，释放有害气体和油雾，燃点和黏度越低，烟雾就越大，污染越重，且易燃，安全性差；水基切削液为提高冷却性、润滑性和防锈性，往往添加含有 S、P、Cl 等化学元素的极压添加剂、防锈剂、防霉剂等，在使用中遇高温时会产生新的化合物。在使用寿命终了阶段，切削液的回收、废弃处理及排放直接对自然环境造成污染。此外，对附着在工件及切屑表面的切削液进行清洗时还会造成“二次污染”。国际标准化组织于 1996 年制定了 ISO 14000 环境管理体系，各国也相继出台了严格的工业排放标准，对切削油/液中有毒物质含量、生产车间油雾浓度、企业排放废液/废气污染物含量等进行了严格的限制。

(4) 影响工人的身体健康。切削液是影响工人身体健康的主要原因，它所含有的基础油和各种添加剂易导致多种问题，如致病致癌、皮肤病变、呼吸系统疾患等。

(5) 不利于对加工区的观察、检测和监控。切削过程中，有时需要对切削区刀具、工件或机床的运行情况进行必要的观察、检测和监控，大量油剂的喷淋、飞溅对观察、检测和监控非常不利。

(6) 存在混油隐患。机床循环润滑油中混入切削液造成机床故障的现象较为多见，一旦发生，必须更换机床循环润滑系统油料，进行清洗，影响生产，浪费资源。

我国的金属切削加工仍依赖于切削油/液的使用，切削油/液消耗量巨大。据统计，目前我国金属切削液的年用量约为 6 万 t，其中水溶性金属切削液和纯油性金属切削液使用量基本各占一半，其应用领域为金属切削 38%、加工成形 36%、部件防锈 13%、热处理 8%、其他 5%。切削液主要用在汽车制造 35%、机械制造

35%、航天制造12%、模具加工10%、其他8%。因此,我国绿色切削技术的研发及工业化应用任重道远,也是机械工业实施绿色制造需解决的重点问题之一。目前,绿色切削加工技术的研究可分为两个方向:一是完全不使用冷却介质的干切削技术;二是采用绿色冷却润滑技术的切削加工方式——亚干切削。

GB/T 28614—2012《绿色制造干式切削通用技术指南》中给出了干切削(dry cutting)的定义:在切削过程中不使用任何切削液的工艺方法。干切削技术是为适应全球日益高涨的环保要求和可持续发展战略而发展起来的一项绿色切削加工技术。1995年干切削的科学意义被正式确立,1997年的国际生产工程研究会(CIRP)年会上,德国Aachen工业大学的F. Klocke教授作了"干切削"的主题报告。1999年1月在美国国家科学基金"设计与制造学科"受资助者会议上,国际著名的刀具制造厂MAPAL公司的总裁B. P. Erdel博士也作了有关美国干切削发展的主题报告,干切削技术已经在各国工业界和学术界引起广泛的关注。

从金属切削加工技术产生的那一天起,就有了干切削的加工方式,因此,干切削工艺方法从原理上讲并不新,且已在生产中有较长时间的应用(如铸铁的干铣削等)。但其内涵却与以往有很大不同,干切削意味着在车削、铣削、钻削、镗削等切削加工过程中,消除切削液的不利影响,极大地节约加工成本,保护生态环境。干切削不是简单地停止使用切削液,而是要在停止使用或尽可能少用切削液的同时,保证高效率、高产品质量、高的刀具使用寿命以及切削过程的可靠性,这就需要用性能优良的干切削刀具、机床以及辅助设施替代传统切削中切削液的作用,来实现真正意义上的干切削加工。干切削加工涉及刀具材料、刀具涂层、刀具几何结构、加工机床、切削用量、加工方式等各个方面,是制造技术与材料技术及信息、电子、管理等学科之间的交叉和融合。

1931年,德国物理学家Salomon提出的著名假说为超高速切削的发展奠定了基础[4]:对于任何一种工件材料,切削温度起初随着切削速度的增大而升高,在某个切削速度范围内达到最高,继而随着切削速度的增大,切削温度降低且切削力也会下降;每一种工件材料都对应着一个速度范围,在此速度范围内由于切削温度过高刀具材料或工件材料难以承受而导致切削加工无法进行,此速度范围通常被称为切削不适应区,具体如图5-4所示[4-5]。20世纪40年代开始,工业发达国家纷纷展开了高速切削理论及技术的研究。美国于1977年成功研制了世界上第一台高频电主轴铣床,并使用该高速铣床进行了第一次真正意义上的实践高速切削加工。德国于1979年组织研究机构、企业及科研院校开展了高速切削加工基本理论、高速切削刀具技术以及高速切削机床技术等研究,并对难加工材料的高速切削性能进行了研究。目前,随着高速机床技术与高速切削刀具等高速切削加工综合技术的发展与进步,高速切削加工在实际加工中的应用已经十分普遍。

继高速加工在20世纪80年代中期取得突破和应用领域不断扩大之后,工业发达国家在20世纪90年代中期把切削工艺研究和开发的重点转向了干切削加

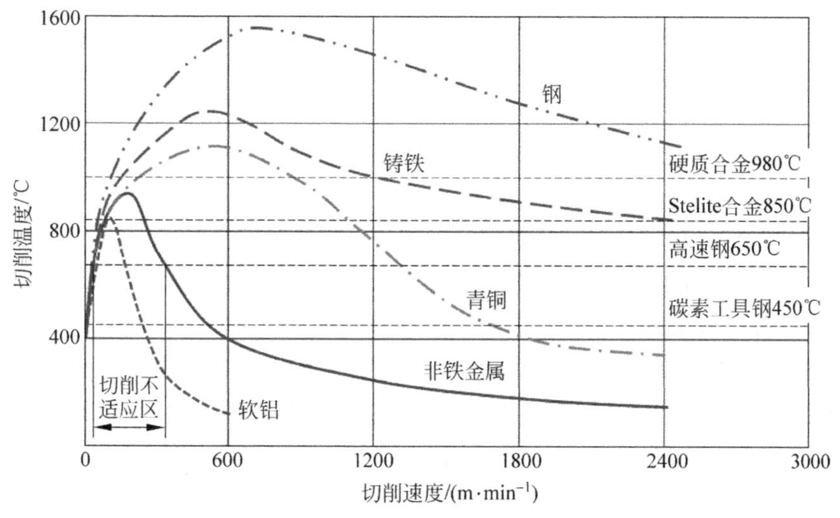

图 5-4　Salomon 假设

工。例如，德国联邦教育、科学、研究和技术部在 1995 年制定和启动了研究和开发称之为“21 世纪工业生产战略”的干切削加工工艺科研框架项目“生产 2000”，并为此提供了 4.5 亿马克的研究经费，组织了包括机床厂、刀具厂和汽车厂在内的 18 家企业和 9 个高校研究所协同攻关。经过 4～5 年的开发，干切削加工在工业生产中已获得了成功应用，表明不用切削液或采用微量切削液的切削加工(亚干切削加工)技术已进入推广应用阶段。

绿色冷却润滑技术经历了从干切削到准干切削的发展过程。由于在切削过程中缺少了切削液的冷却、润滑和排屑作用，完全干切削在实施过程中会相应出现增加能耗、排屑不畅、表面质量难以控制等问题[6]。如果能将干切削和传统浇注切削的优点相互结合，在切削过程中既可以满足加工质量要求，又可以实现对切削液用量和费用的控制，减少对环境和操作者的伤害，这种介于干切削和传统浇注切削之间的冷却润滑方法，称为准干切削技术(Near Dry Machining，NDM)。

GB/T 31210.1—2014《绿色制造　亚干式切削　第 1 部分：通用技术要求》对亚干切削(准干切削)near dry cutting 的定义是：借助一定技术方法，只使用少量冷却润滑剂，对切削区实施润滑、冷却或保护的切削技术。其对微量冷却润滑介质(微量润滑介质)minimum quantity cooling lubricating medium 的定义为：将微量冷却润滑剂(以下简称微量润滑剂)注入具有一定压力的气流中喷射形成的雾化物。其中，冷却润滑剂并非仅指油基与水基切削液、润滑油，而是泛指具有冷却及润滑作用、能用于亚干切削的物质，如切削液或纳米粉等。

最具代表性的绿色冷却润滑切削技术有气体射流、低温冷风、微量润滑、低温微量润滑、水蒸气冷却、液氮冷却等，此外还有静电冷却、喷雾冷却、导电加热等方法。在生产实际应用中以气体射流(生产中主要以空气为主)、低温冷风、微量润滑技术应用较为广泛，而结合低温冷风与微量润滑于一体，并融合了两者优势的低温微量润滑技术正逐渐开始得到应用，尤其是在钛合金材料的切削加工中[6]。

微量润滑(minimum quantity lubrication，MQL)切削技术也叫做最小量润滑切削技术，是一种典型的亚干切削方法，是指将压缩气体(空气、氮气、二氧化碳等)与极微量的润滑剂混合汽化，形成微米级的液滴，喷射到加工区进行有效润滑的一种切削加工方法。该技术最早由德国学者 Klocke 等在 1997 年提出[6]。大量试验及工程应用证明，其具有切削液用量少，可有效减小刀具-工件、刀具-切屑界面摩擦，降低切削力，防止黏结，延长刀具寿命，提高工件表面质量等优点，在铝合金、钛合金、高温合金等多种金属材料的加工中得到应用。

微量冷却润滑剂一般采用分解性高的合成脂和油脂，可以不进行废液处理，减少对人体伤害及环境污染。微量冷却润滑方式介于传统的浇注冷却润滑方式与干冷却润滑方式两种方法之间，在以上两种方法的基础上取长补短，扩大了加工范围，节约了生产成本，是一种具有广阔前景的绿色加工技术[7-9]。

5.2.1.2 干切削

1. 干切削技术的特点

1) 干切削技术工艺的特点

(1) 完全消除了切削油/液的使用，消除了因为切削油/液的使用造成的环境污染及危害工人健康的问题。

(2) 省去了切削油/液设备、切削油/液补充、工件表面清洁的费用，降低了生产成本。

(3) 干切削加工质量高。由于在切削过程中不使用冷却液，不会产生对工件急冷现象，使工件表面不会产生裂纹，同时也不会因冷却液导致工件表面腐蚀变色或产生斑点，因此改善了工件表面加工质量。

(4) 刀具寿命提高。如果在切削过程中冷却液不连续，或者冷却不均匀，使切削刀具产生不规则的冷热交替变化，这样容易使切削刃产生裂纹，严重时会引起刀具破损，反而降低了刀具的寿命。而干切削的刀具与普通刀具相比较，具有较高的耐热性，所以干切削时刀具使用寿命提高。

(5) 效率提高。由于干切削自身的加工特点，为了减小切削热的产生，并将切削热及时带走，提高刀具耐用度，在刀具及机床满足条件的状况下，多采用提高切削速度的方法，从而使机床效率得到提高。

2) 实施干切削的主要难点及一般要求

传统湿式切削加工采用浇注冷却方式，由于切削油/液的流量及比热容较大，通过对流换热的方式吸收了切削区产生的大量切削热，因此刀具、工件及切屑的温度与切削油/液的温度相近，且变化较小。干切削时，由于缺少了切削液，切削液的润滑、冷却以及排屑与断屑等作用也即丧失，切削区产生的热量易传递至工件、刀具、机床，如图 5-5 所示，进而存在以下问题：①刀具使用寿命大大降低；②机床内

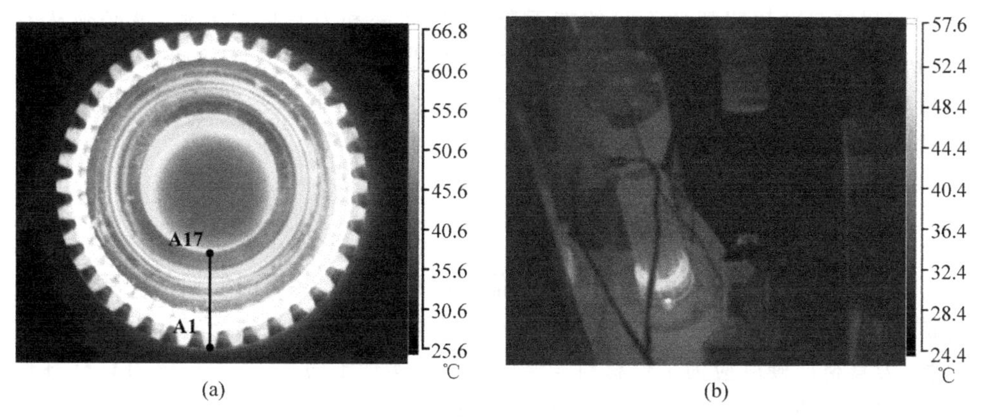

图 5-5　高速干切滚齿机床及已加工工件的温度场

(a) 高速干切滚齿工件热像图；(b) 高速干切滚齿机床热像图

产生温度梯度，进一步导致机床热变形；③加工完的工件温度难以控制，导致工件产生热变形误差。

GB/T 28614—2012《绿色制造干式切削通用技术指南》中给出了干切削的一般要求：①在干切削过程中，如有可能造成人身伤害或设备损害时，应采取安全防护措施，防止切屑、工件、刀具飞出；②干切削工作场所总粉尘浓度应不大于 3mg/m^3，粉尘浓度的测量应符合 GB/T 23573 的有关规定；③采取热辅助或低温冷却干切削时应采取保护措施，防止人体直接接触过热或过冷介质；④干切削机床在空运转条件下，机床的噪声声压级应不大于 85dB(A)，噪声测量方法宜符合 GB/T 16769 的规定。

干切削机床的一般要求：①干切削机床防护要求应满足 GB 15760 中的有关要求；②干切削机床应有足够的刚性强度和热稳定性，以满足切削加工工艺的要求；③干切削机床应有较好的减振降噪性能；④干切削机床结构应具有良好的排屑性能热、平衡性能、冷却性能；⑤主轴、导轨等精密运动部件应采取相应的密封措施；⑥干切削机床应具有相应的清洁措施，如排尘装置。

干切削刀具的一般要求：①为了保证刀具的使用寿命，干切削刀具应具有良好的耐高温性、耐磨性及耐冲击性，刀具结构要利于排屑、散热及断屑；②干切削刀具结构应有利于降低切削力及减少摩擦，刀具的几何形状要有利于切削热的扩散；③干切削刀具结构应有利于辅助冷却介质到达切削区；④干切削刀具前刀面形状应有利于减少刀具与切屑的接触面积，有利于断屑、排屑和防止积屑瘤的产生；⑤干切削刀具使用寿命一般应不低于普通切削用刀具，刀具寿命试验参照相关标准，如单刃车刀寿命试验参照 GB/T 16461 进行。

由此可见，干切削时不添加冷却液，产生的热量会越来越多，从而使切削区的切削温度升高，导致刀具耐用度降低；另外切削区过高的温度，容易使产生的切屑黏附在工件或者刀具上，导致工件表面加工质量变差，要使干切削得以顺利进行，达到或超过湿冷却切削加工时的加工质量、生产率和刀具使用寿命，就必须从刀具、机床和工件各方面采取一系列的措施。因此，干切削技术是一项系统工程，其中最大的难点在于如何提高刀具的切削性能，优化和控制工艺过程，同时也对机床结构等提出了新的要求。

2. 干切削加工的实施条件

1) 干切削对刀具的要求

(1) 刀具材料应具有优异的耐热性能和耐磨性能。干切削的切削温度一般都比湿切削时高得多，热硬性高的刀具材料能有效地承受切削过程高温，保持良好耐磨性，刀具材质硬度应为工件材料 4 倍以上。要实现干切削，必须要求刀具材料有高的耐热性(热硬性)和耐磨性能。此外要求刀具的材料与被加工对象的化学亲和能力小。干切削时，常用的刀具材料有纳米级颗粒硬质合金、黏结硬质合金、涂层硬质合金、陶瓷、立方氮化硼、聚晶金刚石等。

机床刀具的设计需要从材料、几何结构等方面综合考虑。如果刀具材料选择不合理，会导致刚度与强度不足，在高速的切削状态下，容易引起机床的振动；如果刀具的耐热性不好，刀具在干切环境中非常容易发生黏结磨损，缩短刀具的寿命；如果刀具的韧性不够，刀具在切削过程中尤其是断续切削中极易发生崩刃。

刀具涂层是在具有高强度和韧性的刀具基体材料上涂上一层耐高温、耐磨损的难熔金属或非金属化合物，涂层厚度在 2～18μm。涂层作为一个化学屏障和热屏障，能够有效地减少刀具与工件间的元素扩散和化学反应，从而减缓了刀具磨损。同时刀具涂层表面具有较高的硬度、耐磨性、耐热氧化性，摩擦系数小，热导率低等特性，能够极大提高刀具的切削性能。刀具涂层技术在高速干切削技术发展之初就成为与其密不可分的一部分。近年来，随着业界对切削加工高速高效化、环保化的需求日益强烈，推动涂层技术快速发展，先进涂层种类层出不穷并迅速应用于各类刀具。涂层的主要作用可总结为：①提高刀具表面硬度和耐磨性；②分隔刀具和切削材料，提高刀具表面抗氧化性及热化学稳定性，减少刀具与工件之间的扩散和化学反应；③降低刀具接触区及排屑槽的摩擦，降低切削过程中的摩擦发热，有效地防止积屑瘤的产生；④为刀具隔热，降低刀具温度，避免刀具红热软化及减小刀具热变形。

(2) 刀具应具有低的摩擦系数。降低刀具-切屑、刀具-工件表面之间的摩擦系数，在一定程度上弥补了无切削液的润滑作用，抑制切削温度的上升。在这方面最好的办法是对刀具表面进行涂层。涂层分两大类：一类是硬涂层，即在表面上涂 TiN、TiC、Al_2O_3 等涂层，这类涂层刀具涂层硬度高，耐磨性好；另一类是软涂层，即在刀具表面上涂硫族化合物 MoS_2 或 WS 等减摩涂层，这类涂层刀具也称“自润滑刀具”。据资料报道，这种软涂层与工件材料的摩擦系数很小，只有 0.01 左右，可有效地减少切削力，降低切削温度。

无论哪种涂层，实际上都起到了类似于切削液的冷却作用，它产生一层隔热层，使切削热不会或很少传入刀具，在高速干切削中，涂层还保持刀具材料不受化学反应的作用，从而保证刀具的切削性能。

(3) 刀具几何参数的合理设计。刀具的结构和几何参数的优化必须满足干切削对机床的排屑和断屑的要求。采用优化的刀具几何形状，可减少切削时的摩擦，有利于干切削对断屑、排屑的要求。目前在车刀三维曲面通用断屑槽系列方面的设计制造技术已比较成熟，可针对不同的工件材料和切削用量，设计出相应的断屑槽结构与尺寸，其既能大大提高切屑折断能力和对切屑流向的控制能力，又能控制积屑瘤的产生和减少刀具的磨损速度。

2) 干切削对工艺技术的要求

干切削的工艺技术对干切削的实现往往起到关键的作用，这涉及工件材料实施干切削的可靠性，工件材料和刀具材料的合理匹配，工艺方法、工艺参数的合理选用等问题。

工件材料在很大程度上决定了干切削实施的可靠性。一般熔点较高、热导率和热膨胀系数较小的材料适合干切削，大质量工件比小质量工件适合干切削。例如：铸铁、钢、高合金和钛、铝合金适于干切削；镁的应用正在日益扩大，干切削加工镁是一个趋势；一些难加工材料，如钛合金、超级合金、反应烧结氮化硅(RBSN)等进行干切削时，除了选好刀具以外，还应增加一些工艺辅助措施，才能保证干切削顺利进行。某些含有钛元素的合金和钛合金不能用含钛的涂层刀具进行加工；含有 SiC 材料刀具不能加工钢件，这是因为 SiC 在高温作用下很容易与被加工材料中的 Fe 原子产生化学反应，加速刀具磨损。

干切削时，切削温度高，为了防止高温下的刀具材料和工件之材料的扩散和黏结，应特别注意刀具材料与工件之间的合理匹配。一般刀具材料的硬度应为被加工工件材料硬度的 4 倍以上，如：PCDN 刀具加工淬硬钢、冷硬铸铁及表面热喷涂材料等高硬度材料时的刀具寿命较高，而加工中、低硬度工件时，刀具的寿命不如硬质合金刀具高。又如：金刚石刀具与铁元素有很强的化学亲和力，故不宜加工钢铁材料等工件；切削钛合金和某些含钛的不锈钢、高温合金时，不宜选用含钛的硬质涂层刀具进行干切削。

干切削加工的工艺方法、工艺参数合理选用对于解决某些工件材料的干切削也非常重要。如铝合金热导率高，加工过程中容易吸收大量的切削热；热膨胀系数大，易造成热变形，切屑和刀具之间的“冷焊”或黏结，影响工件的加工精度。因此，在普通干切削中，铝合金是否能进行干切削仍然存在争议。但在高速干切削中，95%～98%的切削热都传给切屑，切屑在刀具前刀面的接触界面上会被局部熔化，形成一层极薄的液体薄膜，因而切屑很容易在瞬间被切离工件，大大减少了切削力和产生积屑瘤的可能性，工件可以保持常温状态。这样既提高了生产效率，又改善了铝合金工件的加工精度和表面质量。

正确选择切削用量可使陶瓷刀具在硬态车削中发挥作用。由于陶瓷刀具有优越的耐磨性和耐热性,切削用量对刀具磨损的影响程度比硬质合金小。通常硬态车削精加工的合理切削速度应为 80～200m/min,背吃刀量一般为 0.1～0.3mm,进给量为 0.05～0.25mm/r,其选择应根据机床的性能、材料的硬度、切削中的冲击力大小、工件表面粗糙度和生产率的要求综合确定。如用 FD22 [Ti (CN)-Al_2O_3] 陶瓷刀具干切削 86CrMoV7 淬火轧辊钢(60HRC)时,取切削速度为 60m/min,背吃刀量为 0.8mm,进给量为 0.11～0.21mm/r,表面粗糙度值为 0.8μm,可以代替半精磨;当取进给量为 0.07mm/r 时,表面粗糙度值为 0.4μm,达到精磨水平。

3) 干切削对机床的要求

在进行高速干切削和硬态切削这两类特殊的干切削时,对机床有更高的要求。此时干切削机床设计必须考虑两个主要问题:一是切削热的散发;二是切屑和灰尘的排出。除此之外,机床应具有高刚度、高转速、大功率等特点。

(1) 切削热的散发。干切削在机床加工区产生的热量较大,如热量不及时从机床主体结构排出,就会使机床产生热变形,从而影响工件的加工精度和机床工作的可靠性。对一些无法排出的热量需要从机床的结构设计方面考虑,以提高机床系统的热稳定性,在相关部位采取隔热措施或采取精度的误差补偿设计。

(2) 切屑的排出。干切削机床应具有较好的吸尘、排屑装置,机床结构应有利于排屑,应注意主轴、导轨等精密运动部件密封。干切削机床及时排屑有两方面的意义:一方面是切屑的顺利排出,防止加工时连带造成的不安全因素;另一方面,干切削时的大部分切削热经由切屑带走,切屑堆积在机床工作台上和机床夹具上,若不及时清除切屑,切屑的热量传递给机床,会使机床产生温升,引起局部热不平衡,极易导致机床热变形,最终影响工件的加工质量。因此,机床是否能够将切屑及时排出,是机床结构功能设计中不可忽视的问题。

干切削加工时,应尽量采用高速、超高速机床或其他高速数控机床、加工中心,机床应具有较大的功率和刚性。这类机床在加工过程中,可降低 30%左右的切削力,使大量的切削热随切屑带走,有利于工件在切削时基本保持室温状态。

(3) 机床应具有高刚度、高转速、大功率。干切削加工机床的加工速度通常比较高,这就要求机床具有良好的刚性,优良的吸振特性和隔热性能,其床身往往采用具有很高的热稳定性、良好吸振性能的人造大理石。研究表明人造大理石的吸振性是铸铁的 6 倍左右;其次机床导轨系统的精度要求高,导轨直线性好、间隙小,不能有爬行现象。

此外,防尘也不能被忽略。干切削脆性材料时容易产生金属悬浮颗粒,这些悬浮颗粒一旦进入机床的机械传动系统,会使机床的运动部件磨损加剧;一旦进入控制系统,可能会引起线路短路。

3. 干切削加工的工业应用

据统计,现在已有 20%左右的德国企业采用了干切削技术。干切削技术的研究和应用方面,德国居国际领先地位,日本也已成功开发了不使用切削液的干式加工中心，采用装有液氮冷却的干切削系统，从空气中提取高纯度氮气，常温下以0.5～0.6MPa压力将液氮送往切削区，可顺利实现干切削。此外，其他工业发达国家，如加拿大、英国等也纷纷开展了有关干切削加工技术方面的研究，有些发展中国家也非常重视干切削的研究，通过各种途径积极鼓励和支持制造业发展的相关工作。随着刀具材料、涂层技术、刀具结构和工艺装备的发展及对环境管理和监测有严格规定的ISO 14000系列标准的出台，美国、德国、日本等国家已对干切削进行了大量的研究并应用于实际生产，取得了明显的经济效益和社会效益。

我国部分高校和研究院所已进行了大量干切削加工技术的研究和探讨，并取得了一批科研成果。如合肥工业大学、重庆大学、哈尔滨工业大学、山东大学、江苏科技大学、广东工业大学等在干切削的刀具材料、刀具设计、刀具涂层、加工工艺、所使用的机床及加工方式等方面进行了较为系统的研究，积累了一定的研究经验。

合肥工业大学承担的国家科技攻关地方重大项目——纳米TiN、AlN改性的TiC基金属陶瓷刀具制造技术，标志着一种利用纳米材料制作的新型金属陶瓷刀具问世。这个项目研究的TiN改性TiC基金属陶瓷材料，是在金属陶瓷(TiC碳化钛)中加入纳米TiN (氮化钛)细化晶粒。根据HALL-PETCH公式，晶粒细小有利于提高材料的强度、硬度和断裂韧度，其对力学性能有优化作用，且对刀具材料的发展起到积极的推动作用。应用此项新技术研制的纳米TiN改性TiC基金属陶瓷刀具，具有优良的力学性能，是一种高技术含量、高附加值的新型刀具。在干切削加工的试验研究中，与硬质合金刀具相比，寿命提高两倍以上，生产成本与其相当或略低。

重庆机床(集团)有限责任公司与重庆大学联合研制的YDZ3126CNC、YE3120CNC7系列高能效、高功效、低排放高速干切滚齿机床已在东风日产、陕西法士特、浙江双环等汽车、工程机械齿轮制造企业得到工程应用，显示出良好的市场需求前景。江苏科技大学从1997年开始进行干切削加工研究，先后对Gr12、铸铝、ZH62、钛合金以及GH6149等材料进行了冷风冷却、亚干冷却切削的试验研究，并取得了一定的成果。成都工具研究所、山东大学和清华大学等单位对超硬刀具材料及刀具涂层技术进行过系统的研究，陶瓷刀具在我国目前已经形成了一定的生产能力，这些都为干切削技术的研究与应用打下了良好的技术基础。上海交通大学牵头，成都工具研究所参与研发了高硬度、高耐磨性和高热稳定性刀具材料(如陶瓷、立方氮化硼、金刚石等)、刀具涂层技术。北京机床研究所成功开发了能实现高速干切削的KT系列加工中心。图5-6所示为重庆机床集团的YE3120CNC7干切削滚齿机床及Star-SU公司SG 160 SKYGRIND干切削磨齿机床。

目前，欧洲和日本等工业发达国家都非常重视干切削技术的开发和应用，据统计，在欧洲工业界，有10%～15%的加工已经采用干切削工艺。21世纪的制造业对绿色环保的要求越来越高，干切削技术作为一种绿色制造工艺对于节省资源、保护环境、降低成本具有重要意义，随着机床技术、刀具技术和相关工艺研究的深入，

(a)　　　　　　　　(b)

图 5-6　干切削机床

(a) 重庆机床集团干切削滚齿机床；(b) Star-SU 公司 SG 160 SKYGRIND 干切削磨齿机床

干切削技术必将成为金属切削加工的主要技术手段而得到广泛应用。

就目前来看，干切削加工的范围还较为有限，但对其进行深入研究和广泛应用已成为加工领域的一个热点。有专家认为干切削“至今仍是一个很复杂的领域，不是简单地把冷却切削液停掉，然后再订购几把其他刀具就行了”，近年来，在高速切削工艺发展的同时，工业发达国家的机械制造业正在利用现有刀具材料探索干切削加工的新工艺。有意义且经济可行的干切削加工应该是在仔细分析特定的边界条件和掌握影响干切削加工复杂因素的基础上，为干切削工艺系统的设计提供所需的数据和资料。

5.2.1.3　亚(准)干切削

1. 亚干切削

介于湿切削和完全干切削之间的加工技术称为亚干切削或者微量润滑技术，它是将压缩空气与少量的切削液混合雾化后，以雾状喷到切削区域。雾状切削液可以避免膜态沸腾的负面作用，而且很小的雾滴在高速下更容易突破蒸汽膜而进入变形区，从而使得微量切削液达到切削区，起到甚至超过传统大量浇注式切削的冷却效果，代替传统大量浇注切削液的冷却、润滑、防锈及冲屑等作用。常见的亚干切削技术主要有低温冷风切削技术、微量润滑切削技术、水蒸气冷却技术、微量油膜附水滴切削技术、液氮冷却润滑技术。

GB/T 31210.1—2014《绿色制造　亚干式切削　第 1 部分：通用技术要求》给出了亚干切削相关的定义及通用技术要求。

(1) 亚干切削机床的一般要求：①亚干切削机床应符合 GB/T 9061、GB/T 16769 的规定；②机床结构应具有良好的排屑性能、热平衡性能和散热性能；③机床防护应满足 GB 15760 有关要求；④机床在需要进行低温工作时，应便于设置温度检测、温度显示、温度调整仪器，相关部位应便于采取保温防霜措施；⑤机床应尽量减少、简化换刀时微量润滑雾化器及喷射器组件的调整工作，对频繁换刀的机床,应使用自动定点喷射或自动跟踪喷射机构;⑥在亚干切削机床的操作区,应具有开停微量润滑与冷却系统的功能,必要时,应该具备与机床操作和报警系统同步的功能;⑦切削时,微量润滑介质应喷向切削发热最集中的区域。

(2) 亚干切削刀具的一般要求:①亚干切削刀具应具有耐磨性、耐冲击性、好的高温和低温条件下工作的适应性,刀具结构要有利于断屑、排屑,有利于微量润滑介质向切削区的喷射;②亚干切削刀具结构应有利于降低切削力和减少摩擦,刀具几何形状要有利于切削热的扩散;③亚干切削刀具应有利于微量润滑介质顺利喷入切削区,封闭式切削时宜采用便于实施内冷喷射法的刀具结构;④亚干切削时刀具设计应有利于减少刀具与切屑的接触面积,有利于断屑、排屑和防止积屑瘤;⑤在同等条件下,亚干切削刀具耐用度应高于干切削,不低于传统浇注式切削,必要时可采用直觉优化法、试验优化法和模拟优化法等进行刀具参数优化。试验优化法评定刀具耐用度可参照GB/T 16461进行。

(3) 亚干切削微量润滑介质的一般要求:①亚干切削微量润滑系统应保证工作时微量润滑剂供给的连续性、均匀性和可控性;②微量润滑介质中微量润滑剂的粒度尺寸大小应不影响零部件的加工精度;③亚干切削的气源压力宜控制在0.2MPa以上,根据亚干切削工艺条件不同,微量润滑介质的工作流量也应有所优化,一般工作流量不小于0.3m^3/min(温度为20℃,压力为0.101MPa,相对湿度为65%的标准状态下);④微量润滑介质的压力、流量及其中所含微量润滑剂的浓度受被加工材料的理化与力学性能、加工参数及加工方式等因素影响,切削温度高时微量润滑介质的压力和流量应增大,反之则应减少;⑤亚干切削使用的微量润滑剂应和其所处的工艺条件相适应,宜使用无公害或公害较小的植物性微量润滑剂。

(4) 微量润滑介质喷射的一般要求:①亚干切削时微量润滑介质的喷射,一般使用同管喷射法、异管喷射法和内冷喷射法;②亚干切削工作系统微量润滑雾化器的喷射口应靠近切削区,根据亚干切削工艺条件不同,微量润滑雾化器的喷射口相对于刀具前刀面的射流方向(入射角)、微量润滑雾化器的喷射口与刀具切削刃的距离(靶距)也应进行优化,一般车削入射角30°左右、靶距在15~70mm的范围内为宜;③亚干切削时可以同时向气流中注入两种(或两种以上)微量润滑剂,实现复合雾化喷射;④当压缩气源为保护气体时,加工场所应具备良好的通风条件,必要时可封闭切削工艺区域并回收气体。

2. 微量润滑的特点及实施要求

(1) 微量润滑的特点。微量润滑(minimal quantity lubrication,MQL)技术将压缩空气与极少量的润滑剂混合汽化后,形成毫米、微米级气雾,喷向切削区,对刀具与切屑和刀具与工件的接触界面进行冷却润滑,以减少摩擦和黏结,同时也冷却切削区并利于排屑,从而显著改善切削条件。MQL技术的优势比较明显:润滑剂以气雾供给,增加了润滑剂的渗透性,提高了冷却润滑效果;MQL所使用的润滑液用量一般为每小时几毫升至几十毫升，从数量级考虑，不足传统浇注式切削的万分之一，既提高了工效，又减少了对环境的污染；MQL系统简单、占地小，易于安装在各种类型的机床上。

由于单纯依靠润滑油的润滑作用，没有相应的制冷设施，MQL技术也存在以下缺点：①冷却性能不足，对于难加工材料切削区温度高的问题难以解决；②润滑剂使用量低，同时最佳油剂使用量难以确定，润滑可能不充分；③润滑剂在高温作用下存在润滑油膜破裂，润滑失效等问题。

(2) 实施微量润滑的一般要求。

① 润滑方式的选择。微量润滑技术主要包括外部微量润滑和内部微量润滑两种方式，而且这两种方式各有优缺点，因此润滑方案选择是微量润滑技术研究的前提。对于润滑剂易于到达切削区域的加工方式，如较小切削深度的面铣削、车削等，应采取外部微量润滑法。外部微量润滑法的关键问题是如何保证润滑剂进入加工区域。加工深孔、槽、腔等结构时，外部微量润滑方法产生的润滑剂不易到达切削区域，则采取内部微量润滑。内部微量润滑的关键问题在于如何保证润滑剂顺利抵达工作区域。

② 对机床结构的要求。微量润滑的冷却效果一般不理想，加工区域产生的高温容易带来各种负面影响：高温的切屑对操作工人造成危险；工件受温度影响会产生预硬化或变形；机床、刀具和夹具的受热膨胀会导致结构尺寸发生变化，影响加工质量。

鉴于此，合理设计机床结构成为微量润滑技术研究的重点之一。可以将机床整体设计成带有温度补偿功能的结构形式，也可采用辅助的冷却设备和装置降低切削区的温度。微量润滑切削产生的切屑带有大量热，机床应从结构设计上保证切屑的顺利排出。

使用外部微量润滑系统的机床，结构易于布置，安装时应考虑不能妨碍其他部件的工作。对于内部微量润滑系统来说，润滑剂是以悬浮粒子的形式喷射至加工区域的，而悬浮粒子的自由流动情况是传输性能的关键，在机床结构设计时应包含主轴至刀具的过渡段。过渡段路径必须有利于润滑剂流动，润滑剂雾粒入口处需满足密封效果，且不能影响主轴旋转的精度；润滑剂出口位置需确保油剂到达切削区。

③ 刀具的要求。微量润滑的切削过程中，润滑剂吸收的热量很少，多数热量一部分被切屑带走，一部分被刀具吸收，所以对刀具的性能提出了较高的要求。刀具应有优异的耐高温性能；切屑和刀具之间的摩擦系数要小，以减少刃口产生积屑瘤；由于刀具的切削刃在加工过程中承受极大的机械应力和热应力，因此对刃口的硬度、冲击韧度要求更高；刀具几何参数及切削用量的选取要合理，并有利于迅速排屑，减少热量堆积。对于内部微量润滑系统中的刀具来说，首先应根据MQL系统设计相应的刀具内部通道，并重新设计刀具结构参数。其次，刀具应设

计相应的油雾入口及出口，入口处需利于雾粒通过，出口处需做好切屑的防护，否则飞溅的切屑容易破坏润滑剂出口。

④ 加工工艺规划的要求。工艺规划是制造中的重要一环，是一种充分考虑制造加工过程中的资源消耗和环境影响问题的现代工艺规划方法，它通过对制造工艺方法和过程的优化选择和规划设计，提高原材料和能源的利用率，减少废弃物的产生，降低环境污染。MQL 技术虽然已展开研究，但深度还不够，尤其是只在较窄的应用范围内（一定加工材料及方法）应用，在连续生产线中的应用几乎没有。MQL 技术的进一步推广将引起整个工艺规划过程的变化，并对加工过程中工艺参数（如切削速度、进给速度、切削深度、刀具的偏转角度、切削方式以及其他可控参数）的优化、工艺路线优化、机床动态优化调度、工艺过程目标树分析、原材料的优化利用决策等提出新的要求。

⑤ 润滑剂的要求。由于微量润滑使用的润滑剂量极少，又要满足润滑冷却效果，所以要求润滑剂有优异的性能。润滑剂应保证环保性、安全性和可再生性（植物性）；要求润滑剂具有较低的黏度，易于形成雾粒，加工后不易黏附在工件上，从而省去与清洗相关的费用；润滑剂要有很好的渗透性和高的表面附着系数，在切屑和刀具之间形成的润滑膜有较高的韧性，不易破碎，可充分发挥润滑作用；润滑剂需要优良的极压性和防锈性能；由于切削区域温度较高，要求润滑剂具有较高的热稳定性；润滑剂在仓储过程中需要保持稳定的化学性能。

Klocke 等人制作了合成脂作为绿色润滑剂，经切削试验表明，这种润滑剂能够在切削区形成稳固的润滑膜，并有效降低了刀具磨损。此外，也有相关研究使用固体颗粒（石墨、二硫化钼）作为绿色润滑剂，并应用于加工过程中。

⑥ 粉尘处理系统。传统方式使用切削液的过程中，由于受热及刀具的高速旋转，切削液在车间内形成液雾。微量润滑加工状态下，润滑油被雾化为微米级的油粒，虽然不会有大量切削液产生的切削液雾，但由于加工中也有部分油雾飞散，而且 MQL 切削产生大量切削热，废屑干燥，容易形成少量润滑剂雾粒及细微切屑的混合物粉尘。细小的切屑微粒变热，容易黏在切削刀具上，会显著缩短刀具使用寿命，而且工人吸入后会严重影响身体健康。因此粉尘处理系统的设计成为机床系统设计的重点，也是影响 MQL 系统能否推广的重要因素之一。

⑦ MQL 相关工作机理的研究。微量润滑技术的实际推广应用需要以机理研究、理论分析为基础，微量润滑技术需要深入研究的相关机理有以下几个方面：不同类型润滑剂对刀具磨损的抑制机理；微量润滑对切削力、切削热的作用机理；微量润滑对刀-屑接触长度的影响机理；微量润滑对工件表面质量的影响机理；微量润滑对不同刀具涂层的适用机理；微量润滑对不同切削参数的可选择性；最佳润滑剂使用量的选择问题等。

3. 微量润滑的工业应用

微量润滑技术是国外较为流行的准干切削方法，已有专门的公司从事微量润滑技术的研发。如德国的 VOGEL Lubrilean、LUBRIX 公司，意大利的 ILC LUBETOOL 公司等。德国的 HPM 公司、Zimmermann 公司、DST 公司、LICON 公司、HAMUEL 公司、vhf camfacture AG 公司和美国的 MAG 公司已销售带有 MQL 功能的机床。各大汽车厂商已将 MQL 技术用于汽车动力系统零部件、气缸孔和变速箱等关键零部件的加工中。如图 5-7 所示为德国 HPM 公司的微量润滑装置。

图 5-7　德国 HPM 公司微量润滑装置

国内北京航空航天大学、南京航空航天大学、广东工业大学、上海交通大学、青岛理工大学、江苏大学、中北大学等均对微量润滑进行了一系列的研究。上海金兆节能科技有限公司成立于 2007 年，为国内最早从事微量润滑装置开发、微量润滑剂研发生产、传统机床微量润滑改造的公司之一，该公司成功为一些制造厂商进行了滚齿机、高速冲床、盘铣、插齿机等类型机床的微量润滑改造，如图 5-8 所示。

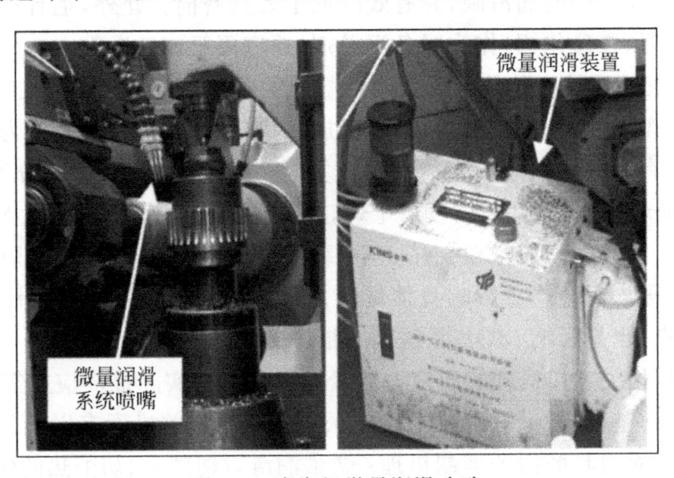

图 5-8　滚齿机微量润滑改造

5.2.2　增材制造

增材制造(additive manufacturing，AM)技术是采用材料逐渐累加的方法制造实体零部件的技术，相比于传统的材料去除-切削加工技术，是一种“自下而上”的制造方法。美国材料与试验协会(ASTM)对增材制造的定义为：增材制造是依据三维CAD数据将材料逐层累积连接制造物体的过程[10]。近20年来，增材制造技术取得了快速的发展，快速原型制造(rapid prototyping)、三维打印(3D printing)、实体自由制造(solid free-form fabrication)之类各异的叫法分别从不同侧面表达了这一技术的特点。增材制造技术是20世纪80年代后期发展起来的新型制造技术。2013年美国麦肯锡咨询公司发布的"展望2025"报告中，将增材制造技术列入决定未来经济的十二大颠覆技术之一。相对于传统的减材制造工艺，增材制造工艺能减少原材料消耗，实现复杂形状零部件的制造，属于典型的绿色制造工艺。

5.2.2.1 增材制造的内涵

1. 概念

关桥院士提出了"广义"和"狭义"增材制造的概念，"狭义"的增材制造是指不同的能量源与CAD/CAM技术结合、分层累加材料的技术体系；而"广义"增材制造则以材料累加为基本特征，以直接制造零部件为目标的大范畴技术群。增材制造技术自20世纪80年代末开始发展，期间又先后被称为材料累加制造(material increase manufacturing)、快速原型制造(rapid prototyping)、分层制造(layered manufacturing)、实体自由制造(solid free-forming fabrication)、3D打印技术(3D printing)等。其内涵仍然在随着时代的发展和技术的进步不断深化，外延也在不断地扩展，应用于更为广泛的领域。增材制造技术综合了计算机图形处理技术、数字化信息与控制、激光加工技术、新材料应用等多项高新技术领域，同时，因为其自由成形等优点被誉为将带来"第四次工业革命"的新技术。增材制造技术按照不同的分类方式可以有着多种不同的划分，按照工艺方法进行分类如图5-9所示。

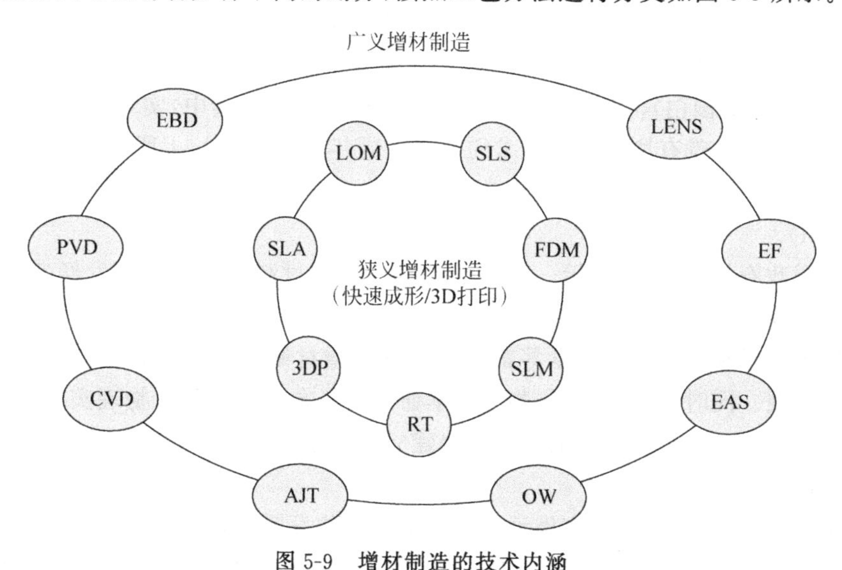

图5-9 增材制造的技术内涵

增材制造成形材料包含了金属、非金属、复合材料、生物材料甚至是生命材料,如果按照加工材料的类型分类,增材制造工艺可以分为金属材料成形、无机非金属材料成形、高分子材料以及生物材料成形等;成形工艺能量源包括激光、电子束、特殊波长光源、电弧以及以上能量源的组合,如果按增材制造过程中的热源方式分类,可以分为激光束、电子束、等离子束等高能束流建造方式以及光固化、喷涂黏结、熔融沉积等一般热源建造方式。高能束流快速制造主要面向金属材料的增材制造,在工业领域最为常见,尤其在航空航天领域用于对单件、大尺寸高性能合金的直接制造,是目前发展最快的一个方向。

2. 增材制造的发展

20 世纪 50 年代以来,信息技术的发展,推动了传统制造技术的不断更新以及新兴制造技术的不断出现。60 年代出现的数控技术(NC)为制造业带来了变革,改变了传统制造业机械加工手动操作的方式。80 年代中后期出现并迅速发展起来的快速成形技术(RP)或称为自由成形技术(FFF),基于离散堆积原理以逐层添加的方式制造产品,无需工具和模具,变革了传统的材料去除加工及材料凝固成形与塑性成形等生产方式,使得产品的制造更为便捷,顺应了多品种、小批量、快成形的生产模式,满足了机械零部件及产品等单件或小批量的快速、低成本制造的需求。

同时,材料逐渐累积的制造方式具有高度的柔性,可实现复杂结构产品或模型的整体制造及复合材料、功能材料制品的一体化制造,满足文化创意等领域创新设计的实体展现及医学与生物工程领域的个性化制作等需求。以 3D 打印技术或快速原型与制造技术为主的增材制造技术,极大地促进了产品快速制造及其创新设计过程,被预测为即将到来的第四次工业技术革命的引领者[11]。

增材制造技术因为其颠覆性的制造方式,受到了学术界、政府、企业和媒体的广泛关注。增材制造技术为传统制造业的发展注入了新的活力,成为政府推动制造业发展和变革的强力手段,已经被纳入西方国家的国家战略和发展规划中。2012 年 3 月,美国白宫宣布了振兴美国制造业的新举措,其中,实现该项战略的三大背景技术之中就有增材制造技术的身影。同年 8 月,美国 14 所大学、40 余家企业、11 家非营利性机构和专业协会联合成立了美国国家增材制造创新研究所(NAMII)。

英国政府从 2011 年开始一直不断地增加对增材制造技术的研发经费。从最早的拉夫堡大学建立的增材制造研究中心,到现在的诺丁汉大学、谢菲尔德大学、埃克赛特大学和曼彻斯特大学等都相继建立了增材制造研究中心,推动增材制造技术的发展。同时,英国工程与物理科学研究委员会与英国国家物理实验室、波音公司、EOS 公司等研究机构和企业联合建立增材制造研究中心,不断推动增材制造技术的工业化应用。

除了英美外,其他国家在推动增材制造技术的发展上,也采取了多种积极有效的措施。德国建立直接制造研究中心,推动增材制造技术在航空航天领域中结构轻量化方面的应用；法国增材制造协会致力于建立增材制造技术的相关标准；澳大利亚政府于2012年2月宣布增材制造技术在航空航天领域的应用项目——微型发动机增材制造技术项目的启动。日本政府也相继颁布一系列的优惠政策和投入资金来推动增材制造技术的产学研的紧密结合。

我国在推动增材制造技术的发展方面走在世界发展前列。2000年，成立了教育部快速成形制造工程研究中心。2007年，又成立了快速制造国家工程研究中心。科技部也将推动增材制造的发展纳入多个五年计划的内容之中，推动了华中科技大学、西安交通大学和清华大学等多个高校开展快速成形制造研究，研发相关的应用装备。2016年年底建立了支撑增材制造技术发展的研发机构——国家增材制造创新中心，旨在开发创新型增材制造工艺装备，专注于服务产业的共性技术研究，推进增材制造在各领域的创新应用，聚焦技术成熟度介于4～7级的产业化技术的孵化与开发，为我国增材制造领域提供创新技术、共性技术以及信息化、检测检验、标准研究等服务。同时一批省级增材制造创新中心也相继成立或宣布筹建，形成了国家级、省级增材制造创新中心协同布局的发展格局，逐渐形成以企业为主体、市场为导向、政产学研用协同的“1＋N”增材制造创新体系。

3. 增材制造技术特点

传统的切削加工工艺属于减材制造，是将多余材料去除以得到所需工件形状的加工方式，材料利用率相当低，有些大型零部件的材料利用率不足10%。铸造、锻造等材料成形工艺近似于等材制造，可显著提高材料的利用率和生产效率，但是需要特定的工装模具，对于复杂或大型零部件，工艺流程长，装备吨位大。而增材制造技术是采用逐层累加的方式制造工件，材料利用率极高，接近100%，流程短，其特点如下：

(1) 自由成形制造。无需使用工具、模具等而直接制作原型或工件，可大大缩短新产品的试制周期并节省工具、模具费用；同时成形不受零部件的形状复杂度的限制，能够制作任意复杂形状与结构、不同材料复合的原型或制件。越是复杂结构的产品，其制造的速度作用就越显著。

(2) 制造过程快速。从CAD数字模型到原型或制件，一般仅需要数小时或几十小时，对单个的加工过程可能会稍微落后，但对整体的设计、制造过程，相比于传统的成形加工方法快得多。随着个人3D打印机的发展以及成本的逐渐降低，许多产品尤其是日用品，很多人可以在家里进行制造，省去了传统获取产品的从设计构思、零部件制造、装配、配送、仓储、销售到最终消费者手中的诸多复杂的环节。从产品构思到最终增材制造技术也更加便于远程制造服务，用户的需求可以得到最快的响应。

(3) 添加式和数字化驱动成形方式。无论哪种增材制造工艺，其材料都是通过逐点、逐层以添加的方式累积成形的。这种通过材料添加和制造产品的加工方式是增材制造技术区别于传统机械加工方式的显著特征。

(4) 突出的经济效益。在多品种、小批量、快成形的现代制造模式下，增材制造技术无需工具、模具而直接在数字模型驱动下采用特定材料堆积出来，可显著缩短产品的开发与试制周期，节省工具、模具制造成本的同时也带来了显著的时间效益。同时，增材制造技术对材料的利用率非常高，基本所有的原材料都直接用于模型的构件中，对于特定的增材制造技术，如选择性烧结技术，因为不需要支撑材料，所有的原材料全部用于模型的构建中，材料利用率可以达到100%，具有明显的经济价值。

(5) 广泛的应用领域。除了制造原型外，该项技术特别适合新产品的开发、单件及小批量零部件的制造、不规则或复杂形状零部件制造、模具的设计与制造、产品设计的外观评估和装配检验、快速反求与复制，也适合于难加工材料的制造等。这项技术不仅在制造业具有广泛的应用，而且在材料科学与工程、医学与生物工程、文化与艺术以及建筑工程等领域也有广阔的应用前景[12]。增材制造技术面向航空航天、轨道交通、新能源、新材料、医疗仪器等战略新兴产业领域已经展示了重大价值和广阔的应用前景，是先进制造的重要发展方向，是智能制造不可分割的重要组成部分。

5.2.2.2 增材制造实现方式及其主要工艺

1. 实现方式

增材制造有各种工艺方式，但其工作流程都可以分为CAD建模、分割为二维图形信息、打印为三维模型、后处理等，如图5-10所示。

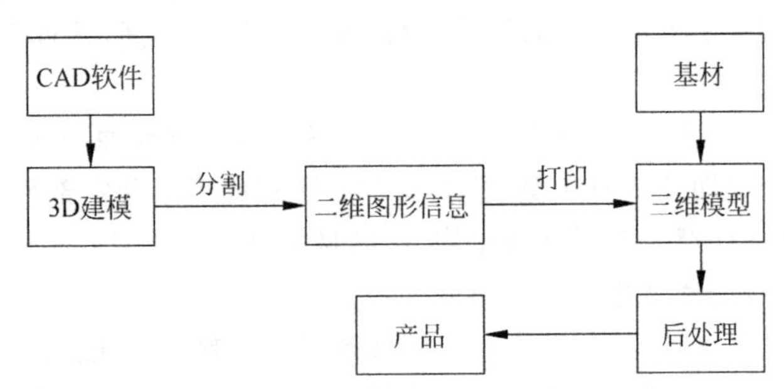

图5-10 增材制造的一般工作流程

1) CAD软件及3D建模

各种增材成形制造系统的原型制造过程都是在CAD模型的直接驱动下进行的，CAD模型在原型的整个制作过程中相当于产品在传统加工过程中的图样，它为原型的制作过程提供数字信息。

目前国际上商用的造型软件Pro/E(或称CREO)、UGII、CATIA、Cimatron、Solid Edge、MDT等的模型文件都有多种输出格式，一般都提供了能够直接由增材成形制造系统中切片软件识别的STL数据格式。STL数据格式由美国3D

Systems 公司首先推出，内容是将三维实体的表面三角形化，并将其顶点信息和法矢有序排列而生成的一种二进制或 ASCII 信息，已经成为增材制造的通用格式。

同时，在 3D 模型建立之前，就必须考虑到模型的加工方向和加工位置，因为模型的摆放方位是十分重要的，不但影响制作时间和效率，更加影响后续支撑的施加和原型的表面质量等，因此需要综合考虑上述各种因素来确定。一般情况下，从缩短原型制作时间和提高制作效率来看，应该选用尺寸最小的方向作为叠层方向。但是，有时为了提高原型制作质量以及提高模型关键尺寸和形状的精度，需要将较大尺寸方向作为叠层方向来摆放，有时为了减少支撑量，以节省材料和方便后处理，也经常采用倾斜摆放。确定摆放方位以及后续的施加支撑和切片处理等都是在分层软件系统上实现的。

2) 施加支撑

摆放方位确定后，就可以施加支撑。施加支撑在某些加工工艺中是必需的，但在另外一些工艺中，可能就不需要，例如 LOM 叠层实体制造技术和 SLS 激光烧结成形工艺。

对于某些特殊的加工方式和加工模型，需要施加支撑。对于结构复杂的数据模型，支撑的施加既费时而且要求很高，支撑施加的好坏直接影响原型制作的成功与否以及制作质量。支撑的施加可以手动进行也可以自动添加，软件施加的支撑一般都需要人工检查和修正。为了便于在后处理步骤中除去支撑以获得优良的表面质量，目前比较先进的支撑类型为点支撑，即在支撑与需要支撑的模型面是点接触。支撑结构在增材制作模型中是与原型同时制作的，支撑结构除了能够确保原型的每一结构部分都能够可靠固定之外，还有助于减少原型在制作过程中发生翘曲变形。目前可溶性支撑也是一个发展方向。

3) 三维模型的切片分割

在增材成形设备中，除了成形关键零部件之外，还必须配备将 CAD 数据模型切片的专用切片软件。由于增材成形是按照一层层截面轮廓进行加工，因此加工前必须在三维模型上，用切片软件沿成形高度方向，每隔一定间隔进行切片分割处理，以便提取各层截面的轮廓。间隔的大小根据被成形件的精度和生产率的要求来选定。间隔越小，精度越高，但成形时间越长；反之亦然。间隔的范围根据具体的增材成形设备来选定，一般为 0.05～0.5mm，常用 0.1mm 左右，在此取值下，能够得到较为光滑的成形曲面。切片间隔选定之后，成形时每层叠加的材料厚度应与其相适应。显然，切片间隔不得小于每层叠加的最小材料厚度。

4) 后处理

从增材成形设备上取下的工件需要进行后处理才能够完成整个成形过程，变成可用的模型。后处理一般包括去除废料、去除支撑、修补、打磨、抛光和表面强化处理等。

(1) 余料去除。余料去除是将成形过程中产生的废料、支撑结构与工件分离。

余料去除是一项细致的工作，在某些情况下也很费时间。在除去支撑构件的时候，注意不要破坏模型原有的结构。

(2) 后置处理。为了使原型表面状况或机械强度等方面完全满足最终需求，保证其尺寸稳定性及精度等方面的要求，在零部件的表面不够光滑，其曲面上存在因为分层而造成的小台阶或缺陷等，原型的薄壁和某些小特征结构可能强度、刚度不足，原型的某些尺寸、形状不够精确，制件的耐温性、耐湿性、耐磨性和表面硬度不够满意，制件表面颜色不符合产品的要求等情况下，需要对原型进行后置处理，通常所采用的后置处理工艺是修补、打磨、抛光和表面涂覆等。

2. 主要工艺

结合增材制造的实现流程，目前应用较为广泛的增材制造工艺主要有光固化成形工艺(stereo lithography apparatus，SLA)、选择性烧结工艺(selective laser sintering，SLS)、激光工程化净成形工艺(laser engineering net shaping，LENS)、电子束熔化工艺(electron beam melting，EBM)、三维喷涂黏结工艺(3-dimension printing，3DP 或 3-dimension printing gluing，3DPG)、箔材黏结成形工艺(laminated object manufacturing，LOM)、电弧喷涂成形工艺(arc spraying process，ASP)、气相沉积成形工艺(physical/chemical vapor deposition，PVD/CVD)、堆焊成形工艺(overlay welding，OW)或喷焊成形工艺(spraying welding，SW)等。将上述各种增材制造工艺方法依据使用的材料及其构建技术进行分类[11]，如表 5-1 所示。

表 5-1　增材制造工艺分类

增材制造	液态材料	光固化成形	逐点固化(SL、LTP、BIS) 逐层固化(SGC) 全息干涉固化(HIS)
		电铸成形	ES
		冷却固化	逐点固化(BPM、FDM、3DW、ASP) 逐层固化(SDM、PVD、CVD)
	薄层材料	热熔胶黏结薄材	LOM
		光照黏结薄材	SFP
	粉末材料	热熔冷却	激光烧结熔化(SLS、GPD、SLM、EBM) 电弧熔化(ASP、OW、SW) 火焰熔化(SW)
		黏结剂黏结粉材	3DP、SF、TSF

1) 熔融沉积工艺

熔融沉积成形(fused deposition modeling，FDM)是由美国学者 Scott Crump 于 1988 年研制成功的成形工艺，是目前市面上最常见的 3D 打印技术。随后，美国 Stratasys 公司推出了基于 FDM 工艺的 3D Modeler 1000、1100、1600 三种商品化设备[13]，该公司也是目前国际上最先进的FDM打印设备制造商，产品覆盖工业级、桌面级的多个系列。

FDM工艺一般采用低熔点丝状材料，如PLA或ABS塑料丝，由于FDM工艺不采用高成本的高能量密度激光热源，而是在喷头内以电加热的方式将丝材加热到熔融状态，因此难以采用高熔点的材料。

FDM系统主要包括喷头、送丝机构、运动机构、加热工作室、工作台5个部分，如图5-11所示。喷头是最复杂的部分，材料在喷头中被加热熔化，喷头底部有一喷嘴供熔融的材料以一定的压力挤出，喷头沿零部件截面轮廓和填充轨迹运动时挤出材料，与前一层黏结并在空气中迅速固化，如此反复进行即可得到实体零部件。

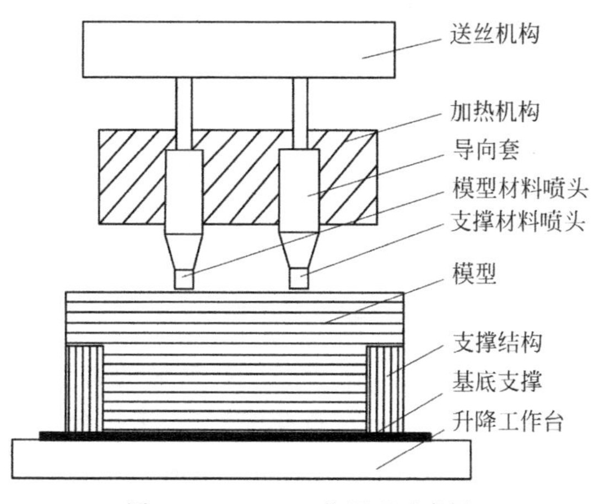

图5-11　FDM工艺原理示意图

由于FDM过程无需激光，采用的丝材可以采用卷轴输送，成形过程中也不产生废料，热熔喷头尺寸也相对较小，因此该工艺设备适用于办公环境的台面化。近年来，国内外众多大小公司相继推出各式各样的基于FDM方法的小型桌面级3D打印机，其尺寸可小至500mm以下，质量轻至十几千克，很多桌面级3D打印机售价降至5000元人民币以下[13]。FDM成为目前市面上最受欢迎，也是应用最为广泛的增材制造工艺之一。FDM工艺也存在一定的不足：只适用于中小型模型件的制作；成形零部件的表面条纹比较明显；厚度方向的结构强度比较薄弱，因为挤出的丝材是在熔融状态下进行层层堆积，而相邻截面轮廓层之间的黏结力是有限的，所以成形制件在厚度方向上的结构强度较弱；成形速度慢、成形效率低。

2）光固化成形工艺

光固化成形工艺（SLA），通常也被称为立体光刻成形工艺。Charles W. Hull在UVP公司的支持下，完成了一个能自动建造零部件的完整系统SLA-1并于1986年获得该系统的专利[11]。

SLA工艺的成形过程如图5-12所示。液槽中盛满液态光敏树脂，氦-镉激光器或氩离子激光器发出的紫外激光束，在控制系统的控制下按零部件的各分层截

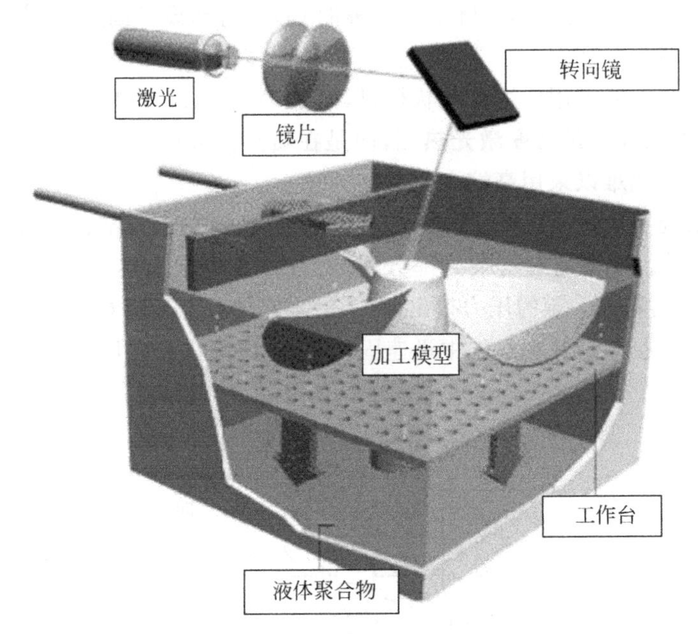

图 5-12　SLA 工艺原理示意图[14]

面信息在光敏树脂表面进行逐点扫描，使被扫描区域的树脂薄层产生光聚合反应而固化，形成零部件的一个薄层。一层固化完毕后，工作台下移一个层厚的距离，以使在原先固化好的树脂表面再附上一层新的液态树脂，刮板将黏度较大的树脂液面刮平，然后进行下一层的扫描加工，新固化的一层牢固地黏结在前一层上，如此重复直至整个零部件制造完毕，得到一个三维实体模型。

SLA 工艺相比于 FDM 工艺，其工件表面质量好，尺寸精度高，可以制作结构复杂、尺寸比较精细的模型；但是因为工艺中需要激光器的参与，因此设备运转及维护费用较高，而且液态树脂的制作和保存都具有严格的条件，打印的产品脆性较大，限制了它的进一步应用。如何控制 SLA 工艺的精度是众多研究者和学者必须考虑的一个问题。尽管可以通过多种方法来提高制件的成形精度，例如直接对三维 CAD 模型进行分层以避免 STL 文件转换过程中造成的误差和通过改进激光扫描方式也可以减小制件的内应力和形变量来提高制件的精度等方法都可以实现对精度的控制。但是在整个成形工艺过程中，其工艺路线和工艺参数对制件的精度也存在着很大的影响，仍然需要进一步的研究。另外，SLA 工艺的加工成本、生产效率及制件性能也是需要在整个成形过程中考虑的重要因素。

3）选择性烧结工艺

选择性烧结工艺(SLS)也可以称为粉末激光烧结工艺。该工艺方法最初是由美国得克萨斯大学奥斯丁分校的 Carl Deckard 于 1989 年在其硕士论文中提出的，并由 Carl Deckard 组建的 DTM 公司将其推向市场，于 1992 年开发了基于 SLS 的商业成形机 Sinterstation。DTM 公司于 1994 年推出 Rapid Steel 制造技术，在

SLS-2000 系统中烧结表面包覆树脂材料的铁粉，初次成形零部件后，置入铜粉中再一起放入高温炉进行二次烧结制造出注塑模具，此模具在性能上相当于 7075 铝合金，可以注塑 5 万件。在国内，华中科技大学、南京航空航天大学、北京隆源自动成形系统有限公司等都对 SLS 技术进行了深入的研究。

SLS 工艺是利用粉末材料（金属粉末或非金属粉末）在激光照射下烧结的原理[15]，在计算机控制下层层堆积成形（图 5-13）。其基本原理和 SLA 工艺很相似，主要区别在于 SLA 工艺使用的为液态的紫外线光敏树脂，而 SLS 工艺使用的是粉状的材料。也因为此，SLS 工艺理论上可以使用任何可熔粉末来制造模型，扩展了其应用范围，目前该工艺已得到较广泛的商业应用。

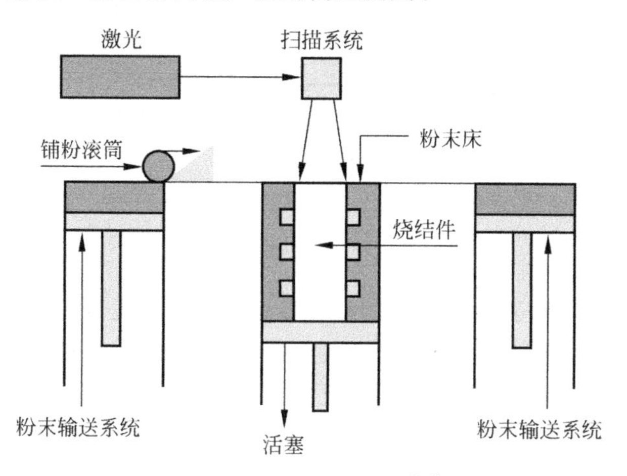

图 5-13　SLS 工艺原理[12]

SLS 工艺使用粉末材料作为成形原料，因此，相对于其他成形工艺，其可以使用多种粉末材料进行模型制造以适应不同的需要。而且，在模型制造过程中不需要支撑结构，使其材料利用率基本为 100%；但是在激光烧结过程中需要较为复杂的辅助工艺，如必须加入阻燃气体等，且模型的表面因为粉体的存在会比较粗糙。

4）选择性激光熔化成形工艺

选择性激光熔化成形工艺（SLM）是在 SLS 工艺基础之上发展起来的一种快速成形工艺。SLM 工艺是 2000 年左右出现的一种新型增材制造技术，德国 Fraunhoafer 激光技术研究所（FILT）最早深入探索了激光完全熔化金属粉末成形。世界上第一台应用光纤激光器的 SLM 设备（SLM-50）由英国 MCP 集团管辖的德国 MCP-HEK 分公司 Realizer 于 2003 年年底推出。国内 SLM 设备的研发与欧美发达国家相比，整体性能相当，但在核心的激光器方面主要依赖进口，国产激光器在功率和稳定性方面仍显不足。

SLM 是利用金属粉末在激光束的热作用下快速熔化、快速凝固的一种技术，基本原理[16,17]是利用计算机三维建模软件（UG、Pro/E 等）设计出零部件实体模型，然后用切片软件将三维模型切片分层，得到一系列截面的轮廓数据，输入合适的工艺参数，由轮廓数据设计出激光扫描路径，计算机控制系统将按照设计好的路径控制激光束逐层熔化金属粉末，层层堆积形成实体金属零部件(图 5-14)。

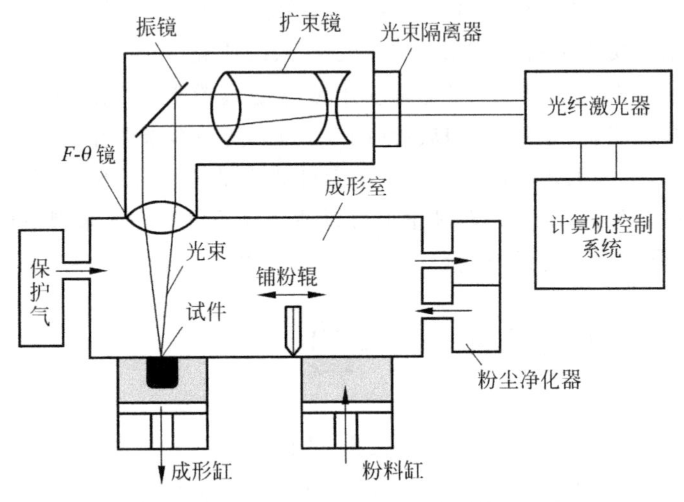

图 5-14 SLM 工艺原理[16,17]

SLM 工艺生产的金属零部件的致密度超过 99%，优良的力学性能与锻造相当；粉末完全熔化，所以尺寸精度很高(可达±0.1mm)，表面粗糙度较好(Ra 为 20～50μm)；选材广泛，利用率极高并且省去了后续处理工艺，在高端金属零部件的增材制造中应用较为广泛。然而 SLM 工艺也存在一些缺陷，如 SLM 设备昂贵，制造速度偏低，工艺参数很复杂，需要加支撑结构[17]。

5) 电子束选区熔化成形工艺

电子束选区熔化成形(selective electron beam melting，SEBM)是另一种以 PBF 为基础的增材制造工艺。1995 年，美国麻省理工学院联合普惠提出利用电子束作能量源将金属熔化进行增材制造的设想，并利用它加工出大型涡轮盘件。随后于 2001 年，瑞典 Arcam 公司在粉末床上将电子束作为能量源，申请了国际专利 WO01/81031，并在 2002 年制造出 SEBM 工艺的原型机 Beta 机器，2003 年推出了全球第一台真正意义上的商品化 SEBM 设备 EBM-812，随后又陆续推出了 A1、A2、A2X、A2XX、Q10、Q20 等不同型号的 SEBM 设备。除瑞典 Arcam 公司外，德国奥格斯堡 IWB 应用中心和我国清华大学、西北有色金属研究院、上海交通大学也开展了 SEBM 成形装备的研制。2004 年清华大学申请了我国最早的 SEBM 成形装备专利并开发了国内第一台实验室 SEBM 成形装备，最大成形尺寸为 ϕ150×100mm。

在真空环境中，采用高能高速的电子束选择性地熔化金属粉末层或金属丝，熔化成形，层层堆积直至形成整个实体金属零部件。SEBM 工艺基本原理如图 5-15 所示。

SEBM 工艺具有成形速度快、无反射、能量利用率高、在真空中加工无污染和

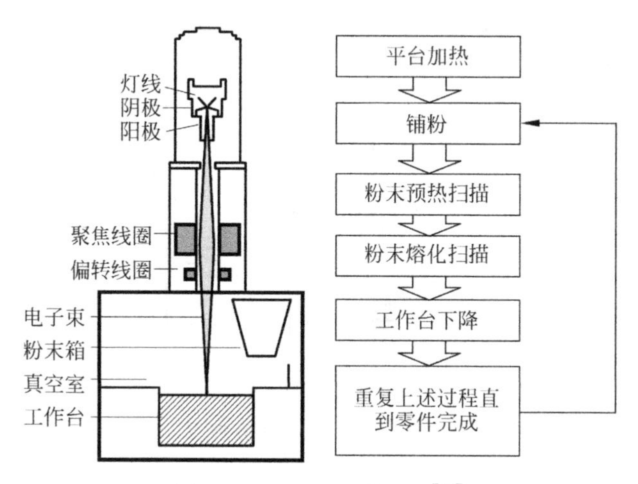

图 5-15 SEBM 工艺原理[18]

可加工传统工艺不能加工的难熔、难加工材料等优点。而 SEBM 工艺的缺点是：需要专用的设备和真空系统，成本昂贵；打印零部件尺寸有限；在成形过程中会产生很强的 X 射线，需要采取有效的保护措施，防止其泄漏对试验人员和环境造成伤害[18]。

6）激光工程化净成形工艺

激光工程化净成形（LENS）是在激光熔覆技术的基础上结合 SLS 工艺发展起来的一种金属 3D 打印工艺，也有资料将 LENS 译成激光近形制造技术或者激光近净成形技术。LENS 工艺是在激光熔覆工艺基础上产生的一种激光增材制造技术，其思想最早是在 1979 年由美国联合技术研究中心（UTRC）D. B. Snow 等人提出的。1996 年，美国 Sandia 国家实验室与美国联合技术公司（UTC）联合开发了 LENS 工艺。国内在 LENS 工艺方面的研究起步较晚，1995 年，西北工业大学凝固技术国家重点实验室提出了金属材料的激光立体成形技术思想，并开展了前期探索性研究。此外，北京航空航天大学、西安交通大学、南京航空航天大学、华中科技大学、天津工业大学、苏州大学等研究单位也展开了 LENS 工艺相关研究。

LENS 工作原理与 SLS 工艺相似，采用大功率激光束，按照预设的路径在金属基体上形成熔池，金属粉末从喷嘴喷射到熔池中，快速凝固沉积，如此逐层堆叠，直到零部件形成（图 5-16）。

LENS 工艺与常规的零部件制造方法相比，极大地降低了对零部件可制造性的限制，提高了设计自由度，可制造出内腔复杂、结构悬臂的金属零部件，能制造出化学成分连续变化的功能梯度材料，并且还能对复杂零部件和模具进行修复。但由于使用的是高功率激光器进行熔覆烧结，经常出现零部件体积收缩过大、热应力较大、尺寸精度较低的问题，并且烧结过程中温度很高，粉末受热急剧膨胀，容易造成粉末飞溅，浪费金属粉末[19]。

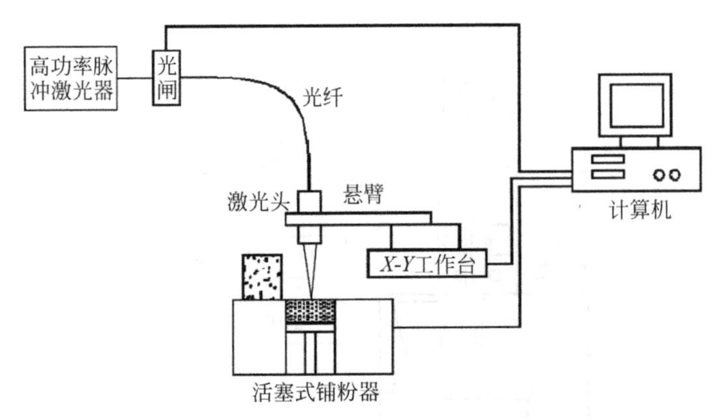

图 5-16 LENS 工艺原理[19]

5.2.2.3 应用发展

相对于有着近 150 年发展历史的传统减材制造技术，增材制造技术从出现到现今 40 多年的发展，面向航空航天、轨道交通、新能源、新材料、医疗仪器等战略新兴产业领域已经展示了重大价值和广阔的应用前景，是先进制造的重要发展方向。

1. 工业制造领域的应用

增材制造技术起源于制造业战略从规模化生产到个性化需求的变迁。以快速成形工艺为代表的材料累积式成形技术出现的 10 年间，其快速原型的 Fit/Form/Function 在新产品开发中的显著作用有力地推动了制造业快速响应市场的需求。增材制造技术在工业制造领域的应用主要体现在以下几个方面[20,21]。

(1) 新产品开发过程中的设计验证和功能验证。增材制造技术可以快速地将产品设计的 CAD 模型转化为物理实物，这样可以方便地验证设计人员的设计思想和产品结构的合理性、可装配性、美观性，发现设计中的问题可及时修改。如果不进行设计验证而直接投产，一旦存在设计失误，就会造成极大的经济损失。

(2) 可制造性、可装配性检验和供货询价、市场宣传。对有限空间的复杂系统，如汽车、卫星、导弹的可制造性和可装配性用增材制造方法进行检验和设计，将大大降低此类系统的设计制造难度。对难以确定的复杂零部件，可以利用增材制造技术进行试生产以确定最佳工艺。此外，增材制造技术中的快速原型还是产品从设计到商品化各个环节中进行交流的有效手段。

(3) 单件、小批量和特殊复杂零部件的直接生产。对高分子材料的零部件，可用高强度的工程塑料直接增材制造，满足使用要求；对复杂金属零部件，可通过 SLM 等工艺获得。该项应用对航空、航天和国防工业具有特殊意义。

(4) 快速模具制造。通过各种转换技术将产品原型转换成各种快速模具，如低熔点合金模、硅胶模、金属冷喷模、陶瓷模等，也可以进行模具型芯镶嵌件以及铸造砂型的直接制作，进行中小批量零部件的生产，满足产品更新换代快、批量越来越小的发展趋势。

增材制造技术的应用领域几乎包括了工业制造领域的各个行业，随着人们物质生活水平的不断提高，该项技术必将在制造工业中得到越来越广泛的应用。

1）汽车领域

汽车制造业是增材制造技术应用效益较为显著的行业，在汽车外形及内饰件的设计、改型、装配试验、发动机、气缸头等复杂外形的试制中均有应用。世界上几乎所有著名汽车厂商都较早地引入了增材制造技术辅助其新车型的开发，并取得了显著的经济效益和时间效益。

世界上首款利用增材制造技术生产的汽车如图5-17所示，这辆被称为Urbee 2的双座汽车由美国Stratasys公司和加拿大Kor Ecologic公司联合设计，包括玻璃嵌板在内的所有外部组件都是利用增材制造工艺中的熔融沉积工艺生产制成[22]。

图5-17　全球首辆利用增材制造技术生产的汽车——Urbee 2

增材制造技术不仅在汽车外形制造方面有着广泛的应用，在汽车内部零部件的设计过程中也扮演着重要的角色。图5-18所示为汽车通风口试制模型，用来验证通风口的风道、外形和可装配性等，在快速迭代的设计过程中，增材制造技术凭借着快速、易行的优势，有着十分重要的地位。

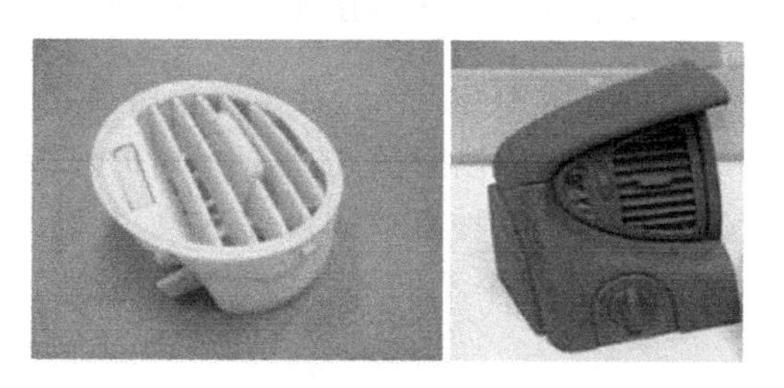

图5-18　使用增材制造技术生产的汽车通风口原型

曲轴是发动机中最重要的部件，它承受连杆传来的力，并将其转变为转矩通过曲轴输出并驱动发动机上其他附件工作。曲轴受到旋转质量的离心力、周期变化的气体惯性力和往复惯性力的共同作用，使曲轴承受弯曲扭转载荷的作用。因此要求曲轴有足够的强度和刚度，轴颈表面须耐磨、工作均匀、平衡性好，如图 5-19(a)所示。这些因素决定了曲轴的基本形状。曲轴设计已经基本成形，而日本本田汽车公司希望通过创新性设计，将曲轴减重 30%。其采用的方法就是将创成式设计与增材制造技术相结合。

以往本田采用的设计方式是设计师根据经验提出设计方案，然后进行分析和完善。在新的轻量化曲轴设计中，研发部门与软件企业合作进行轻量化零部件设计。本田向软件企业提供有关曲轴质量和各种操作限制的数据，软件中的创成式设计技术，快速生成了满足要求的首批曲轴设计原型，而设计师可以将首批设计中得到的反馈快速应用于下一步的设计工作。首批原型的数据使本田重新考虑了曲轴的材料布局和强度标准，从而为零部件带来了新的边界条件。在此基础上，团队开展了第二批曲轴模型设计。新的曲轴设计最终实现了 50%的减重，超出了最初设定的减重目标，但零部件的刚度和强度是否满足要求，仍需要进行验证。本田设计团队将通过创成式设计开发的轻量化曲轴原型安装到发动机上进行性能测试，并获得了大量数据。软件企业使用本田测试的数据改进其创成式设计的流程。本田通过创成式设计得到了多种需要考虑设计限制的模型，例如适合增材制造的模型、基于模具制造及 5 轴加工的模型。适合增材制造的曲轴模型(图 5-19(b))，揭示了实现曲轴增材制造的可能性。

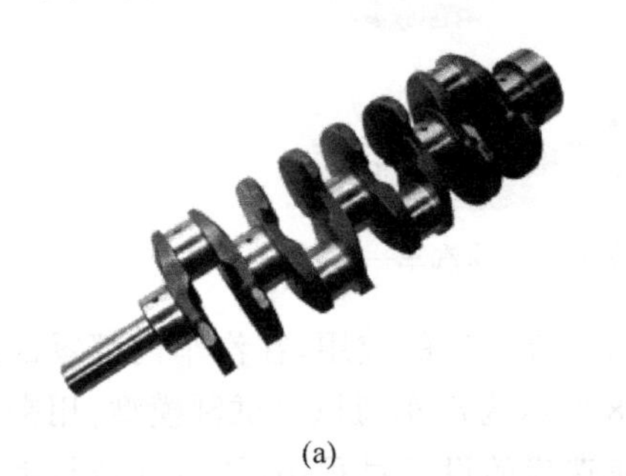

(a)

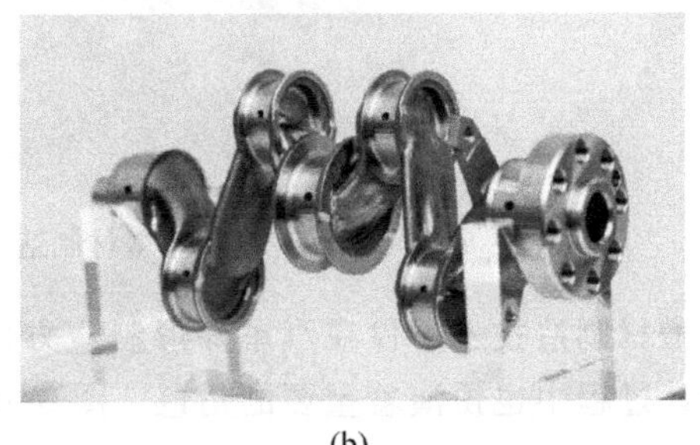

(b)

图 5-19　传统曲轴与增材制造的曲轴原型

(a) 传统曲轴；(b) 增材制造的轻量化曲轴原型

通用汽车密歇根州沃伦技术中心重新设计了汽车座椅支架——座椅安全带固定部位。只需定义零部件要实现的性能参数(包括所需的连接点、强度和质量)，采用创成式设计软件产生了超过 150 种有效的设计选项，新设计比原来的部件质量减轻 40%，强度增加 20%，并将 8 个不同部件通过增材制造技术集成到了一个部件中。

城市电动汽车 Fun Utility Vehicle(FUV)中应用了创成式设计技术与增材制造的轻量化零部件，包括摆臂、转向节、上控制臂和制动踏板。设计人员使用创成式设计平台，首先将 CAD 文件导入平台，然后定义加载和设计标准，很快就可以获得验证并可以进行增材制造的设计。设计人员只需设置性能要求、零部件负载和要减少的质量，然后很快就会产生优化的设计结果，同时对零部件进行有限元分析。最终，后摇臂的质量比原始零部件减轻了34%；与原始零部件相比，转向节的质量减轻了36%；与原始零部件相比，上控制臂的质量减轻了52%；与原始零部件相比，制动踏板的质量减轻了49%。

因此，将新的设计方法与增材制造技术相结合是实现汽车轻量化和节能减排的重要途径。

2）航空航天领域

航空航天产品具有形状复杂、批量小、零部件规格差异大、可靠性要求高等特点，产品的定型是一个复杂而精密的过程，往往需要多次设计、测试和改进，耗资大、耗时长。增材制造技术以其灵活多样的工艺方法和技术优势在现代航空航天产品的研制和开发中具有独特的应用前景。

航空领域需求的许多零部件通常都是单件或者小批量，采用传统制造工艺，成本高、周期长。随着航空航天技术的发展，零部件结构越来越复杂，力学性能要求越来越高，质量要求越来越轻，传统制造工艺很难满足这些要求。借助增材制造技术制作的模型进行试验，直接或间接地利用增材制造技术制作产品，可以满足这些需求，具有明显的经济效益和时间效益。

中国C919大型客机风挡在高速飞行时要承担巨大的动压，其窗框由钛合金制成。国内首创用增材制造技术成功制造了C919飞机中央翼缘条钛合金大型主承力构件，如图5-20所示。该中央翼缘条最大尺寸达2.83m，是大型钛合金构件，传统方法零部件的加工去除量非常大，对制造技术和装备的要求非常高，需要大规格锻坯、大型锻造模具以及万吨以上的重型液压成形装备，制造工艺相当复杂，生产周期长，制造成本高。西北工业大学与中国商用飞机有限公司合作，应用SLS工艺完成了中央翼缘条的制造，最大变形量小于1mm，实现了大型钛合金复杂薄壁结构件的精密成形。相比于现有技术，可大大提高制造效率和精度，显著降低成本，另外，传统锻件毛坯重达1607kg，而利用激光成形技术制造的精坯质量为136kg，节省了91.5%的材料，并且通过性能测试可知，其力学性能比传统锻件更好[23]。

图5-20　C919飞机中央翼缘条

精密熔模制造是一种常用的近净成形制造工艺，可以做到铸造件表面少无切削加工痕迹而直接使用，此种方法生产的铸件尺寸精度高，表面质量好，适合生产形状复杂以及难切削金属材料的金属构件，因此许多航空领域的发动机都是通过精密铸造来完成的，但是对于高精度木模制作，传统工艺非常昂贵且耗时较长。而采用SLA工艺，能够大大降低成本和制作时间。图5-21所示的为基于SLA技术采用精密熔模铸造方法制作的飞机发动机涡轮叶片。

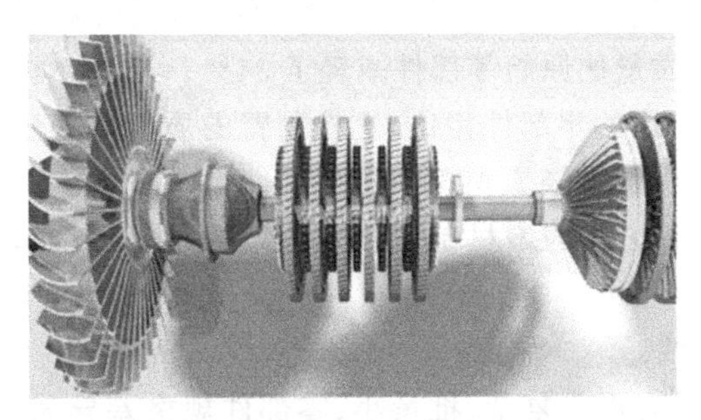

图 5-21 基于 SLA 技术采用精密熔模铸造方法制作的飞机发动机涡轮叶片

以北京航空航天大学、西北工业大学、北京煜鼎增材制造研究院有限公司、西安铂力特增材技术股份有限公司为代表的金属增材制造产学研链条高校和企业，已初步建立了涵盖 3D 打印金属材料、工艺、装备技术到重大工程型号应用的全链条增材制造的技术创新体系，整体技术达到了国际先进水平，并在部分领域居于国际领先水平。除此之外，在航空航天领域，中国航空发动机集团成立了增材制造技术创新中心，旨在推动增材制造燃油喷嘴等零部件逐步走向规模化应用；2018 年发射的"嫦娥四号"中继卫星搭载了多个采用增材制造技术研制的复杂形状铝合金结构件。

3）电子电器领域

随着消费水平的提高以及消费者追求个性化生活方式需求的日益增长，制造业中对电器产品的更新换代日新月异。不断改进的外观设计以及因为功能改变而带来的结构改变，都使得电器产品外壳零部件的快速制作具有广泛的市场需求。在若干增材成形工艺方法中，光固化原型的树脂品质最适合于电器塑料外壳的功能要求，因此光固化成形在电器行业中有着相当广泛的应用。

如图 5-22 所示，可以使用增材制造技术来制造常用的电器产品——台灯的外壳和底座，能够大大提升产品的设计制造效率，并且在满足消费者个性化定制领域有着得天独厚的优势。

图 5-22 使用增材制造技术制作的台灯外壳和底座

2. 医学领域的应用

在 20 世纪 80 年代增材制造就已经在医学领域有了应用，虽然早期的医学应用只占不到 10%的增材制造市场，但医学领域的应用对增材制造技术的发展起到了非常重要的推动作用。运用生理数据采用 SLA、SLM、EBM、LENS、LOM、SLS、3DP、FDM 等增材成形技术快速制作物理模型，对医生、医学研究人员、种植体设计师，甚至病人自身都能够提供非常有益的帮助。

1）医用模型

利用增材制造技术，可将计算机影像数据信息形成实体结构，用于医学教学、辅助诊断、手术方案规划和手术演练等。传统医学教学模型制作周期长，搬运过程中容易受损，且传统方法制作出来的模型无法逼真地展示具有精确内部结构的人体模型。而使用增材制造技术，可在工作现场根据需要随时制作与解剖结构一致的教学模型和手术模型，使教学讲解和学习更为明确和透彻，使手术操作人员能够更好地制定和掌握手术方案，减少手术风险。

图5-23所示为采用3D打印技术制作的人类大脑模型。其展示了大脑的各个部分与其他部分的连接情况和整体的结构，对于教学和展示具有重要的意义。

2）医用种植体

因为人体中各个骨骼的形状不是很规则，使用传统的加工技术难以快速准确地制作出与设计形状完全相符的骨骼模型。而使用增材制造技术可以在短时间内多次验证迭代，节省了大量的制造时间，并且可以减少骨骼移植时的错位，减少了手术的费用[24]。

在医疗领域，我国目前已有5个3D打印医疗器械获得CFDA（中国食品药品监督管理总局）批准上市，尤其是2019年年初，第二类医疗器械定制式增材制造膝关节矫形器获批上市，标志着CFDA认证的增材制造医疗器械正从标准化走向个性化。图5-24所示为使用3D打印技术制作的半骨盆截骨导板。

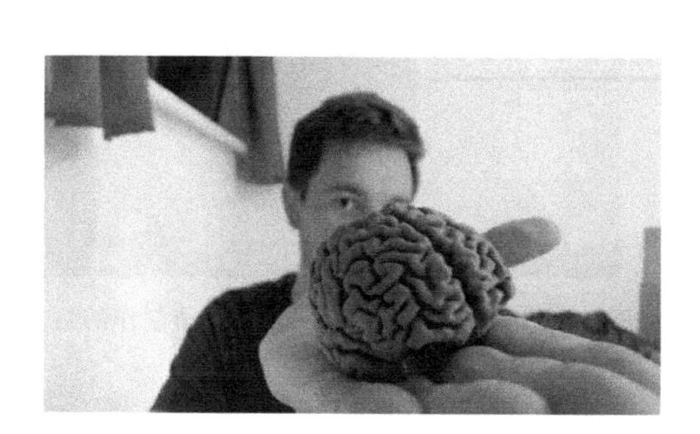

图5-23　使用3D打印技术制作的人类大脑模型

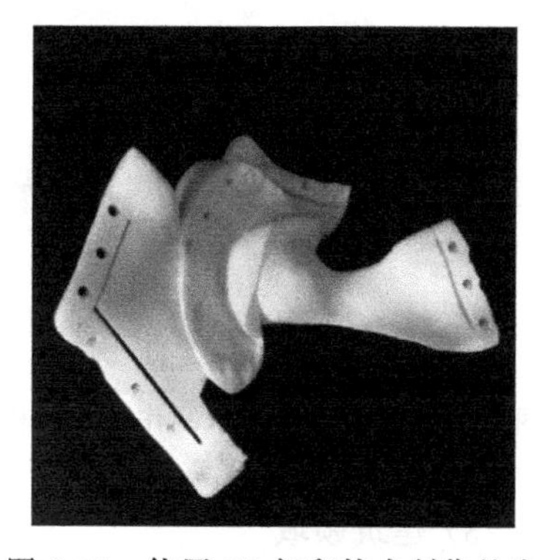

图5-24　使用3D打印技术制作的半骨盆截骨导板

3. 消费领域的应用

增材制造不仅在工业、医学、航空航天等领域有着重要的应用，它也已经渗透到我们生活的方方面面，为我们的生活提供更多的便利。例如鞋子的批量化3D打印技术在制鞋行业已经广泛应用。

1）玩具

传统玩具的设计流程为：构思→手动画平面图→计算机软件画三维图→试制

玩具的零部件→组装验证→返工→再验证。经过若干次重复，最终完成设计过程，然后还需要开模、试生产等一整套烦琐的流程。实践证明，传统的设计流程会造成人力、物力的极大浪费。而利用增材制造技术不但可以简化玩具产品的制作流程，降低制作成本，缩短新产品从设计到实物的时间，而且可以根据具体的需求和创意来定制自己专属的玩具。图5-25为利用增材制造技术制作的玩具模型。

增材制造技术的应用减少了产品研发到走向市场的时间，也降低了企业因为开模不当造成不必要损失的风险。同时使得产品更加个性化，个性化的产品定制对于一般消费者不再是难题。

2) 工艺品

增材制造技术不受结构和形状的限制，能够从传统的制作工艺束缚中解放出来，以设计引导制造，能极大地释放艺术家和设计师的创想和艺术理念。虽然目前增材制造在材料的选择上仍不够丰富，但是也已经能够满足个性化创意产品的需求。当今的时尚设计大师们已经越来越多地使用增材制造技术来进行创意产品的设计和制造。

图5-26为美国Nervous System公司借助增材制造技术打印的灯罩，该灯罩是根据叶脉形成的方式设计的，每个灯罩形状都独一无二，具有极高的艺术价值[25]。

图5-25 增材制造技术制作的玩具模型

图5-26 美国Nervous System公司制作的灯罩

3) 建筑领域

增材制造技术不仅能够打印一些小物件，其应用领域也在朝着大型的结构件方向扩展。意大利发明家Enrico Dini发明了世界上首台大型建筑3D打印机D-shape，该打印机能够使用建筑材料打印出最高4m的建筑物，使增材制造技术有了彻底颠覆传统建筑行业的潜力。

荷兰建筑师Janjaap Ruijssenaars与Enrico Dini合作，使用增材制造技术打印了一座具有流线形状的两层建筑，其具有“莫比乌斯环”一样的形状。由于担心D-shape不能一次打印出整个结构，因此采用分段打印后组装的方法形成外部轮廓，并用钢筋混凝土加固。图5-27为该建筑的效果图[26]。我国同济大学也开发了具有自主知识产权的建筑打印技术。

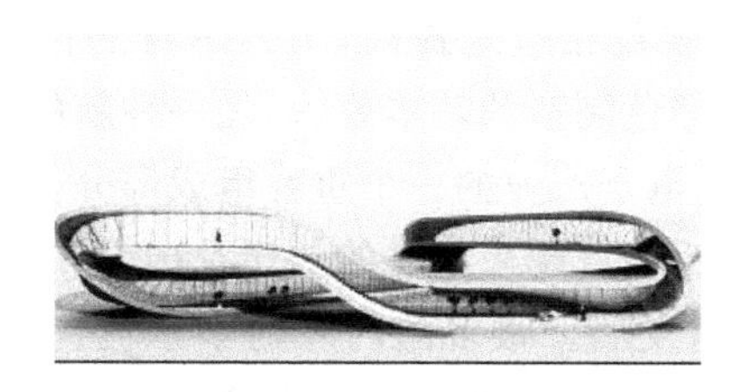

图 5-27　采用增材制造技术打印的建筑

5.2.3　无铅制造工艺

5.2.3.1　无铅制造及其要求

铅锡合金是传统的焊料合金，其焊接温度低，对产品的热损坏少，铅锡合金导电性、稳定性、抗蚀性、抗拉和抗疲劳性、机械强度、工艺性都较好，而且资源丰富、价格便宜，是一种较为理想的电子焊接材料，在电子电器中广泛使用。但铅是对人体有毒有害的物质，它几乎对人体的所有器官都能造成损害，即使人体内吸收了仅仅 0.01μg 的铅，也会对健康造成损害。它危害中枢神经系统及肾脏，造成呆滞、精神错乱、贫血、生殖功能障碍、高血压等慢性疾病，重度铅中毒会导致儿童成为低能儿甚至死亡。铅可以通过废气、废水和固体废物多个渠道对环境造成污染，由于工业化以来铅的利用活动大大增加，扩散到环境中的铅也大幅提高，进而带来人体内血铅含量普遍上升。为了减少铅的使用，欧盟于 2003 年 2 月 13 颁布了 RoHS 指令(The Restriction of the use of Certain Hazardous Substances in Electrical and Electronic Equipment)，要求自 2006 年 7 月 1 日起，在电子类产品中限制铅、汞、镉等 6 种有害物质的使用，要求电子制造业实现无铅化。日本从 2003 年 1 月开始全面推行电子制造无铅化。我国也制定了《电子信息产品污染控制管理办法》，于 2006 年 7 月 1 日始开始实施，2016 年 7 月 1 日起又实施了《电器电子产品有害物质限制使用管理办法》，对铅等有害物质的限用提出了更严格的要求。

关于无铅的定义，国际上目前还没有统一的标准。美国定义铅含量为 0.2%以下为无铅，欧洲定义铅含量为 0.1%以下为无铅，国际标准化组织规定电子封装中铅含量小于 0.1%属于无铅。2000 年英飞凌、飞利浦和意法半导体提出了世界上第一个无铅元器件封装的建议标准，并提出届时在其产品相关材料中的铅含量将不超过 0.1%。所有这些标准都不是一成不变的，它与无铅的测试手段、无铅技术的发展水平有关。我国现有标准通常认为无铅是指电子产品中铅的最高含量不超过质量的 0.1%。基于此，我们可以给出目前阶段无铅制造的定义：无铅制造工艺是指产品制造过程中，保证产品含铅量不超过 0.1%的制造工艺方法，包括无铅材料、元器件、设备、测试技术和回收技术等方面的内容。

无铅制造本身没有额外废弃物的排放，与此同时还能严格限制产品中重金属铅的含量，其环境效益好，在产品的整个生命周期中无需再花费额外的人力物力处理铅污染问题，因此经济效益相应地提高，工人本身的作业环境也更加安全。因此，无铅制造的特点满足绿色制造的基本要求，是一种新的"绿色制造"模式。无铅化是当今蓬勃发展的绿色电子产业的一个重要组成部分。

随着对绿色电子/无铅产业越来越多的关注及国内外法规的不断完善，我国无铅制造技术也得到了迅速发展。很多国内外的学术机构，如 SMTA、IPC、清华大学、中国赛宝实验室、中国电子学会生产技术分会、各地的 SMT 专业委员会等，举办了各种无铅培训活动，为无铅技术的推广提供了非常多的帮助。

因此，无论从环保、立法、市场竞争等方面来看，无铅制造已经迫在眉睫。减少铅的使用主要从焊料、元器件及其涂层、电路板涂层三个方面考虑。

5.2.3.2 无铅制造的实现方式

无铅制造的具体实现方式如下：

1. 无铅焊料

根据环境保护要求及工业实际应用，寻找在电子装配工业中能全面替代 Sn-Pb 的无铅焊料必须满足以下要求。①低熔点：材料的熔点必须低到能避免有机电子组件的热损坏，同时又必须高到能满足现有装配工艺下具有良好力学性能。②润湿性：只有在焊料与基体金属有着良好的润湿时才能形成可靠的连接。③可用性：无铅焊料中所使用的金属必须是无毒的和有丰富供给的。④价格：焊料中所使用的金属的价格是一个因素，同时还要考虑因使用新焊料改变装配线所附加的成本。

几乎所有的无铅焊料的研究都是以 Sn 为主要成分来发展，通过添加 In、Ag、Bi、Zn、Cu 和 Al 等元素构成二元、三元甚至四元共晶合金系。其主要原因是共晶合金有单一、较低的熔点。表 5-2 给出了几种共晶焊料的共晶反应温度和成分。可以看出 SnIn 合金熔点最低，而 SnAu 合金则适合高温下使用。但近年的研究主要集中在 SnAg 和 SnZn 系，Sb 和 In 因具有毒性而被排除，Bi 和 Au 则因价格太高而不适合工业使用。SnAg 系的高熔点可通过加入少量其他组元而降低，Zn 系所固有的易氧化性可通过惰性气体保护安装来避免。

表 5-2 二元合金焊料共晶成分配比及共晶温度[27]

合金系	共晶温度/℃	共晶成分(质量分数)/%
SnCu	227	0.7
SnAg	221	3.5
SnAu	217	10
SnZn	198.5	0.9
SnPb	183	38.1
SnBi	139	57
SnIn	120	51

焊料的"无铅化"并不仅仅是焊料本身，由于熔点提高，焊料的无铅化形成了多个技术难点，电子设备、焊接过程和工艺流程需要进一步改造优化，电子制造的整个供应链包括元器件、电路板、组装企业甚至用户都随着"无铅化"发生了一系列改变。

2. 无铅元器件

元器件的无铅化是指元器件的组成材料中铅的含量小于0.1%，同时元器件的电性能和物理性能均满足无铅工艺的要求。无铅制造工艺中必须按照无铅化标准完善元器件的材料和封装设计，确保元件的高可靠性，避免因焊接过程中的高热对元器件造成热冲击。

1）无铅元器件电极及端子材料

无引脚的元器件，其电极材料主要为AgPd、Ni、Ag或Cu，焊端材料为AgPd、Ag或Cu；有引线的元器件，其电极材料主要为FeNi42合金和Cu。在选择电极材料时需要考虑不同材料间的热匹配性问题，例如FeNi42合金中Fe、Ni能有效地起到抗高温劣化作用，但与Cu电极材料相比，FeNi42合金的引脚焊点在过度老化后容易生成含Ni的化合物而导致焊点开裂，根据实验分析FeNi42合金引脚在经受1000个循环时就开裂，而Cu引脚在经受3000个循环时才开裂，如图5-28所示。导致两种材料早期失效的原因主要是其CTE（热膨胀系数）不一样，FeNi42合金CTE为16×10^{-6}/K，Cu引脚CTE为5×10^{-6}/K，而SAC（锡银铜合金）引脚CTE为22×10^{-6}/K。基于FeNi42合金引脚在过度老化后易于出现起裂现象，因此首先要对FeNi42合金电极材料进行预镀Cu，再对其进行涂层处理。为提高昂贵的元器件的高可靠性，需要在涂层前预镀Ni，或者直接镀Ni/Pd、Ni/Pd/Au或Ni/Au层。常见的无铅BGA（球栅阵列装置）焊球材料为Sn3.8Ag0.7Cu、Sn3.9Ag0.6Cu、SAC305、SAC405、SnCu及SnAg，其中SAC应用较多。为避免因组成BGA焊球的成分太复杂，而导致不同成分间的兼容性问题，一般选用焊球组成成分较少的BGA焊球来保证焊接质量[27]。

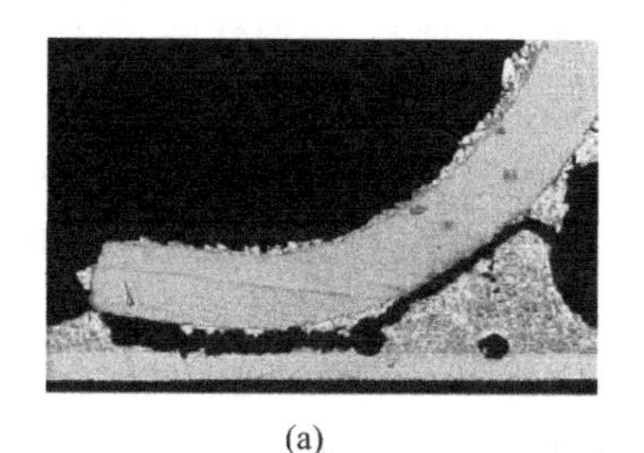
(a)

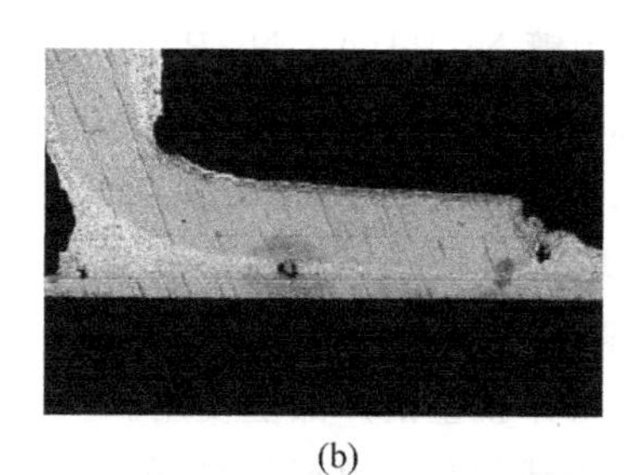
(b)

图5-28 3000循环后SOP引脚点焊界面[27]

(a) FeNi42合金引脚焊点；(b) Cu引脚焊点

2）无铅元器件涂层材料

在无铅元器件涂层材料的选用方面需要考虑诸多因素，例如：无铅元器件的涂层材料是否具有良好的可焊性、电性、润湿性、抗腐蚀性、涂层材料的储存条件与寿命、涂层材料的熔点、涂层厚度控制能力及均匀性、抗晶须能力及机械强度结合力等。另外，还需要在经济性方面考虑材料的供给能力和价格差别。目前，中国台湾和美国的涂层材料普遍使用 SAC 和 Sn，日本在此基础上还广泛使用 SnBi 和 SnCu 等材料。

(1) 纯 Sn 具备较高的可靠性，润湿性好，在焊接性方面适应于各种引脚，同时纯 Sn 不存在合金系统中的成分比例控制问题，与有 Pb 钎料后向兼容。另外，纯 Sn 具备成本较低、工艺技术成熟等优点，这些优点使得纯 Sn 成为半导体制造商应用的首选。但是，纯 Sn 容易产生锡瘟、晶须和 IMC(介面合金共化物)的快速增长等问题，一般禁止纯 Sn 在细间距器件中使用。

(2) SnAg 合金镀层具有良好的可焊性和机械强度结合力，但由于该材料需要较高的成本投入和镀液控制程序及废液回收程序需要较高的工艺等因素，因此，一般不选用 SnAg 合金镀层。

(3) SnBi 合金镀层强度高于 SnPb 材料，可焊性良好，可靠性较高。但是从来源方面考虑，Bi 是伴随铅矿的开发而产出的副产品，Bi 的产量受限于铅的开发程度，随着铅的减产，Bi 的产量也会减少，其价格就会相应地提高。同时，业界仍然对铋的毒性和使用含铅钎料后的兼容性问题存在着争议。而且，在工艺控制方面，SnBi 镀层更为严格，要求更高，材料回收困难，返修的难度相对也较大，因此，SnBi 合金只能在短时间作为镀层材料使用。

(4) SnCu 合金镀层机械强度高、可焊性较高、不容易老化，但其合金成分比例只要有微小的变化就会导致焊点温度出现较大的波动，因此，与 SnBi 合金和纯 Sn 相比较，SnCu 合金镀层的可靠性不高。并且，若以纯 Cu 为基材，则无法准确测量镀层的厚度。另外，由于对镀层成分的精确控制实现较为困难，且以 SnCu 为合金镀层的引脚加工与 42 合金引脚框架无法兼容，因此 SnCu 合金镀层适合作为无铅元器件的涂层材料。

(5) 预镀 Ni/Pd/Au、Ni/Pd 的镀层具有抗拉强度高、润湿性好、简化的封装工艺等优点。缺点是该镀层材料的成本投入较高，焊点可靠性低，与 42 合金引脚框架在引线接合、焊接和成模时存在一定的问题，并且在弯曲时，镀层易断裂。另外，预镀 Ni/Pd/Au 镀层的元器件在与含 Au 镀层的 PCB 焊盘镀层同时使用时，容易发生“金脆”现象。所以，预镀 Ni/Pd/Au、Ni/Pd 镀层只适合在芯片封装和部分元件焊端上等小批量的产品上使用。

针对上述的几种镀层材料，还需要注意的以下 3 个问题：

(1) 以纯锡为基材的镀层厚度问题，当该镀层厚度小于 2.54μm 时，其钎焊性将会急剧降低，只有镀层厚度大于 8μm 才能保证涂层在恶劣的环境中经过 24h 老化后仍具有优良的可焊性。

(2) SnCu 和 SnAg 镀层在可焊性方面会随时间的延长导致氧化现象加重，润湿性变差，而 Ni/Pd/Au、SnBi 等镀层不会出现氧化现象，润湿性基本不变。

(3) 针对涂层材料的处理方法，一般的处理方法主要有3种：①热浸镀(Sn 和无铅合金等)，价格相对便宜，表面色泽光亮，亦被称为亮锡，但该处理方法容易产生锡须；②电镀(Ag、Sn 和无铅合金等)又被称为雾锡电镀，由于电镀存在锡须等问题，为此在电镀前需要添加有机亮光剂，改善该类问题同时增加镀层表面光泽，根据行业的研究结果证明电镀能够获得较令人满意的结果；③化学镀(Ni/Pd/Au、Ni/Au 等)，因 Bi 合金的润湿性很容易受 P 影响，含 Bi 的合金与化学镀涂层接触就会产生不良反应，影响焊点可靠性，所以，目前化学镀还不能取得令人满意的效果。

让元器件符合环保的要求，做到不含铅或其他有毒有害物质其实比较容易。而根据无铅工艺的特点，要满足制造工艺的要求，即做到所谓的工艺适应性好就相当不容易。制造工艺的目的就是实现元器件与 PCB 的互连，达到符合要求的机械强度与电气连接，实现最终的功能需求，而良好可焊性的元器件可使焊点缺陷率低，连接更可靠，同样良好的耐热性能可确保焊接工艺后元器件性能与可靠性不受影响。工艺适应性的核心内容就是可焊性以及耐热性，以及由此引起的相关可靠性问题。

5.2.3.3 应用发展

1. 无铅焊料呈现系列化和多样化

目前，关于无铅焊料使用的选择，还没有一个统一的标准，通常，回流焊用 Sn3.9Ag0.6Cu 系列，波峰焊用 Sn0.7Cu 或者 Sn3.5Ag 较多，手工烙铁焊采用 SnCu、SnAg 或 SnAgCu 系列居多。

在开发新型无铅焊料时，必须考虑新的焊膏能够提供与 Sn/Pb 共晶合金相似的物质、机械、温度和电气性能，同时合金元素的成本、原料来源的充足程度也是必须考虑的因素之一。低温无铅焊料的开发一直是一个热点，如果能够找到一种熔融温度与 Sn/Pb 共晶焊料相接近、应用性能稳定可靠的合金系统，就可以大大降低目前无铅焊接的工艺难度，只需将先前的 Sn/Pb 焊接装置稍加改装，继续用于无铅生产，对企业而言这种焊料的适应性、经济性最理想。一般来说，Cu 的加入主要可以调节焊料的强度，Ag 的加入可以提高焊料的导电性，Zn 和 Bi 主要起到降低焊料熔融温度的作用，但是 Bi 的加入，也会损害焊料的强度，使用时需要兼顾利弊。我国的新型无铅钎料均是在已有的无铅钎料(SnAgCu、SnZn、SnCu 和 SnAg)基础上进行改性，通过添加合金元素、金属颗粒、纳米线等改善钎料的某一性能或者综合性能。

另外，关于无铅焊料开发的各种辅助工具，也渐为人们所重视，如日本东北大学根据合金相图规律开发了一种软件，对于不同合金的元素组合，给出了相应焊料系统的熔融温度，这就极大地方便了新型无铅焊料的开发过程。

2. 无铅元器件正重点突破

对无铅焊料和设备的研究已经有了较好的基础，相对来说无铅元器件是目前无铅化比较薄弱的一个环节，随着世界电子制造业向我国转移，为了降低成本，制造稳定可靠、价格适中的无铅元器件也是产业的发展方向。

无铅元器件的开发必须重点关注两个问题。一是耐温性，无铅器件必须能够承受高达250～260℃的温度。同时，无铅器件必须进行从里到外彻底的无铅化处理。很多封装器件厂，目前都已经或者正在着手建设器件无铅镀工艺线，比如镀锡。除此，印制电路板的无铅化处理也将着手准备。

3. 无铅设备/工艺力求精益求精

无铅和有铅设备相差不多。对于无铅焊接来讲，由于无铅焊料的熔点更高，普遍比PbSn共晶焊料的温度高30℃左右，无铅焊接工艺参数操作空间更窄，无铅回流焊炉必须能够承受更高的温度。好的无铅焊接设备必须能够提供非常精确、稳定的温度控制，以保护元器件和线路板，提高产能，减少能量的消耗。多数回流焊炉都具有氮气保护，也有研究表明，合理的无铅工艺和材料选择，氮气的使用也并非必不可少，这对于降低企业在无铅焊接生产中的成本是非常重要的。

日本、美国的波峰焊/再流焊接设备生产厂家如BTU、Furukawa、ETC等在无铅焊接设备上处于领先地位，国内一些设备厂商，如日东、劲拓等公司在无铅焊设备中也占有较大的市场份额。

5.2.4 绿色热处理工艺

5.2.4.1 绿色热处理的内涵

金属材料热处理是指在固态范围内，通过一定的加热温度、保温时间、冷却速度，以改变材料的内部或表面层组织，获得零部件材料所需要力学性能的工艺。实际上，热处理工艺是一个系统工程，涉及加热设备、控温仪表、冷却介质、质量检验和科学管理等环节。传统的热处理主要是满足工件的工作要求，注重工件的安全使用；满足工艺性能要求，注重工件的加工质量稳定；重视工件材料的经济性要求，注重模具的经济效益。由于热处理需要消耗大量的资源和能源，20世纪70年代，欧共体成员国的热处理电能消耗为400kW·h/t，美国的热处理电能消耗为360kW·h/t，日本的热处理电能消耗为300kW·h/t，21世纪初，我国热处理电能消耗超过600kW·h/t，仍然超出了发达国家20世纪70年代的标准[28]。同时，热处理过程中排放大量的废气、废水和废渣，造成环境污染与生态破坏，威胁影响人类的生存和健康，迫切需要节约资源和能源、降低热处理生产成本、提高热处理产品质量和市场竞争力的绿色热处理工艺。

绿色热处理工艺是绿色工业的重要环节之一，是指在保证产品质量、控制制造成本的前提下，最大限度减少对环境的影响。绿色热处理工艺的内涵主要体现在

3 个方面：工艺改善、能源节约以及清洁生产。热处理工艺改善的主要目的是提升金属材料性能，从而节约优质钢材，能源节约是指减少热处理生产过程中的能源消耗，清洁生产是指实现热处理生产无害化，减少污染物质、有害物质排放，将热处理剩余物进行回收利用。传统热处理工艺实质上属于能源换取资源的模式，绿色热处理技术需要从能源与资源角度进行综合评估，改善技术本身的环境效应。因此，可以认为绿色热处理工艺是实现绿色制造的一种工艺手段。

5.2.4.2　绿色热处理的主要实现方式

1. 真空热处理

真空热处理是真空技术与热处理技术相结合的新型热处理技术，是工件在 $10^{-1}\sim10^{-2}$ Pa 真空介质中进行加热到所需要的温度，然后在不同介质中以不同冷速进行冷却的热处理方法。真空热处理实际也属于气氛控制热处理。

真空热处理被当代热处理界称为高效、节能和无污染的清洁热处理。真空热处理的零部件具有无氧化，无脱碳、脱气、脱脂，表面质量好，变形小，综合力学性能高，可靠性好(重复性好，寿命稳定)等一系列优点。因此，真空热处理受到国内外广泛的重视和普遍的应用，并把真空热处理普及程度作为衡量一个国家热处理技术水平的重要标志。真空热处理技术是近 40 年以来热处理工艺发展的热点，也是当今先进制造技术的重要领域。

1) 真空渗碳和碳氮共渗技术

气体碳氮共渗是在 20 世纪 60 年代研究、70 年代得到广泛使用的一项传统热处理技术。该技术由于氮的渗入使钢的临界点下移，可以适当降低淬火温度，提供了进一步减少淬火变形的可能。氮的渗入还使淬透性增加，所以除合金钢外，碳素钢也可以实施碳氮共渗及油淬处理，从而提高硬度和表面耐磨性，这两个特点也正是该技术被广泛应用的原因。该技术使用的渗剂有：氨气＋煤油；吸热式气氛＋富化气＋氨气；氮基气氛＋甲醇＋丙烷＋氨气等。共渗机理：无论哪种渗剂中都有含氧介质，C、N 同时渗入金属，金属表面的化学反应、C 和 N 向金属内部的扩散是平衡式，从共渗结果看，渗层组织有晶界氧化层。

在真空(低压)碳氮共渗的渗剂(碳氢化合物、氨气)中没有含氧介质，金属表面的化学反应是在 100～3000Pa 的真空状态下单向的分解反应，其中 C 和 N 的渗入是同时，或是 C 先、N 后，说法不一。但在碳氮共渗过程中，一旦停止气源供应，表层的 C 继续向金属内部扩散，呈现非平衡态；而 N 则从金属表面溢出，呈现平衡态，或者说此时已渗入金属的 N 同时向金属内部和表面两个方向扩散，这些特点对工艺有重要影响。真空碳氮共渗除保留气体碳氮共渗特点外，渗剂气体中无含氧介质，渗层组织中可以杜绝晶界氧化层，共渗压力低，使用的渗剂气体量少，废气排放量也大幅度减少。

渗碳和碳氮共渗技术是汽车行业和工具行业应用最广的技术方法。真空渗碳方法具有很多优势,例如节能、节气、渗碳速度快、控制简便及安全环保等。但长期以来,真空渗碳后产生的炭黑破坏绝缘问题、渗层均匀性问题一直没有得到有效的解决,影响了真空渗碳技术的推广应用。经过不断努力,低压真空渗碳技术目前已日趋成熟,不仅可以减少渗碳时析出炭黑,减少设备的维修,并具有渗层均匀以及良好的深孔和不通孔渗碳性能,极大地提高了零部件的使用性能和寿命,并且已经形成商品化的系列产品投向市场。

2) 真空氢气复合净化热处理技术

真空氢气复合净化热处理技术是近年来出现的先进技术方法,它的出现进一步拓展了真空热处理技术的领域。传统的氢气炉在使用过程中,往往受到场地、人员等因素的制约,同时安全问题一直困扰着使用厂家。真空氢气复合净化热处理技术改变了这一现状,这种技术不但安全可靠,更可极大地提高零部件的性能。

3) 真空磁场热处理技术

真空磁场热处理是指将磁性材料置于真空环境中,在其居里温度 TC 附近进行热处理,同时,施加外磁场使材料内部感生单轴各向异性,从而改善材料磁性的热处理工艺。真空磁场热处理技术能够显著改善金属材料的结构、磁性等性能,提高磁性材料的电磁性能,也可以提高结构材料的力学性能。

2. 激光热处理技术

激光的穿透能力极强,可把金属材料表面快速加热到仅低于材料熔点的临界转变温度,其表面奥氏体化非常迅速,然后进行急速自冷淬火,使金属表面迅速被激光相变硬化。

实际生产中,激光热处理(laser heat treating,LHT)工艺就是利用高功率密度的激光束对金属材料表面进行激光处理,使材料实现相变硬化、表面合金化,产生用其他表面淬火达不到的零部件表面的成分、组织、性能。激光热处理具有高速加热、高速冷却特点。激光热处理零部件表面组织细密、硬度高、耐磨性能好。由于高速冷却,激光淬火部位可获得残余压应力,提高了零部件疲劳性能;激光淬火时可以进行局部选择性淬火,更适合其他热处理方法无法完成的局部区域淬火硬化。激光热处理技术主要用于强化汽车零部件或工模具的表面,提高其表面硬度、耐磨性、耐蚀性以及强度和高温性能等,如汽车发动机缸孔、曲轴、冲压模具、铸造型板等的激光热处理。激光热处理工艺流程为:预处理(表面清理及预置吸光涂层)→激光淬火(确定硬化模型及淬火工艺参数)→质量检测(宏观及微观检测)。

激光表面热处理特点主要有:

(1) 在零部件表面形成细小均匀、层深可控、含有多种介稳相和金属间化合物的高质量表面强化层。其应用的潜力首先在于大幅度提高表面硬度、耐磨性和抗接触疲劳的能力以及制备特殊的耐腐蚀功能表层。

(2) 强化层与零部件本体形成最佳的冶金结合,解决许多传统表面强化技术难以解决的技术关键。

(3) 依靠零部件本体热传导实现急冷,无需冷却介质而冷却特性优异。

(4) 与各种传统热处理技术相比具有最小的变形,可以用处理工艺来控制变形量。

(5) 利用灵活的导光系统可随意将激光导向处理部分,可处理零部件的特定部位以及其他方法难以处理的部位,以及表面有一定高度差的零部件,例如深孔、内孔、盲孔和凹槽等。

(6) 一般无需真空条件,即使在进行特殊的合金化处理时,也只需吹保护性气体即可有效防止氧化及元素烧损。

(7) 配有计算机控制的多维空间运动工作台的现代大功率激光器,特别适用于生产率很高的机械化、自动化生产。

激光表面热处理按照处理过程中采用的工艺方式不同或者采用相同的工艺方式中因参数不同而产生不同的组织性能,可分为多种处理工艺,包括激光相变硬化、激光表面熔凝、激光表面合金化、激光表面熔覆、激光表面冲击等,这些表面处理方法都利用了激光的高亮度、高方向性、高单色性和高相干性综合优异性能。

(1) 激光表面淬火。激光淬火技术是利用聚焦后的激光束快速加热钢铁材料表面,使其发生相变,形成马氏体淬硬层的过程。激光淬火的功率密度高,冷却速度快,不需要水或油等冷却介质,是清洁、快速的淬火工艺。

激光表面淬火具有许多优异特点:①激光淬火是快速加热、自激冷却,不需要炉膛保温和冷却液淬火,是一种无污染绿色环保热处理工艺,可以很容易实现对大型模具表面进行均匀淬火。②由于激光加热速度快,热影响区小,又是表面扫描加热淬火,即瞬间局部加热淬火,所以被处理的模具变形很小。③由于激光束发散角很小,具有很好的指向性,能够通过导光系统对模具表面进行精确的局部淬火。④激光表面淬火的硬化层深度一般为0.3～1.5mm。对大型齿轮齿面、大型轴类零部件的轴颈进行淬火,表面粗糙度基本不变,不需要后续机械加工就可以满足实际工况的需求。

激光熔凝淬火技术是利用激光束将基材表面加热到熔化温度以上,由于基材内部导热冷却而使熔化层表面快速冷却并凝固结晶的工艺过程。获得的熔凝淬火组织非常致密,沿深度方向的组织依次为熔化-凝固层、相变硬化层、热影响区和基材。激光熔凝层比激光淬火层的硬化深度更深、硬度更高,耐磨性也更好。该技术的不足之处在于工件表面的粗糙度受到一定程度的破坏,一般需要后续机械加工才能恢复。为了降低激光熔凝处理后零部件表面的粗糙度,减少后续加工量,可采用专门的激光熔凝淬火涂料,可以大幅度降低熔凝层的表面粗糙度。现在采用激光熔凝淬火处理的轧辊、导卫等工件,其表面粗糙度已经接近传统激光淬火的水平。

激光淬火现已成功地应用到冶金行业、机械行业、石油化工行业中易损件的表面强化,特别是在提高轧辊、导卫、齿轮、剪刃等易损件的使用寿命方面效果显著,取得了良好的经济效益与社会效益。近年来在模具、齿轮等零部件表面强化方面也得到越来越广泛的应用。

（2）激光表面熔覆。激光表面熔覆技术是指以不同的填料方式在被涂覆基体表面上放置选择的涂层材料，经激光辐照使之和基体表面一薄层同时熔化，并快速凝固后形成稀释度极低并与基体材料成冶金结合的表面涂层，从而显著改善基体材料表面的耐磨、耐蚀、耐热、抗氧化及电气特性等的工艺方法。激光熔覆具有以下特点：①由于激光的快速加热和冷却过程，激光熔覆层组织细小，结构致密。②由于激光束的高能密度所产生的近似绝热的快速加热过程，激光熔覆对基材的热影响小，引起的变形小。激光熔覆可以有效地修补裂痕、崩角以及磨损的密封边。③激光束的功率、位置和形状等能够精确控制，易实现选区甚至微区熔覆修复。④熔覆层的稀释率小，可精确控制，熔覆层成分具有可设计性。⑤无接触。

（3）激光表面合金化。激光表面合金化是采用激光加热，使金属表面合金化，以改变其化学成分、组织和性能的方法，利用高能密度的激光束快速加热熔化特性，使基材表层和添加的合金元素熔化混合，从而形成以原基材为基的新的表面合金层。

以 WC/Co 为添加粉末合金化后，主要获得 M6C 型碳化物，硬度约为1300HV，由于碳化物量很高，呈细网格分布，基体又为马氏体组织，所以表面硬度达 1000HV 以上。

Cr_3C_2 合金化以后，组织特征为基体上分布着网状碳化物，析出的碳化物为 M_7C_3 型，这种碳化物硬度高达 2100HV，由于合金碳化物在基体中分布较稀，故最终表层硬度在 1000HV 左右。在 WC/Co 中加入 Ni 粉以后，合金层中碳化物类型并不发生变化，但基体中出现奥氏体，Ni 粉加入的量越多，奥氏体比例越高，硬度也随着下降。因此，激光表面合金化可以根据合金化成分的控制，得到高硬度的合金层。

静载滑动磨损时，在单束斑扫描条件下，用 WC/Co 合金化的耐磨性比 45 钢（淬火态）提高 17 倍以上，比 Cr_3C_2/NiCr 提高 12 倍。宽带扫描时，用 WC/Co 合金化后，耐磨性提高 28 倍。

激光表面合金化的强化机制，是相变硬化、固溶强化和碳化物强化的综合强化结果。WC/Co 合金化后基体为马氏体，M6C 型碳化物的硬度为 1300HV 左右，在磨损时，将首先选择性磨损马氏体基体，碳化物渐渐露出磨面，由于碳化物网的支撑作用，合金化表面展现出极高的耐磨性。

5.2.4.3 应用发展

（1）绿色热处理配套设备。目前，我国很多企业的热处理设备工作年限较长，部分设备甚至超出工作年限，能源利用率低，设备改善对热处理技术绿色化具有重要意义。以热处理技术中的加热炉为例，目前，我国热处理行业中 70%企业采用了电热炉，其中 80%的电热炉的保温材料以耐火砖为主，耐火砖的保温性能较差，造成的热能散失比较严重，如果企业采用全纤维保温材料，可以实现节能 10%以上。很多企业的主要淬火介质仍然以水为主，冷却水加热之后直接排放，造成水资源浪费，如果采用高效节能型空气换热器，可以有效减少水资源浪费。除此之外，真空热处理设备不但可以缩减加工时间50%以上，提高了企业产能，而且真空热处理设备加工的产品质量较高，产品表面不氧化、不脱碳、零分散度，产品合格率超过99%。

(2) 激光热处理工艺技术。随着大功率激光器的发展，用激光就可以实现各种形式的表面处理。图5-29所示为激光热处理工艺的加工过程。它是利用激光束加热引起材料组织结构变化的冶金过程，其加热时间在10^{-3}～10^{-7}s的范围内，功率密度为大于0.1kW/mm²。激光热处理应用极为广泛，几乎一切金属表面热处理都可以应用，应用比较多的有汽车、冶金、石油、重型机械、农业机械等存在严重磨损的机械行业，以及航天、航空等高技术产品。

图5-29　激光热处理工艺

(3) 防止和消除热处理中过热过烧的工艺方法。金属热处理中的过热、过烧既浪费了材料，也消耗了能源，必须采取措施防止过热过烧产生。①严格控制工件实际加热温度，正确制定工件加热规范，确保合适的始锻温度和加热时间。②合理放置工件，在油炉内加热时，油嘴设计要高出工件一定距离，防止燃烧油直接喷打工件。在盐浴炉或电炉内加热时要避开电极及网板的高温区。③采用合适的工件装炉量，在满足生产的前提下要少装、勤装，以缩短工件在高温下的停留时间。如果生产中出现故障需要停产时，应将工件从炉中取出或迅速停炉，采取降温措施。④利用锻造变形破碎工件内部粗大的奥氏体晶粒，并能破坏其晶界上析出相的连续分布，从而消除过热。锻造比越大，效果越显著。⑤利用热处理工艺方法消除过热组织。对具有少量大而分散的过热组织缺陷，需用二次热处理使其得到改善，在正常正火工艺前增加一道正火加高温回火工序。对于较严重过热的组织，则应采用扩散退火、调质处理，才能改善或消除过热。高温正火、扩散退火可部分消除夹杂物沿原奥氏体晶界分布的状态，然后进行第二次正火处理可以细化奥氏体晶粒。

5.3　绿色制造装备

5.3.1　机床绿色化技术

机床等制造装备是制造业的核心及主要耗能设备，所以制造装备的绿色化对于实现绿色制造,改善我国面临的环境问题具有重要意义[29]。制造装备的绿色化在结构、材料、工艺机理、关键功能部件等方面均需要进行重大创新,这必将引发新一轮装备技术革新,而这种革新所创造的新型高端装备将支撑制造业的绿色转型发展。在这里,我们讨论和关注的绿色制造装备主要有各类机床、成形装备等。

根据欧盟"下一代生产系统"研究计划,绿色机床应具有以下特点:①机床主要零部件由可再生材料制造。②机床的质量和体积减小50%以上。③通过减轻移动部件质量、降低空运转功率等措施使功率消耗减小30%~40%。④使用过程中的各种废弃物减小50%~60%,保证基本不污染工作环境。⑤报废机床的材料可回收利用。当然,要完全达到这样的要求并非易事。经过国内外学者及企业的共同研究,各类高能效绿色机床技术不断涌现。

在机床生命周期中,90%以上的能耗发生在运行使用过程中,机床能量消耗由切削能耗、空载能耗和载荷附加能耗构成。高能效的绿色机床其运动部件轻量化既减少了机床物料消耗,又提高了运行效率;能量管理技术加强了对运行过程能源消耗情况的管理,是迈向绿色化的重要一步;高效电机和变频技术提高了驱动运行系统的运行效率;高效冷却润滑技术实现了加工过程资源的有效运用和效率的提高;提高工艺的稳定性,减少加工报废引起的加工能耗和材料的浪费也是节能的重要方面;采用高精度的成形技术替代粗加工或半精加工也具有很大的节能前景。

采用运动部件轻量化技术,在设计阶段,优化机床结构,减少多余材料,不但可以减少生产成本,还能够降低机床运转过程中部件移动所消耗的能量。运用有限元分析手段,可以在材料的质量和系统的刚性之间找到一个平衡点,避免机床过于笨重,但是一定要兼顾现有的制造水平。采用质量更轻的新型材料也可以减轻部件质量,比如用密度更小的塑料、铝合金在某些非承重部件中取代传统的钢铁材料,尤其是在机床的外观件中,在满足防护要求的同时,新材料更容易达到好的外观效果。国外的一些机床厂,例如德国公司的高速轴加工中心,甚至使用了碳纤维作为结构构件,显著降低了整机质量。虽然从目前来看,碳纤维等一些新型材料价格过于昂贵,不适合在机床行业广泛应用,但它预示了机床发展的一个方向,随着技术的发展,新材料必将在以钢铁为代表的机床上得到广泛应用。

考虑能量回收,是另一个减少机床运转中能量消耗的方法。在重型机床上,优化结构减轻的质量毕竟有限,为保证足够的强度和刚性,还必须采用足够多的材料。能量回收是取得大幅度节能效果的重要措施,在机床减速的过程中,回收的能量可以储存起来,对于频繁启动、运动部件质量较大的机床来说,可以达到明显的节能效果。虽然从目前的技术水平和成本的角度来看,在机械运动中增加能量回收系统还受到许多因素制约,但在液压系统中,蓄能器的运用可有效地降低泵站电机的功率,减少系统空载损耗,提高液压系统的效率。蓄能器还可以减小系统压力的波动,减轻对液压元件的冲击,延长使用寿命。如图5-30所示为液压系统采用

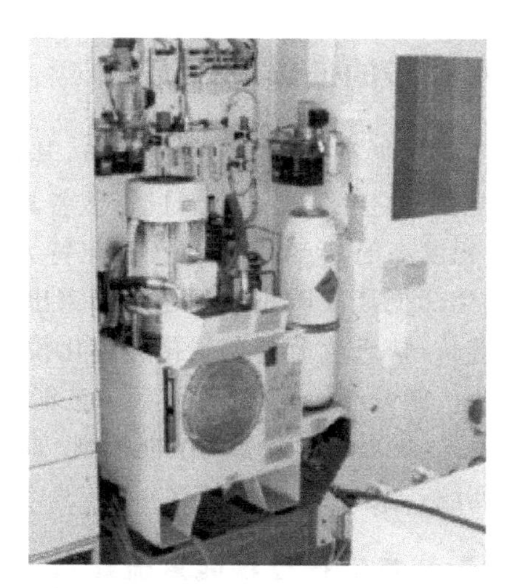

图5-30　液压系统采用蓄能器的Starragheckert公司HEC1600式加工中心

蓄能器的Starragheckert公司HEC1600式加工中心。

机床绿色设计还必须考虑系统的可升级性，包括硬件和软件的升级换代。在机床设计阶段，考虑使用多功能部件及模块化的部件来组装产品，同类机床可以统一部件的接口。一旦发生故障，模块化的结构也便于用户检查和修理。设计机床时还要预留功能扩展空间，对于用户暂时不需要的功能，如自动换刀装置、油温冷却装置等，做成可选择的部件，留好相应的电气及机械的设计空间，方便用户在以后有需要的时候进行扩展。具有良好的可升级性的产品，可以避免用户重新购入设备造成的资源浪费。

同其他工业产品一样，机床的绿色设计要兼顾产品的生产成本、运转成本、维护成本和环境成本，找出最优化的设计方案。这既需要机床厂不断开发新技术，改进现有产品，也需要客户对机床产品加深了解，对产品的性能和特点进行综合比较，而不是一味地追求低价[30]。

机床运行过程中，大部分时间处于待机、停机或空行程状态，而不是切削状态。基于软件服务的全面高效能量管理技术可以使机床在生产和使用过程中更加节能。一台电动机的能耗成本在其整个生命周期成本中占97%以上，因此高效的电动机产品可以在原有的基础上，通过电、磁、机械和通风的优化，使用优质材料和先进制造工艺，切实有效地降低电动机各方面的能量损耗。

重庆机床集团与重庆大学联合研发了一套机床再制造与综合提升成套技术，完成了500多台废旧机床的再制造，再制造机床的功能和主要技术指标达到或超过原机床，资源循环利用率达80%左右，噪声降低10%以上，环境污染排放减少90%以上。此外，秦川机床自行研制的静电吸雾装置，对油雾的处理效果较传统过滤式装置有很大提高，有效率达到96%以上，排出的空气基本达到洁净程度，并且回收后的油雾粒子得到重复循环使用。

5.3.2 高端成形装备的低碳设计优化

高端成形装备是装备制造业和产业链的中心环节，其发展水平是衡量国家现代程度和综合国力的重要标志之一。高端金属成形装备具有公称压力大、功率密度高、成形精度与自动化程度高的特点，一般用于加工特大件、复杂结构件以及高精度件，但是随之而来的生命周期高碳排放问题十分突出。具体表现为：装机功率大、材料用量多、工艺链长，缺乏生命周期碳排放量化模型；装备运行过程中能量流环节多、能量损耗严重、能量耗散规律复杂，且工艺能耗与成形质量之间存在冲突。在能源短缺的背景下，发展成形装备的节能控制，如何实现装备的低碳高效运行是亟待解决的关键问题。

5.3.2.1 液压成形装备运行过程能量流建模

液压机是基于静压传递原理（帕斯卡原理），由多种元件组成的一个封闭的“电能—机械能—液压能—机械能—变形能”能量转化系统，为在单位工作周期内完成多个预期动作，系统内部均会通过元件重构组成一条特定的子回路与之相对应。各单元元件就形式和结构而言，可简化为有物质与能量交换的“开放系统”，单元元件间的能量交互是通过若干功率转换来实现。每次功率转换存在两个变量：一个为流变量，如电流、热流、力等；另一个为势变量，如液压、速度、电压、温度等。为此，特定工艺阶段下系统的工作过程可简化为利用一组元件完成从初始机械能特征状态经由一系列中间液压能特征状态到达需求机械能特征状态的变换过程。大中型液压机的基本能量流如图 5-31 所示。

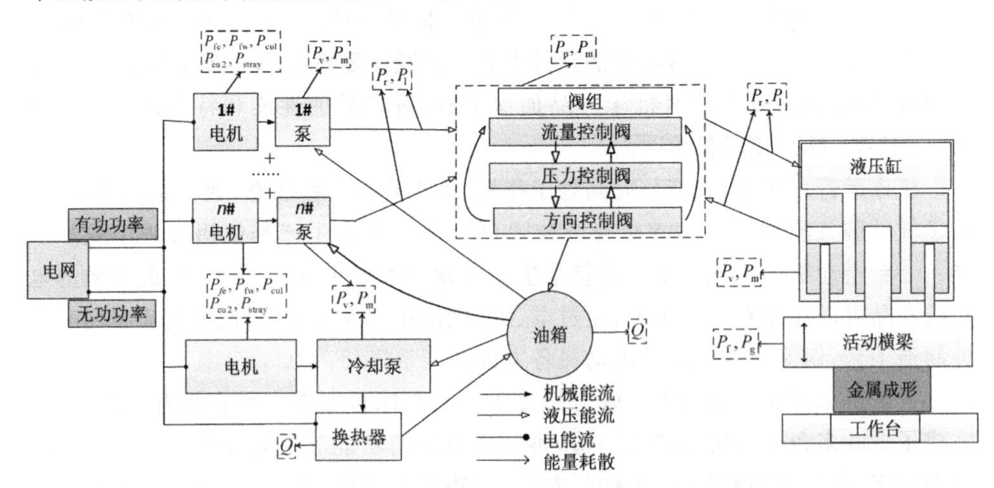

图 5-31 大中型液压机基本能量流程图

液压机系统能量流动过程中的损失主要为流量损失、压力损失、机械损失。流量损失由液压油泄漏产生，会导致容积效率降低。压力损失由液压油的黏性阻力和流经局部障碍产生，可分为沿程压力损失和局部压力损失。机械损失是由运动副之间产生的摩擦阻力，如电机摩擦损失、滑块与立柱之间的摩擦损失、工作台与导轨的摩擦等产生。这些损失的能量大多以热量的形式表现出来，一部分通过零部件表面传递到环境中，另一部分导致液压系统油温上升，加速油液介质变质老化。在研究液压机系统能量传递过程后，对每部分能量消耗进行量化，得到液压机系统的能量耗散模型，如式(5-1)所示。

$$E=\sum_{i=1}^{r}\left(\sum_{j=1}^{m}E_{i-j-\text{motor}}^{w}+\sum_{j=1}^{n}E_{i-j-\text{pump}}^{w}+\sum_{j=0}^{s(i)}E_{i-j-\text{twcv}}^{w}+\sum_{j=1}^{r(i)}E_{i-j-\text{pipe}}^{w}+\sum_{j=1}^{k(i)}E_{i-j-\text{cylinder}}^{w}+E_{i-\text{else}}\right)+E_{\text{metal forming}} \tag{5-1}$$

式中：E——输入电能；

$E_{i-j-\text{motor}}^{w}$——第 j 个电机在第 i 个工艺阶段的能量损失；

$E_{i-j-\text{pump}}^{w}$——第 j 个泵在第 i 个工艺阶段的能量损失；

$E_{i-j-\text{twcv}}^{w}$——第 j 个二通插装阀在第 i 个工艺阶段的损耗；

$E_{i-j-\text{pipe}}^{w}$——第 j 段管路在第 i 个工艺阶段的损耗；

$E_{i-j-\text{cylinder}}^{w}$——第 j 个液压缸在第 i 个工艺阶段的损耗；

$E_{i-\text{else}}$——第 i 个工艺阶段的其他损耗；

r——单个周期内的工艺阶段数目；

m——液压机系统的电机数目；

n——液压机系统的油泵数目；

$s(i)$——第 i 个工艺阶段的二通插装阀数目；

$r(i)$——第 i 个工艺阶段的管路数；

$E_{\text{metal forming}}$——用于工件的成形能耗。

5.3.2.2　面向液压机组的节能控制

为了研究液压机的能量流，监测了冲压生产线中各装备的能耗状态及能效特征，如图 5-32 所示。通过能量监测数据可以看出，各装备生产过程中空载时间长，而且装机功率大。空载时间是指液压机存在较长的待机时间用于完成上下料动作，产生较大的待机能量损耗；装机功率大，周期内瞬间载荷高且负载差异大的特点，导致驱动系统的输出功率与动作的消耗功率不匹配，造成系统的能效低、能量浪费严重。

针对上述冲压生产线中液压成形装备能效低、能量浪费大等问题，提出针对生产线中液压机组的节能方法。将生产线中各个液压机原有的驱动部分(由多个电机和泵组成的电机泵组)从整个液压机系统中分离，将泵站作为液压机组的驱动系统，为生产线多台液压机组成的液压机组提供能量。根据液压机的工艺节拍将驱动系统划分为多个驱动区，一般为下降(F)区、压制(P)区、保压(M)区、回程(R)

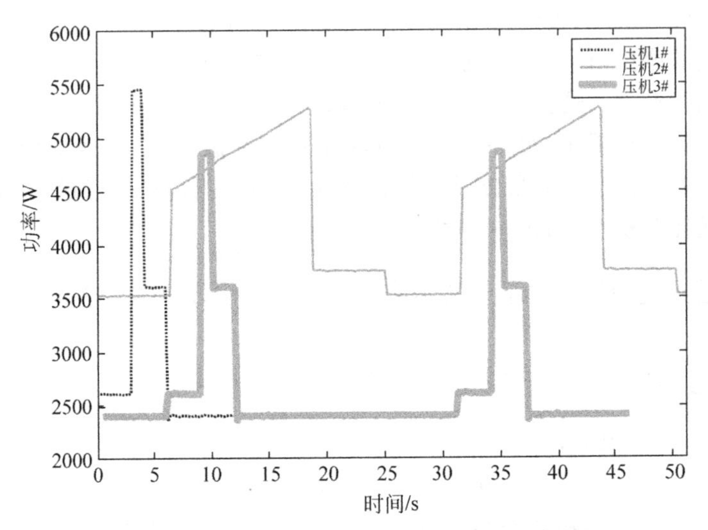

图 5-32　冲压生产线中各冲压装备能耗特征

区。F 区用于提供完成液压机组下行所需流量与压力；P 区用于提供液压机组成形压制功能所需流量与压力；M 区用于提供液压机组保压所需流量与压力；R 区用于提供实现液压机组回程所需流量与压力。每个驱动区由若干个驱动单元组成，每个驱动单元由与该区所对应动作功率相匹配的多个电机泵组组成，每个驱动单元均可单独驱动液压机高效完成该区所负责的动作。驱动系统的组成如图 5-33 所示。

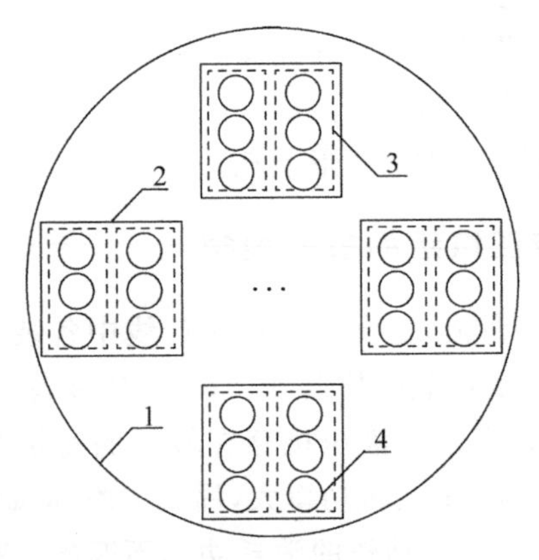

图 5-33　液压驱动系统的组成

1—驱动系统；2—驱动区；3—驱动单元；4—电机泵组

在上述驱动系统的配置方案下，整个液压机组的工作过程为：工作开始时，启动泵站的所有驱动单元。根据协调确定的时间要求，将 F 区驱动单元切换至工作状态，驱动对应的液压机。待液压机 1 完成该成形阶段，将下一驱动区即 P 区的驱动单元切换至控制液压机 1 的状态。而该下降驱动单元在需要的时候切换至液压机 2 进行下降动作，在不需要的时候，处于卸荷的状态。每台液压机的每个成形阶段都是这样完成的，每台液压机按照这种方式依次被 F、P、M、R 区驱动，完成一个完整的成形过程。液压机完成一个完整的成形过程的时间称为一个工作周期。一个工作周期后，所有的驱动单元都进入工作状态，对其中部分驱动单元而言，仅存在很短的等待时间，每个驱动单元连续高效率地完成其所负责的成形阶段。某工作节拍下，一个完整的工作周期中，各个驱动区的工作状态如图 5-34 所示。

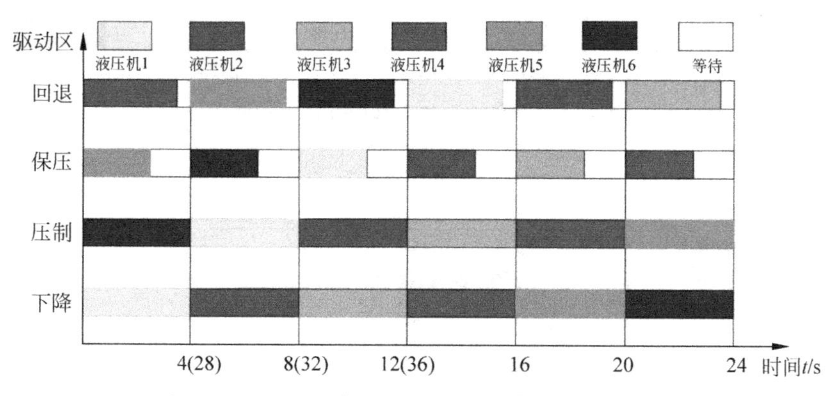

图 5-34 一个工作周期中各个驱动区的工作状态

在实际冲压生产线应用过程中，为了达到功率匹配和等待时间缩短的节能控制效果，需要根据液压机组每个动作的功率对每个驱动单元的组成进行优化以及对驱动单元进行合理的调度。

在某冲压生产线中，由各压机功率特征可知，各压机快降与回退动作功率接近，而压制（成形）或冲裁动作功率与之相差较大，因此将其驱动系统划分为 2 个驱动区，即快降或回退区（FF 或 R 区）和压制区（P 区）。原冲压生产线采用 3 台 7.5kW 的电机泵组，通过对驱动单元的能效优化，对各驱动区进行调整，分别由额定功率 4kW 和 5.5kW 的电机泵组构成，其装机功率明显降低。根据原冲压生产线中各压机和机械手的工作时序，现冲压线中各驱动区的调度设计如图 5-35 所示。图中同一种底纹的矩形代表同一台液压机的不同动作，所有相同颜色的矩形代表液压机的一个成形过程。处在同一行的矩形表示该驱动区的工作状态，所有着色的矩形代表该驱动区为相应压机提供能量，空白区域代表该驱动区处于卸荷状态。黑色矩形代表机械手上下料搬运过程。

所设计驱动区调度方案应根据冲压生产线工艺需求，避免发生两台压机同时调用同一个驱动区。基于上述冲压生产线中能量和时间调度方案，经分析计算：由成形装备能量消耗所造成的碳排放至少减少 20%，如图 5-36 所示。该方法在实际冲压生产线中的应用可有效减小各成形装备驱动系统的等待时间和装备的装机功率，且冲压生产线中成形装备数量越多，其节能潜力越大。

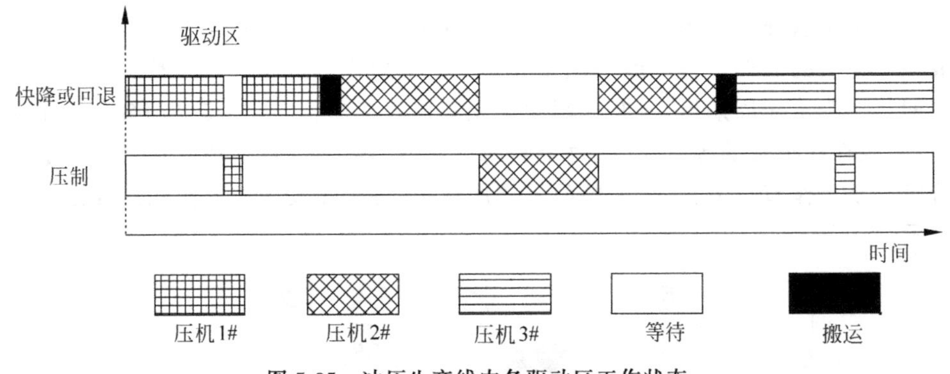

图 5-35 冲压生产线中各驱动区工作状态

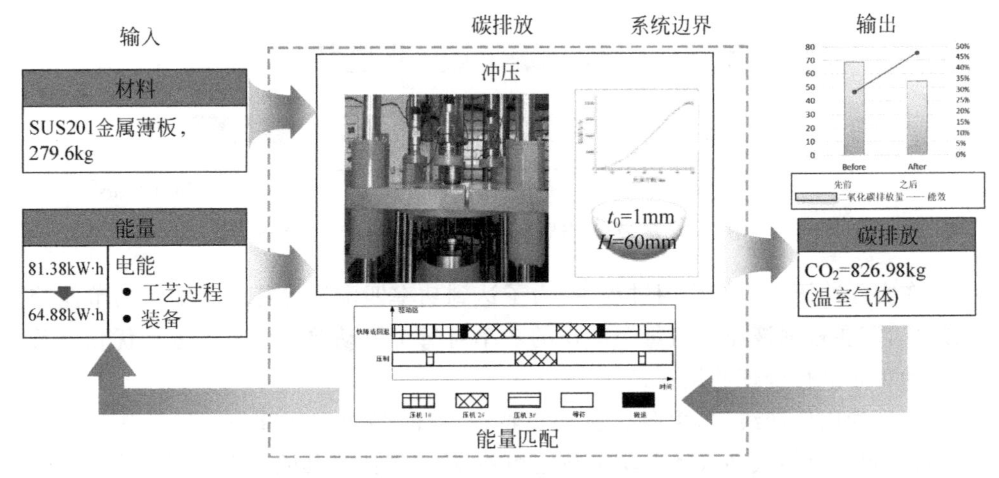

图 5-36 冲压生产线碳排放控制

5.3.2.3 液压机双变量驱动单元节能控制方法

对液压机能量损耗部分进一步分析，可以发现液压机在运行过程中的主要能量损耗来自驱动单元(电机-泵)，驱动单元的能量损耗约占液压机能量损耗的80%。所以，如何提高液压机驱动单元的能量效率一直是提高液压机系统能效的关键问题。随着变量柱塞泵和电机控制技术的发展，越来越多的液压机系统采用变速电机驱动定量泵或定速电机驱动变量泵的形式。为了更好地提高驱动单元的能效，提出了变速电机驱动变量泵双变量驱动单元(SVVDP)的节能控制方法，如图 5-37 所示。在双变量匹配控制方法中，依据电机和泵的能效特性，结合特定的工况，寻求合适的电机转速和泵的排量，实现驱动单元的效率最优。

根据 SVVDP 的效率特点，设计了新的液压机液压系统(图 5-38)，使用位移传感器获取液压机滑块的位置信息，将位置信息传递给上位机，再与预先设置的工艺

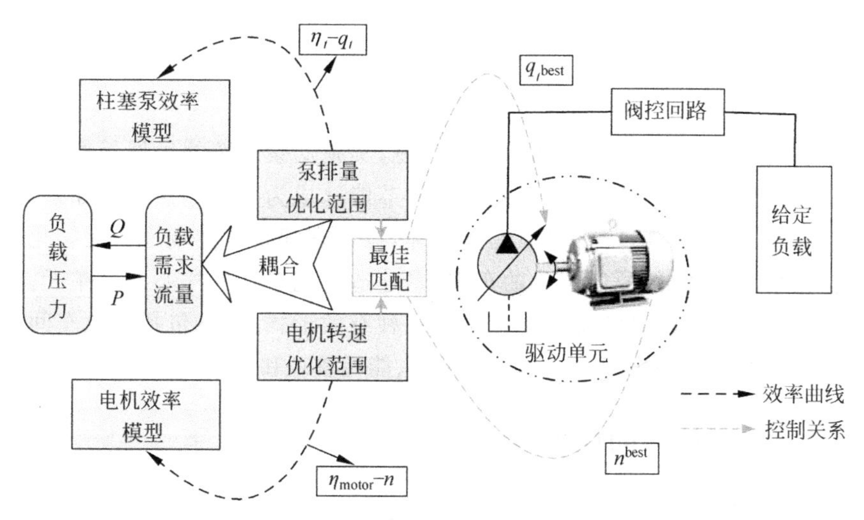

图 5-37　双变量驱动单元的组成及控制简图

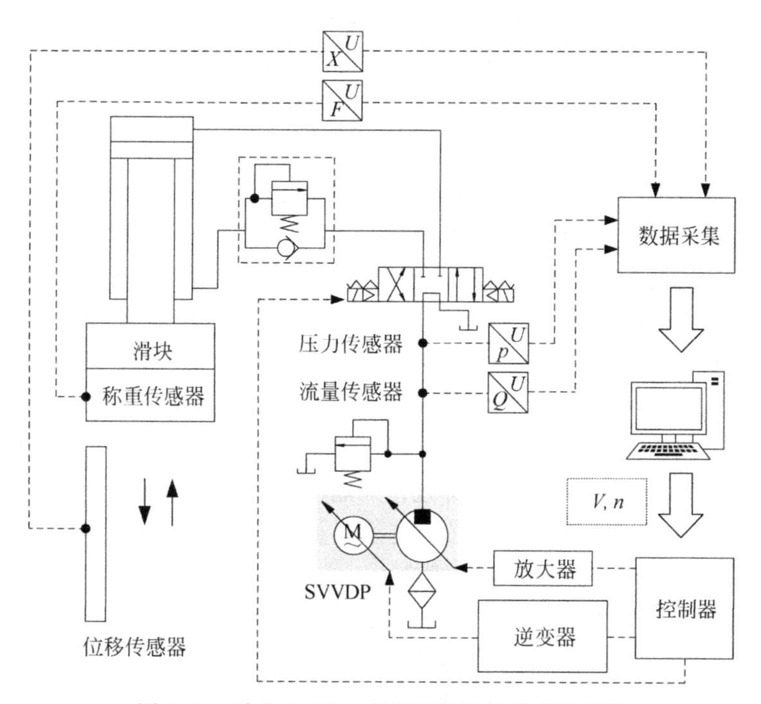

图 5-38　采用 SVVDP 的液压机液压系统示意图

曲线相比较，得出当前阶段液压机需求的流量和压力，然后通过计算得出 SVVDP 在此流量和压力需求下最佳能效对应的转速和排量，并将控制信息发送给控制器（如 PLC），最后通过控制器分别控制变速电机和变量泵至需要的转速与排量，实现驱动单元的最高能效运行。

5.4 绿色车间

节能减排是当今制造业面临的普遍问题，实施低碳制造的发展战略在世界各国已达成共识。目前，实现制造业的低碳和节能已成为研究的热点。如果把绿叶比喻成“绿色工厂”，那么“车间”就是叶绿体，绿色车间是指实现原料无害化、生产洁净化、废物资源化、能源低碳化的车间，是建造绿色工厂的核心支撑单元。对企业来讲，建设绿色车间是实现节能减排的一种有效形式，重点包括绿色车间调度、工艺规划、工艺规划与车间调度的集成优化、能耗管理和库存管理等。

5.4.1 绿色车间调度

作为制造系统的重要环节，生产调度直接影响企业效益和竞争力[31]。绿色车间调度问题(GSSP)是面向绿色制造的车间调度问题，高效的优化调度方法能够有效改善经济效益，实现节能、减排、降耗、降成本，减少对环境的影响，取得经济指标和绿色指标的协同优化[32-36]。绿色车间调度比传统调度更复杂，求解难度更大。

除了传统车间调度的复杂性外，绿色指标的引入使得 GSSP 增加了以下复杂性。

(1) 绿色指标的定义。资源消耗与环境影响相关的指标较多，主要包括能耗、水耗、碳排放量、有毒物质和废弃物的排放等，不同工厂的生产环境有异，复杂多样，绿色指标的确定要有针对性、现实性与可操作性。

(2) 绿色指标的计算。绿色指标通常涉及资源消耗和废弃物排放，与生产过程、环境和时间相关，并具有不确定性，难以建立数学模型，难以进行快速评价计算。

(3) 多目标性。绿色制造需兼顾经济指标和绿色指标，其中经济指标包括工件工期、拖期、加工成本等，绿色指标包括如能耗、碳排放等。这些指标通常相互冲突，需合理权衡。因此，绿色调度必然是多目标优化问题。当涉及目标数量很多时，属于高维多目标优化问题，求解难度大。

绿色调度必须反映现代制造的可持续发展策略，不仅要做到制造过程的智能化，而且要做到产品的整个生命周期的绿色化[37-38]。

绿色车间调度是绿色制造的重要环节，通过资源分配、操作排序和运作模式的合理优化，实现增效、节能、减排、降耗，提高经济效益，同时实现制造过程的绿色化[38]。典型的车间调度问题包括单机调度、批处理调度、流水车间调度、作业车间调度、柔性车间调度、并行机调度、可重入调度、分布式调度等，通常只考虑经济指标。绿色车间调度问题是传统车间调度的扩展，需要协同考虑绿色生产指标和经济指标的车间调度问题，主要包括资源消耗最小化及环境影响最小化。通常，除资金消耗外，资源消耗主要包括电耗、水耗、气的消耗、煤炭消耗、原材料消耗等；环境影响主要包括温室气体排放、有毒化学物排放、废弃物排放等。

在绿色车间调度问题方面，研究者针对不同问题分别给出了相应的模型和多种指标的计算方式，代表性的研究如下：Adekola[39]等和Capón-García[40]等分别研究了丙烯酸纤维生产的批处理问题，考虑加热与冷却操作涉及的热集成和水回用，经济指标包括最大化利润和生产力，绿色指标包括最小化原材料消耗、废弃物、耗电量和耗水量。针对流水线调度问题，Fang等[41]同时考虑最大完工时间、峰值负荷和碳足迹的最小化，对于钢板生产中的两机流水线问题讨论了问题的复杂性，并扩展到其他环境指标，如耗水量、排气量、噪声、能耗等。针对柔性作业车间调度问题，Zhang等[42]同时考虑最大完工时间、最大相邻工件的完工时间间隔、最大机器负载和总碳排放量的最小化，其中总碳排放包括4方面因素，即机器运行能耗，冷却剂和润滑油等辅助材料导致的碳排放，切削等机器工具磨损导致的碳排放和运输过程的碳排放；针对柔性流水车间调度，Bruzzone等[43]将节能调度(EAS)和先进计划调度(APS)相结合研究，调度指标是最小化最大完工时间和总加权拖期(TWT)，同时将峰值能耗(PPC)作为调度的约束条件；Dai等[44]同时考虑最大完工时间和总能耗两个指标，采用多目标算法进行优化求解；针对并行机调度问题，Li等[45]考虑不同机器磨损程度导致加工产生耗能和污染物量的不同，以能耗和污染物处理所需费用为约束条件，优化抢占式和非抢占式问题的最大完工时间以及非抢占式问题的流经时间。针对分时电价下的不相关并行机调度问题，Ding等[46]以产品总完工时间不超过截止时间为约束，优化生产过程的总电耗。针对作业车间调度问题，Zhang等[47]同时考虑了加权拖期和总能耗两个指标的优化求解。

通常机器的能耗将转换为热，从而导致机器的磨损和可靠性的降低。许多机器可有多种工作模式，在优化绿色指标时，除了对加工策略的调整外，还可通过机器工作模式的切换实现节能[48-53]，譬如调整运行速度。作为节能策略中运用最广的技术之一，省电机制(power-down mechanism)通过机器在不同状态下的能耗对比，将机器设置在能够完成制造过程的低能耗状态。针对柔性流水线调度问题，Dai[44]等将on-off策略用于权衡最大完工时间和总能耗，但仅适用于特定机器。文献[49,50]介绍了动态能耗调整算法，包括两状态机器与多状态机器的离线和在线调整。离线算法主要通过机器空转能耗与其他状态所需能耗的比较来判断是否需要调整，在线算法则主要根据不同的概率模型进行判断。文献[54]假设加工速度越快时加工时间越短、能耗越大，进而给出了调速策略和部分理论分析。考虑总能耗、最高温度、最大能耗和最大速度的优化，文献[55]提出了一种在线调速算法，并通过理论分析说明其算法相对其他在线和离线算法的优越性。另外，Luo等[56]研究了考虑机器耗电量的混合流水线调度问题，Fang等[57]研究了加工速度可连续调整的流水线调度问题。

虽然绿色车间调度已成为生产调度领域的研究热点，但实际应用领域还非常有限。通过对实际问题的深刻理解，有助于更全面考虑实际因素，建立更实用的模型。通过分析问题的特性，有助于设计更有效的算法。通过系统设计与集成，有助于学术成果的实际应用。同时，典型绿色车间调度问题是许多实际问题的一般化模型，相关研究成果在许多领域值得应用推广。另外，要注重计划调度与其他模块的一体化运作，譬如供应链、控制系统等，进而实现生产过程的全流程优化。

5.4.2 工艺规划

工艺规划决定着产品如何进行加工[58]，因此它是生产准备中最重要的任务，也是一切生产活动的基础[59]。有了机械加工，就有了工艺规划。工艺规划有多种定义，具有代表性的定义如下：

(1) 工艺规划是产品设计与制造的一座桥梁，将产品设计数据转化为制造信息[60]。换言之，工艺规划是连接设计功能与制造功能的一个重要活动，其制定加工零部件的策略与步骤[61]。

(2) 工艺规划是一个包括许多任务的复杂过程，这个过程要求具有许多设计与制造的知识[62-63]。Ramesh 认为这些任务包括零部件编码、特征识别、加工方法与特征之间的映射、内外排序、装夹计划、中间件建模、加工设备工具及相应参数选择、过程优化、成本评估、公差分析、检测计划、路径规划、CNC 及 CMM 程序等[64]。

(3) 工艺规划是系统地确定制造零部件自始至终过程的、具有经济性及竞争性的详细方法[65]。

(4) 工艺规划是准备将工程设计转化成最终零部件的详细操作说明的活动，或为加工零部件、装配的过程准备详细文档的活动[66]。

(5) 工艺规划是制造中的重要活动，系统地确定详细的制造过程，在可用资源及其能力的范围内满足设计规格的要求[67]。

(6) 工艺规划是企业的制造功能，选择恰当的工艺方法及其参数将零部件从初始状态转化为最终形式[68]。

(7) 工艺规划确定必要的加工方法及相应的加工顺序，以便经济、有竞争性地制造产品[69]。

(8) 工艺规划是映射产品设计信息到为制造所用的工作指令[70]。

上述概念或定义，从不同的工程技术角度描述了工艺规划的内涵，总的来说工艺规划是连接产品设计与制造的桥梁，是在车间或工厂内制造资源的限制下将制造工艺知识与具体设计相结合，准备其具体操作说明的活动，是考虑制定工艺计划中的所有条件/约束的决策过程，涉及各种不同的决策。所以工艺才是制造业的灵魂，也是实现绿色制造的核心。

工艺规划是指依据产品设计图与技术要求决定加工作业的顺序和内容。由于设计图纸通常只标注产品的最终尺寸、公差、形状与所用材料等信息，并没有说明加工方法、使用的机器设备及加工步骤等，因此，必须先制定出最经济有效的加工方法与顺序，以供操作人员及相关部门遵照使用。换言之，工艺规划是用来规划自原料开始到加工，以至于产品完成期间所经过的最经济有效的加工途径，实现加工过程成本最低、效率最高、质量最适当的一项计划。无论传统的手工工艺规划还是计算机辅助工艺规划(CAPP)，在企业中都有着举足轻重的作用。车间调度是在满足工艺路线相关工序约束和资源约束的条件下，基于某个(些)目标，决策出所有工件(近似)最优的加工任务分配。车间调度对资源的优化配置和高效运行具有重要作用，直接影响制造的成本和效益，日益受到业界重视[71]。现有的大量研究都是将CAPP与车间调度系统作为两个独立串行系统进行单独考虑。相关研究表明，工艺规划和车间调度系统的单个效率很难得到大的提高[72]。

5.4.3 工艺规划与车间调度的集成优化

早期的制造系统研究都是把工艺规划和车间调度作为独立和具有先后顺序关系的系统进行研究，并没有对两者进行集成研究，导致传统制造系统存在以下问题[73]：

(1) 传统工艺规划的局限性问题。传统工艺规划系统的工作模式是静态的，工艺设计人员的决策是在假定车间资源在任何时间都是无限或空闲的情况下作出的[74]。因此，工艺设计人员常常会选择最佳的加工设备，而没有考虑车间的实时资源状况。这就导致在工艺设计人员眼中“优化”的工艺路线，在车间具体执行时的效果并不理想[75]。

(2) 工艺规划与实施的时间差问题。工艺路线的制定是在车间生产之前完成的，工艺规划阶段与实施阶段的时间差也可能会影响工艺的可行性。因为计划制定时所考虑的车间资源约束，在这段时间内可能已经发生变化，所以这种约束的动态变化有可能使原先的工艺计划失去优化的意义[76]，为了匹配车间的实时资源，必须对制造之前所制定的车间总负载的20%～30%进行重新的规划，而且只有很少一部分调度是完全按照生产工艺计划来的。

(3) 传统调度的局限性问题。传统的调度计划往往产生于工艺规划之后，在进行调度的时候就必须考虑工艺规划所产生的工艺路线，这样调度就不可避免会受到工艺路线的约束，就会影响调度系统的工作效果。同时，工艺路线的局限性也会直接影响调度计划的可行性。车间生产常受制于瓶颈设备故障，工具、材料、人员等不到位，订单取消，交货期改变等干扰因素，由于干扰具有突发和不可预见的特点，这就要求担任生产准备任务的工艺规划和车间调度系统能够快速而高效地对以上事件作出响应，避免造成生产的中断。

由以上问题可以看出，工艺规划与车间调度的集成势在必行。通过工艺规划与车间调度的集成与优化，可以在工艺规划时就考虑到未来加工现场的资源利用状况，这对于消除加工现场资源冲突、提高设备的利用率、缩短产品制造周期、提高产品质量和降低制造成本具有重要意义。

IPPS 的研究始于 20 世纪 80 年代中期[77,78]，Chryssolouris 等[79,80]首先提出了 IPPS 的构想，随后 Beckendorff 等[81]使用可选工艺路线来增加系统的柔性，Khoshnevis 等[82]将动态反馈的思想引入 IPPS 中。Zhang[83]和 Larsen[84]提出的集成模型在继承可选工艺路线和动态反馈思想的同时，已经在一定程度上体现了分层规划的思想。近年来，针对 IPPS 问题，国内外的学者开展了大量的研究，提出了各种集成模型[85-87]，使其得到进一步的完善与初步应用。

面向绿色制造的工艺规划(也称绿色工艺规划)是绿色制造的关键技术之一，旨在通过对工艺要素、工艺过程和工艺方案等进行优化决策和规划，从而改善加工过程及其各个环节的绿色性(即资源消耗和环境影响)，使得产品制造过程的经济效益和社会效益协调优化。国内外对绿色工艺规划开展了大量研究，如环境意识机床系统及其关键技术、废物流的评价、工艺规划方法以及面向绿色制造的各种工艺评价与决策等先进的绿色工艺技术。

面向绿色制造的加工工艺方案评价体系，主要用 5 个参数作为评价因素：时间(T)、质量(Q)、成本(C)、资源利用率(R)、环境影响(E)，如图 5-39 所示。

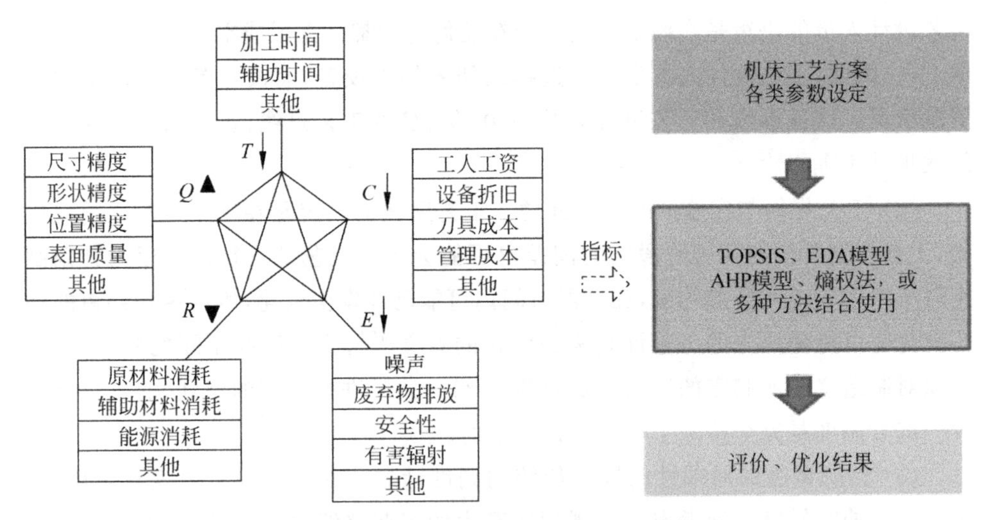

图 5-39　绿色制造的加工工艺方案评价体系

绿色制造在实际生产中的实施仍不乐观，其主要原因之一是缺乏可以明显改善环境友好性的实用方法和工具。对大多数企业来说，制造过程的环境污染只能用好或差进行粗略的评价，无法完成多个指标的综合评价。因此，要全面改善和提高企业制造过程的绿色性，需要一种实用化的综合性评价工具，对其制造过程的绿色特性进行全面的分析、优化和评价。

5.4.4 成形制造车间的节能调度优化案例

近年来,低碳节能的生产方式已逐渐成为当前各国所认可的生产方式,是可持续发展的必然要求。考虑能耗的车间调度也逐渐被各国学者研究和应用。为有效降低车间能耗,一般以车间总电量或总能耗为调度目标,通过优化工艺和机器的配置以及操作速度等参数来实现。同时,机器的闲置能耗和辅助材料的消耗不可忽略,应将其列入调度计算模型中。近期,对于考虑实时电价的车间层节能调度逐渐兴起,此方法更加灵活可靠且更符合实际生产情况。考虑能耗的车间调度可有效提高作业车间的能效,但绝大多数是针对机加工车间进行分析,对于冲压车间节能调度研究较少。

5.4.4.1 面向能量的成形车间离散事件仿真

产品的成形过程首先必须保证加工质量与完工时间,在此前提下实现能源的节约与合理利用。面向能量的离散事件仿真(EODES)可以将生产过程虚拟化、可视化,已广泛应用于制造系统的设计。例如,利用 EODES 可以在不同层面改进制造企业的能源效率;支持制造系统能耗建模;在生产规划阶段预测生产设施的能源需求,以及评估车间的能耗性能与节能潜力。

成形过程工艺复杂,主要加工工序有拉延、切边、翻边等,离散性较强,每一道工序往往都可由多台压力机完成,增大了排产难度。同时,考虑到冲压生产的经济性,冲压成形车间一般采用分批轮番生产方式,既能节约成本,又不会扰乱整个生产系统的生产节拍。加工时,完成单个产品的一道工序一般需 10～20s,而在同一压力机上加工不同的工序时需要更换模具,换模时间通常为 20～50min。二者时间差异较大,所以换模时间对生产加工的影响较大。此外,同一产品在不同压力机上进行加工时,需要进行运输,运输时间的长短与运输距离成正比,跨越的压力机越多,运输时间越长。由于加工一道工序的时间远小于运输时间,因此运输时间不可忽略。

(1) 成形车间能耗模型。成形车间的各个流程均会消耗相应的能量,主要可以分为直接能量(direct energy,DE)和间接能量(indirect energy,IE)。直接能量可以定义为用于生产一个产品所需要的全部过程所消耗的能量(如切边、翻边、冲孔、运输等),而间接能量可以定义为用于维持工作环境所消耗的能量(如照明、通风等)。图 5-40 为冲压成形车间的系统边界。

因此,成形车间的能耗具有以下特点:①加工能耗与所生产的产品数量和生产方案密切相关;②频繁的换模操作会导致较多开机能耗产生;③运输能耗较大,且受到运输批量的影响;④上、下料时会产生闲置能耗;⑤辅助生产设备消耗的能量与各产品的完工时间相关。

(2) 成形车间能量仿真与结果评价。以某工业车辆冲压成形车间的 4 条生产

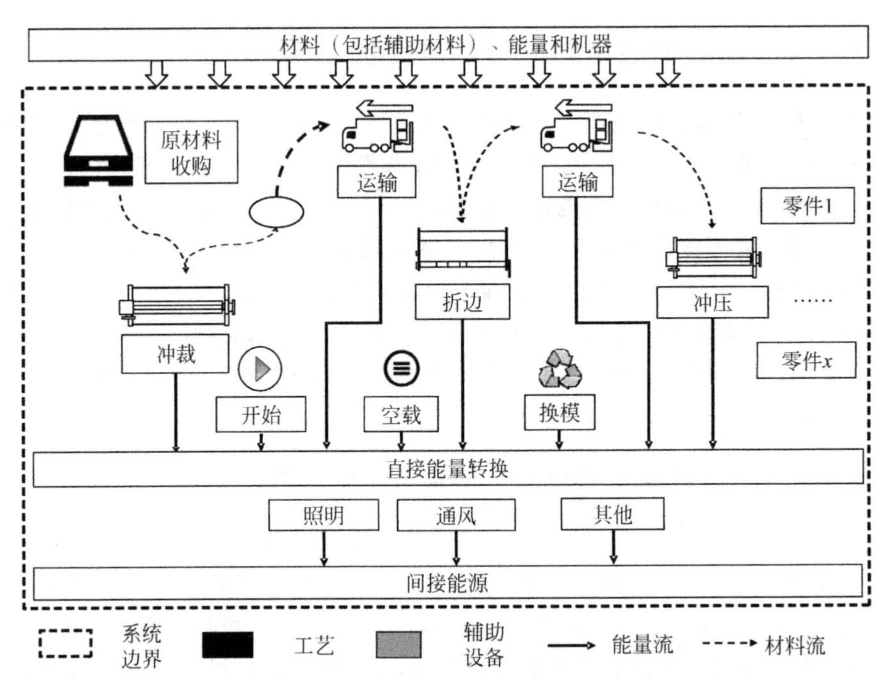

图 5-40　冲压成形车间的系统边界

线为例，进行能量仿真研究，以评价两套备选生产方案的特点。首先，在离散事件仿真软件中，基于相应模块，构建其生产模型。通过参数化设计模块将与能量相关的输入参数和输出参数导入模型中，经过多次重复试验（本案例选择 100 次），得到仿真结果，如表 5-3、图 5-41 所示。

表 5-3　生产流程元素与仿真模型元素对应关系

生产流程元素	仿真模型元素
工件/产品	Entity
加工过程	Process
运输过程、换模过程、闲置过程	Delay
其他属性参数	Attribute
参数化关系	Expression

仿真研究表明，优选方案生产过程更为平稳，总完工时间较小。同时，通过仿真确定了成形制造过程的能耗分布情况，可以针对各部分进行相应的节能优化处理。

(1) 可以通过减小最大完工时间降低直接能耗（如使用更可靠的机器、减小运输批量等）。

(2) 对加工能耗，可以通过优化加工参数和减小压力机能耗（如平衡液压系统的操作过程负载、采用多级能量匹配）实现降耗。对闲置能耗，上下料时提高工人

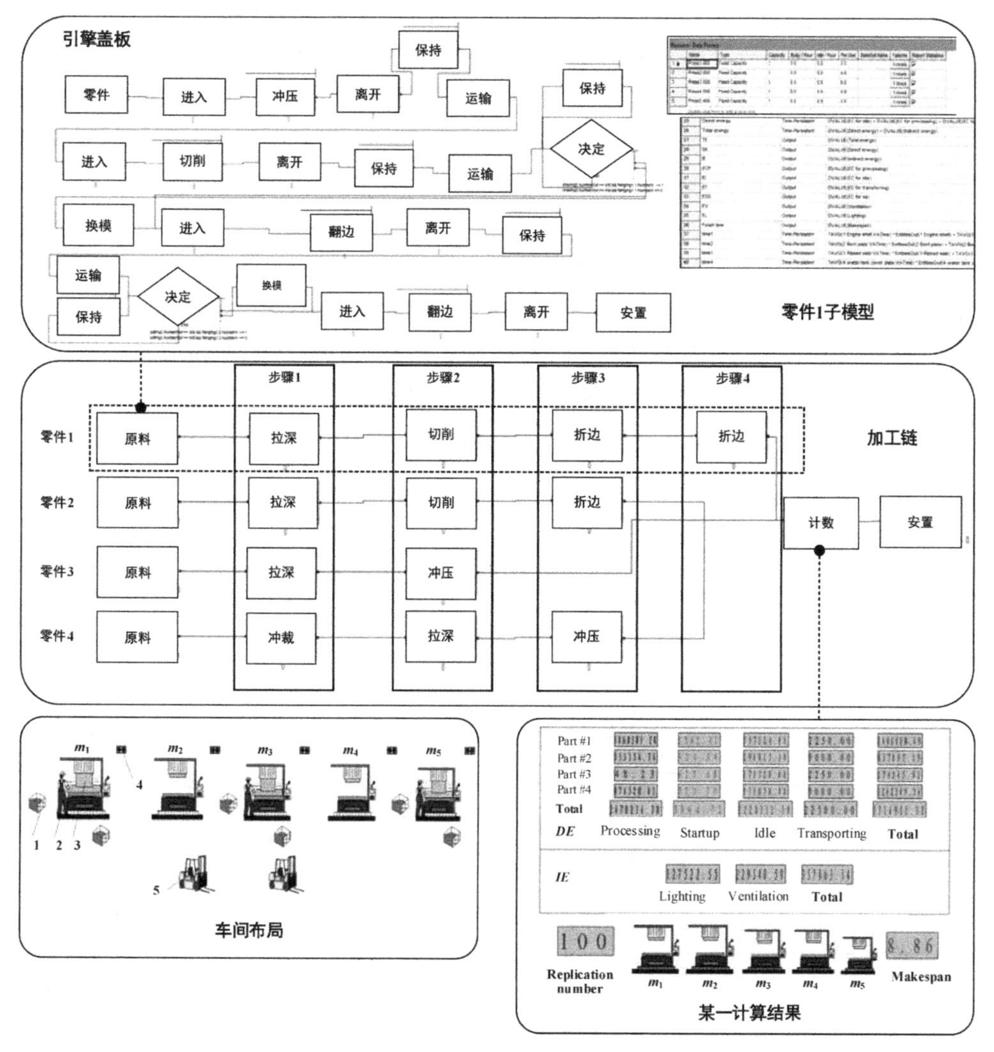

图 5-41 仿真模型与结果

的操作熟练度可实现降耗。同时,通过合理布置车间布局可以减小运输能耗。

(3) 直接能耗与生产方案密切相关,所以采用更合理可靠的排产计划可以使加工更高效节能。

5.4.4.2 成形车间节能调度优化

目前,针对冲压成形车间调度问题的研究主要侧重于传统调度目标,如最大完工时间最小、生产成本最小等,很少考虑能耗的影响。因此,优化冲压成形车间节能调度,合理安排加工设备与产品工序配置,可以在保证最大完工时间受影响较小的前提下,降低冲压成形车间的总能耗。

在建立冲压成形车间多目标节能调度优化模型时,必须考虑以下基本条件:

①每个冲压件的加工工序及每道工序的加工时间、成本和加工能耗已知；②每道工序有多台设备可供选择并且已知；不同批次冲压件工序之间没有先后约束，同一批次冲压件工序之间有先后约束；③开始加工之前，冲压件的批量、型号和工序数都是已知且都可以被加工；④某一种冲压件的某个工序不能同时在多台冲压机上加工；⑤同一批次冲压件在同一时间只能加工一道工序；⑥同一批不同冲压件之间的空载时间都计入加工时间。

假设某冲压成形车间在一定生产周期内计划生产 n 种不同冲压件，有 m 台冲压机供生产使用，在冲压成形车间内，各个时间都会安排不同类型的冲压件生产，每种类型的冲压件都有着不同的工序路线和工序数，在能耗、成本和最大完工时间约束条件下，建立冲压生产车间能耗调度模型。相关参数如表 5-4 所示。

表 5-4 参数定义

符号参数	参数描述
i	冲压件的批次，$i=1,2,3,\cdots,n$
j	第 i 批冲压件的工序编号，$j=1,2,3,\cdots,p$
k	冲压机编号，$k=1,2,3,\cdots,m$
m	冲压机的数量
n	冲压件的种类
P_i	第 i 批冲压件的工序数
N_i	第 i 批冲压件的批量
Z_{ijk}	第 i 批冲压件的第 j 道工序在冲压机 k 上的库存量
TS_{ijk}	第 i 批冲压件的 j 道工序在第 k 台冲压机上的开工时间
$TE_{i(j-1)k}$	第 i 批冲压件的 $j-1$ 道工序在第 k 台冲压机上的完工时间
t_{ijk}	第 i 批冲压件的第 j 道工序在冲压机 k 上的加工时间
TQ_{ijk}	第 i 批冲压件的第 j 道工序在冲压机 k 上启动时间
TG_{ijk}	第 i 批冲压件的第 j 道工序在冲压机 k 上关机时间
S	工人的月工资
CZ_{ijk}	第 i 批冲压件的第 j 道工序在冲压机 k 上的折旧成本
CE_{ijk}	第 i 批冲压件的第 j 道工序在冲压机 k 上加工能耗成本
EQ_{ijk}	第 i 批冲压件的第 j 道工序在冲压机 k 上的启动能耗
EG_{ijk}	第 i 批冲压件的第 j 道工序在冲压机 k 上的关机能耗
λ_{ijk}	决策变量
r_k	权重系数，$k=1,2,3$

冲压成形车间调度通常情况下主要考虑完工时间、设备负载率和生产成本，根据不同生产情况，考虑的目标不尽相同。从节能角度出发，基于某企业冲压生产车间的实际生产情况，以最小化最大完工时间、加工总成本和加工总能耗为目标分别建立多目标优化决策模型。对车间进行多目标节能调度研究，根据建立的调度优化模型和提出的优化算法，可求解得到生产调度最优化方案。图 5-42 为目标函数最优值的进化过程。

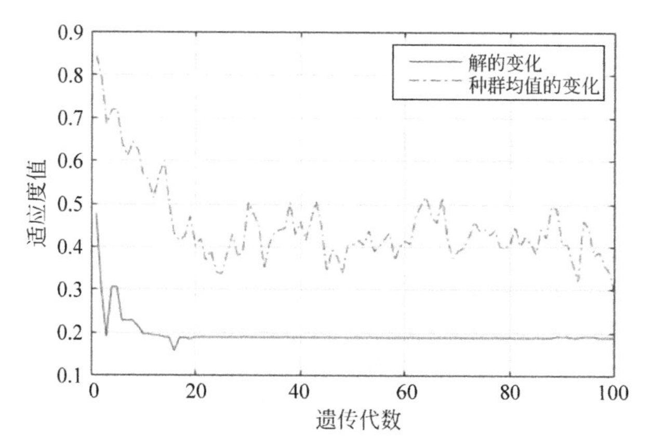

图5-42　目标函数最优值的进化过程

与传统调度(以完工时间为目标)相比,研究所采用的多目标调度方法实现了能耗下降24.3%,成本减少25.3%,完工时间减少12.4%,较大程度地降低能耗、减少成本,验证了冲压成形车间多目标节能调度优化模型的有效性和实用性。

参考文献

[1]　李敏,王璟,等.绿色制造体系创建及评价指南[M].北京:电子工业出版社,2018.

[2]　曹华军,李洪丞,曾丹,等.绿色制造研究现状及未来发展策略[J].中国机械工程,2020,31(2):135-144.

[3]　单忠德,胡世辉.机械制造传统工艺绿色化[M].北京:机械工业出版社,2013.

[4]　熊楚杨,陈五一.关于Salomon假设的研究综述[J].航天制造技术,2007,(6):519-526.

[5]　陈永鹏.高速干切滚齿多刃断续切削空间成形模型及其基础应用研究[D].重庆:重庆大学,2015.

[6]　KLOCKE F, EISENBLATTER G. Dry cutting[J]. Annals of the CIRP, 1997, 46(2): 519-526.

[7]　戚宝运.基于表面微织构刀具的钛合金绿色切削冷却润滑技术研究[D].南京:南京航空航天大学,2011.

[8]　袁松梅,朱光远,王莉,等.绿色切削微量润滑技术润滑剂特性研究进展[J].机械工程学报,2017,53(17):131-140.

[9]　孟广耀.微量润滑高速磨削若干基础研究[D].青岛:青岛理工大学,2012.

[10]　MONZÓN M D, ORTEGA Z, MARTÍNEZ A, et al. Standardization in additive manufacturing: activities carried out by international organizations and projects[J]. The International Journal of Advanced Manufacturing Technology, 2015, 76: 1111-1121.

[11]　王广春.增材制造技术及应用实例[M].北京:机械工业出版社,2014.

[12]　卢秉恒,李涤尘.增材制造(3D打印)技术发展[J].机械制造与自动化,2013(4):1-4.

[13]　刘晓辉.快速成形技术发展综述[J].农业装备与车辆工程,2008(2):10-13.

[14]　MAZZOLI A. Selective lasers intering in biomedical engineering[J]. Medical&Biological

Engineering & Computing,2013,51(3)：245-256.

[15] 吴伟辉,杨永强.选区激光熔化快速成形系统的关键技术[J].机械工程学报,2007,43(8)：175-180.

[16] 陈光霞,曾晓雁,王泽敏,等.选择性激光熔化快速成形工艺研究[J].机床与液压,2010,38(1)：1-3.

[17] 蒲以松,王宝奇,张连贵.金属3D打印技术的研究[J].表面技术,2018,47(3)：78-84.

[18] BIAMINO S,PENNA A,ACKELID U,et al. Electron Beam Melting of Ti-48Al-2Cr-2Nb Alloy：Micro-structure and Mechanical Properties Investigation[J]. Intermetallics,2011,19(6)：776-781.

[19] 尚晓峰,刘伟军,王天然,等.激光工程化净成形技术的研究[J].2004,38(1)：22-25.

[20] WOHLER T. Additive Manufacturing and 3D Printing—State of the Industry Annual Worldwide Progress Report 2014[M]. Wohler's Associates. Inc,Fort Collins,2013.

[21] 林峰.分层实体制造工艺原理研究盈系统开发[D].北京：清华大学,1997.

[22] BARGMANN J. Urbee2 the 3D Printed Car That Will Drive Across the Country[EB/OL]. https://www. popularmechanics. com/cars/a9645/urbee-2-the-3d-printed-car-that-will-drive-across-the-country-16119485/2013-11-04.

[23] HUANG W,LIN X. Research progress in laser solid forming of high-performance metal component satthestate key laboratory of solidification processing of China[J]. 3DPrinting and Additive Manufacturing,2014,1：156-65.

[24] 马健超.3D打印技术在骨结构重建的应用[D].长春：吉林大学,2015.

[25] HILTON P. Rapidtooling：technologies and industrial applications[M]. Boca Raton：CRC Press,2000.

[26] TANNA H N. Dream home：A Personal Space of Core Human Desire and Ambition[D]. Texas A& M University,2012.

[27] 闫焉服.电子装联中的无铅焊料[M].北京：电子工业出版社,2010.

[28] 卞冰,赵剑.机械工业热处理绿色发展技术探究[J].山东工业技术,2016,9：23.

[29] 佚名.机床绿色制造势在必行[J].表面工程与再制造,2015,15(2)：43-43.

[30] 孔令友,杨天博.未来机床的发展目标——绿色机床[J].金属加工(冷加工),2012,(12)：27-28.

[31] 王凌,王晶晶,吴楚格.绿色车间调度优化研究进展[J].控制与决策,2018(3)：385-391.

[32] JIANG B,SUN Z Q,LIU M Q,et al. China's energy development strategy under the low-carbon economy[J]. Energy,2010,35(11)：4257-4264.

[33] LIU Z,GUAN D, WEI W, et al. Reduced carbon emission estimates from fossil fuel combustion and cement production in China[J]. Nature,2015,524(7565)：335-338.

[34] 中国工程院战略咨询中心.绿色制造[M].北京：电子工业出版社,2016.

[35] 王凌.车间调度及其遗传算法[M].北京：清华大学出版社,2003.

[36] SRIVASTAVA S K. Green supplychain management：A state-of-the-art literature review[J]. Int J of Management Reviews,2007,9(1)：53-80.

[37] ABDELAZIZ E A,SAIDUR R,MEKHILEF S. A review on energy saving strategies in industrial sector[J]. Renewable & Sustainable Energy Reviews,2011,15(1)：150-168.

[38] GAHM C, DENZ F, DIRR M, et al. Energy-effcient scheduling in manufacturing companies：A review and research framework[J]. European J of Operational Research,

2016,248(3): 744-757.

[39] ADEKOLA O,STAMP J D,MAJOZI T,et al. Unified Approach for the Optimization of Energy and Water in Multipurpose Batch Plants Using a Flexible Scheduling Framework [J]. Industrial &Engineering Chemistry Research,2013,52(25): 8488-8506.

[40] CAPÓN-GARCÍA E,BOJARSKI A D,ESPUÑA A,et al. Multiobjective optimization of multiproduct batch plants scheduling under environmental and economic concerns[J]. Aiche Journal,2011,57(10): 2766-2782.

[41] FANG K,UHAN N,ZHAO F,et al. A new approach to scheduling in manufacturing for power consumption and carbon footprint reduction[J]. Journal of Manufacturing Systems, 2011,30(4): 234-240.

[42] ZHANG C,GU P,JIANG P. Low-carbon scheduling and estimating for a flexible job shop based on carbon foot print and carbon effciency of multi-job processing[J]. Proc of the Institution of Mechanical Engineers,Part B: J of Engineering Manufacture,2015,229(2): 328-342.

[43] BRUZZONE A A G,ANGHINOLFI D,PAOLUCCI M,et al. Energy-aware scheduling for improving manufacturing process sustainability: A mathematical model for flexible flow shops[J]. CIRP Annals-Manufacturing Technology,2012,61(1): 459-462.

[44] DAI M,TANG D,GIRET A,et al. Energy-efficient scheduling for a flexible flow shop using an improved genetic-simulated annealing algorithm[J]. Robotics & Computer Integrated Manufacturing,2013,29(5): 418-429.

[45] LI K,ZHANG X,LEUNG Y T,et al. Parallel machine scheduling problems in green manufacturing industry[J]. Journal of Manufacturing Systems,2016,38: 98-106.

[46] DING J Y,SONG S,ZHANG R,et al. Parallel machine scheduling under time-of-use electricity prices: new models and optimization approaches[J]. IEEE Transactions on Automation Science & Engineering,2016,13(2): 1138-1154.

[47] ZHANG R,CHIONG R. Solving the energy-efficient job shop scheduling problem: a multi-objective genetic algorithm with enhanced local search for minimizing the total weighted tardiness and total energy consumption[J]. Journal of Cleaner Production,2016, 112: 3361-3375.

[48] ALBERS S. Energy-effcient algorithms[J]. Communications of the ACM,2010,53(5): 86-96.

[49] BENINI L,BOGLIOLO A,DE MICHELI G. A Survey of Design Techniques for System-Level Dynamic Power Management[J]. Readings in Hardware/Software Co-Design,2002, 8(3): 231-248.

[50] IRANI S,SINGH G,SHUKLA S K,et al. An overview of the competitive and adversarial approaches to designing dynamic power management strategies[J]. IEEE Transactions on Very Large Scale Integration Systems,2006,13(12): 1349-1361.

[51] SLEATOR D D,TARJAN R E. Amortized efficiency of list update and paging rules[J]. Communications of the Acm,2013,28(2): 202-208.

[52] MOUZON G,YILDIRIM M B,TWOMEY J. Operational methods for minimization of energy consumption of manufacturing equipment[J]. Int J of Production Research,2007, 45(18/19): 4247-4271.

[53] MOUZON G,YILDIRIM M B. A framework to minimise total energy consumption and total tardiness on a single machine[J]. Int J of Sustainable Engineering,2008,1(2):105-116.

[54] YAO F,DEMERS A,SHENKER S. A scheduling model for reduced CPU energy[C]// The 36th Annual Symposium on Foundations of Computer Science. New York: IEEE,1995:374-382.

[55] BANSAL N,KIMBREL T,PRUHS K. Speed scaling to manage energy and temperature [J]. J of the ACM,2007,54(1):1-39.

[56] LUO H,DU B,HUANG G Q,et al. Hybrid flow shop scheduling considering machine electricity consumption cost[J]. Int J of Production Economics,2013,146(2):423-439.

[57] FANG K,UHAN N A, ZHAO F, et al. Flow shop scheduling with peak power consumption constraints[J]. Annals of Operations Research,2013,206(1):115-145.

[58] 高亮,李新宇. 工艺规划与车间调度集成研究现状及进展[J]. 中国机械工程,2011(8):1001-1007.

[59] 许焕敏,李东波. 工艺规划研究综述与展望[J]. 制造业自动化,2008,30(3):1-7.

[60] MAHMOOD F. Computer-aided process planning for wire electrical discharge machining (wedm)[C]// University of Pittsburgh,1998.

[61] PANDE S S,WALVEKAR M G. PC-CAPP a computer assisted process planning system for prismatic components[J]. Computer-Aided Engineering Journal,1989(8):133-138.

[62] RAMESH M M. Feature based methods for machining process planning of automotive powertrain components[D]. The University of Michigan,2002.

[63] LI X M. A plan refinement framework for improving process plans interactively and iteratively[D]. Arizona State University,2000.

[64] HUANG J,NIEKERK T I V,HATTINGH D,et al. Computer-aided process planning-an object oriented structure[C]// Africon. IEEE,1999:531-536.

[65] HANG H C,ALTING L. Computerized manufacturing process planning systems[M]. London: Chapman & Hall,1994.

[66] CHANG T C,WYSK R A. An introduction to automated process planning systems[M]. Englewood Cliffs: New Jersey Prentice-Hall,1985.

[67] DEB S, GHOSH K, PAUL S. A neural network based methodology for machining operations selection in Computer-Aided Process Planning for rotationally symmetrical parts[J]. Journal of Intelligent Manufacturing,2006,17(5):557-569.

[68] 许焕敏,李东波. 工艺规划研究综述与展望[J]. 制造业自动化,2008,30(3):1-7,22.

[69] CAY F,CHASSAPIS C. An IT View on Perspectives of Computer Aided Process Planning Researcr[J]. Computers in Industry,1997,34(3):307-337.

[70] MAREFAT M,BRITANIK J. Case-based process planning using an object-oriented model representation[J]. Robotics and Computer-Integrated Manufacturing, 1997, 13(3):229-251.

[71] 吕盛坪,乔立红. 工艺规划与车间调度及两者集成的研究现状和发展趋势[J]. 计算机集成制造系统,2014,20(2):290-300.

[72] SHOBRYS D E,WHITE D C. Planning, seheduling and control systems: why can they not work together[J]. Computers and Chemical Engineering,2000,24(2-7):163-173.

[73] KUMAR M,RAJOTIA S. Integration of scheduling with computer aided process planning [J]. Journal of Materials Processing Tech,2003,138(1): 297-300.
[74] USHER J M,FERNANDES K J. Dynamic Process Planning-the Static Phase[J]. Journal of Materials Processing Technology,1996,61(1/2): 53-58.
[75] LEE H,KIM S S. Integration of process planning and scheduling using simulation based genetic algorithms [J]. International Journal of Advanced Manufacturing Technology, 2001,18(8): 586-590.
[76] KUHNLE H,BRAUN H J,BUHRING J. Integration of CAPP and PPC-interfusion M anufacturing Management[J]. Integrated Manufacturing Systems,1994,5(2): 21-27.
[77] TAN W,KHOSHNEVIS B. Integration of process planning and scheduling—a review[J]. Journal of Intelligent Manufacturing,2000,11(1): 51-63.
[78] KUMAR M,RAJOTIA S. Integration of process planning and scheduling in a job shop environment[J]. International Journal of Advanced Manufacturing Technology,2006,28 (1-2): 109-116.
[79] CHRYSSOLOURIS G,CHAN S,COBB W. Decision making on the factory floor: An integrated approach to process planning and scheduling [J]. Robotics & Computer Integrated Manufacturing,1984,1(3): 315-319.
[80] CHRYSSOLOURIS G,CHAN S,SUH N P. An Integrated Approach to Process Planning and Scheduling[J]. CIRP Annals-Manufacturing Technology,1985,34(1): 413-417.
[81] BECKENDORFF U,KREUTZFELDT J,ULLMANN W . Reactive Workshop Scheduling Based on Alternative Routings [C]//Proceedings of a Conference on Factory Automation and Information Management. Boca Raton,Florida: CRC Press,1991: 875-885.
[82] KHOSHNEVIS B,CHEN Q M. Integration of process planning and scheduling function [C]//IIE Integrated Systems Conference &Society for Integrated Manufacturing Conference Proceedings. Atlanta: Industrial Engineering & Management Press,1989: 415-420.
[83] ZHANG H C,MERCHANT M E IPPM-a Prototype to Integrated Process Planning and Job Shop Scheduling Functions[J]. Annals of the CIRP,1993,42(1): 513-517.
[84] LARSEN N E. Methods for integration of process planning and production planning[J]. International Journal of Computer Integrated Manufacturing,1993,6(1/2): 152-162.
[85] WANG L,SHEN W,HAO Q. An overview of distributed process planning and its integration with scheduling [J]. International Journal of Computer Applications in Technology,2006,26(1/2): 3-14.
[86] 张绪柱.工业工程概论[M].北京:清华大学出版社,2007.
[87] 陈银凤.浅析企业库存管理[J].中国管理信息化,2011(14): 94-95.

第6章

绿色包装与运输

产品绿色化要求产品从原料开始，到产品及其包装的设计、制造、运输，再到产品的使用、回收，每个环节都要力求做到减量、节源、高效、无害。包装业、物流业与产品可持续发展之间有着密切的关联。绿色包装与绿色运输是产品流通环节绿色化的重要体现，二者相辅相成、相互制约、不可分割。一方面，绿色包装是绿色运输的重要基础和前提，没有好的产品包装形式，绿色运输往往难以达到；另一方面，绿色运输为绿色包装指明了发展方向，为了保证流通环节中的绿色环保，包装的设计应当要适应绿色运输的需要。

6.1 绿色包装

包装普遍运用于各类产品的流通、消费环节。产品包装能够起到保护产品、方便运输、加速流通、促进消费的作用，在某种程度上，作为产品的"嫁衣"，对产品的整体形象、产品竞争力等具有重要影响。随着环境问题的日益凸显，产品包装引起的环境问题受到全社会的普遍关注，绿色包装已成为包装业未来的必然发展趋势。本节将对绿色包装产生的客观背景、绿色包装的内涵和特点以及绿色包装设计作简要论述。

6.1.1 绿色包装的提出

包装行业与国民经济息息相关，纸、塑料、玻璃、铝材、钢铁等都是包装行业产品生产中重要的原材料，是包装行业产品不可或缺的组成部分，包装行业产品分布于各行各业，几乎国民经济绝大部分重要行业都与其息息相关，其中医药、食品饮料、日化、化工和家电行业等是包装行业产品应用相对广泛和典型的行业，包装行业能够迅速崛起和发展多得益于此。包装作为产品的外衣，除了具有保护产品和作为容器的功能，往往也是展示与宣传产品的重要工具，与其他宣传形式相比，它有更广泛和直接的影响力，很大程度上代表着产品和企业的形象，因此包装是产品、企业以及社会经济发展的重要组成部分。

据估计，全世界每年包装产品销售额超过万亿美元，制造包装产品的公司达数十万个，从业人员超过4000万人，通常发达国家中包装工业在其国内属于前十大产业。我国包装工业从20世纪80年代开始起步,30多年来已取得了迅速发展,包装工业已形成完备的体系,并具备了相当大的规模。

根据中国包装联合会统计数据显示,2018年中国包装行业规模以上企业数量达7830家。我国包装经过连续几年快速发展,包装工业总规模已跻身世界包装大国行列,位列世界第二。包装产业已经从一个分散的行业成为一个以纸、塑料、金属、玻璃、印刷和包装机械为主要产品的独立、完整、门类齐全的工业体系。在我国国民经济42个主要行业中,包装产业从20世纪80年代初期第41位跃升到现在第14位,成为我国国民经济发展的重要产业之一。虽然,我国包装行业规模庞大,目前国内生产企业20余万家,涉及产品种类数以万计,然而超过80%的企业以生产传统包装产品为主,产能过剩问题显著,包装废弃物对环境产生的压力也越来越大,同时由于缺乏绿色化先进技术以及绿色包装意识,难以满足当今市场对绿色包装产品的需求。

包装工业的环境污染主要表现在包装制品的生产、储存、消费、使用的各个过程,以及在消费后回收效率不高造成的资源浪费、环境污染,其中最主要也是公众最为关注的是包装废弃物产生的污染。据统计,目前我国200个大中城市的一般固体工业废弃物年产生量约为15.5亿t,其中仅41%能够得到综合利用,18.9%得到无害化处理,其余均难以处理,只能暂时储存或丢弃。而在这些废弃物中,包装废弃物约占总量的1/3,这些难以处理的垃圾对我国生态环境造成了严重冲击。据不完全统计,全球每1亿t城市垃圾中,包装废弃物为1600万t左右,占城市所有废弃物体积的25%,质量的16%,可以想象,这样惊人数量的废弃包装物将导致严重的环境及社会问题。

由于现代商业的快速发展,特别是快递物流的飞速增长,产品包装引起的问题愈演愈烈。包装产品的设计往往被作为唤起消费者的购买欲望、促进商品销售、获得经济效益的重要手段,由此出现了大量只顾眼前经济利益的包装设计,如商品包装尺寸、体积过分加大;不必要的多层次烦琐包装;为了使商品有高档感,采用高成本印刷;为了降低包装成本,使用不易回收和难以处理的包装材料等现象随处可见。2011年《人民日报》就有报道披露:我国已成为世界上过度包装问题最严重的国家之一,我国50%以上的商品都存在过度包装问题;我国城市生活垃圾里有1/3属于包装垃圾,而这些包装垃圾中,一半以上都属于过度豪华包装[1]。近几年的年废弃包装价值超过一万亿元,显然,过度包装既不经济,更不环保。针对产品包装引起环境问题的日益严重,绿色包装的消费观念引起了社会的广泛关注。

"绿色包装"的概念起源于1987年联合国环境与发展委员会发表的《我们共同的未来》,1992年6月联合国环境与发展大会通过了《里约环境与发展宣言》《21世纪议程》,随即在全世界范围内掀起了一个以保护生态环境为核心的绿色浪潮。世界各国普遍认为"绿色包装"应该符合3R1D原则,即包装减量化(reduce)、可重复利用(reuse)、可回收再生(recycle)、可降解腐化(degradable)。

2018年10月，在艾伦·麦克阿瑟基金会的倡议下，250个生产商、零售商、包装回收商、政府与非政府组织共同签署了《从源头消除塑料污染的全球承诺》，这项倡议旨在从源头消除塑料污染，主要追求三个目标：消除有问题或不必要的塑料包装，从一次性使用转向可重复使用的包装模式；通过创新确保到2025年，100％的塑料包装可以方便、安全地重复使用、回收或堆肥；显著增加塑料的重复使用或回收数量，并制成新的包装或产品。在2019年3月公布的阶段性报告中，已有107家快消品公司、零售商及包装制造商承诺，至2025年制造100％可回收、可再生或可降解的塑料包装。

根据《中国包装工业发展规划(2016—2020年)》，“十三五”期间，面向建设包装强国的战略任务，坚持自主创新，突破关键技术，全面推进绿色包装、安全包装、智能包装一体化发展，有效提升包装制品、包装装备、包装印刷等关键领域的综合竞争力。其中，推动绿色包装持续发展是“十三五”期间包装行业的发展重点之一。围绕减量、回收、循环等绿色包装的核心要素，加速发展生态包装设计、绿色包装材料和循环利用技术，具体包括以下方面。

(1) 切实推进绿色包装设计。主动适应互联网思维下的新消费理念和适度包装要求，加快发展简约化、减量化、复用化及精细化包装设计技术，扶持企业积极应用生产质量品质高、资源能源消耗低、对人体健康和环境影响小、便于回收利用的绿色包装材料，开展生态(绿色)设计，增强覆盖包装全生命周期的科学设计能力，提升包装产品附加值。支持建立包装云设计数据库，深化互联网和先进设计技术在包装设计中的应用，促进发展快速消费品绿色包装技术。

(2) 大力发展绿色包装材料。建立包装材料选用的环保评价体系，重视包装材料研发、制备和使用全过程的环境友好性，推行使用低(无)VOCs含量的包装原辅材料，逐步推进包装全生命周期无毒无害。倡导包装品采用相同材质的材料，减少使用难以分类回收的复合材料。支持以可降解、可循环等材料为基材，发展系列与内装物相容性好的食品药品环保包装材料，增强食品药品包装材料智能属性，提高食品药品包装安全性。突破工业品包装材料低碳制备技术，推广综合防护性能优异、可再生复用的包装新材料，增强工业品包装可靠性。促进包装材料产业军民深度融合，推动特殊领域包装材料绿色化提升。

(3) 着力开发循环利用技术。牢固树立循环发展理念，大力促进包装废弃物循环利用。加强包装废弃物分类管理，健全包装废弃物回收网络，提高包装制品重复使用率。发展包装废弃物循环利用技术，支持企业围绕包装废弃物的再次高效利用开展技术攻关。重点开发、推广废塑料改性再造、废(碎)玻璃回收再利用、纸铝塑等复合材料分离，以及废纸(金属、塑料等)自动识别、分拣、脱墨等包装废弃物循环利用技术，采用先进节能和低碳环保技术改造传统产业。

(4) 以减少环境污染、提高资源利用为目标，组织实施绿色材料、清洁生产、循环利用等专项技术改造，开展环保材料开发、资源综合利用、节能低碳技术等产业化示范。加速推进绿色化、高性能包装材料的自主研发和国产化进程,研发一批社会发展急需、替代进口的关键材料与技术,突破绿色包装材料的应用及产业化瓶颈,提升资源节约、环境友好包装的自主研发与生产水平。

到2020年,绿色化、高性能包装材料国产化率达到35%以上,部分包装材料达到国际先进水平,示范工程参与企业对绿色包装材料的生产和使用占到所使用包装材料总量的50%以上。

因此,随着法律法规要求的愈加严格、绿色产品市场的逐步形成以及人们绿色消费理念不断提高,绿色产品将成为人们购物时的首选,而绿色产品的包装也必须符合绿色要求。总的来说,实施绿色包装既是保护环境的需要,又是增强我国包装业发展后劲、提高竞争能力的重要手段,也是实施可持续发展的重要措施之一。

6.1.2 绿色包装的概念与特点

绿色包装(green package),又称为环境友好性包装(environmental friendly package)或生态包装(ecological package)。目前关于绿色包装有两个公认的关键点:一是有利于节省资源和能源,有利于资源、能源的再生利用;二是对生态环境和人体健康的损害最小。因此,可以将绿色包装定义为:绿色包装是指生产制造及使用过程中,资源、能源消耗最少,对环境和人体无毒害或危害极小,使用后不产生环境污染及永久性垃圾,并可回收重用或可再生的包装。

尽管对绿色包装定义的表述各有不同,但都是以环境友好、资源节约为核心要素,强调在包装设计、研发、生产、使用和再生循环的全生命周期中,对生态环境和人类健康无害或危害小[2]。这就要求包装设计师不仅要从市场营销、产品消费需求等方面出发进行产品包装设计,还要考虑包装可能对自然环境造成的潜在危害。具体来说,绿色包装应具备以下特点。

(1) 材料最省,废弃物最少,且节省资源和能源。即绿色包装在满足保护、方便、销售、提供信息功能的条件下,应是使用材料最少又文明的适度包装,避免过度包装。

(2) 易于回收利用和再循环。通过产品包装及其包装制品的多次重复使用或利用回收废弃物生产再生制品,焚烧利用热能,堆肥化改善土壤等,达到再利用的目的,既不污染环境,又可充分利用资源。

(3) 包装材料可自行降解且降解周期短。为了不形成永久垃圾,不可回收利用的包装废弃物要能分解腐化,进而达到改善土壤的目的。能降解还必须有短的降解周期,以免形成堆积。

(4) 包装材料对人体和生物系统应无毒无害。这主要是要求包装所用材料中不含有毒性的元素、卤素、重金属;或将其含量控制在有关标准以下。

(5) 包装产品在其生命周期全程中,均不应产生环境污染。即包装产品从原材料采集、材料加工、产品制造、使用到废弃物回收再生等均不产生环境污染。包装废弃物燃烧产生新能源时也不产生二次污染。

为了使绿色包装既能有追求的方向,又有可供操作的分阶段达到的目标,可以按照绿色食品分级标准的办法,制定绿色包装的分级标准。

A 级绿色包装:指废弃物能够循环复用、再生利用或降解腐化,含有毒物质在规定限量范围内的适度包装。

AA 级绿色包装:指废弃物能够循环复用、再生利用或降解腐化,且在产品整个生命周期中对人体及环境不造成公害,含有毒物质在规定限量范围内的适度包装。

上述分级,主要考虑的是首先要解决包装使用后的废弃物问题,这是当前世界各国保护环境关注的热点,也是提出发展绿色包装的主要内容。

2019 年 5 月我国颁布了《绿色包装评价方法与准则》国家标准。标准提出的"绿色包装"内涵为"在包装产品全生命周期中,在满足包装功能要求的前提下,对人体健康和生态环境危害小、资源能源消耗少的包装"。绿色包装评价准则从资源属性、能源属性、环境属性和产品属性 4 个方面规定了绿色包装等级评定的关键技术要求,给出了基准分值的设置原则:重复使用、实际回收利用率、降解性能等重点指标赋予较高分值。标准的出台将有助于改变我国包装产业绿色意识不强、缺乏绿色化先进技术的局面。

6.1.3 绿色包装设计

绿色包装设计的流程如图 6-1 所示,其以被包装产品与客户要求为出发点,以资源和环境设计目标作为依据制定包装绿色设计方案,然后在绿色设计准则的指导下,运用绿色设计方法进行包装设计,在进行包装设计时,应考虑多个方案进行比较,经过全面量化分析,选择出最优设计方案,并投入生产使用。

1. 绿色包装材料的选用

虽然绿色包装材料迄今没有一个统一的定义和标准,但对绿色包装材料的共识就是材料首先必须是环保的。只有可回收、可循环利用,并且在其生产、使用甚至废弃后的回收处置过程中对人类和环境都不会构成危害的包装材料,才可以认为是绿色环保的包装材料。设计人员在进行包装设计时,应尽量选用无毒无害的、可降解的、环境负荷小的包装材料,如有毒有害材料的替代材料、环保油墨、可降解新型塑料、可食性包装膜、纸包装、竹包装等,或采用再生材料制作包装材料。

(1) 选用环境友好材料替代有毒有害材料。应用新型环保材料代替泡沫塑料,如图 6-2 所示,采用了可天然降解的植物纤维缓冲包装材料替代原先使用的需发泡的 PE-LD 防振包装材料。替代后包装的缓冲效果并无明显下降,但新包装的环保性能有了显著提高。

(2) 选用可降解塑料。可降解塑料包装材料既具有传统塑料的功能和特性,又可以在完成使用寿命之后,通过阳光中紫外光的作用或土壤和水中的微生物作

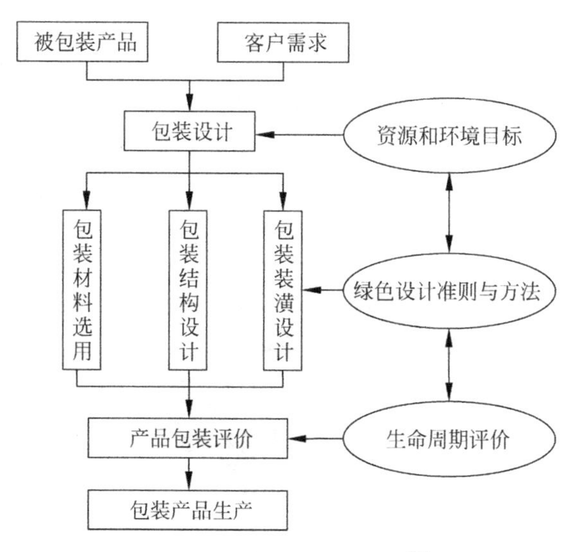

图 6-1 绿色包装设计流程[3]

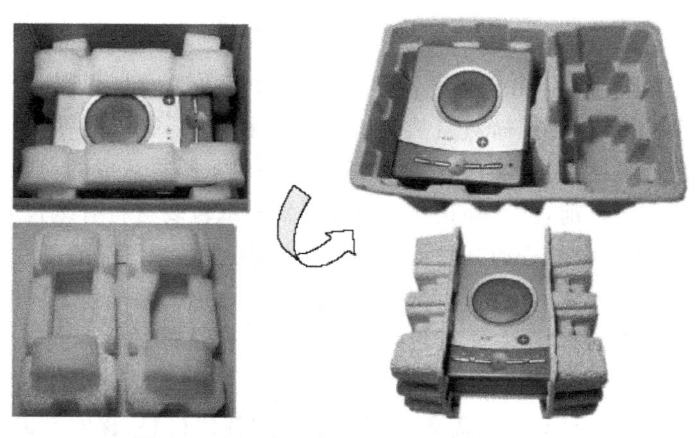

图 6-2 电子产品泡沫塑料包装的替代技术

用，在自然环境中分裂降解和还原，最终以无毒形式重新进入生态环境中，回归大自然。如法国一家奶制品公司从甜菜中提取的物质与矿物质进行混合从而制造成一种生态包装盒。日本和中国台湾研究成功的"玉米淀粉树脂"是一种新型的绿色环保材料，这种树脂以玉米为原料经加工塑化而成，用它可制成多种一次性塑料用品，如水杯、塑料袋、商品包装。德国发明了一种由淀粉做的、遇到流质不溶化的包装杯，可以盛装奶制品，其废弃后也容易分解掉。美国研究出一种以淀粉和合成纤维为原料的塑料袋，它可在大自然中分解成水和二氧化碳。近些年出现了聚乙烯醇等水溶膜制成的农药及洗涤剂包装材料，可溶于水并在自然环境下迅速降解。雀巢公司正与 Danimer Scientific 合作，开发可降解新型包装材料，如海洋生物可降解的食品级聚丙乙烯，用于替代现有的食品塑料包装。

澳大利亚 BioBag World 公司和 IG Fresh 公司开发出聚乙烯塑料包装的替代品,该包装纸可用于保持黄瓜新鲜而不破坏环境。其联合开发的称为 Mater-Bi 的生物塑料薄膜,由可降解树脂制成,该树脂利用了包括非转基因玉米淀粉在内的植物材料。这种产品通过加热紧贴到黄瓜上,保持黄瓜新鲜。所以,消费者买一根黄瓜,剥掉包装纸,然后就可以把它放到绿色垃圾箱里,而不破坏环境。这种新的生物塑料包装可用于保持所有超市销售的水果和蔬菜新鲜度,如图 6-3 所示。

图 6-3　Mater-Bi 生物塑料薄膜

(3) 选用纸质包装。由于纸制品包装使用后可再次回收利用,少量废弃物在大自然环境中可以自然分解,对自然环境没有不利影响,所以世界公认纸、纸板及纸制品是绿色产品,符合环境保护的要求,对治理由于塑料造成的白色污染能起到积极的替代作用。目前,国内外正在研究和开发的纸包装材料有纸包装薄膜、一次性纸制品容器、利用自然资源开发的纸包装材料、可食性纸制品等。

目前许多企业已使用中型、重型的瓦楞纸箱或白色板箱来包装,并使用各种防潮保鲜纸张代替塑料薄膜来进行包装,纸包装的产值超过全球包装材料产值的 2/3。

但是,我国森林资源贫乏,需要发展纸包装的替代材料,探索新的非木纸浆资源,用芦苇、竹子、甘蔗、棉秆、麦秸等代替木材造纸,并设法扩大造纸木材的树种和充分利用废弃材和加工剩余边材,以扩大原料来源。例如上海嘉宝包装公司引进先进工艺研制成纸浆餐具制品,这种产品采用天然植物纤维,如芦苇浆、蔗渣浆等原料,经科学配方,模压成形而制成,这种纸浆餐具制品是替代泡沫餐具的最理想的产品。

(4) 选用再生材料进行包装。再生热塑性塑料、再生纸材料、再生纤维材料已被广泛应用于各种电子电器产品的外包装,如华为、苹果、三星等品牌都宣布将使用再生塑料或再生纸等环保可持续材料来代替传统的塑料或纸盒包装,作为手机、计算机、平板、可穿戴产品的包装,其中三星计划到 2020 年共使用 50 万 t 再生塑料。Loop Industries 公司已经开发出一项新的塑料回收技术,可以把无价值和低价值的塑料通过回收和再利用转化为新的带有 Loop 标识的食品级 PET 塑料。该技术可以回收任何颜色、任何透明度的 PET 塑料瓶和包装，甚至可以回收地毯、服装和其他可能含有颜色、染料或添加剂的聚酯(涤纶)纺织品，并能满足美国食品药品监督管理局对食品级包装使用的要求。百事公司已宣布于 2020 年年初采用 100%再生材料制成的带有 Loop 标识的 PET 塑料作为其饮料的包装材料之一。许多化工产品公司如韩国 SONGWON 公司等也开始采用含 50%再生塑料的 PE 包装袋作为其化工产品的包装。

(5) 选用可食性包装膜包装食品。如大家熟知的糖果包装上使用的糯米纸及包装冰淇淋的玉米烘烤包装杯都是典型的可食性包装。人工合成可食性包装膜中比较成熟的是 20 世纪 70 年代已工业化的普鲁兰多糖，它是无味、无臭、非结晶、无定形的白色粉末，是一种非离子性、非还原性的稳定多糖。由于它是由 α-葡萄糖苷构成的多聚葡萄糖，因而在水中容易溶解，可作黏性、中性、非离子性的水溶液。我国研究和使用较多的可食性包装膜如表 6-1 所示[4]。

表 6-1 可食性包装膜

类　　型	生产工艺及特点	应 用 范 围
壳聚糖可食性包装膜	这种包装膜采用贝类提取物壳聚糖为主要原料，将壳聚糖与月桂酸结合在一起，生成均匀的可食薄膜，并且用该包装膜包装去皮的水果和水果片，有很好的保鲜作用。这种包装材料所用的壳聚糖是贝类外壳经粉碎后的加工产品。由于来自天然，对环境无污染危害，食用后对人体有补充微量元素的功效，可谓是一种新型的环保食品包装。但也有它的不足之处，那就是原料来源有限，必须是靠近盛产贝类的沿海地带	应用于糖果、果脯、保鲜蛋糕、月饼保鲜等方面
玉米蛋白质包装膜	膜是纸与玉米蛋白质合成的包装材料，不会被油脂渗透，将其放入聚酯塑料包装，从卫生角度来讲，应采用内包装膜，所以该包装材料前景广阔	主要用于快餐盒和其他带油食品的包装内层
大豆蛋白质包装膜	主要采用大豆提取豆粕后的剩余物质进行生产，原料来源广阔。特别是北方盛产大豆的区域更是原材料丰富。由于是采用大豆制取豆粕后的剩余物，所以价格极其便宜。该包装膜既能阻止氧气进入，又能保持水分，还能确保原味。这种可食性包装膜在食品生产工业中应用极广，绝大部分糖果、糕点均可采用，由于该包装具有保鲜功能，且原材料丰富，所以有极好的工业前景	用途广泛，适用于各种即食性食品
复合型可食包装膜	这种蛋白质、脂肪酸、淀粉复合型可食性包装膜是将不同配比的蛋白质、脂肪酸和淀粉合成在一起，生成不同物理性质的可食性薄膜。由于该产品可根据不同食品调整包装膜软、硬度，所以可形成不同类型的内包装，在食品行业具有巨大的市场	应用于各种即食性食品的内包装

2. 绿色包装结构设计

包装结构在满足包装功能要求的前提下，要尽量简化，避免浪费，这样才能降低包装材料的消耗，并在后续回收处理过程也能降低资源浪费和能源消耗。在满足盛装、保护、运输、储藏和销售等功能的前提条件下，包装实行轻量化、薄型化，即降低包装的厚度和质量、削减包装的层数，推广轻量化、薄型化的包装生产工艺和设备，从而减少包装材料的使用量和包装废弃物的产生量，降低包装成本，缓解对环境的影响，同时提高软包装产品的质量。

(1) 莫斯科大型足球酒吧 Mug 提供了新的啤酒包装，如图 6-4 所示。啤酒采用可回收纸杯盛放，不同的啤酒种类用专用贴纸贴在每一个杯子的顶部。啤酒携带通常采用纸质包装壳，既灵巧轻便，又绿色环保。

图 6-4　Mug 啤酒包装

(2) 包装盒采用连体式设计，一次成形，避免了包装盒的铆接或黏接。采用免封口设计的包装盒，避免了有害物质密封胶物质的使用，如图 6-5 所示。采用瓦楞纸填充物替代泡沫塑料的结构设计，如图 6-6 所示。

图 6-5　免封口包装设计

图 6-6　包装盒空隙采用瓦楞纸填充物

3. 绿色包装外观设计

(1) 倡导简约主义的外观设计。20 世纪八九十年代起，国际上出现了一种追求造型极其简洁的“简约主义”设计流派，这种设计思想在许多行业得以流行，例如北欧风的家居装饰风格等。就包装设计而言，追求包装造型和色彩的简洁与和谐也符合对绿色环保的要求。

(2) 产品包装表面最好不加任何涂、镀等附加工艺，而是用原材料直接制成成品，这样可达到便于回收处理和再利用的目的。

(3) 绿色包装应该对环境保护和绿色产品具有一定的宣传性，以引导消费者进行绿色消费，提高其环保意识。现在许多口香糖等食品包装上印刷的“请勿随意丢弃垃圾”等标语，既提高了公司的环保形象，又对消费者产生了很好的正面效应，可以作为各种包装环保宣传的借鉴。

(4) 选用环保油墨。印刷中的油墨对环境的影响非常大，而且在用于食品包装印刷时，油墨对人体有害的成分还会直接危害食用者的健康。为了从根本上改善油墨对环境的影响，应该从油墨的组成方面入手，即尽量采用环保型材料来配制环保油墨。目前这类环保油墨主要有 3 类，如表 6-2 所示[5]。

表 6-2 环保油墨

类　　型	溶　　剂	特　　点
水性油墨	水和乙醇	与传统溶剂型油墨的最大区别在于水性油墨中使用的溶剂是水而不是有机溶剂，溶剂型油墨大多以挥发干燥为主，挥发时有毒气放出，污染四周环境并对人体有害，而水性油墨使用的溶剂是乙醇和水，对环境污染小
能量固化油墨	无	分为在电子束下固化的 EB 油墨和在一定波长的紫外线照射下固化的 UV 油墨。不用溶剂，干燥速度快而彻底，耗能少，无溶剂排放，无需防止印品之间沾污而采取喷粉措施，印刷机和车间环境清洁，无粉尘污染
大豆油墨	大豆油	利用大豆油作为油墨的溶剂，无 VOC 挥发，对作业环境无污染，油墨牢度好，易降解，但价格偏高，主要用于报纸印刷

也可以通过改善设计，尽量减少油墨的使用量，如图 6-7 所示。鼠标作为典型的电子产品，其上有许多符合性信息需要进行标识，其早期设计是将这些信息印刷

(a)

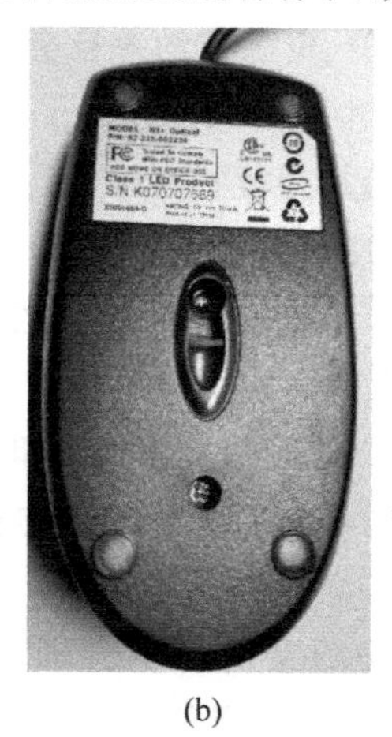

(b)

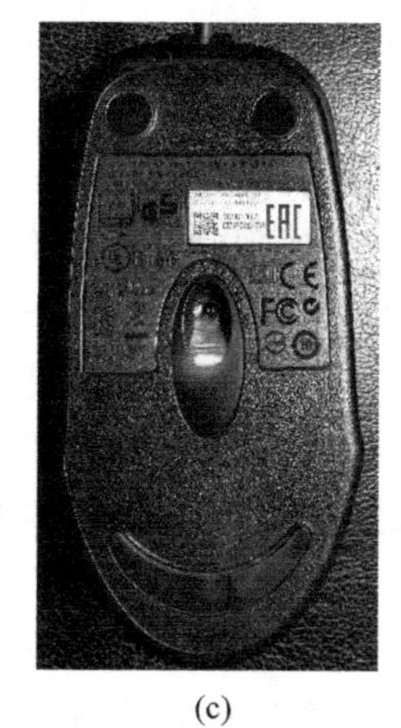

(c)

图 6-7 鼠标设计减少油墨使用量的案例

在纸上,然后粘贴在鼠标背面,如图 6-7(a)所示,不仅消耗油墨,还要消耗黏接剂,回收处理又非常麻烦,绿色性能不佳。通过改进设计,逐渐减小了印刷面积,其绿色性能得到了改善,如图 6-7(b)所示。进一步完善设计,将相对固定的信息镂刻在鼠标背面,而变化的信息采用印刷方式,这样使其绿色性能显著改善,回收处理非常方便,如图 6-7(c)所示,目前的鼠标基本采用了这种设计方式。

6.2 绿色运输

产品运输能够克服空间的阻碍,连接产品生产与消费市场。传统的产品运输主要关注运输的时间成本和经济成本。绿色运输则要求协调考虑时间、经济和环境 3 种因素,实现总体成本的最小化。本节将对绿色运输产生的客观背景、绿色运输的内涵和特点以及绿色运输规划作简要论述。

6.2.1 绿色运输的提出

传统运输在带来巨大经济效益的同时,也给生态环境造成了严重破坏,与当代可持续发展观念的冲突越来越严重。一方面,运输车辆排放废气和产生的噪声对环境造成破坏。燃烧汽油和柴油的货车所排放的尾气对环境有害,排放的尾气中含有一氧化碳、二氧化碳、二氧化硫、碳氢化合物、氮氧化物、颗粒物等,会造成大气污染等。另外运载工具在行驶过程中还会产生噪声污染。运输车辆排放的废气和产生的噪声既会影响人类的居住环境,也会对居民的身体健康产生威胁。另一方面,我国卡车运输超载问题比较突出,很多司机通过超载运输来节约成本和提高经济效益,不时导致车祸发生,甚至压垮桥梁,造成巨大的人员伤亡和经济损失,即便没有发生事故也会极大地缩短道路、桥梁等基础设施的使用寿命。随着人们对运输过程中环境保护、资源节约等社会效益更加关注,绿色运输理念也应运而生。

绿色运输(green transport)是指货物在运输过程中,抑制运输过程对环境造成危害的同时,实现对运输环境的净化,使运输资源得到最充分的利用,它要求从环境的角度对运输体系进行改进,形成一个环境共生型的运输系统。绿色运输是以节约能源、减少废气排放为特征的运输。绿色运输的主要特点如下:

(1) 与环境的共生,即在提高运输效率的同时,不以牺牲生态环境为代价,采取有效的技术和措施减少尾气、废油等污染物排放,实现运输与环境的共同发展;

(2) 资源能源节约,通过集约型的科学管理,合理配置企业资源,使企业所需要的各种资源最有效、最充分地得到利用,减少、降低运输过程中造成的资源浪费。

6.2.2　绿色运输规划

绿色运输规划主要包含两部分的内容：一是运输方式及运输工具的选择；二是运输网络和运输路径的规划。

1. 运输方式及运输工具选择

根据运输方式的不同，货物运输可分为 5 种类型(图 6-8)，分别是公路运输、铁路运输、航空运输、海路运输和管道运输。研究表明，在上述运输方式中，公路运输的货车占全部能耗以及碳排放的 72%，航空运输仅占 10%，其他 3 种运输所占比例更小。根据日本货运工业联署的分析统计，铁路运输、水运、超过 3t 的重载商用卡车以及不超过 3t 的小型卡车的公路运输方式，平均每吨千米的 CO_2 排放量分别为 21g、38g、174g 和 388g。

公路运输

铁路运输

海路运输

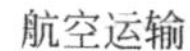
航空运输

管道运输

图 6-8　常见运输方式

5 种运输方式各有优缺点和不同的适用场合，为了达到运输绿色化，可以采用复合一贯制运输。

复合一贯制运输(combined transportation)是指利用铁路、汽车、船舶、飞机等基本运输方式各自优势，把这些运输方式有机地结合起来，实行多环节、多区段、多运输工具相互衔接进行商品运输的一种方式[6]。这种运输方式以集装箱作为连接各种工具的通用媒介,起到促进复合直达运输的作用。为此,要求装载工具及包装尺寸都要做到标准化。由于全程采用集装箱等包装形式,可以减少包装支出,降低运输过程中的货损、货差。复合一贯制运输方式的优势还表现在:它克服了单个运输方式固有的缺陷,从而在整体上保证了运输过程的最优化和效率化;另外,从物流渠道看,它有效地解决了由于地理、气候、基础设施建设等各种市场环境差异造成的商品在产销空间、时间上的分离,促进了产销之间紧密结合以及企业生产经营的有效运转。

复合一贯制的典型方式是多式联运,通过选择最优化运输线路,合理搭配各种运输方式,整合各类运输方式的优点,实现运输一体化。多式联运可以减少包装支出,降低运输过程中的货损、货差,保证运输过程的效率最大化,将能源消耗和环境污染程度降到最低,从而克服了单个运输方式固有的缺陷[7]。多式联运的核心是每一种运输形式都发挥出最适应其运输特点的应有的作用。

假设一运输作业的起始地到目的地的运距为500km,年货运量为7000t,全程都用重型卡车运输,则年 CO_2 排放量为:$174\times7000\times500\times10^{-6}=609t$;若在起始的45km和到达目的地之前的30km使用重型卡车运输,而中间由碳排放更低的铁路来完成,则全年的 CO_2 的排放量可以减少到 $7000\times(174\times75+21\times425)\times10^{-6}=153.8t$。可见,由于运输方式的转换,使得 CO_2 排放减少了74.7%。显然,多式联运对于减少碳排放效果显著。

2. 运输网络规划

运输网络的规划主要有两方面的内容,即建立信息网络与合理布局运输网络。

(1) 建立信息网络,发展共同配送。共同配送指由多个企业联合组织实施的配送活动。它可以最大限度地提高人员、物资、资金、时间等资源的利用率,取得最大化的经济效益以及保护环境等社会效应。通过在各大运输企业中建立网络信息平台,利用库存信息系统、配送分销信息系统、用户信息系统等,将不同企业的物流资源信息整合,再进行统一管理及配送,减少不必要的浪费。针对某些客户需求量不足导致的车辆未满载的情况,可通过多个企业联合配送,将小订单整合成大订单共同配送,减少人员、车辆、能耗,保证货运企业的实载率,缓解交通拥堵、保护环境。

(2) 合理布局运输网络,优化运输路线。对货运网点和配送中心进行合理规划,规划运输路线,并用遗传算法、神经网络算法、蚁群算法等现代优化算法对路线进行合理规划,最终形成路程最短的、最合理的物流运输网络,以便减少无效运输。

3. 绿色运输网络规划案例

下面以退役家电产品回收网络体系的建立为例说明绿色运输网络的规划。退役家电的高效回收网络建立有利于规范电子电器产品的回收，提高回收效率，减少运输过程中的环境污染。

合理准确预测各地退役家电产品的报废量，建立退役家电回收体系三级结构模型，分别为：回收点（一级节点）、回收总站（二级节点）、拆解处理中心（三级节点）[8,9]。以安徽省为例，在考虑人口分布、运输距离、GWP 值、废旧产品报废量等因素的基础上，对安徽省回收总站的布局进行了规划[9]，如图 6-9 所示。

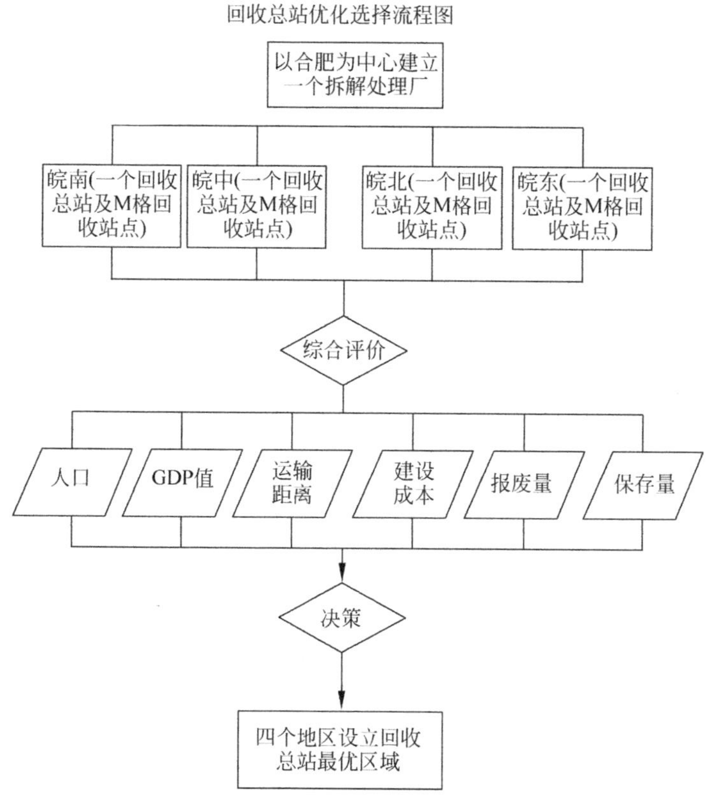

图 6-9　回收总站规划

在完成回收总站布局的基础上，进一步制定了如图 6-10 所示的退役家电回收网络优化选址方案。所建立的退役家电产品回收网络体系充分考虑到运输路径、运输方式、主要环境影响因素、回收点及回收总站网点个数及位置设置等绿色运输所需考虑的问题，消除运输瓶颈、优化运输路径、排布网点位置、降低环境影响，达到降低成本及运输过程绿色化的目的[9]。

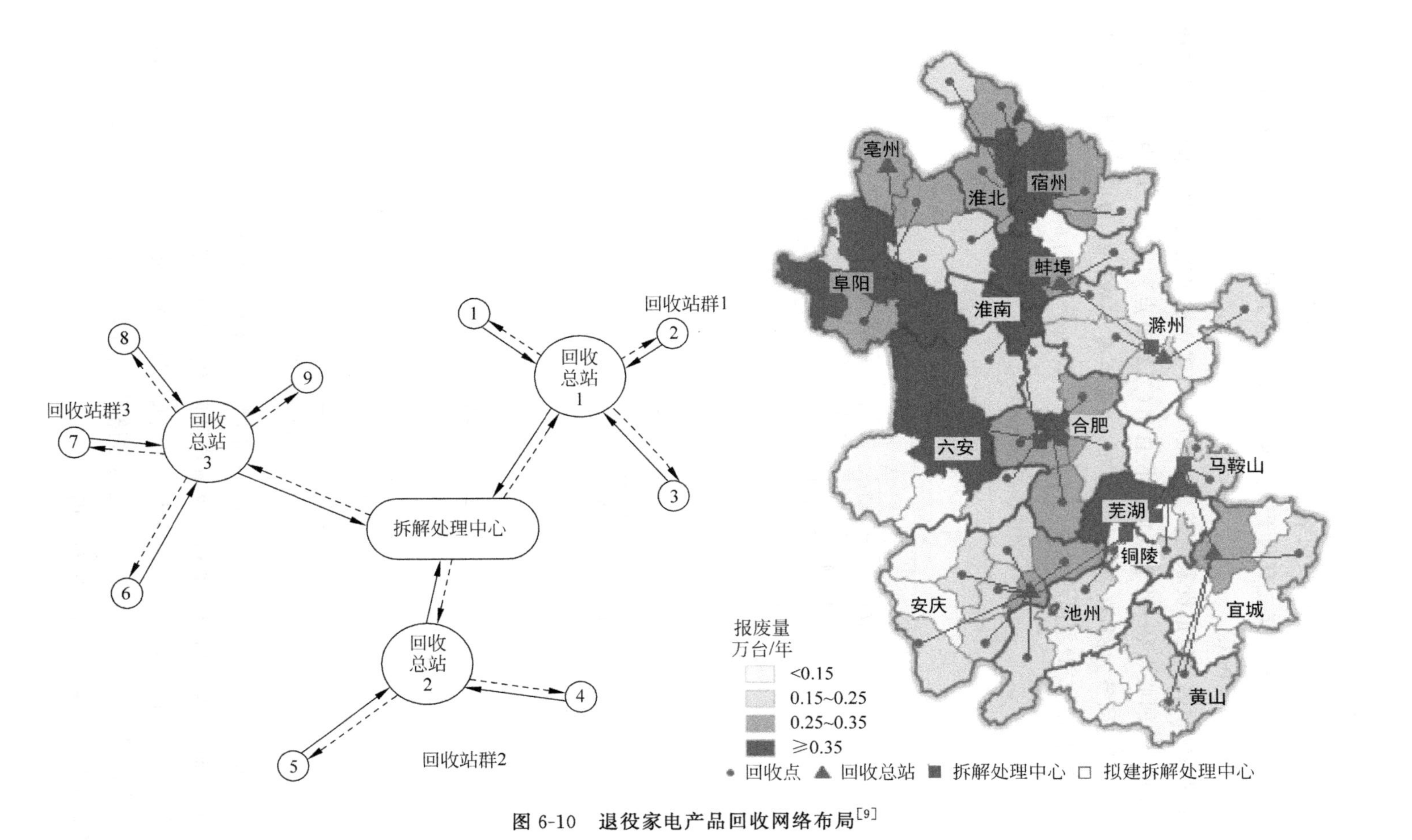

图 6-10 退役家电产品回收网络布局[9]

参考文献

[1]　新华网. 包装垃圾年废弃价值 4 千亿元，礼品腐败助长过度包装[EB/OL]. http://news.xinhuanet.com/politics/2011-09/22/c_122071064.htm.

[2]　刘林，王凯丽，谭海湖，等. 中国绿色包装材料研究与应用现状[J]. 包装工程，2016(5)：24-30.

[3]　郭琼. 生态包装设计及技术研究[J]. 包装工程，2004，25(5)：59-62.

[4]　蒋勇，李军. 绿色食品与绿色包装[J]. 包装工程，2002，23(5)：81-83.

[5]　郭娟娟，赵秀萍. 环保油墨：引领未来绿色印刷之路[J]. 印刷质量与标准化，2010(1)：19-21.

[6]　余群英. 运输组织与管理[M]. 北京：机械工业出版社，2009.

[7]　解云芝. 集装箱运输与多式联运[M]. 北京：中国物资出版社，2006.

[8]　刘志峰，张雅堃，黄海鸿，等. 家电报废量预测模型与安徽省实例分析[J]. 环境工程学报，2016，10(1)：317-322.

[9]　张雅堃. 家电产品保有量/报废量预测及回收网络规划——以安徽省为例[D]. 合肥：合肥工业大学，2015.

绿色制造理论与方法教学资源

第7章

绿色工厂实践

工厂是推进绿色发展、实施绿色制造的主体，属于绿色制造体系的核心支撑单元。创建绿色工厂作为构建绿色制造体系的关键一环，是实施绿色制造工程的重点任务，也是促进工业各行业结构优化、转型升级、提质增效的重要途径。绿色工厂侧重于生产过程的绿色化，通过采用绿色建筑技术建设改造厂房，预留可再生能源应用场所和设计负荷，合理布局厂区内能量流、物质流路径，推广绿色设计和绿色采购，开发生产绿色产品，采用先进适用的绿色工艺技术和高效末端治理装备，淘汰落后设备，建立资源回收循环利用机制，推动用能结构优化，实现工厂的绿色发展[1]。

7.1 绿色工厂的概念及内涵

7.1.1 绿色工厂的概念

百度百科认为，工厂是直接进行工业生产活动的单位，通常包括不同的车间。工厂又称制造厂，是一类用以生产货物的大型工业建筑物。大部分工厂都拥有以大型机器或设备构成的生产线，在世界近代史中泛指资本主义机器大生产，即使用机械化劳动代替手工劳动的资本主义工业场所。18—19世纪，经过工业革命，机器在生产中广泛应用，为资本主义生产方式奠定了坚实的物质技术基础。资本主义经济凭借机器化大生产，最终战胜封建经济和小商品经济，确立了自己的统治地位。现代对工厂也称为“制造厂”“生产企业”。

工厂具有制造业的共同特点，即所有工厂都具备把各种必要的输入通过加工过程的有效转化输出为市场及用户所需要产品的过程。因此，制造工厂的基础模型可由图7-1表示。

随着技术进步、市场需要变化、法律法规及标准规范愈加严格的要求，工厂不仅要输出市场需求的产品，同时必须提高生产效率、提升产品质量、减少环境影响

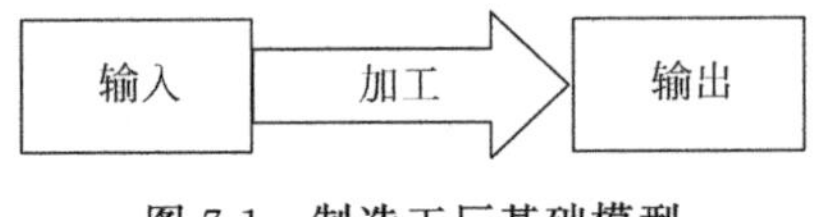

图7-1 制造工厂基础模型

和生态破坏，这就要求必须改变传统工厂组织模式与生产经营方式，系统规划，实现绿色工厂的目标。

2016 年 9 月，在《工业和信息化部办公厅关于开展绿色制造体系建设的通知》中提出，绿色工厂是把生态过程的特点引申到工厂制造中来，从生态与经济综合的角度出发，考察工业产品从绿色设计、绿色制造到绿色消费的全过程，以其协调工厂对生态环境的影响与所取得经济之间的关系，主要着眼点和目标不是消除污染造成的后果，而是运用绿色技术从根本上消除造成污染的根源，实现集约、高效，无废、无害、无污染的绿色工业生产。可见，绿色工厂的实现要求高效地利用资源和能源，以较少的物耗、能耗生产出更多的绿色产品，并能使在一般制造工厂中被排出厂外的废弃物和余热等得到回收利用，提高工厂的循环经济综合效率，而非单纯的经济效率或生态效率，如图 7-2 所示。

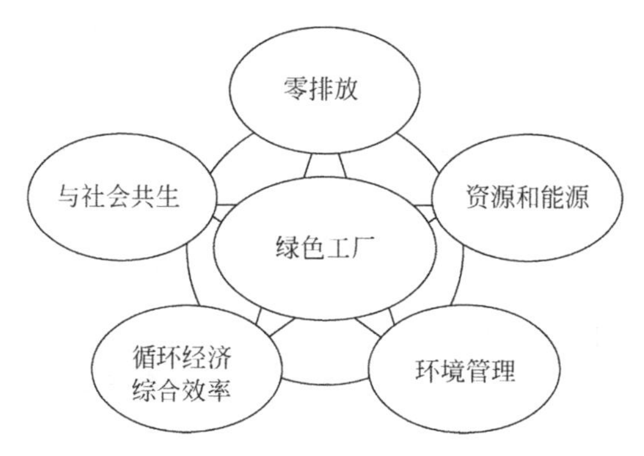

图 7-2　绿色工厂的实现目标

根据绿色工厂的定义和特征，同一般工厂一样，所有绿色工厂的生产活动均可归结为在一定的基础设施之上，在保证产品功能、质量以及制造过程中员工职业健康安全的前提下，引入生命周期思想，满足基础设施、管理体系、能源与资源投入、产品、环境排放、环境绩效的综合评价要求。我国绿色工厂的综合评价需遵循《工业和信息化部办公厅关于开展绿色制造体系建设的通知》(工信厅节函(2016)586 号)的附件 1《绿色工厂评价要求》。根据这一要求，绿色工厂的模型如图 7-3 所示[2]。

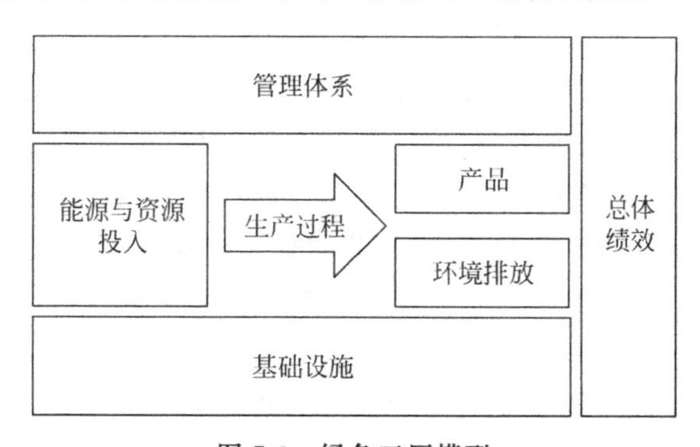

图 7-3　绿色工厂模型

基于绿色工厂模型，绿色工厂可以划分为基础设施、管理体系、能源与资源投入、产品、环境排放、总体绩效等6个模块。绿色工厂的建设与评价需要从这6个维度提出全面系统的要求。分析每个维度所涉及的与绿色制造有关的因素，可以得到如表7-1所示的绿色工厂体系框架。

表7-1 绿色工厂体系框架

序号	维　　度	与绿色制造有关的因素
1	基础设施	包括建筑、照明、专用设备、通用用能设备、计量设备、污染物处理设备等
2	管理体系	包括质量管理体系、环境管理体系、职业健康管理体系、能源管理体系、社会责任等
3	能源与资源投入	包括能源投入、资源投入、绿色供应商管理、进货检验等
4	产品	包括生态设计、有害物质限制使用、节能、碳足迹、回收处理等
5	环境排放	包括工业“三废”排放控制、噪声排放控制、温室气体排放控制等
6	总体绩效	包括用地集约化、原料无害化、生产洁净化、废物资源化、能源低碳化等

绿色工厂要通过科学的整体设计，集成生态景观、自然通风、自然采光、再生能源、再生资源、超低能耗、智能控制、舒适环境、人机工程等常规及高新技术，结合当地自然环境，建设规划合理、工艺先进、物流优化、资源利用高效循环、节能措施综合有效、建筑环境健康舒适、具有企业特质及时代先进性的工厂。因此，绿色工厂应按照厂房集约化、原料无害化、生产洁净化、废物资源化、能源低碳化的原则分类创建，按照绿色工厂建设标准建造、改造和管理厂房，集约利用厂区；使用清洁原料，对各种物料严格分选、分别堆放，避免污染；优先选用先进的清洁生产技术和高效末端治理装备，推动水、气、固体污染物资源化和无害化利用，降低厂界环境噪声、振动以及污染物排放，营造良好的职业卫生环境[3]，如图7-4所示。其中，厂房集约化主要体现在厂区的建筑及设施的合理布局，尽量采用多层厂房设计、污水处理厂立体设计等方式，设计布局合理，工厂建筑达到绿色建筑要求(节材、节能、节水、资源循环)以及单位面积土地的产值应处于同行业先进水平；原料无害化体现在包括建筑、场地、污水处理设施、站房等所需的材料，充分考虑其环境影响值、是否可再生、使用寿命、无毒无害等因素；生产洁净化主要体现在绿色采购、清洁生产以及淘汰落后工艺、技术和装备，进行节能减排技术改造等；能源低碳化主要体现在清洁能源的使用、主要用能设备实现三级计量管理、能源节约及高效利用以及单位产品综合能耗符合国家、行业或地方限额要求，万元产值综合能耗达到同行业先进水平，单位产值碳排放量在同行业处于先进水平等；废物资源化主要体现在高浓度、低浓度废水分质处理、分质回用，主要污染物(COD、氨氮)排放优于地方或

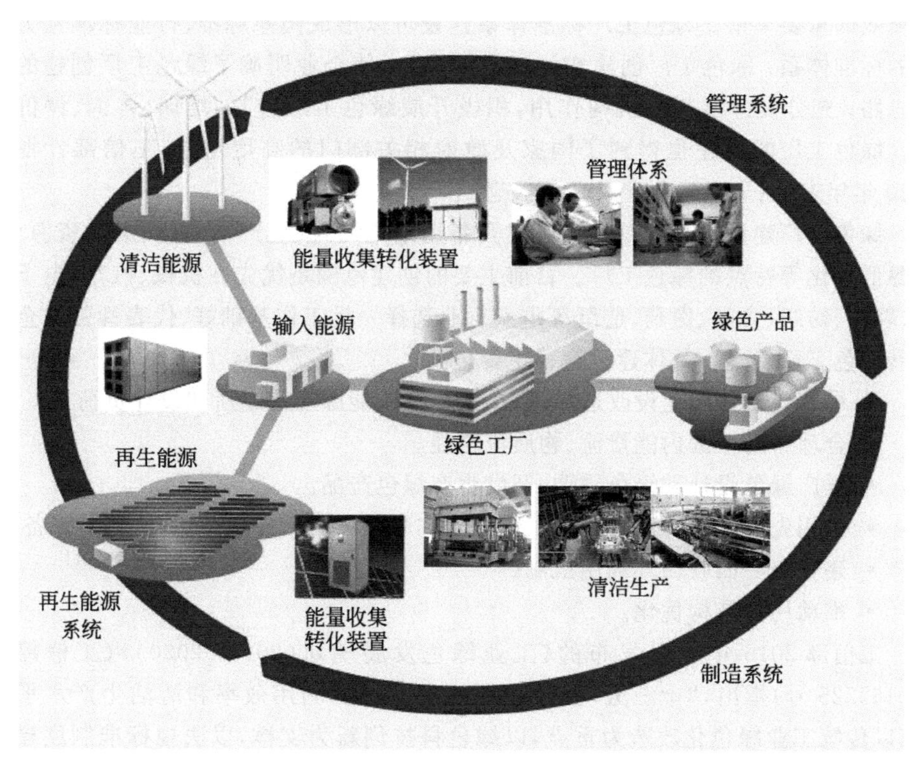

图 7-4　绿色工厂的实现

行业标准要求，废水回用率达到 40%以上，边角废料、废包装材料、废化学品、废气余热等废弃资源能源尽可能进行综合利用等方面[4]。

7.1.2　创建绿色工厂的必要性

工厂是推进绿色发展、实施绿色制造的主体。创建绿色工厂作为构建绿色制造体系的关键一环，既是实施绿色制造工程的重点任务，也是促进工业各行业结构优化、转型升级、提质增效的重要途径。

《中国制造 2025》指出，全面推行绿色制造，支持企业开发绿色产品，推行生态设计，显著提升产品节能环保低碳水平，引导绿色生产和绿色消费。建设绿色工厂，实现厂房集约化、原料无害化、生产洁净化、废物资源化、能源低碳化。发展绿色园区，推进工业园区产业耦合，实现近零排放。打造绿色供应链，加快建立以资源节约、环境友好为导向的采购、生产、营销、回收及物流体系，落实生产者责任延伸制度。壮大绿色企业，支持企业实施绿色战略、绿色标准、绿色管理和绿色生产。强化绿色监管，健全节能环保法规、标准体系，加强节能环保监察，推行企业社会责任报告制度，开展绿色评价。

绿色工厂的创建既是落实制造强国战略的主要内容，也是制造业转型升级、提质增效的重要举措。绿色工厂标准体系建设可以形成国家标准、行业标准互为补充的标准体系；绿色工厂创建实施方案的出台，使企业明确了绿色工厂创建的工作思路；充分发挥第三方机构作用，积极开展绿色工厂宣贯、培训、咨询、评价服务。绿色工厂的创建也得到了国家及政府相关部门的高度重视，工信部计划到2020年年末，在全国建立千家绿色示范工厂。

绿色工厂建设的目标是加快创建具备用地集约化、生产洁净化、废物资源化、能源低碳化等特点的绿色工厂。目前主要的创建范围是优先在机械、汽车、电子信息、轻工、纺织、食品、医药、造纸等重点行业选择一批工作基础好、代表性强的企业开展绿色工厂创建。具体建设途径主要包括：

- 绿色建筑技术建设改造厂房，预留可再生能源应用场所和设计负荷。
- 合理布局厂区内能量流、物质流路径。
- 推广绿色设计和绿色采购，开发生产绿色产品。
- 采用先进适用的清洁生产工艺技术和高效末端治理装备，淘汰落后设备。
- 建立资源回收循环利用机制。
- 推动用能结构优化。

工信部2016年6月发布的《工业绿色发展规划(2016—2020)》(工信部规〔2016〕225号)指出，“十三五”要紧紧围绕资源能源利用效率和清洁生产水平提升，以传统工业绿色化改造为重点，以绿色科技创新为支撑，以法规标准制度建设为保障，加快构建绿色制造体系，大力发展绿色制造产业，推动绿色产品、绿色工厂、绿色园区和绿色供应链全面发展，建立健全工业绿色发展长效机制，提高绿色国际竞争力，走高效、清洁、低碳、循环的绿色发展道路，推动工业文明与生态文明和谐共融，实现人与人自然和谐发展[5]。

可见，绿色发展已成为我国“十三五”乃至更长时期发展的着力点之一，为今后制造业的转型升级指明了方向。绿色制造本身是一个综合性的概念，需要实现经济利益、环境效益和社会效益的和谐与统一。作为实施绿色制造的主体，绿色工厂也应该是具备绿色制造综合属性的工厂，且有明确的目标导向性。

7.2 绿色工厂的实现方式

根据上述绿色工厂的定义及内涵，绿色工厂的实现需要做到以下几个方面：

(1) 生产绿色产品。生产的产品在全生命周期中对环境无害或危害较少，符合相关的环保要求，易于资源再生。按照全生命周期的理念，采用绿色设计方法，在产品设计开发阶段系统考虑原材料选用、生产、销售、使用、回收、处理等各个环节对资源环境造成的影响，实现产品对能源资源消耗最低化、生态环境影响最小化、可再生率最大化。《工业和信息化部办公厅关于开展绿色制造体系建设的通知》(工信厅节函〔2016〕586号)指出，绿色工厂应选择量大面广、与消费者紧密相关、条件成熟的产品，应用产品轻量化、模块化、集成化、智能化等绿色设计共性技术，采用高性能、轻量化、绿色环保的新材料，开发具有无害化、节能、环保、高可靠性、长寿命和易回收等特性的绿色产品。

(2) 使用清洁低碳化的能源。与化石能源相比，使用无毒无害、污染排放低的清洁能源有助于降低温室气体排放，有利于环境保护，符合全球可持续发展的趋势，绿色工厂应做到节能减排。

(3) 采用绿色制造工艺技术。推广清洁高效制造工艺，减少制造过程的能源消耗和污染物排放。推进短流程、无废弃物制造等短流程绿色节材工艺技术，减少生产过程的资源消耗。针对二氧化硫、氮氧化物、化学需氧量、氨氮、烟(粉)尘等主要污染物，积极引导重点行业企业实施清洁生产技术改造，逐步建立基于先进技术的清洁生产高效推行模式[6]。在生产制造过程中，应提高各生产单元(即机械设备)的能源利用率，并对工艺过程进行优化，在提高产品质量的同时降低能耗，应对生产线进行合理规划和调度减少设备空载时间，提高生产效率。

(4) 充分应用末端处理技术和污染预防技术。对于制造过程中产生的废弃物(如切削液、废料等)采用合理的技术减少废弃物对环境的污染，同时在制造过程中尽量减少废弃物的产生，从源头上削减对环境的影响性。

绿色工厂的评价体系如图7-5所示。结合评价体系中的基础设施、绿色能源、绿色原材料和清洁生产，在本节对绿色工厂的实现方式进行简要论述。

1. 基础设施

工业建筑作为工厂的基础设施是为工业生产服务的各类建筑物、构筑物的总称，也是绿色工厂的基础。通常把直接用于从事工业生产的各种建筑物称为工业厂房，把烟囱、水塔、各种管道支架、冷却塔、水池及运输通廊等生产辅助设施称为构筑物。工业建筑自身具有一些特点，如大跨度、大空间、大面积等，绿色建筑技术的应用能够充分发挥其节约资源的作用；其次，工业建筑大量采用新设备、新工艺、新材料，如自然采光、太阳能、余热回收、异味处理等，为工业建筑节能、环保提供了广阔的前景，可以取得良好的经济效益和环境效益。

在厂房设计时，要充分利用自然通风，采用围护结构保温、隔热、遮阳等措施，宜采用钢结构建筑和金属建材、生物质建材、节能门窗、新型墙体和节能保温材料等绿色建材，在满足生产需要的前提下优化围护结构热工性能、外窗气密性等参数，降低厂房内部能耗。充分利用自然采光，优化窗墙面积比、屋顶透明部分面积比，不同场所的照明应进行分级设计，公共场所的照明应采取分区、分组与定时自动调光等措施。

在厂房建设、改建或扩建时，根据规模生产的特点多采用一次规划、分期实施，厂房分期建设、设备分期采购、产品分期投入的方式以满足生产和企业发展的要求，总体工艺设计应充分考虑分期衔接，实现投资的技术经济合理性，资源、能源的高效利用，预留太阳能、光伏等可再生能源应用场地和设计负荷，考虑与所在园区

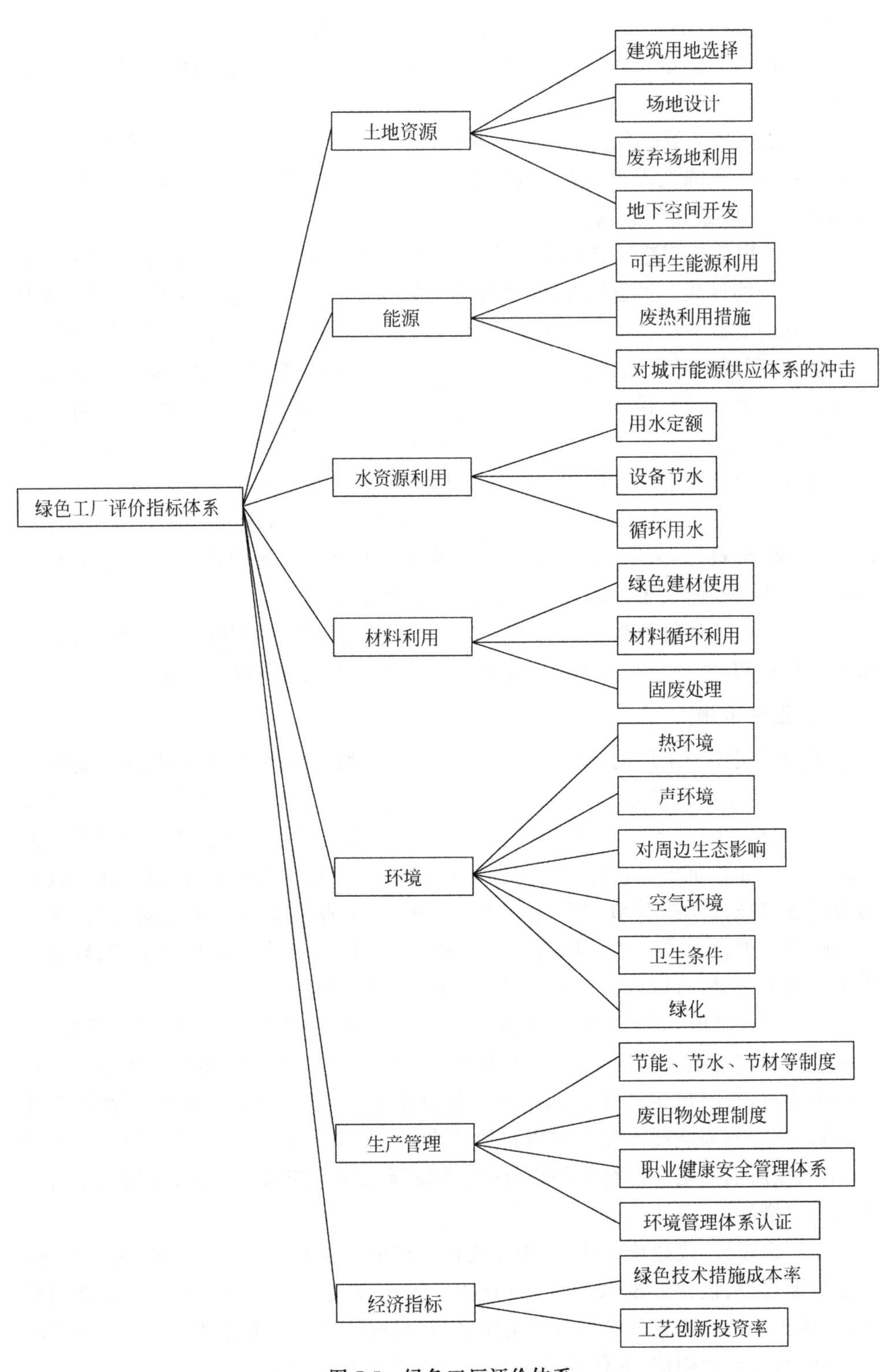

图 7-5 **绿色工厂评价体系**

产业耦合度高，充分利用园区的配套设施。

2. 绿色能源

工厂在运行过程中会消耗大量能源，选择的能源结构如何、是否是绿色能源，对环境产生的影响也相差很大。绿色能源包括可再生能源和非再生能源。尽可能选取可再生能源，提高能源利用效率，是绿色工厂实现能源绿色化的基本途径，如图 7-6 所示。

图 7-6 绿色能源的基本实现方式

在采用可再生能源方面，做好能源选取规划，优先采用可再生能源、清洁能源，充分利用供能系统余热提高能源使用效率，通过优化生产工艺、多能源互补供能等方式，降低非清洁能源的使用率，重视自主创新，推进制造装备的节能改造；建设光伏、光热、地源热泵和智能微电网，适用时可采用风能、生物质能等，提高生产过程中可再生能源使用比例。

在提升能源利用率方面，使用功率匹配技术、能量回收技术、缩短传动链技术等提升装备的能效。采用国家鼓励的生产工艺、设备及产能，对国家明令淘汰的生产工艺、设备及产能进行识别并避免采购；对于正在使用的国家明令淘汰的生产工艺、设备及产能，但尚未达到淘汰时间的，应制定明确的淘汰计划；采用物联网、云计算等，提升工厂生产效率，开展智能制造，以降低单位产品能源资源消耗；提高设备的开动率，降低设备空载时间。

3. 绿色材料

绿色材料是指具有良好的使用性能和优良的环境协调性的材料以及具有环境净化和治理污染功能的材料，它是在传统材料的功能性、舒适性的基础上，强调材料在其整个生命周期中的环境协调性，如图 7-7 所示。

原材料的投入是工厂生产和制造的基础，材料选择阶段决定了整个生命周期的绿色性能，因此在前期的材料选择中，要充分考虑材料的绿色性能指标。在工厂运行过程中，应考虑使用回收料、可回收材料替代新材料、不可回收材料；替代或减少会产生较高温室气体成分的材料的使用；建立协调的绿色供应链管理体系；将生产者责任延伸理念融入业务流程，综合考虑经济效益与资源节约、环境保护、人体健康安全要求的协调统一。

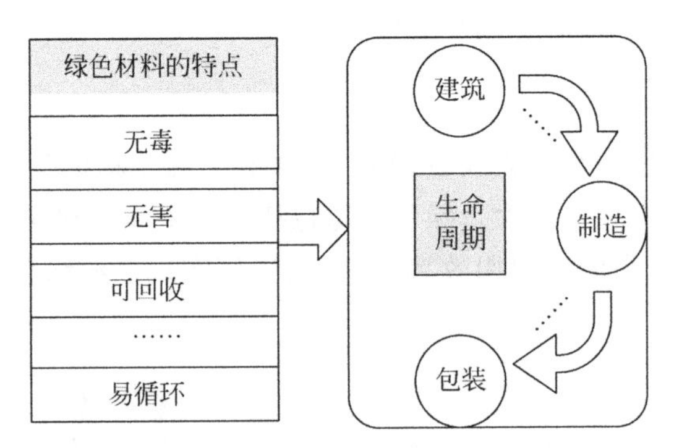

图 7-7 绿色材料的特点及其体现

4. 清洁生产

产品制造工艺很大程度上决定了生产制造过程中资源的消耗量大小和对环境的污染程度。清洁生产是绿色工厂运行的主体，将综合预防的环境保护策略持续应用于生产过程和产品中，以期减少对人类和环境的风险。从本质上来说，清洁生产就是对生产过程与产品采取整体预防的环境策略，减少或者消除它们对人类及环境的可能危害，同时充分满足人类需要，使社会经济效益最大化的一种生产模式，涉及工艺、装备以及管理等多个方面。

1) 绿色工艺

绿色工艺作为绿色工厂的基本组成部分，是提升工厂运行环节绿色化的基本要素，包括选取工艺本身的绿色性能以及不同工艺之间的协同。选用绿色的加工工艺以及多工艺之间的合理配合使用才能实现工厂制造过程的绿色化。绿色工厂优先选择能耗和材料消耗更低、污染物排放更少的先进制造工艺，并配合相应的高能效加工装备，如图 7-8 所示。

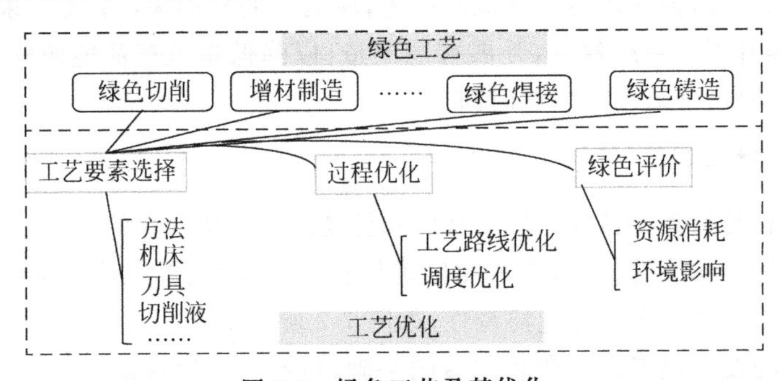

图 7-8 绿色工艺及其优化

绿色制造工艺是未来工艺技术的发展方向之一。在具体的物料转化过程中，通过充分考虑制造过程中的资源消耗和环境影响，根据制造系统的实际情况，对制造工艺方法和过程进行优化选择和规划设计，尽量规划和选取物料和能源消耗少、废弃物少、对环境污染小的工艺方案和工艺路线，从而减少制造资源消耗，减少对环境的影响。

首先,工艺设计应避免采用会产生有害物质的工艺方法[7],并尽量避免采用会使产品变得难以再生处理的工艺方法,从而减少对环境的影响及材料的浪费。其次,在工艺选取时优先选用绿色制造工艺,包括干切削/微量润滑切削、3D打印、搅拌摩擦焊等对环境影响较小的制造工艺。

针对具有多工艺链的产品生产过程,需对其进行合理的工艺规划。工艺规划对组织生产、保证产品质量、提高劳动生产率、降低加工成本、缩短生产周期以及减少优化利用资源、减少环境废物排放、改善劳动条件都有着直接影响[8]。通过拟定合理的工艺路线,对工艺设备和工艺参数进行优化选择,从而制定出符合实际生产情况的绿色制造工艺方案。

2) 绿色管理

绿色管理需要将环境保护观念融于工厂的运行环境之中,在人、财、物、供、产、销等各个方面、各个环节中都要考虑绿色属性,并体现出绿色意识[9]。由此可见绿色管理的内涵是多方面的,从材料选择、工艺规划、车间调度、供应链配给到人员管理和配置都要体现绿色管理的思想,如图7-9所示。

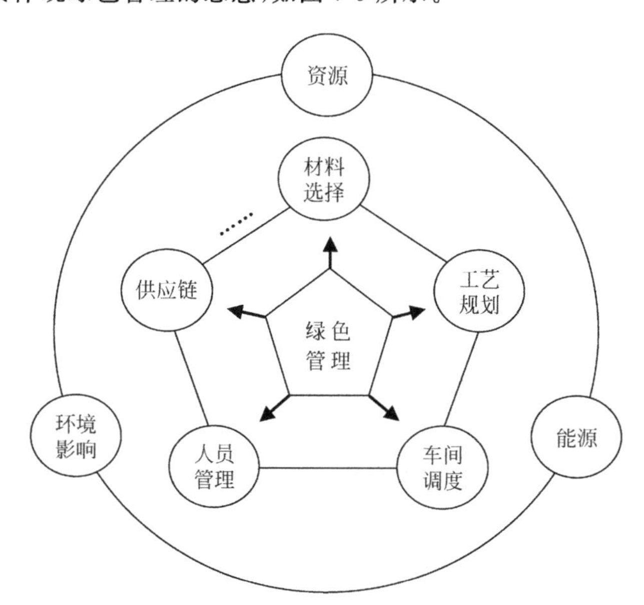

图7-9 绿色管理的体现

具体而言,在生产制造层面,车间调度是典型的管理问题,是对一个可用的制造资源集在时间上进行加工任务(加工工件)集的分配,将作业(加工操作)均衡地安排到各机器设备,并合理安排作业的加工次序和开始时间,同时优化部分性能指标。在执行这些作业或者任务时需要满足某些限制条件,如作业的到达时间、完工的限定时间、作业的加工顺序、资源对加工时间的影响等[10]。车间调度是一类与制造过程中的实际问题密切相关的组合优化问题,通过分析车间生产过程特点,建立起与之相适应的生产调度模型，然后对生产计划的特点进行分析，通过合理调度减少工位的等待、生产能耗与加工链的长度。由于生产过程存在不确定性，以及社会对产品生产的环保要求越来越高，柔性、多目标、动态的绿色车间调度已越来越重要。

另外，在过程和绩效管理方面，生产过程管理是以最佳的方式将企业生产的要素、环节和各方面工作有效结合起来，形成生产系统，以最少的耗费取得最大的经济效益和环境效益；绩效管理是指各级管理者和员工为了达到组织目标，共同参与绩效计划制定、绩效辅导沟通、绩效考核评价、绩效结果应用、绩效目标提升的持续循环过程，绩效管理的目的是持续提升个人、部门和组织的经济、环境、发展等综合绩效。

最后，制造企业的绿色管理还需要建立系统的质量管理模式，涵盖顾客需求确定、设计研制、生产、检验、销售、交付的全过程，满足策划、实施、监控、纠正与改进活动的要求；建立能源方针、能源目标、过程和程序以及实现能源绩效目标，为制定、实施、实现、评审和保持能源方针，提供所需的组织机构、规划活动、机构职责、惯例、程序、过程和资源。

7.3 绿色工厂案例

绿色工厂是实现绿色制造的载体，涉及多层次、多环节、多因素，是典型的系统性工程。以下给出几个绿色工厂的案例。

1. 达姆施塔特工业大学的 η-Factory

建立在达姆施塔特工业大学的 η-Factory 是一种能全面提高产品能量效率的跨学科学习工厂。η-Factory 在概念初始阶段就有许多工业企业参与，目的是致力于发展一种跨领域的方法来实现能源资源的高效使用，减少 CO_2 的排放[11]。

η-Factory 的创新涉及很多方面，在工厂设计时，从系统设计、机床节能以及规范使用者行为方面进行考虑。系统设计层面考虑机床之间、机床与建筑之间的智能交互；机床节能方面进行机床的优化和工艺创新；使用者行为方面加强相关使用方法和技术的培训。通过采用各种技术手段（提高机床和零部件效率，使用替代制造技术）和管理手段（优化组织结构，对人员进行培训），提升工厂的能量效率实现绿色化，如图 7-10 所示。

在机床与建筑之间的能量交互方面，考虑工厂建筑的灵活性和可变性，提升再生材料的覆盖性；建立所有能源的关联网络，实现工厂内能量的互通、转换、循环，提升工厂系统的能量利用率；采取能量流控制策略，对不同形式的能量进行存储和再利用，如图 7-11 所示。

η-Factory 通过安装测量装备和传感器对不同形式的能量进行测量，实现了能量流的可视化和实时监控。通过对能量数据进行解释和分析，设立能源消耗和能

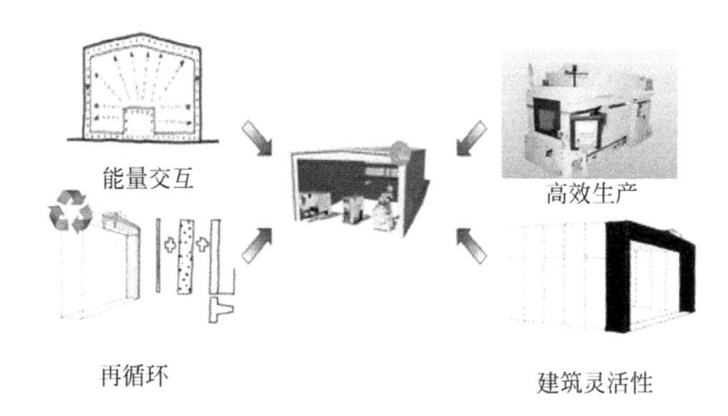

图 7-10　能效工厂创新所涉及的方面

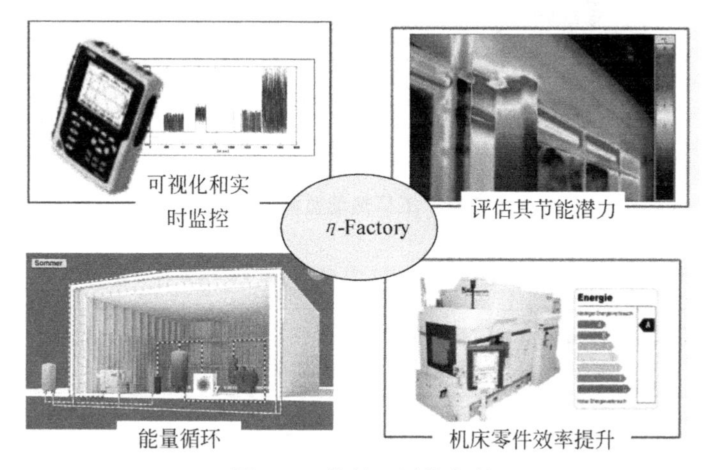

图 7-11　能效工厂的实现

源效率的评估与追踪的关键绩效指标，评估其节能潜力，如图 7-12 所示。

在高效生产方面，广泛使用高效节能设备，优化工艺链结构，在智能制造的基础上发展高效节能的生产调度，如图 7-13 所示。

对使用和操作者进行定期培训，同时从管理角度优化管理机制和策略，对于工厂的高效运行也至关重要，如图 7-14 所示。此高能效工厂能够达到工厂系统效率的优化，降低工厂系统的能耗水平，是绿色工厂实现的形式之一。

2. 某建筑系统（西安）工厂[12]

该工厂为澳大利亚在中国最大的投资项目，建构筑物面积 9.7 万 m^2，由 1 号、2 号厂房、堆场及主办公楼组成，为装配式轻钢结构，是我国中西部地区的一个设计、制造和销售的战略重心。其绿色节能特点突出，智能化水平高，研发生产国际一流、绿色环保的建筑钢结构产品。它成功运用了可回收利用材料、雨水收集、绿色植被屋面、自然采光及通风和绿色施工等一系列绿色技术，并拥有轻、重钢主结构生产线，及十余条高效率金属屋、墙面板生产线，年设计生产能力逾 12 万 t。工厂各区域如图 7-15 所示。

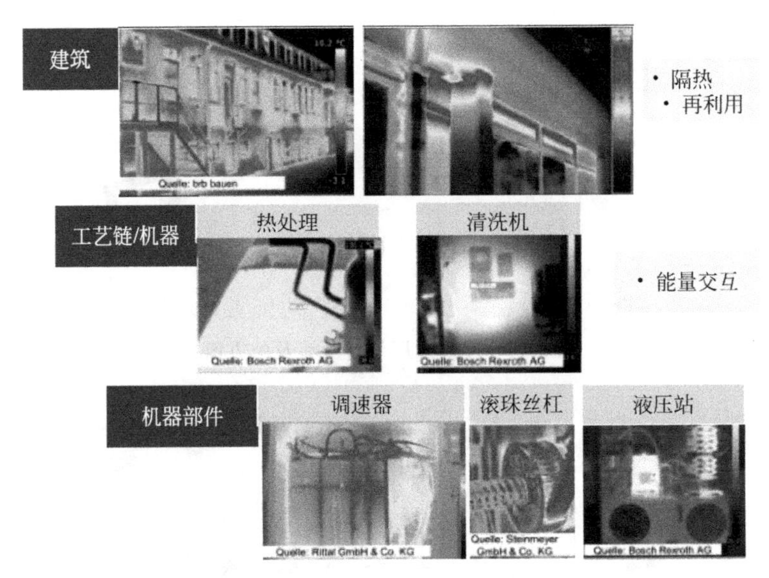

图 7-12　工厂热能监测与分析

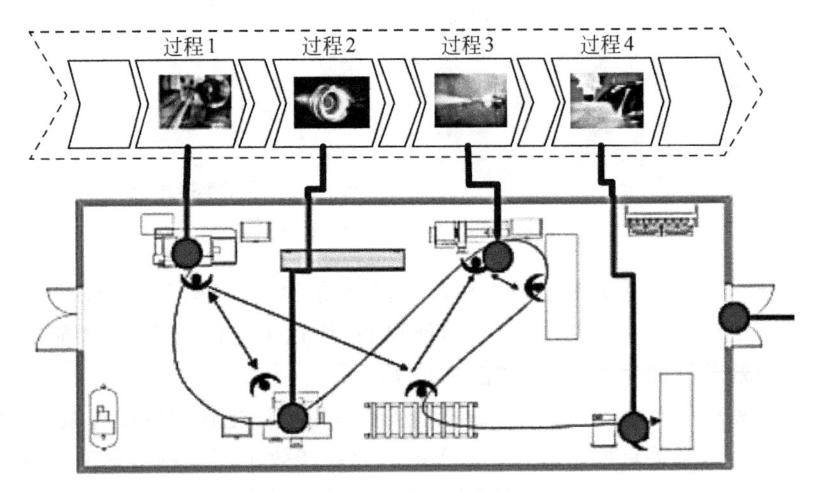

图 7-13　优化工艺链

图 7-14　优化生产管理和培训

图 7-15 工厂各区域

1）节地与室外环境

为了充分利用厂区地下资源与屋顶空间，工厂建设了多用途地下室作为公共区域、地下停车场、空调机房等；在办公楼屋顶建设花园，不仅可以在夏季对室内环境隔热保凉，气温降低幅度可达 0.5～4℃，而且可以在冬季对室内环境隔冷保暖。

在整个工厂采用 COOLSMART 白色金属屋面板，它具有极佳的太阳能反射和散热能力，能够将 94%以上的太阳光和热量反射出去，避免室内升温过快以及夜间热岛效应。

厂区道路及储物场全部使用白灰色路面代替深色路面，反射日光，减少路面吸热能力，降低热岛效应发生。另外，尽可能减少水泥混凝土路面，增加草地面积，最大限度将雨水回渗至泥土中，减少水资源浪费，保护周边环境。

2）节能与能源利用

厂区办公楼采用地源热泵作为空调辅助系统，利用地下土壤的蓄热蓄冷能力及新型能源利用技术，进行办公楼的供热制冷；采用自主开发的节能屋面系统，有效减少了湿气渗透，其热阻性能是同厚度水泥材料的 40 倍以上；采用天然气辐射采暖系统并搭配可编程温度控制器，分区域自动控温。厂区建设这些系统能灵活地、有效地降低能量消耗。

厂区建设感应照明系统，使用照度探测及红外感应设施进行灯光自动控制，最大限度减少不必要的照明；建设光导管绿色建筑照明系统，将自然光有效地传递到室内阴暗的房间，减少电能消耗；建设空压机余热回收系统，采用冷热交换原理，利用空压机运行中产生的余热，将高温润滑油热量转换为 55～76℃热水，用于员工生活热水及供暖。

在厂区建筑上设置合理的幕墙及窗户，兼顾幕墙及窗户玻璃的透射率与隔热能力的均衡。同时，在办公室设计大量采光天井，厂房采用新型高透光拱形采光板，结合采光系统，有效利用漫反射的太阳光照明以节约能源。采用具有寿命更长、光衰更小、更节能的无极灯，节约能源的同时可以更好保护员工的视力。

3）节水与水资源利用

厂区建设雨水收集系统，通过雨水收集管网进行雨水收集，并对收集的雨水进行过滤、排泥和消毒，每日最多可收集雨水 $100m^3$。同时，将厂房淋浴间的洗浴废水，经过回收系统的毛发聚集器、曝气生物滤池进行生物过滤，以及多介质过滤器和活性炭过滤器进行物理过滤，最后进行氯消毒，使得污水变成达到标准的中水，供绿化浇灌或者送入雨水收集器储存再利用。厂区绿化采用喷灌的方式进行灌溉，节约用水，并提高绿化灌溉的效率。

4）节材与资源利用

厂区中主办公楼及厂房采用钢结构，钢结构建筑是非常优秀的绿色建筑材料，自重轻、强度高，可循环性高，相比混凝土建筑大幅减少了建造周期以及自然资源的消耗。厂区所有砖墙采用了粉煤灰砌块，施工围墙采用大量废旧砖块，这些都非常符合LEED(Leadership in Energy and Environmental Design，能源与环境设计先锋，国际权威的绿色建筑评价体系)及中国绿色建筑评价体系中提高材料利用率和循环率的要求。厂区办公室地毯采用回收率超过40%的旧地毯材料制成。

5）室内环境质量

厂房采用自然通风器来调节建筑物的气流路径，加速建筑物内部CO_2或工业废气等有害气体的排出，并同时安装屋脊气楼和斜坡气楼来增强通风量。建筑材料及办公家具使用低挥发性材料，减少挥发性物质对人体的伤害。

在工厂的高噪声工位设计并安装了穿孔吸声板，通过降低噪声漫反射有效降低了室内噪声分贝数；在手工焊位设置除烟尘装置，与焊枪联动，及时吸出有害烟雾；抛丸粉尘、焊接烟尘、喷漆有机废气等产生的有害物质浓度经治理后达标排放，对生产厂房内部无影响；实时监控室内CO_2量，设置超限报警，人工干预增加空调新风量或者加强自然通风。

6）创新设计

绿色工业建筑综合能源智能采集管理系统对工业建筑的能源利用情况的过程进行数据采集、处理、统计、分析，实时监测，实现能源的合理利用(图7-16)。

3. 耐火材料的绿色工厂[13]

郑州某耐火材料生产企业是专为热工窑炉提供配套耐火材料及施工安装等个性化服务的企业，也是国家级绿色工厂示范单位。在绿色工厂创建方面做了系统性探索。

(1) 制定了绿色工厂管理体系文件，发布了《绿色工厂创建目标和实施方案及考核办法》。通过半年时间培训，提高了企业管理人员对绿色工厂的认识水平，以质量、生态、环境、能源、职业健康、安全体系为依托，全面开展了绿色工厂创建工作。

(2) 积极研发绿色产品。开发的水泥窑用环境友好碱性耐火材料——“镁铁铝(无铬)尖晶石砖”，取代了传统的镁铬砖，彻底解决了六价铬离子对环境及人体的危害。自主研发的环境友好“节能产品”低导热多层复合莫来石砖在多条水泥窑得到应用，窑体温度可降低100℃。每生产1t水泥熟料可降低标煤用量1.5kg。以日产5000t水泥回转窑为例，使用该产品后，每天可节约标煤7t，一条水泥窑一年可节约标煤约2300t，减少二氧化碳排放5880t，减少二氧化硫排放184t，减少氮氧化物排放253t及其他粉尘及有害气体460t。

(3) 对生产设备进行绿色化改造。通过安装除尘设备，解决无组织排放；建成了6000多平方米密闭式原料库，所有原料入库保存；配套安装了168台脉冲滤筒除尘器，4台车载移动式除尘器，1套高压喷雾设备，2台移动高压降尘雾炮机，不仅解决了粉尘的污染问题，同时收集的粉尘重回生产线再利用，做到了既不污染环境，又节约了能源，降低了成本；安装了原料库房喷雾除尘系统、100多套滤筒除尘

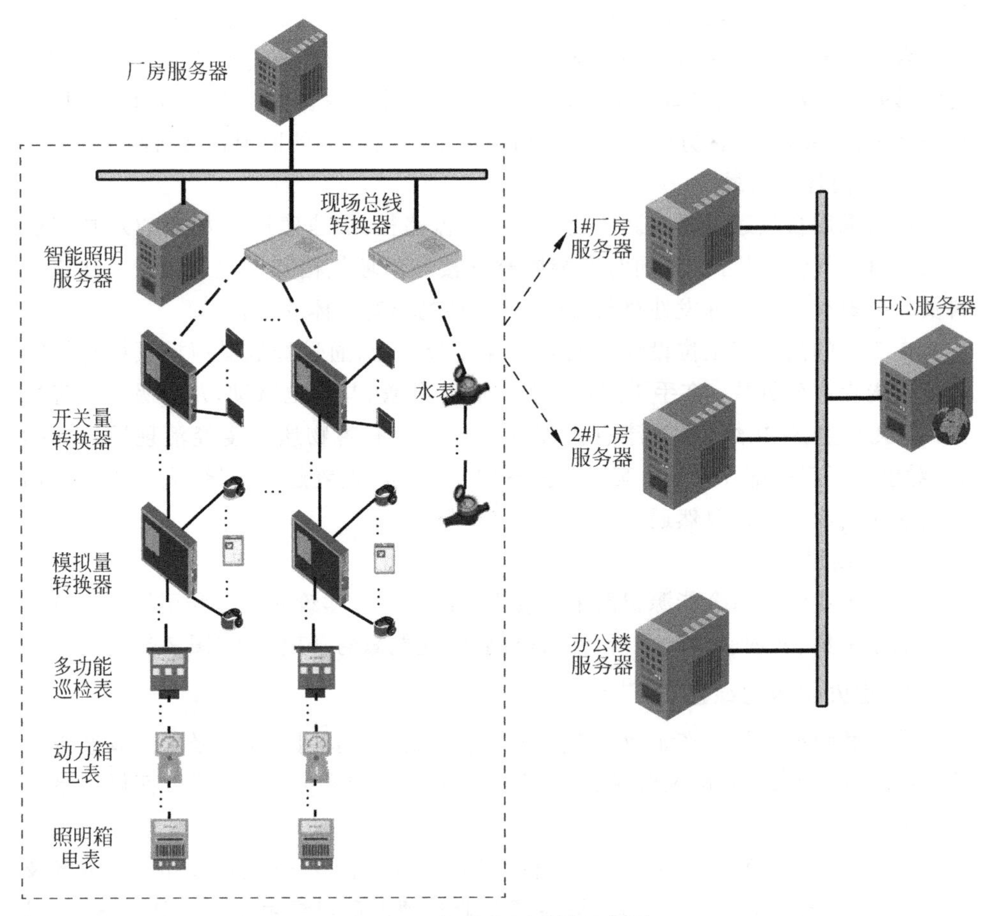

图 7-16　智能监测系统示意图

系统，杜绝了粉尘颗粒物无组织排放，实现绿色清洁生产；对隧道窑进行节能改造(图 7-17)，采用天然气代替高污染的三枚燃料，减少了氮氧化物、烟尘等污染物排放，同时采用新型变频风机，显著降低了设备噪声污染。

(4) 坚持生态建设理念，美化生态环境。能绿化决不硬化，在厂区不同区域种植香樟、桂花、银杏等 20 多个品种乔木树，各类灌木球、绿篱、草坪，做到了三季有花，四季常绿，绿化率达 30%。

(5) 通过深度治理，实现了超低排放。针对隧道窑燃烧工艺特性，采用“干法脱硫、布袋除尘、SCR 脱硝”的烟气治理工艺。脱硫脱硝除尘设备设计风量为 10 万风量，满足企业使用及隧道窑治理需求，烟气汇集治理后最终达到烟气超低排放标准，氮氧化物≤50mg/m^3，二氧化硫≤35mg/m^3，颗粒物≤10mg/m^3。同时，使用超低排放监测设备，实时监控，确保数据稳定达标。治理工艺不会产生新的危废，没有二次污染，由于采用的是干法治理，烟囱不会产生白羽现象，设备全部自动化控制，随时根据烟气含量情况，自动调节喷入物料量，节省人工成本和运行成本。

图 7-17　环保节能超高温隧道窑

4. 沈阳新松机器人自动化股份有限公司的绿色工厂创建[14]

沈阳新松机器人自动化股份有限公司坚持从设计、制造、产品到服务等一站式绿色管理理念，形成以自主核心技术、核心零部件、核心产品及行业系统解决方案为一体的全产业绿色价值链。

新松公司将绿色工厂建设提升到企业发展的战略高度，以绿色制造作为公司的发展方向，在企业中长期规划中涉及了资源利用率、产品能耗、能源管理等绩效考核问题，按照厂房集约化、原料无害化、生产节能化、废物资源化、能源低碳化原则，结合企业自身特点开展绿色工厂建设工作，保证企业在绿色制造领域拥有竞争优势。

新松公司致力于数字化高端智能装备的研发与制造，打造低能耗、低污染、环境友好型企业。公司始终把绿色发展作为公司的战略方向，高度重视绿色生产和环境保护，遵守各项法律法规及要求，降低能源及资源消耗，减少污染物的产生和排放，积极开发绿色节能产品，促进公司的可持续发展，积极履行企业保护生态环境的职责，成为高效、清洁、循环、低碳的绿色工厂。

公司实施了工业机器人生产车间进行智能升级改造项目，搭建了智能制造执行系统(MES)、ERP、CRM、QMS、PLM 等信息化管理平台和机器人装配、整机综合测试、机器人应用工艺测试、智能输送、智能仓储、机器人部件数控加工、应用展示等自动化生产单元。所有生产工艺流程全部遵从质量管理体系、环境管理体系、职业健康安全管理体系以及能源管理体系的相关内容。

机器人自动喷漆单元采用自产喷涂机器人，实现零人工机器人整机喷漆，减少油漆对生产工作人员和环境的危害。车间的整体布局及产品生产工艺，采用对环境影响小和无公害的设计技术，减少对生产工作人员和环境的危害；同时整个车间整体提高能源利用率达到 11%。如图 7-18 所示。

图 7-18　机器人自动喷漆单元采用自产喷涂机器人

公司在产品方面采用产品生命周期管理(PLM),实现产品设计、版本迭代、功能升级及扩充的快速实现,并对包含供应链信息的产品生命周期进行全程管控,充分实现知识的积累及复用,减少资源重复浪费,而且降低了产品研发周期。

工厂在产品设计中引入生态设计理念,包括减少所使用材料的种类、产品本身的材料、采用更节能的零部件产品等内容。如实施"20kg 轻量化机器人"项目,该款机器人比普通机器人本体质量减轻一半以上,运行参数基本相同,销售价格随之降低,该款整体质量轻、负载比大的机器人投入市场后迅速得到用户认可;"20kg 机器人核心零部件国产化"项目,机器人所用控制柜采用新型小柜体设计,减少原材料使用量,通过主要核心部件及部分结构件的优化,单台产品成本下降 30% 左右。

公司联合沈阳金都新能源发展有限公司共同实施侧屋顶光伏电站项目,打造新松机器人绿色低碳的示范性工业厂区。公司厂房顶设置光伏发电设备,太阳能板共计 2175 块,且设置光伏组件、直流集线箱、逆变器、监控系统等组成光伏发电系统。该项目为工厂提供清洁的电力,具有良好的节能减排示范作用和良好的经济效益。

"智能制造精益管理绿色生态"的绿色发展理念已成为公司领导及员工的普遍意识,绿色制造已成为公司增长新引擎和竞争新优势。

5. 绿色供应链推动联想集团绿色制造技术的应用[15]

1) 积极打造绿色供应链体系

联想集团非常关注供应链的可持续发展,以合规为基础、生态设计为支点、全生命周期管理为方法论,探索并试行"摇篮到摇篮"的实践,实现资源的可持续利用。通过"绿色生产+供应商管理+绿色物流+绿色回收+绿色包装"等 5 个维度和一个"绿色信息披露(展示)平台"来打造公司绿色供应链体系,如图 7-19 所示。

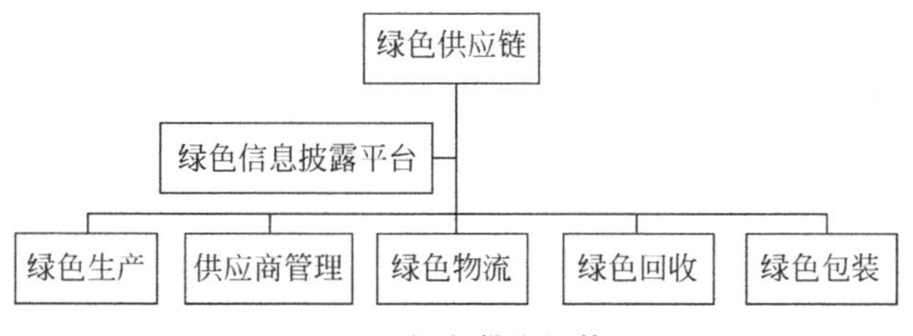

图 7-19　绿色供应链体系

按照企业的发展、行业特点和产品导向，联想将绿色供应链管理体系融入公司环境管理体系中，制定目标并按年度进行调整，用定性和定量两类指标体系来规划企业内部各项环境工作的具体内容，并将绿色供应链的各个要求渗入体系的各个环节。联想 EMS 年度目标、指标及达成情况(绿色供应链部分)如表 7-2 所示。

同时，积极打造绿色供应链，从行业高度全面推进绿色设计和绿色制造。联想于 2015 年制定实施了《供应商行为操守准则》，覆盖了可持续发展的各个方面，详细记载对供应商的环境表现期望，并导入公司级采购流程，进行供应商绿色管理、评估和监督。自 2014 年以来，通过引进并优化材料全物质声明解决方案 FMD (full material declaration)和 GDX(green data exchange)/WPA(windchill product analytics)系统平台，大力推动供应链开展全物质信息披露，变革产品有害物质合规模式，提高环境合规验证效率，为产品废弃拆解、逆向供应链、材料再利用等提供依据，实现了有害物质的合规管理，如图 7-20 所示。

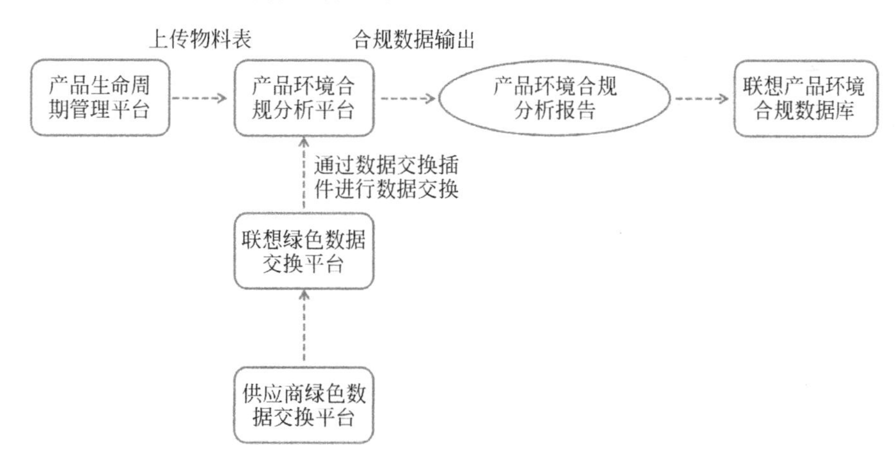

图 7-20　产品生命周期管理平台＋绿色数据交换平台基础流程

通过对供应链的高效管控和持续推进绿色技术，联想在 2008 年开始逐步引入环保消费类再生塑胶(PCC)，不但有助于材料的再利用、减少电子废弃物污染、降低二氧化碳排放，还避免了焚烧、填埋等处理方式带来的环境危害。联想逐步将 PCC 扩展应用到包括 PC(个人计算机)、服务器、显示器等在内的 PC＋产品，并且所有材料均通过环保和性能认证。据测算，2008—2018 年的 10 年间，联想共计使

表 7-2　联想 EMS 年度目标、指标及达成情况

类别	指标	目标	评价指标	指标内容	备注
绿色生产	制造研发能源消耗	将与开发、制造及交付联想产品的能源效益最大化，将与其相关的二氧化碳当量排放量最小化	kMW 瓦/台	保持全球能源强度比率在 2015/2016 财年的基础上波动不超过 5％	已完成
			可再生能源发电量（MW）	于 2020 年之前推动联想全球自有或租赁可再生能源发电量达 30MW	部分完成
			可再生能源百分比	相比上财年，联想于全球购入的可再生能源百分比将实现按年增长	已完成
	制造研发废气排放	减少全球联想经营活动的绝对二氧化碳当量排放	二氧化碳当量	通过制定全球计划，于 2020 年 3 月 31 日之前推动范围制造研发过程的温室气体排放总量较 2009/2010 财年减少 40％。该计划将至少于每年进行一次评审及更新	已完成
				于 2020 年 3 月 31 日之前推动联想范围目标进行中。制造研发过程的全球温室气体排放总量较 2009/2010 财年减少 40％	已完成
供应商管理	环保消费类再生塑胶（PCC）	所有业务单位的所有产品将包含一定的消费者用后循环再用含量（PCC）	包含 PCC 的产品百分比	通过监察及准备工作满足客户的 PCC 规定（如 IEEE 1680.1 ）	已完成
				所有产品的业务单位将于各产品中使用 PCC	已完成
			各产品 PCC 百分比	在现有产品的下一代产品中保持或提高目前的 PCC 使用百分比	已完成
	供货商环境表现	尽量减小联想第一、二及三类供货商对环境的潜在影响	第三类供货商经审核百分比	100％的第三类供货商将据联想规定接受审核及批准	已完成
		监察并推进联想供应链的良好环境管理实践	供货商无冲突情况	推动无冲突情况较 2015 年提高 5％	已完成

续表

类别	指标	目标	评价指标	指标内容	备注
绿色回收	产品生命周期末端管理	确保客户能参与便利、可靠及合规的产品回收计划	回收计划全球覆盖百分比	确保联想产品所在的市场均可落实回收计划	已完成
	废弃物管理	尽量减小与联想经营活动及产品所产生的固体废弃物相关的环境影响	无害固体废弃物回收百分比	将全球无害废弃物回收率维持在 90%（±5%）以上	已完成
			废弃物强度	保持全球废弃物强度比率在 2015/2016 财年的基础上波动不超过 5%	已完成
绿色包装	包装减量化、再利用管理	尽量减小包装材料消费并推进使用对环境可持续性有利的材料	FSC(Forest Stewardship Council,森林管理委员会)认证包装百分比	使用 100%获 FSC 认证或同等认证的原生浆包装	已完成
			100%使用 PCC 的包装百分比	根据出货量计，100%使用 PCC 的包装较上一年增加 10%	已完成
			包装体积/质量	至少将一种产品的体积或质量减少 5%	已完成
绿色物流	运输	为推进未来联想国际产品运输碳排放量的减少建立基础	二氧化碳当量(t)	精简运输供货商排放量报告流程	已完成

用了约 9 万 tPCC，相当于减排了约 6 万 t 二氧化碳。再生塑胶的回收利用工程如图 7-21 所示。

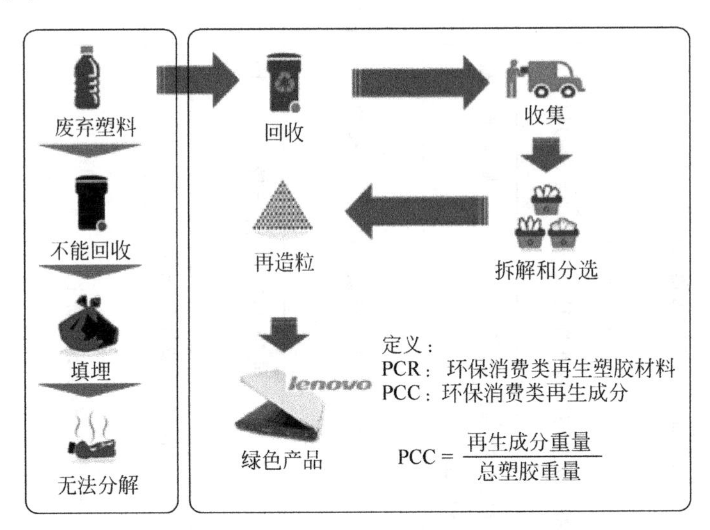

图 7-21 再生塑胶的回收利用工程

2) 采用与推广绿色工艺技术

(1) 低温锡膏技术助力绿色生产。联想攻克了锡膏生产过程中的难题，提出了创新的“低温锡膏工艺”，不但降低了生产过程的温度，有助于减少二氧化碳排放，也可以减少废除锡膏中铅的使用，还可以大幅提高 PCB 的良率。预计这项工艺每年可减少约 6000t 二氧化碳的排放，相当于每年少消耗约 250 万 L 的汽油。

(2) “智造”助推绿色生产。通过联想私有云解决方案，联想旗下的联宝公司实现了同城异地双活数据中心，保证了现有硬件资源下关键业务的连续可用性，而且整体架构具备高扩展性，可随时满足新业务需求；也解决了联宝以往多系统信息孤岛、重要数据无法共享的难题，大幅提升效率，降低耗电量，减少二氧化碳排放。目前，联宝一套 IT 应用系统上线时间从 60 天缩短为 1 天；系统实现了 99.99%的稳定性，每年停机时间不超过 1h；PUE 小于 1.67，每年节电 20 万 kW·h，减少碳排量 160t，应用成本整体降低 60%。

(3) 可再生能源的推广利用。联想致力于在可行的情况下安装本地可再生能源发电装置。2016 年，联宝光伏太阳能电池板安装完成并开始发电。依托公司的屋面和仓库资源，智慧光伏电站项目总装机容量达 11MW，年发电量约 1100 万 kW·h，可减排二氧化碳 11 000t。

3) 构建绿色物流体系

联想在 2012 年确定产品运输的碳排放基准，用以协助监测联想的物流过程。通过与 DHL 合作，持续优化物流方案，以最环保的方式运输产品。针对空运开发出的全新轻型托盘仅 9.8kg 左右，其深圳工厂已于 2016 年 3 月开始使用并于 2016

年9月前推广到联想原始设计制造商(ODM)。该举措将每年减少约6600t二氧化碳当量排放。2016年5月,联想中国手机制造商完成从使用木托盘向使用轻型胶合板托盘的转变,该转变每年可减少4160t二氧化碳当量排放。联想全球运输团队还积极推广在中国到欧洲的货运采用铁路运输,已有600个以上的集装箱经由铁路运抵欧洲。全球运输团队也大力推动海洋运输业整合,借此减少中国制造厂的集装箱运输量,从而实现二氧化碳减排目标。在亚太区,联想是亚洲绿色航运网络(GFA)的创会成员,目标是促进及提高亚洲货运燃油效率,减少空气污染。在北美,联想是获得美国环保署SmartWay认证的伙伴。

4)绿色回收成效明显

联想致力于最大限度地控制产品生命周期的环境影响,加大对可再利用产品和配件的回收。同时,在全球范围内为消费者和客户提供包括资产回收服务(ARS)在内的多种回收渠道,并进一步进行无害化处理,以满足特定消费者或地域需求。自2005年以来,联想共计从全球客户手中回收了约9万t废弃产品,自身运营和生产产生的废弃产品回收达到了6万t。联想也积极参与工信部牵头的四部委回收试点示范工作,是第一批入围该名单的ICT企业。

5)采用绿色包装,减少废弃物数量

联想非常重视增加包装中回收材料种类、可回收材料的比例,减少包装尺寸,推广工业(多合一)包装和可重复使用包装。自2008年以来,联想共计减少超过2000t包材的消耗。具体情况如下:ThinkCentre台式和Lenovo笔记本产品实现100%再生料的包装(纸浆模塑和热塑)的配套使用。Think产品的纸箱已认证至少含有50%的回收材料。对于整体瓦楞纸箱包装而言,回收料含量平均超过70%。95%ThinkPad和20%ThinkCentre的产品上使用100%再生料作为缓冲材料。轻量化的包装将栈板利用率提升33%,助力碳减排。取消纸版用户手册,每年节省大约3.5亿张印刷页。

参考文献

[1]　李敏,王璟,等.绿色制造体系创建及评价指南[M].北京:电子工业出版社,2018.

[2]　杨檬,刘哲.绿色工厂评价方法[J].信息技术与标准化,2017,Z1:25-27.

[3]　工信部.工业绿色发展规划(2016—2020年)[J].有色冶金节能,2016,32(5):1-7.

[4]　彭必占,焦相,张睿,等.绿色工厂设计探索与实践[J].武汉勘察设计,2012(4):29-37.

[5]　梁龙.加快绿色转型行业首推绿色工厂"五化"评价原则[J].中国纺织,2016(9):122-123.

[6]　凌震亚.工业厂房绿色建筑评价体系研究[D].北京:华北电力大学(北京),2011.

[7]　雷大江.绿色制造工艺的资源环境评价[D].武汉:武汉科技大学,2002.

[8]　曹华军.面向绿色制造的工艺规划技术研究[D].重庆:重庆大学,2004.

[9]　杨经义.企业绿色管理的驱动因素研究[D].大连:大连理工大学,2014.

[10]　文笑雨.多目标集成式工艺规划与车间调度问题的求解方法研究[D].武汉:华中科技大

学,2014.
[11] An interdisciplinary learning factory approach to boost the energy performance of production[EB/OL]. https://www.kth.se/polopoly_fs/1.481082!/n-Factory.pdf.
[12] 国内首个三星级绿色工业建筑——博思格建筑系统(西安)有限公司新建工厂工程[EB/OL]. https://wenku.baidu.com/view/e43fd2dcf524ccbff12184a7.html?fro.
[13] 2300万元!这家企业构建绿色体系,打造绿色工厂[EB/OL]. https://www.sohu.com/a/317135556_653352.
[14] 绿色工厂巡礼之三:沈阳新松机器人自动化股份有限公司[EB/OL]. http://dy.163.com/v2/article/detail/EI1LPUBS0514K35E.html.
[15] 企业绿色供应链管理典型案例[EB/OL]. http://www.miit.gov.cn/n1146285/n1146352/n3054355/n3057542/n3057545/c6472072/content.html.

绿色制造应用与实践教学资源